计算机技术开发与应用丛书

FFmpeg入门详解

视频监控与ONVIF+GB/T 28181原理及应用

梅会东 ◎ 编著

清华大学出版社

北京

内 容 简 介

本书共 11 章,系统讲解基于 FFmpeg 二次开发视频监控系统,并结合 ONVIF 和 GB/T 28181 的基础理论及应用,包括使用 FFmpeg 读取摄像头数据、使用 libx264/libx265 进行视频编码、结合 Qt 和 SDL2 进行视频渲染等功能,也包括 ONVIF 和 GB/T 28181 协议的应用,以及 SIP、SOAP 等相关协议及开源库的具体应用。

书中包含大量示例,图文并茂,争取让音视频流媒体领域的读者真正入门,从此开启流媒体直播编程的大门。本书知识体系比较完整,讲解过程由浅入深,让读者在不知不觉中学会 FFmpeg 二次开发视频监控系统,并能动手实现各种编解码功能,结合 ONVIF 和 GB/T 28181 协议实现视频对接等功能。

本书可作为 FFmpeg 二次开发、ONVIF 协议及 GB/T 28181 方向的入门书,也可作为高年级本科生和研究生的学习参考书。

图书在版编目(CIP)数据

FFmpeg 入门详解:视频监控与 ONVIF＋GB/T 28181 原理及应用/梅会东编著. —北京:清华大学出版社,2024.4

(计算机技术开发与应用丛书)

ISBN 978-7-302-66124-5

Ⅰ.①F… Ⅱ.①梅… Ⅲ.①视频系统－系统开发 Ⅳ.①TN94

中国国家版本馆 CIP 数据核字(2024)第 085136 号

责任编辑:赵佳霓
封面设计:吴 刚
责任校对:申晓焕
责任印制:杨 艳

出版发行:清华大学出版社
   网 址:https://www.tup.com.cn,https://www.wqxuetang.com
   地 址:北京清华大学学研大厦 A 座 邮 编:100084
   社 总 机:010-83470000   邮 购:010-62786544
   投稿与读者服务:010-62776969,c-service@tup.tsinghua.edu.cn
   质量反馈:010-62772015,zhiliang@tup.tsinghua.edu.cn
   课件下载:https://www.tup.com.cn,010-83470236
印 装 者:北京同文印刷有限责任公司
经 销:全国新华书店
开 本:186mm×240mm 印 张:29.5   字 数:663 千字
版 次:2024 年 5 月第 1 版   印 次:2024 年 5 月第 1 次印刷
印 数:1～2000
定 价:119.00 元

产品编号:103048-01

前言
PREFACE

近年来，随着 5G 网络技术的迅猛发展，FFmpeg 音视频及流媒体直播应用越来越普及，音视频流媒体方面的开发岗位也非常多。然而，市面上却没有一本通俗易懂又系统完整的 FFmpeg 二次开发视频监控系统的入门书，网络上的知识虽然不少，但是太散乱，不合适读者入门。

众所周知，FFmpeg 命令行应用起来简单，但 SDK 二次开发相对难以理解。很多程序员想从事音视频或流媒体开发，但始终糊里糊涂、不得入门。笔者刚毕业时，也是纯读者一个，付出了艰苦的努力，终于有一些收获。借此机会，笔者将相关内容整理成专业书籍，希望给读者带来帮助，少走弯路。

FFmpeg 发展迅猛，功能强大，命令行也很简单、很实用，但是有一个现象：即便使用命令行实现了一些特效，但依然不理解原理，不知道具体的参数是什么含义。音视频与流媒体是一门很复杂的技术，涉及的概念、原理、理论非常多，很多初学者不学基础理论，而是直接做项目、看源码，但往往在看到 C/C++ 的代码时一头雾水，不知道代码到底是什么意思。这是因为没有学习音视频和流媒体的基础理论，就像学习英语，不学习基本单词，而是天天听英语新闻，总也听不懂，所以一定要认真学习基础理论，然后学习播放器、转码器、流媒体直播、视频监控等。

本系列的前 5 本书为《FFmpeg 入门详细讲解——音视频原理及应用》《FFmpeg 入门详细讲解——流媒体直播原理及应用》《FFmpeg 入门详细讲解——命令行及音视频特效原理及应用》《FFmpeg 入门详细讲解——SDK 二次开发及直播美颜原理及应用》《FFmpeg 入门详解——音视频流媒体播放器原理及应用》。这 6 本书由浅入深，围绕 FFmpeg 原理及应用，层层展开，系统讲解了音视频、流媒体和直播的基础原理；详细讲解了 FFmpeg 的命令行和 SDK 应用，手把手地带领读者进行常用命令行的应用和原理解析，并深入介绍核心 API 的参数及应用场景；重点介绍音视频同步等关键技术，引领读者开发一款通用的音视频和流媒体播放器。最后，本书以视频监控为切入点，综合相关的知识点在监控的同时进行 H.264/H.265 编码，并存储到本地，形成一个完整的基于音视频流媒体的视频监控项目。

阅读建议

本书是一本适合读者入门的 FFmpeg 二次开发视频监控的书籍，既有通俗易懂的基本概念,又有丰富的案例和原理分析,图文并茂,知识体系非常完善。本书首先对音视频、流媒体和直播的基本概念和原理进行复习,对重要的概念进行具体阐述,然后结合FFmpeg的SDK进行案例实战,读者既能学到实践操作知识,也能理解底层理论,非常适合初学者。建议读者先学习FFmpeg音视频流媒体系列的前5本,然后学习本书。

本书第1～5章介绍FFmpeg基础架构及二次开发视频监控客户端,第6～11章介绍ONVIF、SIP、SOAP和GB/T 28181等协议及具体的案例应用。

建议读者在学习过程中,循序渐进,不要跳跃。本书的知识体系是笔者精心准备的,由浅入深,层层深入,对于抽象复杂的概念和原理,笔者尽量通过图文并茂的方式进行讲解,非常适合初学者。本书从最基础的FFmpeg二次开发读取摄像头案例开始,理论与实践并重,读者一定要动手实践,亲自试验各个案例,并理解原理和流程。然后讲解详细的ONVIF、SIP、SOAP和GB/T 28181等协议,并应用到具体的案例中,争取每个案例都能将知识点活学活用。建议读者一定要将本系列的前几本所学的音视频基础知识和流媒体直播基础知识应用到本书中,理论指导实践,加深对每个知识点的理解。读者不但要会用FFmpeg的SDK来完成视频监控功能,还要能理解底层原理及相关的理论基础。最后进行分析总结,争取对所学的理论进行升华,做到融会贯通。

扫描目录上方的二维码可下载本书配套资源。

致谢

首先感谢清华大学出版社赵佳霓编辑给笔者提出了许多宝贵的建议,以及推动了本书出版。感谢我的家人和亲朋好友,祝大家每天快乐健康。

感谢我的学员,群里的学员越来越多,并经常提出很多宝贵意见。随着培训时间和经验的增长,对知识点的理解也越来越透彻,希望给大家多带来一些光明,尽量让大家少走弯路。已经有群里的老学员通过学到的FFmpeg音视频流媒体知识获得了50万元的年薪,这一点让我感到非常欣慰。活到老、学到老,学习是一个过程,没有终点,唯有坚持,大家一起加油,为美好的明天而奋斗。

由于时间仓促,书中难免存在不妥之处,请读者见谅并提出宝贵意见。

梅会东

2024年4月于北京清华园

目 录
CONTENTS

本书源码

流媒体与 RTSP/RTP/RTCP 简介

流媒体又叫流式媒体,它是指商家用一个视频传送服务器把节目分割成数据包发出,传送到网络上。用户通过解压设备对这些数据进行解压后,节目就会像发送前那样显示出来。这个过程的一系列相关的包称为"流"。流媒体实际上指的是一种新的媒体传送方式,而非一种新的媒体。流媒体通常与 RTP、RTCP 和 RTSP 等协议密切相关。

▶ 5min

1.1 流媒体简介

流媒体技术发端于美国,目前在全世界流媒体的应用已很普遍,例如各大公司的产品发布和销售人员培训都用网络视频进行。流媒体技术全面应用后,人们在网上聊天可直接通过语音输入;如果想彼此看见对方的容貌、表情,则只要双方各有一个摄像头就可以了;在网上看到感兴趣的商品,单击以后,讲解员和商品的影像就会跳出来;更有真实感的影像新闻也会出现。

所谓流媒体是指采用流式传输的方式在因特网播放的媒体格式,如音频、视频或多媒体文件。流式媒体在播放前并不需要下载整个文件,只将开始部分内容存入内存,流式媒体的数据流便随时传送随时播放,只是在开始时有一些延迟。流媒体实现的关键技术就是流式传输。流式传输方式则是将整个 A/V 及 3D 等多媒体文件经过特殊的压缩方式分成一个个压缩包,由视频服务器向用户计算机连续、实时传送。在采用流式传输方式的系统中,用户不必像采用下载方式那样等到整个文件全部下载完毕,而是只需经过几秒或几十秒的启动延时便可在用户的计算机上利用解压设备(硬件或软件)对压缩的 A/V、3D 等多媒体文件解压后进行播放和观看。此时多媒体文件的剩余部分将在后台的服务器内继续下载。与单纯的下载方式相比,这种对多媒体文件边下载边播放的流式传输方式不仅使启动延时大幅缩短,而且对系统缓存容量的需求也大大降低。综上所述,流媒体传输流程需要编码器、媒体服务器或代理服务器、RTP/RTCP、TCP/UDP、解码器等,如图 1-1 所示。

流媒体最主要的技术特征就是流式传输,它使数据可以像流水一样传输。流式传输是指通过网络传送媒体(音频、视频等)技术的总称。实现流式传输主要有两种方式:顺序流

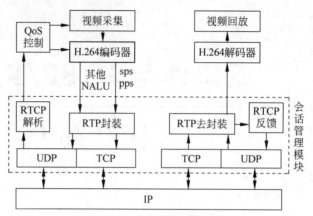

图 1-1　流媒体传输流程

式传输(Progressive Streaming)和实时流式传输(Realtime Streaming)。采用哪种方式依赖于具体需求,下面就对这两种方式进行简要介绍。

　　顺序流式传输采用按顺序的方式进行下载,用户在观看在线媒体的同时下载文件,在这一过程中,用户只能观看已下载完的部分,而不能直接观看未下载的部分。也就是说,用户总是在一段延时后才能看到服务器传送过来的信息。由于标准的 HTTP 服务器就可以发送这种形式的文件,它经常被称为 HTTP 流式传输。由于顺序流式传输能够较好地保证节目播放的质量,因此比较适合在网站上发布的可供用户点播的高质量的视频。顺序流式文件被放在标准 HTTP 或 FTP 服务器上,易于管理,基本上与防火墙无关。顺序流式传输不支持现场广播,也不适合长片段和有随机访问要求的视频,如讲座、演说与演示。

　　实时流式传输必须保证匹配连接带宽,使媒体可以被实时观看到。在观看过程中用户可以任意观看媒体前面或后面的内容,但在这种传输方式中,如果网络传输状况不理想,则收到的图像质量就会比较差。实时流式传输需要特定服务器,如 Quick Time Streaming Server、Realserver、Windows Media Server、SRS、ZLMediaKit 等。这些服务器允许对媒体发送进行更多级别的控制,因而系统设置、管理比标准 HTTP 服务器更复杂。实时流式传输还需要特殊网络协议,如实时流协议(Real-Time Streaming Protocol,RTSP)或微软媒体服务(Microsoft Media Server,MMS)。在有防火墙时,有时会对这些协议进行屏蔽,导致用户不能看到一些地点的实时内容,实时流式传输总是实时传送,因此特别适合现场事件。完整的实时流媒体系统需要采集、前处理、编码、推流、拉流、解码、渲染等步骤,如图1-2所示。

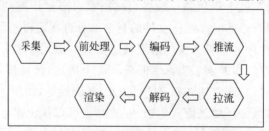

图 1-2　实时流媒体系统的主要步骤

在了解流媒体协议之前,先来回顾一下基本计算机网络知识。TCP/IP 协议簇的上层协议是通过封装来使用下层协议的,用户数据一层一层地向下进行封装。在链路层还加上了尾部信息,主要包括数据链路层、网络层、传输层、应用层,如图 1-3 所示。

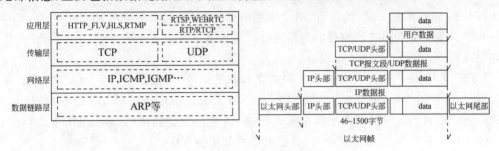

图 1-3 TCP/IP 协议簇与网络协议分层

TCP/IP 协议簇的四层模型,从图 1-3 中可以了解到流媒体协议在模型中的位置,因为在这四层模型中涉及的协议非常多,很容易就迷失在众多的协议里面,没有一个清晰的认识。常见的流媒体协议是基于数据应用层的协议(UDP 除外,因为 UDP 是传输层的协议,同时也可以直接作为流媒体协议)。应用层协议均是在传输层之上的,所以可以理解为应用层的所有协议底层均是采用 TCP 或 UDP 进行传输的。

1.2 RTSP 简介

RTSP 是 TCP/IP 协议体系中的一个应用层协议(见图 1-4),由哥伦比亚大学、网景公司和 RealNetworks 公司提交的 IETF RFC 标准。该协议定义了一对多应用程序如何有效地通过 IP 网络传送多媒体数据。RTSP 在体系结构上位于 RTP 和 RTCP 之上,它使用 TCP 或 UDP 完成数据传输。HTTP 与 RTSP 相比,HTTP 请求由客户机发出,服务器作出响应;使用 RTSP 时,客户机和服务器都可以发出请求,即 RTSP 可以是双向的。RTSP 是用来控制声音或影像的多媒体串流协议,并允许同时对多个串流需求进行控制,传输时所用的网络通信协定并不在其定义的范围内,服务器端可以自行选择使用 TCP 或 UDP 来传送串流内容,它的语法和运作跟 HTTP 1.1 类似,但并不特别强调时间同步,所以比较能容忍网络延迟。它允许同时对多个串流需求进行控制(Multicast),除了可以降低服务器端的网络用量,更进而支持多方视频会议(Video Conference)。因为与 HTTP 1.1 的运作方式相似,所以代理服务器的缓存功能也同样适用于 RTSP,并因 RTSP 具有重新导向功能,可视实际负载情况来转换提供服务的服务器,以避免过大的负载集中于同一服务器而造成延迟。

RTSP 是 TCP/IP 协议体系中的一个应用层协议,如图 1-4 所示。该协议定义了一对多应用程序如何有效地通过 IP 网

应用层	SDP		
	RTSP		
传输层			RTP
	TCP	UDP	
网络层	IP		

图 1-4 RTSP 在 TCP/IP 协议簇中的位置

络传送多媒体数据。RTSP 在体系结构上位于 RTP 和 RTCP 之上,它使用 TCP 或 UDP 完成数据传输。HTTP 与 RTSP 相比,HTTP 传送 HTML,而 RTSP 传送的是多媒体数据。

RTSP 是基于文本的协议,采用 ISO 10646 字符集,使用 UTF-8 编码方案。文本行以 CRLF 中断,包括消息类型、消息头、消息体和消息长,但接收者本身可将 CR 和 LF 解释成行终止符。基于文本的协议使其以自描述方式增加可选参数更容易,接口中采用 SDP 作为描述语言。

RTSP 是应用级协议,用于控制实时数据的发送。RTSP 提供了一个可扩展框架,使实时数据(如音频与视频)的受控点播成为可能。数据源包括现场数据与存储在剪辑中的数据。该协议的目的在于控制多个数据发送连接,为选择发送通道(如单播 UDP、组播 UDP 与 TCP)提供途径,并为选择基于 RTP 上发送机制提供方法。

RTSP 建立并控制一个或几个时间同步的连续流媒体。尽管连续媒体流与控制流交换是可能的,通常它本身并不发送连续流。换言之,RTSP 充当多媒体服务器的网络远程控制。RTSP 连接没有绑定到传输层连接,如 TCP。在 RTSP 连接期间,RTSP 用户可打开或关闭多个对服务器的可传输连接以发出 RTSP 请求。此外,可使用无连接传输协议,如 UDP。RTSP 流控制的流可能用到 RTP,但 RTSP 操作并不依赖用于携带连续媒体的传输机制。

1.2.1 RTSP 支持

RTSP 的协议支持如图 1-5 所示。

(1) 从媒体服务器上检索媒体:用户可通过 HTTP 或其他方法提交一个演示描述。如果演示是组播,则包含用于连续媒体的组播地址和端口;如果演示仅通过单播发送给用户,则用户为了安全应提供目的地址。

(2) 媒体服务器邀请进入会议:媒体服务器可被邀请参加正进行的会议,或回放媒体,或记

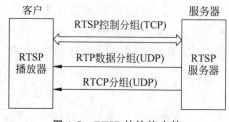

图 1-5 RTSP 的协议支持

录其中一部分。这种模式在分布式教育应用上很有用,会议中几方可轮流按远程控制按钮。

(3) 将媒体加到现成讲座中:如果服务器告诉用户可获得附加媒体内容,则对现场讲座显得尤其有用。与 HTTP 1.1 类似,RTSP 请求可由代理、通道与缓存处理。

1.2.2 RTSP 特点

RTSP 具有以下特点。

(1) 可扩展性:新方法和参数很容易加入 RTSP。

(2) 易解析:RTSP 可由标准 HTTP 或 MIME 解析器解析。

(3) 安全:RTSP 使用网页安全机制。

（4）独立于传输：RTSP 可使用不可靠数据报协议（UDP）、可靠流协议（TCP）。

（5）多服务器支持：每个流可放在不同服务器上，用户端自动与不同服务器建立几个并发控制连接，媒体同步在传输层执行。

（6）记录设备控制：协议可控制记录和回放设备。

（7）流控与会议开始分离：仅要求会议初始化协议提供，或用来创建唯一的会议标识号。特殊情况下，可用 SIP 或 H.323 来邀请服务器入会。

（8）适合专业应用：通过 SMPTE 时标，RTSP 支持帧级精度，允许远程数字编辑。

（9）演示描述中立：协议没强加特殊演示或元文件，可传送所用格式类型。然而，演示描述至少必须包括一个 RTSP URL。

（10）代理与防火墙友好：协议可由应用和传输层防火墙处理。防火墙需要理解 SETUP 方法，为 UDP 媒体流打开一个"缺口"。

（11）HTTP 友好：RTSP 明智地采用 HTTP 观念，使现在结构都可重用。结构包括因特网内容选择平台（PICS）。在大多数情况下，控制连续媒体需要服务器状态，所以 RTSP 不仅可向 HTTP 添加方法。

（12）适当的服务器控制：如果用户启动一个流，则必须也可以停止一个流。

（13）传输协调：在实际处理连续媒体流前，用户可协调传输方法。

（14）性能协调：如果基本特征无效，则必须有一些清理机制以让用户决定哪种方法没生效。这允许用户提出适合的用户界面。

1.3 RTSP 交互流程

RTSP 的参与角色分为客户端和服务器端，交互流程如图 1-6 所示，其中，C 表示客户端，S 表示 RTSP 服务器端，参与交互的消息主要包括 OPTIONS、DESCRIBE、SET UP、PLAY、PAUSE 和 TREADOWN 等。

图 1-6 RTSP 交互流程

RTSP 交互流程的详细信息如表 1-1 所示。

表 1-1　RTSP 交互流程的详细信息

方　　向	消　　息	描　　述
C→S	OPTIONS request	Client 询问 Server 有哪些方法可用
S→C	OPTIONS response	Server 回应消息中包含所有可用的方法
C→S	DESCRIBE request	Client 请求得到 Server 提供的媒体初始化描述信息
S→C	DESCRIBE response	Server 回应媒体初始化信息，主要是 SDP(会话描述协议)
C→S	SETUP request	设置会话属性及传输模式，请求建立会话
S→C	SETUP response	Server 建立会话，返回会话标识及会话相关信息
C→S	PLAY request	Client 请求播放
S→C	PLAY response	Server 回应请求播放信息
S→C	Media Data Transfer	发送流媒体数据
C→S	TEARDOWN request	Client 请求关闭会话
S→C	TEARDOWN response	Server 回应关闭会话请求

注意：C 代表客户端，S 代表服务器端。

第 1 步，查询服务器可用方法，示例代码如下：

```
C→S:OPTIONS request        //查询 S 有哪些方法可用
S→C:OPTIONS response       //在 S 回应信息的 public 头字段中提供的所有可用方法
```

第 2 步，得到媒体描述信息，示例代码如下：

```
C→S:DESCRIBE request       //要求得到 S 提供的媒体描述信息
S→C:DESCRIBE response      //S 回应媒体描述信息，一般是 SDP 信息
```

第 3 步，建立 RTSP 会话，示例代码如下：

```
C→S:SETUP request          //通过 transport 头字段列出可接受的传输选项，请求 S 建立会话
S→C:SETUP response         //S 建立会话，通过 transport 头字段返回选择的具体传输选项
```

第 4 步，请求开始传输数据，示例代码如下：

```
C→S:PLAY request           //C 请求 S 开始发送数据
S→C:PLAY response          //S 回应该请求的信息
```

第 5 步，数据传送播放中，示例代码如下：

```
S→C:发送流媒体数据          //通过 RTP 传送数据
```

第 6 步，关闭会话并退出，示例代码如下：

```
C→S:TEARDOWN request       //C 请求关闭会话
S→C:TEARDOWN response      //S 回应该请求
```

上述过程只是标准的友好的 RTSP 流程,但实际需求中并不一定按此过程,其中第 3 步和第 4 步是必需的。第 1 步,只要服务器客户端约定好有哪些方法可用,则 OPTIONS 请求可以不要。第 2 步,如果有其他途径得到媒体初始化描述信息(如 HTTP 请求等),则也可以不通过 RTSP 中的 DESCRIBE 请求来完成。

1.4 RTSP 重要概念

RTSP 包含一些重要概念,解释如下。

1.4.1 集合控制

集合控制是指对多个流的同时控制。对音频/视频来讲,客户端仅需发送一条播放或者暂停消息就可同时控制音频流和视频流。

1.4.2 实体

实体(Entity)作为请求或者回应的有效负荷传输的信息,由以实体标题域(Entity-Header Field)形式存在的元信息和以实体主体(Entity Body)形式存在的内容组成。如不受请求方法或响应状态编码限制,请求和响应信息可传输实体,实体则由实体头和实体主体组成,有些响应仅包括实体头。在此,根据谁发送实体、谁接收实体,发送者和接收者可分别指用户和服务器。实体头用于定义实体主体可选元信息,如没有实体主体,则指请求标识的资源。扩展头机制允许定义附加实体头段,而不用改变协议,但这些段不能假定接收者能识别。不可识别头段应被接收者忽略,而让代理转发。

1.4.3 容器文件

容器文件(Container File)指可以容纳多个媒体流的文件。RTSP 服务器可以为这些容器文件提供集合控制。

1.4.4 RTSP 会话

RTSP 会话(RTSP Session)是指 RTSP 交互的全过程。例如,对一部电影的观看过程会话(Session)包括由客户端建立媒体流传输机制(SETUP)、使用播放(PLAY)或录制(RECORD)开始传送流、使用停止(TEARDOWN)关闭流等。

1.4.5 RTSP 参数

RTSP 版本一般为 RTSP/1.0。RTSP URL 用于指 RTSP 使用的网络资源。会议标识对 RTSP 来讲是模糊的,采用标准 URI 编码方法编码,可包含任何八位组数值。需要注意的是,会议标识必须全局唯一。连接标识是长度不确定的字符串,必须随机选择,至少要8个八位组长,使其很难被猜出。

SMPTE 相关时标表示相对剪辑开始的时间,相关时标被表示成 SMPTE 时间代码,精确到帧级。时间代码格式为"小时：分钟：秒：帧"。SMPTE 的默认格式是 SMPTE 30,帧速率为每秒 29.97 帧,其他 SMPTE 代码可选择使用 SMPTE 时间获得支持(如 SMPIE 25)。时间数值中帧段值可从 0 到 29。每秒 30 与 29.97 帧的差别可将每分钟的头两帧丢掉实现。如帧值为 0,则可删除。

正常播放时间(NPT)表示相对演示开始的流绝对位置。时标由十进制分数组成。小数点左边部分用秒或小时、分钟、秒表示;小数点右边部分表示秒。演示的开始对应 0.0s,负数没有定义。特殊常数定义成现场事件的当前时刻,这只用于现场事件。直观上,NPT 是联系观看者与程序的时钟,通常以数字式显示在 VCR 上。绝对时间被表示成 ISO 8601 时标,采用 UTC(GMT)。

可选标签是用于指定 RTSP 新可选项的唯一标记。这些标记用在请求和代理-请求头段。当登记新 RTSP 选项时,需提供下列信息：

(1) 名称和描述选项。名称长度不限,但不应该多于 20 个字符。名称不能包括空格、控制字符。

(2) 表明谁改变选项的控制,如 IETF、ISO、ITU-T,或其他国际标准团体、联盟或公司。

(3) 深入描述的参考,如 RFC、论文、专利、技术报告、文档源码和计算机手册。

(4) 对专用选项,附上联系方式。

1.4.6　RTSP 信息

RTSP 是基于文本的协议,采用 ISO 10646 字符集,使用 UTF-8 编码方案。行以 CRLF 中断,但接收者本身可将 CR 和 LF 解释成行终止符。基于文本的协议使以自描述方式增加可选参数更容易。由于参数的数量和命令的频率出现较低,所以处理效率没引起注意。文本协议很容易以脚本语言(如 TCL、Visual Basic 与 Perl)实现研究原型。

ISO 10646 字符集避免敏感字符集切换,但对应用来讲不可见。RTCP 也采用这种编码方案,用带有重要意义位的 ISO 8859-1 字符表示,如 100001x 10x x x x x x。RTSP 信息可通过任何底层传输协议携带。

请求包括方法、方法作用于其上的对象及进一步描述方法的参数。方法也可设计为在服务器端只需少量或不需要状态维护。当信息体包含在信息中时,信息体长度由以下因素决定：

(1) 不管实体头段是否出现在信息中,不包括信息体的响应,信息总以头段后第 1 个空行结束。

(2) 如出现内容长度头段,其值以字节计,表示信息体长度。如未出现头段,其值为 0。

(3) 服务器关闭连接。

注意,RTSP 目前并不支持 HTTP 1.1"块"传输编码,需要有内容长度头段。假如返回适度演示描述长度,即使动态产生,并且块传输编码没有必要,服务器也应该能决定其长度。如有实体,即使必须有内容长度,并且长度没显式给出,规则也可确保行为合理。从用户到服务器端的请求信息在第 1 行内包括源采用的方法、源标识和所用协议版本。RTSP 定义了附加状态码,但没有定义任何 HTTP 代码。

1.4.7　RTSP 连接

RTSP 请求可以采取几种不同方式传送,如下所示。

(1) 持久传输连接,用于多个请求/响应传输。

(2) 每个请求/响应传输一个连接。

(3) 无连接模式。

传输连接类型由 RTSP URL 来定义。RTSP 方案,需要持续连接;RTSPU 方案,调用 RTSP 请求发送,而不用建立连接。不像 HTTP,RTSP 允许媒体服务器给媒体用户发送请求,但仅在持久连接时才支持,否则媒体服务器没有可靠途径到达用户,这也是请求通过防火墙从媒体服务器传到用户的唯一途径。

1.4.8　RTSP 扩展

由于不是所有媒体服务器都有相同的功能,所以媒体服务器有必要支持不同请求集。RTSP 可以用如下 3 种方式扩展:

(1) 以新参数扩展。如用户需要拒绝通知,而方法扩展不支持,则相应标记就可加入要求的段中。

(2) 加入新方法。如信息接收者不理解请求,返回 501 错误代码,则发送者不应再次尝试这种方法。用户可使用 OPTIONS 方法查询服务器支持的方法。服务器会使用公共响应头列出支持的方法。

(3) 定义新版本协议,允许改变所有部分(协议版本号位置除外)。

1.4.9　RTSP 操作模式

支持持久连接或无连接的客户端可能给其请求排队。服务器必须以收到请求的同样顺序发出响应。如果请求不是发送给多播组,接收者就确认请求,如没有确认信息,发送者则可在超过一个来回时间(RTT)后重发同一信息。

在 TCP 中 RTT 估计的初始值为 500ms。应用缓存最后所测量的 RTT 作为将来连接的初始值。如使用一个可靠传输协议传输 RTSP,请求不允许重发,则 RTSP 应用反过来依赖低层传输提供可靠性。如两个低层可靠传输(如 TCP 和 RTSP)应用重发请求,则有可能由于每个包损失而导致两次重传。由于传输栈在第 1 次尝试到达接收者前不会发送应用层重传,所以接收者也不能充分利用应用层重传。如包损失由阻塞引起,则不同层的重发将使阻塞进一步恶化。时标头用来避免重发模糊性问题,避免对圆锥算法的依赖。每个请求在

CSeq头中携带一个系列号,每发送一个不同请求,它就加一。如由于没有确认而重发请求,则请求必须携带初始系列号。

实现 RTSP 的系统必须支持通过 TCP 传输 RTSP,并支持 UDP。对 UDP 和 TCP,RTSP 服务器的默认端口都是 554。许多目的一致的 RTSP 包被打包成单个低层 UDP 或 TCP 流。RTSP 数据可与 RTP 和 RTCP 包交叉。不像 HTTP,RTSP 信息必须包含一个内容长度头段,而无论信息何时包含负载。否则 RTSP 包以空行结束,后跟最后一个信息头段。

每个演示和媒体流可用 RTSP URL 识别。演示组成的整个演示与媒体属性由演示描述文件定义。使用 HTTP 或其他途径用户可获得这个文件,它没有必要保存在媒体服务器上。为了说明这个问题,假设演示描述了多个演示,其中每个演示维持了一个公共时间轴。为了简化说明,并且不失一般性,假定演示描述的确包含这样一个演示。演示可包含多个媒体流。除媒体参数外,网络目标地址和端口也需要决定。常见的几种操作模式如下所示。

(1)单播:用户选择的端口号将媒体发送到 RTSP 请求源。

(2)服务器选择地址多播:媒体服务器选择多播地址和端口,这是现场直播或准点播常用的方式。

(3)用户选择地址多播:如服务器加入正在进行的多播会议,多播地址、端口和密钥由会议描述给出。

1.5　RTSP 重要方法

RTSP 方法表示资源上执行的方法,它区分大小写。新方法可在将来定义,但不能以 $ 开头。已定义的方法如表 1-2 所示。其中,P 代表演示、S 代表流、C 代表客户端、S 代表服务器端。

表 1-2　RTSP 方法列表

方　　法	方　　向	对　　象	要　　求	含　　义
DESCRIBE	C→S	P,S	推荐	检查演示或媒体对象的描述,也允许使用接收头指定用户理解的描述格式。DESCRIBE 的答复-响应组成媒体 RTSP 初始阶段
ANNOUNCE	C→S S→C	P,S	可选	当从客户端发往服务器时,ANNOUNCE 将请求 URL 识别的演示或媒体对象描述发送给服务器;反之,ANNOUNCE 实时更新连接描述。如新媒体流加入演示,整个演示描述再次发送,而不仅是附加组件,使组件能被删除
GET_PARAMETER	C→S S→C	P,S	可选	GET_PARAMETER 请求检查 URL 指定的演示与媒体的参数值。当没有实体时,GET_PARAMETER 也许能用来测试用户与服务器的连通情况

续表

方　法	方　向	对　象	要　求	含　义
OPTIONS	C→S S→C	P,S	要求	可在任意时刻发出 OPTIONS 请求,如用户打算尝试非标准请求,并不影响服务器状态
PAUSE	C→S	P,S	推荐	PAUSE 请求引起流发送临时中断。如请求 URL 命名一个流,仅回放和记录被停止;如请求 URL 命名一个演示或流组,演示或组中所有当前活动的流发送都停止。恢复回放或记录后,必须维持同步。在 SETUP 消息中连接头超时参数所指定时段期间被暂停后,尽管服务器可能关闭连接并释放资源,但服务器资源会被预订
PLAY	C→S	P,S	要求	PLAY 告诉服务器以 SETUP 指定的机制开始发送数据;直到一些 SETUP 请求被成功响应,客户端才可发布 PLAY 请求。PLAY 请求将正常播放时间设置在所指定范围的起始处,发送流数据直到范围的结束处。PLAY 请求可排成队列,服务器将 PLAY 请求排成队列,按顺序执行
RECORD	C→S	P,S	可选	该方法根据演示描述初始化媒体数据记录范围,时标反映开始和结束时间;如没有给出时间范围,则使用演示描述提供的开始和结束时间。如连接已经启动,则立即开始记录,服务器数据请求 URL 或其他 URL 决定是否存储记录的数据;如服务器没有使用 URL 请求,则响应应为 201(创建),并包含描述请求状态和参考新资源的实体与位置头。支持现场演示记录的媒体服务器必须支持时钟范围格式,SMPTE 格式没有意义
REDIRECT	S→C	P,S	可选	重定向请求通知客户端连接到另一服务器地址。它包含强制头地址,指示客户端发布 URL 请求;也可能包括参数范围,以指明重定向何时生效。若客户端要继续发送或接收 URL 媒体,则客户端必须对当前连接发送 TEARDOWN 请求,而对指定的新连接发送 SETUP 请求
SETUP	C→S	S	要求	对 URL 的 SETUP 请求指定用于流媒体的传输机制。客户端对正播放的流发布一个 SETUP 请求,以改变服务器允许的传输参数。如不允许这样做,则响应错误为 455 Method Not Valid In This State。为了透过防火墙,客户端必须指明传输参数,即使对这些参数没有影响

续表

方　法	方　向	对　象	要　求	含　义
SET_PARAMETER	C→S S→C	P,S	可选	这种方法请求设置演示或 URL 指定流的参数值。请求仅应包含单个参数,允许客户端决定某个特殊请求为何失败。如请求包含多个参数,则所有参数可成功设置,服务器必须只对该请求起作用。服务器必须允许参数可重复设置成同一值,但不让改变参数值。注意:媒体流传输参数必须用 SETUP 命令设置。将设置传输参数限制为 SETUP 有利于防火墙。将参数划分成规则排列形式,结果有更多有意义的错误指示
TEARDOWN	C→S	P,S	要求	TEARDOWN 请求停止给定 URL 流发送,释放相关资源。如 URL 是此演示 URL,则任何 RTSP 连接标识不再有效。除非全部传输参数是由连接描述定义的,SETUP 请求必须在连接可再次播放前发布

　　某些防火墙设计与其他环境可能要求服务器插入 RTSP 方法和流数据。由于插入将使客户端和服务器端操作复杂,并增加附加开销,除非有必要,应避免这样做。插入二进制数据仅在 RTSP 通过 TCP 传输时才可使用。流数据(如 RTP 包)用一个 ASCII 字符 $ 封装,后跟一个一字节通道标识,其后是封装二进制数据的长度,两字节整数。流数据紧跟其后,没有 CRLF,但包括高层协议头。每个 $ 块包含一个高层协议数据单元。

　　当传输选择为 RTP,RTCP 信息也被服务器通过 TCP 连接插入。在默认情况下,RTCP 包在比 RTP 通道高的第 1 个可用通道上发送。客户端可能在另一通道显式地请求 RTCP 包,这可通过指定传输头插入参数中的两个通道来做到。当两个或更多流交叉时,为取得同步,需要 RTCP,而且,这为当网络设置需要通过 TCP 控制连接透过 RTP/RTCP 提供了一条方便的途径,也可以在 UDP 上进行传输。

1.6　RTP 简介

　　RTP 是针对因特网上多媒体数据流的一个传输协议,由 IETF(因特网工程任务组)作为 RFC1889 发布。RTP 被定义为在一对一或一对多的传输情况下工作,其目的是提供时间信息和实现流同步。RTP 的典型应用建立在 UDP 上,但也可以在 TCP 或 ATM 等其他协议之上工作。RTP 本身只保证实时数据的传输,并不能为按顺序传送数据包提供可靠的传送机制,也不提供流量控制或拥塞控制,它依靠 RTCP 提供这些服务。

　　多媒体应用的一个显著特点是数据量大,并且许多应用对实时性要求比较高。传统的 TCP 协议是一个面向连接的协议,它的重传机制和拥塞控制机制都不适用于实时多媒体传输。RTP 是一个应用型的传输层协议,它并不提供任何传输可靠性的保证和流量的拥塞控制机制。RTP 位于 UDP(User Datagram Protocol)之上。UDP 虽然没有 TCP 那么可靠，并且无法保证实时业务的服务质量，需要 RTCP 实时监控数据传输和服务质量，但是，由于 UDP 的传输时延低于 TCP，能与音频和视频很好地配合，因此在实际应用中，RTP/RTCP/UDP 用于传输音频/视频媒体，而 TCP 用于数据和控制信令的传输。目前支持流媒体传输的协议主要有实时传输协议（Real-Time Transport Protocol，RTP）、实时传输控制协议（Real-Time Transport Control Protocol，RTCP）和实时流协议（Real-Time Streaming Protocol，RTSP）等。RTP 协议标准可以参考 RFC3550，链接网址为 https://datatracker. ietf. org/doc/html/rfc3550♯section-5. 3. 1。

　　RTP 主要用来为 IP 网上的语音、图像、传真等多种需要实时传输的多媒体数据提供端到端的实时传输服务。RTP 为因特网上端到端的实时传输提供时间信息和流同步，但并不保证服务质量，服务质量由 RTCP 来提供。RTP 是用来提供实时传输的，因而可以看成传输层的一个子层。流媒体应用中的一个典型的协议体系结构如图 1-7 所示。

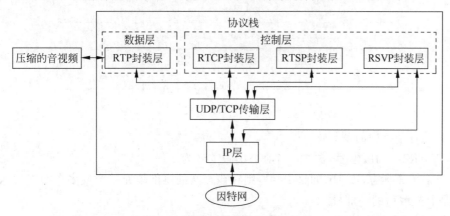

图 1-7　流媒体体系结构的协议栈

　　RTP 用于在单播或多播网络中传送实时数据，它们的典型应用场合有以下几个。

　　(1) 简单的多播音频会议。语音通信通过一个多播地址和一对端口实现。一个用于音频数据(RTP)，另一个用于控制包(RTCP)。

　　(2) 音频和视频会议。如果在一次会议中同时使用了音频和视频会议，则这两种媒体将分别在不同的 RTP 会话中传送，每个会话使用不同的传输地址(IP 地址＋端口)。如果一个用户同时使用了两个会话，则每个会话对应的 RTCP 包都使用规范化名字 CNAME (Canonical Name)。与会者可以根据 RTCP 包中的 CNAME 获取相关联的音频和视频，然后根据 RTCP 包中的计时信息(Network Time Protocol)实现音频和视频的同步。

　　(3) 翻译器和混合器。翻译器和混合器都是 RTP 级的中继系统。翻译器用在通过 IP 多播不能直接到达的用户区，例如发送者和接收者之间存在防火墙。当与会者能接收的音频编码格式不一样时，例如有一个与会者通过一条低速链路接入到高速会议，这时就要使用混合器。在进入音频数据格式需要变化的网络前，混合器将来自一个源或多个源的音频包进行重构，并把重构后的多个音频合并，采用另一种音频编码进行编码后，再转发这个新的

RTP包。从一个混合器出来的所有数据包要用混合器作为它们的同步源(SSRC)来识别,可以通过贡献源列表(CSRC)确认谈话者。

RTP详细说明了在互联网上传递音频和视频的标准数据包格式。它一开始被设计为一个多播协议,但后来被用在很多单播应用中。RTP常用于流媒体系统(配合RTCP或者RTSP)。因为RTP自身具有Time Stamp,所以在FFmpeg中被用作一种Format(封装格式)。

1.6.1　RTP格式

RTP格式如图1-8所示。

```
字节:0                    1                    2                    3
位: 0 1 2 3 4 5 6 7 8 9 0 1 2 3 4 5 6 7 8 9 0 1 2 3 4 5 6 7 8 9 0 1
   +-+-+-+-+-+-+-+-+-+-+-+-+-+-+-+-+-+-+-+-+-+-+-+-+-+-+-+-+-+-+-+-+
   |V=2|P|X|  CC   |M|     PT      |       sequence number         |
   +-+-+-+-+-+-+-+-+-+-+-+-+-+-+-+-+-+-+-+-+-+-+-+-+-+-+-+-+-+-+-+-+
   |                           timestamp                          |
   +-+-+-+-+-+-+-+-+-+-+-+-+-+-+-+-+-+-+-+-+-+-+-+-+-+-+-+-+-+-+-+-+
   |           synchronization source (SSRC) identifier           |
   +=+=+=+=+=+=+=+=+=+=+=+=+=+=+=+=+=+=+=+=+=+=+=+=+=+=+=+=+=+=+=+=+
   |           contributing source (CSRC) identifiers             |
   |                             ....                             |
   +-+-+-+-+-+-+-+-+-+-+-+-+-+-+-+-+-+-+-+-+-+-+-+-+-+-+-+-+-+-+-+-+
```

图1-8　RTP格式

RTP的各个字段的解释如下。

(1) V：RTP的版本号,占2b,当前协议版本号为2。

(2) P：填充标志,占1b,如果P=1,则在该报文的尾部填充一个或多个额外的八位组,它们不是有效载荷的一部分。

(3) X：扩展标志,占1b,如果X=1,则在RTP报头后跟有一个扩展报头。

(4) CC：CSRC计数器,占4b,指示CSRC标识符的个数。

(5) M：标记,占1b,不同的有效载荷有不同的含义,对于视频,标记一帧的结束;对于音频,标记会话的开始。

(6) PT：有效荷载类型,占7b,用于说明RTP报文中有效载荷的类型,如GSM音频、JPEG图像等,在流媒体中大部分是用来区分音频流和视频流的,这样便于客户端进行解析。RTP的负载类型如表1-3所示。其中,A/V列中的A表示音频、V表示视频、? 表示未知。

表1-3　RTP的负载类型

负载类型	编码类型	A/V	时钟频率	声道数	参 考 文 档
0	PCMU	A	8000	1	[RFC3551]
1	Reserved				
2	Reserved				
3	GSM	A	8000	1	[RFC3551]

续表

负载类型	编码类型	A/V	时钟频率	声道数	参考文档
4	G723	A	8000	1	[Vineet_Kumar] [RFC3551]
5	DVI4	A	8000	1	[RFC3551]
6	DVI4	A	16000	1	[RFC3551]
7	LPC	A	8000	1	[RFC3551]
8	PCMA	A	8000	1	[RFC3551]
9	G722	A	8000	1	[RFC3551]
10	L16	A	44100	2	[RFC3551]
11	L16	A	44100	1	[RFC3551]
12	QCELP	A	8000	1	[RFC3551]
13	CN	A	8000	1	[RFC3389]
14	MPA	A	90000		[RFC3551] [RFC2250]
15	G728	A	8000	1	[RFC3551]
16	DVI4	A	11025	1	[Joseph_Di_Pol]
17	DVI4	A	22050	1	[Joseph_Di_Pol]
18	G729	A	8000	1	[RFC3551]
19	Reserved	A			
20	Unassigned	A			
21	Unassigned	A			
22	Unassigned	A			
23	Unassigned	A			
24	Unassigned	V			
25	CelB	V	90000		[RFC2029]
26	JPEG	V	90000		[RFC2435]
27	Unassigned	V			
28	nv	V	90000		[RFC3551]
29	Unassigned	V			
30	Unassigned	V			
31	H.261	V	90000		[RFC4587]
32	MPV	V	90000		[RFC2250]
33	MP2T	AV	90000		[RFC2250]
34	H.263	V	90000		[Chunrong_Zhu]
35～71	Unassigned	?			
72～76	Reserved for RTCP conflict avoidance				[RFC3551]
77～95	Unassigned	?			
96～127	dynamic	?			[RFC3551]

（7）序列号：占16b，用于标识发送者所发送的RTP报文的序列号，每发送一个报文，序列号增1。当这个字段目前层的承载协议用UDP时，如果网络状况不好，则可以用来检

查丢包。同时出现网络抖动的情况可以用来对数据进行重新排序,序列号的初始值是随机的,同时音频包和视频包的 sequence 是分别记数的。

(8) 时间戳(Timestamp):占 32b,必须使用 90kHz 时钟频率。时间戳反映了该 RTP 报文的第 1 个八位组的采样时刻。接收者使用时间戳来计算延迟和延迟抖动,并进行同步控制。

(9) 同步信源(SSRC)标识符:占 32b,用于标识同步信源。该标识符是随机选择的,参加同一视频会议的两个同步信源不能有相同的 SSRC。

(10) 贡献信源(CSRC)标识符:每个 CSRC 标识符占 32b,可以有 0~15 个。每个 CSRC 标识了包含在该 RTP 报文有效载荷中的所有贡献信源。

注意:基本的 RTP 说明并不定义任何头扩展本身,如果遇到 X=1,则需要特殊处理。

下面是一段示例码流,用十六进制显示如下:

```
80 e0 00 1e 00 00 d2 f0 00 00 00 00 41 9b 6b 49 €?....??....A?kI
e1 0f 26 53 02 1a ff 06 59 97 1d d2 2e 8c 50 01 ?.&S....Y?.?.?P.
cc 13 ec 52 77 4e e5 0e 7b fd 16 11 66 27 7c b4 ?.?RwN?.{?..f'|?
f6 e1 29 d5 d6 a4 ef 3e 12 d8 fd 6c 97 51 e7 e9 ??)????>.??1?Q??
cf c7 5e c8 a9 51 f6 82 65 d6 48 5a 86 b0 e0 8c ??^??Q??e?HZ????
```

各字节的值及对应的字段如表 1-4 所示。

表 1-4　RTP 示例码流的值及对应字段

十六进制	对应字段
80	V、P、X、CC
e0	M、PT
00 1e	SequenceNum
00 00 d2 f0	Timestamp
00 00 00 00	SSRC

把前两字节(0x80e0)换成二进制,即 1000 0000 1110 0000,按顺序解释,如表 1-5 所示。

表 1-5　示例码流的前两字节的二进制及对应字段

前两字节的二进制	对应字段
10	V,即版本是 2
0	P,填充标志,0 表示没有
0	X,扩展标志,0 表示没有
0000	CC,CSRC 计数器
1	M,标记位:对于视频,标记一帧的结束
110 0000	PT,有效荷载类型,这里的值为 96,代表 H.264

1.6.2　RTP 的会话过程

当应用程序建立一个 RTP 会话时,应用程序将确定一对目的传输地址。目的传输地址由一个网络地址和一对端口组成,有两个端口:一个给 RTP 包,另一个给 RTCP 包,使 RTP/RTCP 数据能够正确发送。RTP 数据发向偶数的 UDP 端口,而对应的控制信号 RTCP 数据发向相邻的奇数 UDP 端口(偶数的 UDP 端口+1),这样就构成了一个 UDP 端口对。RTP 的发送过程如下,接收过程则相反。

(1) RTP 从上层接收流媒体信息码流(如 H.264),封装成 RTP 数据包;RTCP 从上层接收控制信息,封装成 RTCP 控制包。

(2) RTP 将 RTP 数据包发往 UDP 端口对中的偶数端口;RTCP 将 RTCP 控制包发往 UDP 端口对中的接收端口。

1.7　RTCP 简介

RTCP 负责管理传输质量在当前应用进程之间交换控制信息。在 RTP 会话期间,各参与者周期性地传送 RTCP 包,包中含有已发送的数据包的数量、丢失的数据包的数量等统计资料,因此,服务器可以利用这些信息动态地改变传输速率,甚至改变有效载荷类型。RTP 和 RTCP 配合使用,能以有效的反馈和最小的开销使传输效率最佳化,故特别适合传送网上的实时数据。

当应用程序开始一个 RTP 会话时将使用两个端口:一个给 RTP,另一个给 RTCP。RTP 本身并不能为按顺序传送数据包提供可靠的传送机制,也不提供流量控制或拥塞控制,它依靠 RTCP 提供这些服务。在 RTP 的会话之间周期性地发放一些 RTCP 包以用来传监听服务质量和交换会话用户信息等。RTCP 包中含有已发送的数据包的数量、丢失的数据包的数量等统计资料,因此,服务器可以利用这些信息动态地改变传输速率,甚至改变有效载荷类型。RTP 和 RTCP 配合使用,它们能以有效的反馈和最小的开销使传输效率最佳化,因而特别适合传送网上的实时数据。根据用户间的数据传输反馈信息,可以制定流量控制策略,而会话用户信息的交互可以制定会话控制策略。

1.7.1　RTCP 的 5 种分组类型

RTP 需要 RTCP 为其服务质量提供保证,RTCP 的主要功能是服务质量的监视与反馈、媒体间的同步及多播组中成员的标识。在 RTP 会话期间,各参与者周期性地传送 RTCP 包。RTCP 包中含有已发送的数据包的数量、丢失的数据包的数量等统计资料,因此,各参与者可以利用这些信息动态地改变传输速率,甚至改变有效载荷类型。RTP 和 RTCP 配合使用,它们能以有效的反馈和最小的开销使传输效率最佳化,因而特别适合传送网上的实时数据。RTCP 也是用 UDP 来传送的,但 RTCP 封装的仅仅是一些控制信息,因而分组很短,所以可以将多个 RTCP 分组封装在一个 UDP 包中。在 RTCP 通信控制中,RTCP 的功能是通过不同的 RTCP 数据报实现的,有 5 种分组类型,如表 1-6 所示。

表 1-6 RTCP 的 5 种分组类型

类　　型	缩　　写	用　　途
200	SR(Sender Report)	发送端报告
201	RR(Receiver Report)	接收端报告
202	SDES(Source Description Items)	源描述
203	BYE	通知离开
204	APP	应用程序自定义

（1）SR：发送端报告,所谓发送端是指发出 RTP 数据报的应用程序或者终端,发送端同时也可以是接收端。

（2）RR：接收端报告,所谓接收端是指仅接收但不发送 RTP 数据报的应用程序或者终端。

（3）SDES：源描述,主要功能是作为会话成员有关标识信息的载体,如用户名、邮件地址、电话号码等,此外还具有向会话成员传达会话控制信息的功能。

（4）BYE：通知离开,主要功能是指示某个或者几个源不再有效,即通知会话中的其他成员自己将退出会话。

（5）APP：由应用程序自己定义,解决了 RTCP 的扩展性问题,并且为协议的实现者提供了很大的灵活性。

1.7.2 RTCP 包结构

上述 5 种分组的封装大同小异,下面只讲述 SR 类型,而其他类型可参考 RFC3550。发送端报告分组 SR(Sender Report)用来使发送端以多播方式向所有接收端报告发送情况。SR 分组的主要内容有相应的 RTP 流的 SSRC、RTP 流中最新产生的 RTP 分组的时间戳和 NTP、RTP 流包含的分组数和 RTP 流包含的字节数。RTCP 的头格式如图 1-9 所示。

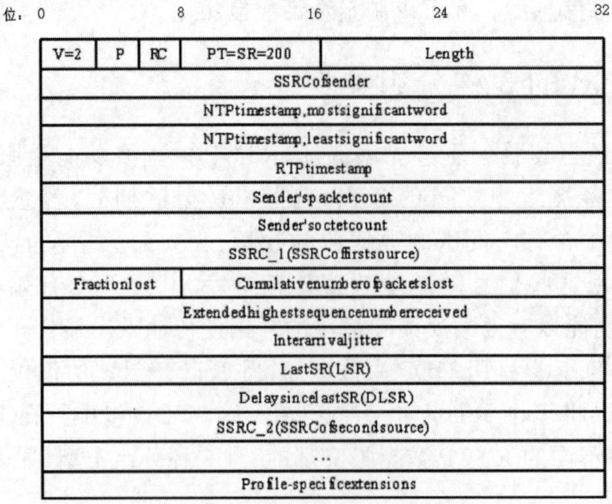

图 1-9 RTCP 的头格式

RTCP 头部格式的各个字段的解释如下。

(1) 版本(V)：同 RTP 包头域。

(2) 填充(P)：同 RTP 包头域。

(3) 接收报告计数器(RC)：5b,该 SR 包中的接收报告块的数目,可以为 0。

(4) 包类型(PT)：8b,SR 包是 200。

(5) 长度域(Length)：16b,其中存放的是该 SR 包以 32b 为单位的总长度减一。

(6) 同步源(SSRC)：SR 包发送者的同步源标识符。与对应 RTP 包中的 SSRC 一样。

(7) NTP Timestamp(Network Time Protocol)SR 包发送时的绝对时间值。NTP 的作用是同步不同的 RTP 媒体流。

(8) RTP Timestamp：与 NTP 时间戳对应,与 RTP 数据包中的 RTP 时间戳具有相同的单位和随机初始值。

(9) Sender's packet count：从开始发送包到产生这个 SR 包这段时间里,发送者发送的 RTP 数据包的总数。SSRC 改变时,这个域会被清零。

(10) Sender's octet count：从开始发送包到产生这个 SR 包这段时间里,发送者发送的净荷数据的总字节数(不包括头部和填充)。发送者改变其 SSRC 时,这个域要被清零。

(11) 同步源 n 的 SSRC 标识符：该报告块中包含的是从该源接收的包的统计信息。

(12) 丢失率(Fraction Lost)：表明从上一个 SR 或 RR 包发出以来从同步源 n(SSRC_n)来的 RTP 数据包的丢失率。

(13) 累计的包丢失数目：从开始接收到 SSRC_n 的包到发送 SR,从 SSRC_n 传过来的 RTP 数据包的丢失总数。

(14) 收到的扩展最大序列号：从 SSRC_n 收到的 RTP 数据包中最大的序列号。

(15) 接收抖动(Interarrival jitter)：RTP 数据包接收时间的统计方差估计。

(16) 上次 SR 时间戳(Last SR,LSR)：取最近从 SSRC_n 收到的 SR 包中的 NTP 时间戳的中间 32 比特。如果目前还没收到 SR 包,则该域会被清零。

(17) 上次 SR 以来的延时(Delay since Last SR,DLSR)：上次从 SSRC_n 收到 SR 包到发送本报告的时延。

## 第 2 章

VLC 及 FFplay 流媒体播放器

4min

常见的流媒体播放器主要包括 VLC 和 FFplay(基于 FFmpeg 开发的一款播放器),这两款播放器都开放源码,比较适合用来做技术研究。

2.1 VLC 播放器简介

VLC 是一款功能很强大的开源播放器,VLC 的全名是 Video Lan Client,是一个开源的跨平台的视频播放器。VLC 支持多种常见音视频格式,支持多种流媒体传输协议,也可当作本地流媒体服务器使用。官网下载网址为 https://www.videolan.org/。

2.1.1 VLC 播放器

VLC 多媒体播放器是 VideoLAN 计划的多媒体播放器。它支持众多音频与视频解码器及文件格式,并支持 DVD 影音光盘、VCD 影音光盘及各类流式协议。它也能作为单播或组播的流式服务器在 IPv4 或 IPv6 的高速网络连接下使用。它融合了 FFmpeg 的解码器与 libdvdcss 程序库,使其有播放多媒体文件及加密 DVD 影碟的功能。作为音视频的初学者,很有必要熟练掌握 VLC 这个工具。

2.1.2 VLC 的功能列表

VLC 是一款自由、开源的跨平台多媒体播放器及框架,可播放大多数多媒体文件、DVD、CD、VCD 及各类流媒体协议。VLC 支持大量的音视频传输、封装和编码格式,下面列出简要的功能列表。

(1) 操作系统包括 Windows、Windows CE、Linux、macOS、BEOS 和 BSD 等。

(2) 访问形式包括文件、DVD/VCD/CD、HTTP、FTP、TCP、UDP、HLS 和 RTSP 等。

(3) 编码格式包括 MPEG、DIVX、WMV、MOV、3GP、FLV、H.264 和 FLAC 等。

(4) 视频字幕包括 DVD、DVB、Text 和 Vobsub 等。

(5) 视频输出包括 DirectX、X11、XVideo、SDL、FrameBuffer 和 ASCII 等。

（6）控制界面包括 WxWidgets、Qt、Web、Telnet 和 Command line 等。

（7）浏览器插件包括 ActiveX 和 Mozilla 等。

2.1.3　VLC 播放网络串流

VLC 播放一个视频大致分为 4 个步骤：第 1 步是 access，即从不同的源获取流；第 2 步是 demux，也就是把通常合在一起的音频和视频分离（有的视频也包含字幕）；第 3 步是 decode，即解码，包括音频和视频的解码；第 4 步是 output，即输出，也分为音频和视频的输出（aout 和 vout）。

使用 VLC 可以很方便地打开网络串流，首先单击主菜单的"媒体"，选择"打开网络串流"（如图 2-1 所示），然后在弹出的对话框界面中输入"网络 URL"（如图 2-2 所示），单击"播放"按钮，即可看到播放的网络流效果（如图 2-3 所示）。测试地址为 CCTV1 高清频道的链接网址 http://ivi.bupt.edu.cn/hls/cctv1hd.m3u8。

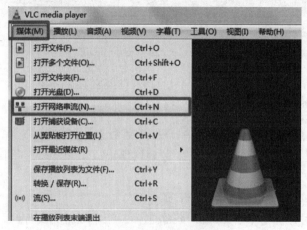

图 2-1　VLC 打开网络串流

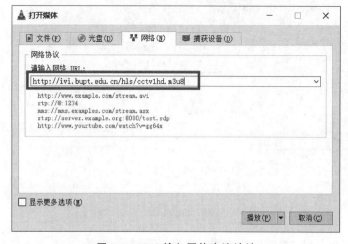

图 2-2　VLC 输入网络串流地址

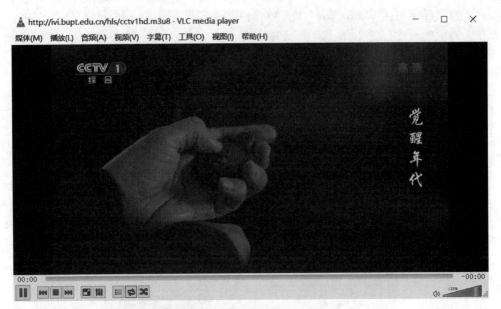

图 2-3　VLC 播放 CCTV1 高清频道

2.1.4　VLC 作为流媒体服务器

　　VLC 的功能很强大,不仅可以作为一个视频播放器,也可以作为一个小型的视频服务器,还可以一边播放一边转码,把视频流发送到网络上。VLC 作为视频服务器的具体步骤包括以下几步。

　　(1) 单击主菜单中的"流"下拉菜单选项。

　　(2) 在弹出的对话框中单击"添加"按钮,选择一个本地视频文件,如图 2-4 所示。

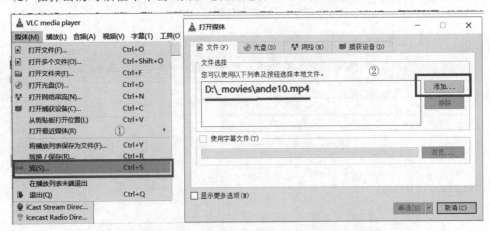

图 2-4　VLC 流媒体服务器之打开本地文件

（3）单击页面下方的"串流"下拉选项，添加串流协议，如图 2-5 所示。

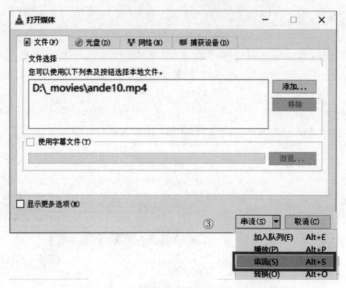

图 2-5　VLC 流媒体服务器之添加串流协议

（4）该页面会显示刚才选择的本地视频文件，然后单击"下一步"按钮，如图 2-6 所示。

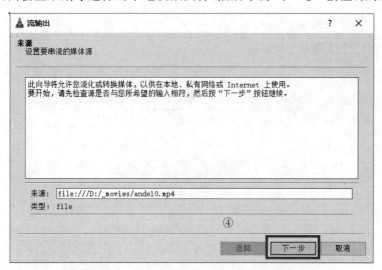

图 2-6　VLC 流媒体服务器之文件来源

（5）在该页面单击"添加"按钮，选择具体的流协议，例如 RTSP，然后单击"下一步"按钮，如图 2-7 所示。

（6）在该页面的下拉列表中选择"Video-H.264＋MP3(TS)"，然后单击"下一步"按钮，如图 2-8 所示。

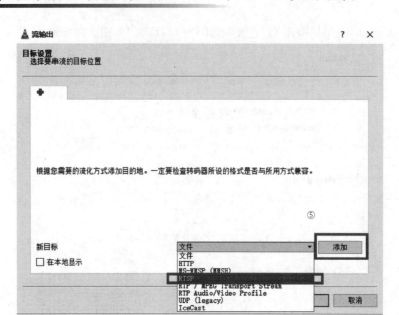

图 2-7　VLC 流媒体服务器之选择 RTSP

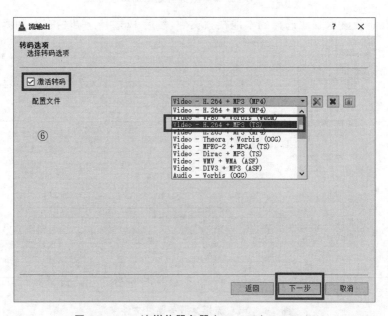

图 2-8　VLC 流媒体服务器之 H. 264＋MP3(TS)

注意：一定要选中"激活转码"复选框，并且需要选择 TS 流格式。

（7）在该页面可以看到 VLC 生成的所有串流输出参数，然后单击"流"按钮即可，如图 2-9 所示。

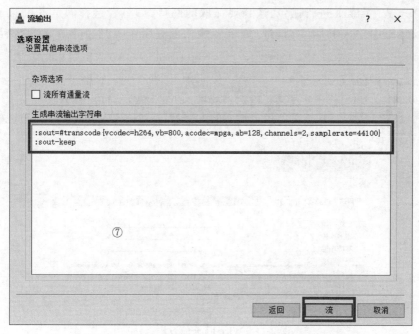

图 2-9　VLC 流媒体服务器之串流输出参数字符串

2.1.5　使用 Wireshark 抓包分析 RTSP 交互流程

使用 Wireshark 抓包分析 RTSP 交互流程的详细步骤如下。

(1) 首先配置 VLC 服务器，以此来推送 RTSP 流，如图 2-10 所示。

图 2-10　VLC 作为 RTSP 服务器进行推流

（2）打开 Wireshark 进行抓包，选择要抓取的网口（如笔者选择的是本机的 WLAN），在过滤器文本框中输入 host IP 地址（如笔者输入的是 host 192.168.1.4），然后按 Enter 键，如图 2-11 所示。

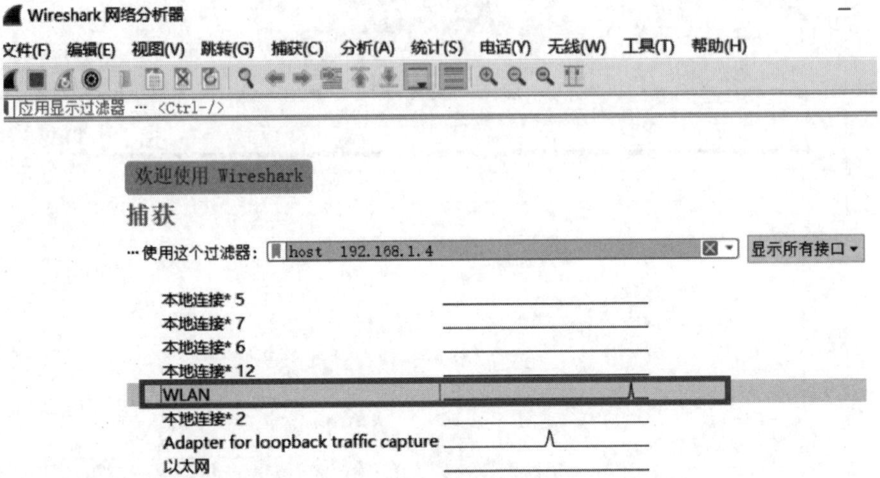

图 2-11　Wireshark 的过滤条件

（3）打开另外一个 VLC，单击主菜单中的"媒体"，选择"打开网络串流"下拉菜单项，如图 2-12 所示，然后在弹出页面的网络 URL 文本框中输入 rtsp://ip:port/test，开始请求 RTSP 流，如图 2-13 所示，然后单击"播放"按钮，这样就可以开始播放 RTSP 流了，如图 2-14 所示。

注意：此处的 IP 地址不能使用 localhost 或 127.0.0.1，否则 Wireshark 无法抓取到网络包。

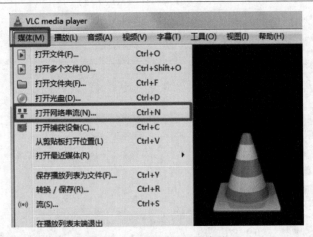

图 2-12　VLC 打开网络串流

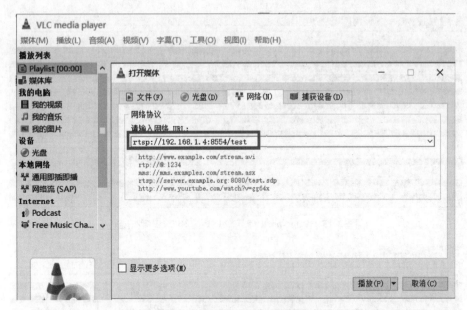

图 2-13 VLC 输入网络串流地址

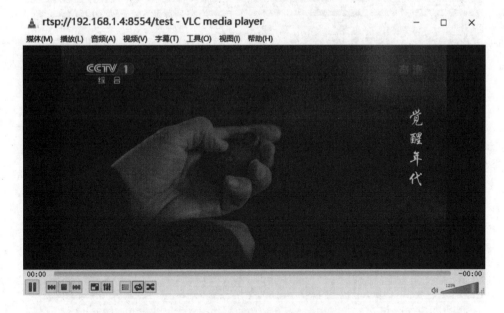

图 2-14 VLC 播放 RTSP 网络流

（4）打开 Wireshark，此时会发现捕获了很多数据包，包括 TCP、RTSP、RTP、RTCP 等类型，如图 2-15、图 2-16 和图 2-17 所示。

注意：有的 RTSP 服务器没有 GET_PARAMETER。

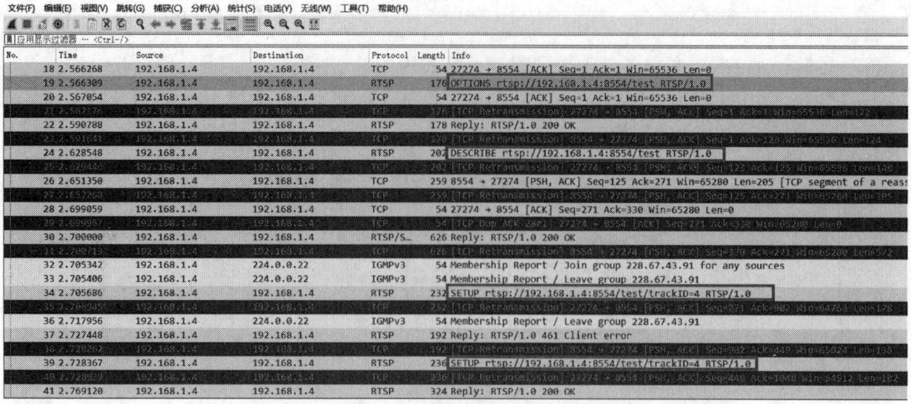

图 2-15　Wireshark 捕获 RTSP 的 SETUP 等消息

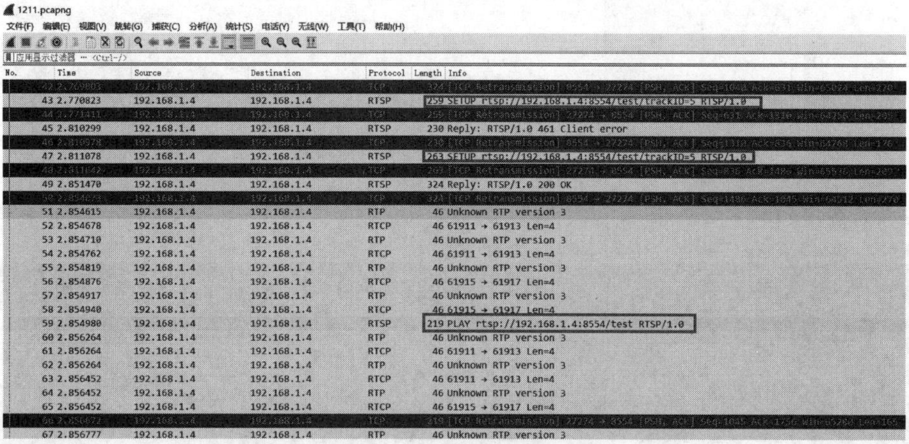

图 2-16　Wireshark 捕获 RTSP 的 PLAY 等消息

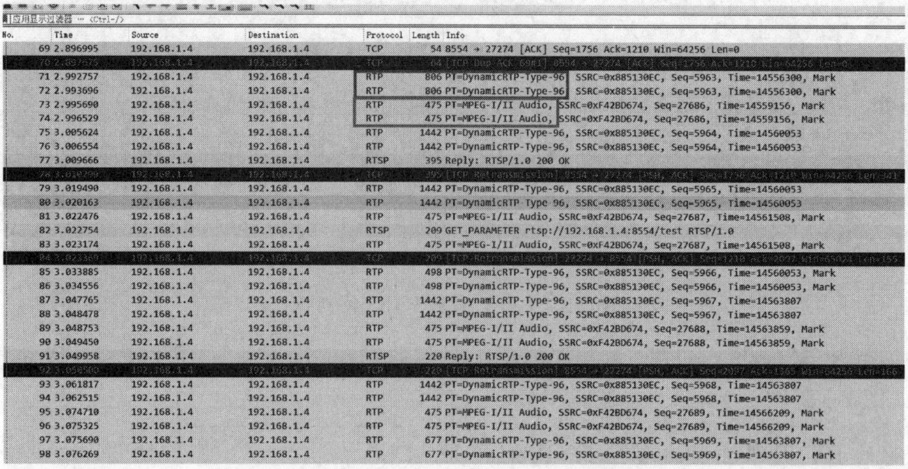

图 2-17　Wireshark 捕获 RTP 的音视频数据包

RTSP 交互的一般顺序是：OPTIONS→DESCRIBE→SETUP→PLAY→TEARDOWN。

RTSP 交互流程的示例代码如下：

```
//chapter2/wireshark.rtspAnalysis.txt
#OPTIONS:这个是选项,询问 RTSP 服务器支持哪些功能
OPTIONS rtsp://192.168.1.4:8554/test RTSP/1.0\r\n
CSeq: 2
User-Agent: LibVLC/2.2.4 (LIVE555 Streaming Media v2016.02.22)

#RTSP 服务器回复所支持的功能列表,以英文逗号分隔
RTSP/1.0 200 OK\r\n
CSeq: 2\r\n
Server: VLC/2.2.4\r\n
Public: DESCRIBE,SETUP,TEARDOWN,PLAY,PAUSE,GET_PARAMETER\r\n

#DESCRIBE:客户端请求服务器描述一下流的详细信息,可以接收 SDP 格式描述
DESCRIBE rtsp://192.168.1.4:8554/test RTSP/1.0\r\n
CSeq: 3
User-Agent: LibVLC/2.2.4 (LIVE555 Streaming Media v2016.02.22)
Accept: application/sdp

###注意,以下信息,有的 RTSP 服务器会提供鉴权认证,有的不需要
#服务器回答,客户端没有认证(用户密码),401 代表没有鉴权认证
RTSP/1.0 401 Unauthorized
CSeq: 3
WWW-Authenticate: Digest realm = "1868cb21d4df", nonce = "cfbaf30c677edba80dbd7f0eb1df5db6",
stale = "FALSE"
WWW-Authenticate: Basic realm = "1868cb21d4df"

#服务器回答,客户端没有认证(用户密码),401 代表没有鉴权认证
RTSP/1.0 200 OK
CSeq: 3
Content-Type: application/sdp
Content-Base: Content-Base: rtsp://192.168.1.4:8554/test\r\n
Content-Length: 572

v = 0
o = - 1495555727123750 1495555727123750 IN IP4 192.168.1.4
s = Media Presentation
e = NONE
b = AS:5050
t = 0 0
a = control:rtsp://192.168.1.4:8554/test
m = video 0 RTP/AVP 96
c = IN IP4 0.0.0.0
b = AS:5000
a = recvonly
a = x-dimensions:1280,720
```

```
a = control:rtsp://192.168.1.4:8554/test/av_stream/trackID = 4
a = rtpmap:96 H.264/90000
a = fmtp:96 profile - level - id = 420029; packetization - mode = 1; sprop - parameter - sets =
Z00AKpWoHgCJ + WEAAAcIAAFfkAQ = ,aO48gA ==
a = Media_header:MEDIAINFO = 494D4B480102000004000001000000000000000000000000000000000000-
00000000000000000000;
a = appversion:1.0
#RTSP 服务器应答,SDP 描述详细的音视频流信息
#里面有各种信息,这里只有一路视频,720p,H.264 编码
#96 是视频流 ID,这符合规范,mediainfo 是 SPS、PPS 等的相关信息

#SETUP:请求 RTSP 服务器来建立连接,指定传输机制 RTP/AVP 和端口号
SETUP rtsp://192.168.1.4:8554/test/trackID = 4 RTSP/1.0\r\n
CSeq: 5
User - Agent: LibVLC/2.2.4 (LIVE555 Streaming Media v2016.02.22)
Transport: Transport: RTP/AVP;unicast;client_port = 61910 - 61911

#服务器响应 SETUP 请求,并指定端口号,告诉客户端可以发起 PLAY 请求
RTSP/1.0 200 OK
Server: VLC/2.2.4\r\n
CSeq: 5
Transport: RTP/AVP/UDP;unicast;client_port = 61910 - 61911;server_port = 61912 - 61913;ssrc =
F42BD674;mode = play
Session: 16e2af332b91410f;timeout = 60
Cache - Control: no - cache\r\n
Date: Thu, 06 Jan 2022 08:12:20 GMT\r\n

#PLAY:客户端告诉服务器以 SETUP 指定的机制开始发送数据
#还可以用关键字 Range 指定 PLAY 的范围
PLAY rtsp://192.168.1.4:8554/test RTSP/1.0\r\n
CSeq: 8
User - Agent: LibVLC/2.2.4 (LIVE555 Streaming Media v2016.02.22)
Session: 16e2af332b91410f
Range: npt = 0.000 -

#服务器响应 PLAY 消息,包括初始的随机序列号和随机时间戳
RTSP/1.0 200 OK
CSeq: 8
Session: 16e2af332b91410f;timeout = 60
RTP - Info: url = rtsp://192.168.1.4:8554/test/trackID = 4;seq = 27686;rtptime = 14548000\r\
nDate: Thu, 06 Jan 2022 08:12:20 GMT\r\n
Cache - Control: no - cache\r\n
Content - length: 0

#TEARDOWN:客户端请求终止,并释放相关资源
```

```
TEARDOWN rtsp://192.168.1.4:8554/test RTSP/1.0\r\n
CSeq: 10
User - Agent: LibVLC/2.2.4 (LIVE555 Streaming Media v2016.02.22)
Session: 16e2af332b91410f


♯服务器响应:已经关闭这个会话 Session(16e2af332b91410f)
RTSP/1.0 200 OK\r\n
Server: VLC/2.2.4\r\n
CSeq: 10\r\n
Cache - Control: no - cache\r\n
Session: 16e2af332b91410f;timeout = 60
Date: Thu, 06 Jan 2022 08:12:42 GMT\r\n
```

1. OPTIONS

OPTIONS 一般为 RTSP 客户端发起的第 1 条请求指令,该指令的目的是得到服务器端提供了哪些方法。OPTIONS 的抓包信息,请求的服务器的 URI 为 rtsp://192.168.1.4:8554; RTSP 的版本号为 RTSP/1.0;CSeq 为数据包的序列号,由于是第 1 个请求包,所以此处为 1;User-Agent 用户代理的值为 LibVLC/2.2.4。OPTIONS 的回复信息遵循 RTSP response 消息的格式,第 1 行回复 RTSP 的版本、状态码、状态描述,然后是序列号,与 OPTION 请求中的序列号相同;之后是 Public 字段,用于描述服务器当前提供了哪些方法;最后是 Date 字段,表示日期。具体的抓包信息如图 2-18 所示。

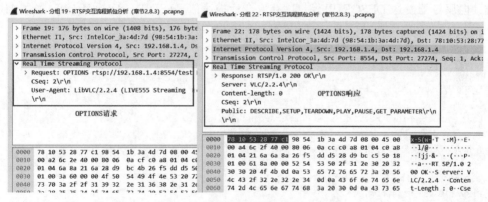

图 2-18　OPTIONS 请求和响应消息

OPTIONS 的示例代码如下:

```
//chapter2/wireshark.options.txt
♯ OPTIONS 请求
OPTIONS rtsp://192.168.1.4:8554/test RTSP/1.0\r\n
CSeq: 1\r\n
User - Agent: Lavf58.42.100\r\
```

```
＃OPTIONS 响应
RTSP/1.0 200 OK\r\n
CSeq: 1\r\n
Public: OPTIONS, DESCRIBE, PLAY, PAUSE, SETUP, TEARDOWN, SET_PARAMETER, GET_PARAMETER\r\n
Date: Fri, Apr 10 2022 19:07:19 GMT\r\n
```

OPTIONS 的请求消息各个字段的描述信息如下。

（1）OPTIONS：标识请求命令的类型。

（2）RTSP URI：请求的服务器端的 URI，以 rtsp://开头的地址，一般为 rtsp://ip:554（rtsp 默认端口号）。

（3）RTSP VER：标识 RTSP 版本号，一般常见 RTSP/1.0。

（4）CSeq：数据包序列号，由于 OPTIONS 一般而言为 RTSP 请求的第 1 条指令，所以针对 OPTIONS，该值为 1，有的服务器设定为 2。

（5）User-Agent：用户代理。

在 OPTIONS 回复的消息中，RTSP 版本为 RTSP/1.0；状态码为 200，表示正常；状态描述字符为 OK；CSeq 的值为 1，与 OPTIONS 请求中的序列号一致；Public 表示服务器端支持的方法，此处有 OPTIONS、DESCRIBE、PLAY、PAUSE、SETUP、TEARDOWN、GET_PARAMETER 等，表示 RTSP 服务器支持这些方法；Date 表示日期和时间。

2. DESCRIBE

客户端发起 OPTIONS 请求后，得到了 RTSP 服务器支持的指令。在此之后，客户端会继续向服务器发送 DESCRIBE 消息，获取会话描述信息（SDP）。DESCRIBE 的示例代码如下：

```
//chapter2/wireshark.describe.txt
＃DESCRIBE 请求
DESCRIBE rtsp://192.168.1.4:8554/test RTSP/1.0\r\n
CSeq: 3
User‐Agent: LibVLC/2.2.4 (LIVE555 Streaming Media v2016.02.22)
Accept: application/sdp
＃DESCRIBE:客户端请求服务器描述一下流的详细信息,可以接收 SDP 格式描述

＃＃＃注意,以下信息,有的 RTSP 服务器会提供鉴权认证,有的不需要
RTSP/1.0 401 Unauthorized
CSeq: 3
WWW‐Authenticate: Digest realm = "1868cb21d4df", nonce = "cfbaf30c677edba80dbd7f0eb1df5db6",
stale = "FALSE"
WWW‐Authenticate: Basic realm = "1868cb21d4df"
＃服务器回答,客户端没有认证(用户密码),401 代表没有鉴权认证

＃DESCRIBE 响应
RTSP/1.0 200 OK
CSeq: 3
Content‐Type: application/sdp
```

```
Content – Base: Content – Base: rtsp://192.168.1.4:8554/test\r\n
Content – Length: 572
＃＃＃注意,以下是正文信息,格式为 SDP
v = 0
o = − 1495555727123750 1495555727123750 IN IP4 192.168.1.4
s = Media Presentation
e = NONE
b = AS:5050
t = 0 0
a = control:rtsp://192.168.1.4:8554/test
m = video 0 RTP/AVP 96
c = IN IP4 0.0.0.0
b = AS:5000
a = recvonly
a = x – dimensions:1280,720
a = control:rtsp://192.168.1.4:8554/test/av_stream/trackID = 4
a = rtpmap:96 H.264/90000
a = fmtp:96 profile – level – id = 420029; packetization – mode = 1; sprop – parameter – sets =
ZOOAKpWoHgCJ + WEAAAcIAAFfkAQ = ,aO48gA ==
a = Media_header:MEDIAINFO = 494D4B480102000004000001000000000000000000000000000000000-
00000000000000000000000;
a = appversion:1.0
＃RTSP 服务器应答,SDP 用于描述详细的音视频流信息
＃里面有各种信息,这里只有一路视频,720p,H.264 编码
＃96 是视频流 ID,这符合规范,mediainfo 是 SPS、PPS 的加密信息
```

DESCRIBE 请求消息首先用 DESCRIBE 描述请求类型,然后在 URI 中描述请求的服务器端地址;RTSP_VER 表示 RTSP 的版本号,加入\r\n 表示消息头结束。DESCRIBE 请求的消息体包含以下字段。

(1) Accept:指明接收数据的格式,如 application/sdp 表示接收 SDP 信息,之后加入\r\n 表示此条目结束。

(2) CSeq:RTSP 序列号,一般 DESCRIBE 包在 RTSP 请求过程中的序列号为 2,之后加入\r\n 表示此条目结束。

(3) User-Agent:指明用户代理,由于是最后一个条目,所以加入两组\r\n 表示结束。

对于 DESCRIBE 消息,服务器端的回复有两种可能。如果需要认证,则首先返回 401,并要求客户端认证,客户端再次发送包含认证信息的 DESCRIBE 指令,服务器端收到带认证信息的 DESCRIBE 请求,将 SDP 信息返回给客户端;如果不需要认证,则直接返回 SDP,如图 2-19 所示。

对于需要认证的情况,RTSP 服务器端发送回复消息,状态码为 401,状态描述为 Unauthorized(未认证);包序列号与 DESCRIBE 请求中的序号相同;发回 WWW-Authenticate 消息,告诉客户端认证所需信息;发回日期。客户端收到该消息之后,需要再次向服务器发送 DESCRIBE 请求,这一次消息体要增加 Authorization 字段,realm 和 nonce 填上一步服务器返回的 WWW-Authenticate 消息。服务器端收到带认证信息的

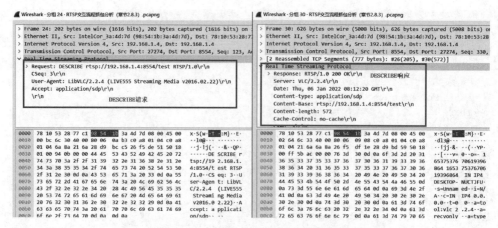

图 2-19　DESCRIBE 请求和响应消息

DESCRIBE 请求之后，如果信息正确，则会回复消息 200 OK，同时返回 SDP 信息。此时返回的状态码为 200，状态描述为 OK，包序列号与 DESCRIBE 请求的序列号相同，表示对该请求的回复，主要包含以下字段：

（1）Content-type 表示回复内容类型，值为 application/sdp。

（2）Content-Base：一般用 RTSP URI 表示。

（3）Content-length 表示返回的 SDP 信息的长度。

对于需要认证的情况，DESCRIBE 的请求和响应消息的示例代码如下：

```
//chapter2/wireshark.describeWithAuthorization.txt
#第 1 次 DESCRIBE 请求
DESCRIBE rtsp://192.168.1.4:8554/test RTSP/1.0
Accept: application/sdp
CSeq: 2
User-Agent: Lavf58.42.100
#DESCRIBE:客户端请求服务器描述一下流的详细信息,可以接收 SDP 格式描述


#服务器端回复的 401 消息
RTSP/1.0 401 Unauthorized
CSeq: 2
WWW-Authenticate: Digest realm = "IP Camera(23306)", nonce = "a946c352dd3ad04cf9830d5e72ffb11e",
stale = "FALSE"
Date: Fri, Apr 10 2021 19:07:19 GMT


#第 2 次 DESCRIBE 请求
DESCRIBE rtsp://192.168.1.4:8554/test RTSP/1.0
Accept: application/sdp
CSeq: 3
User-Agent: Lavf58.42.100
```

```
Authorization: Digest username = " admin", realm = " IP Camera ( 23306 )", nonce =
"a946c352dd3ad04cf9830d5e72ffb11e", uri = " rtsp://192.168.1.4:8554/test", response =
"8f1987b6da1aeb3f3744e1307d850281"


#服务器端验证 OK 消息
RTSP/1.0 200 OK
CSeq: 3
Content - Type: application/sdp
Content - Base: rtsp://192.168.1.4:8554/test
Content - Length: 712


v = 0
o = -  1586545639954157 1586545639954157 IN IP4 192.168.1.4
s = Media Presentation
e = NONE
b = AS:5100
t = 0 0
a = control:rtsp://192.168.1.4:8554/test
m = video 0 RTP/AVP 96
c = IN IP4 0.0.0.0
b = AS:5000
a = recvonly
a = x - dimensions:1920,1080
a = control:rtsp://192.168.1.4:8554/trackID = 1
a = rtpmap:96 H.264/90000
a = fmtp:96 profile - level - id = 420029; packetization - mode = 1; sprop - parameter - sets =
Z01AKI2NQDwBE/LgLcBAQFAAAD6AAAw1DoYACYFAABfXgu8uNDAATAoAAL68F3lwoA == ,a044gA ==
m = audio 0 RTP/AVP 8
c = IN IP4 0.0.0.0
b = AS:50
a = recvonly
a = control:rtsp://192.168.1.4:554/test/trackID = 2
a = rtpmap:8 PCMA/8000
a = Media_header:MEDIAINFO = 494D4B480103000004000001117110110401F000000FA00000000000000-
0000000000000000000000000;
a = appversion:1.0
```

3. SETUP

SETUP 请求的作用是指明媒体流该以什么方式传输；每个流 PLAY 之前必须执行 SETUP 操作；当发送 SETUP 请求时，客户端会指定两个端口，一个端口用于接收 RTP 数据；另一个端口用于接收 RTCP 数据，偶数端口用来接收 RTP 数据，相邻的奇数端口用于接收 RTCP 数据。SETUP 的示例代码如下：

```
//chapter2/wireshark.setup.txt
#SETUP 请求
```

```
♯SETUP:请求 RTSP 服务器来建立连接,指定传输机制 RTP/AVP 和端口号
SETUP rtsp://192.168.1.4:8554/test/trackID = 4 RTSP/1.0\r\n
CSeq: 5
User‐Agent: LibVLC/2.2.4 (LIVE555 Streaming Media v2016.02.22)
Transport: Transport: RTP/AVP;unicast;client_port = 61910 − 61911


♯SETUP 响应
♯服务器响应 SETUP 请求,并指定端口号,告诉客户端可以发起 PLAY 请求
RTSP/1.0 200 OK
Server: VLC/2.2.4\r\n
CSeq: 5
Transport: RTP/AVP/UDP;unicast;client_port = 61910 − 61911;server_port = 61912 − 61913;ssrc =
F42BD674;mode = play
Session: 16e2af332b91410f;timeout = 60
Cache‐Control: no‐cache\r\n
Date: Thu, 06 Jan 2022 08:12:20 GMT\r\n
```

SETUP 交互流程的抓包信息如图 2-20 所示。

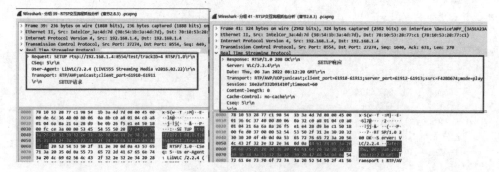

图 2-20　SETUP 请求和响应消息

SETUP 请求消息主要包括以下字段:

(1) SETUP 表明消息类型。

(2) URI 表示请求的 RTSP 服务器的地址。

(3) RTSP_VER 表明 RTSP 的版本。

(4) TRANSPORT 表明媒体流的传输方式,具体包括传输协议,如 RTP/UDP;指出是单播,组播还是广播;声明两个端口,一个是奇数,用于接收 RTCP 数据,另一个是偶数,用于接收 RTP 数据。

(5) CSeq 数据包请求序列号。

(6) User-Agent 指明用户代理。

(7) Session 表示会话 ID。

(8) Authorization 表示认证信息。

在该 SETUP 请求中,Transport 字段声明了两个端口,即 61910 和 61911,同时指明了

通过 UDP 发送 RTP 数据,61910 端口用来接收 RTP 数据,61911 端口用来接收 RTCP 数据,unicast 表示传输方式为单播。

SETUP 请求之后,如果没有异常情况,则 RTSP 服务器的回复比较简单,通常回复 200 OK 消息,同时在 Transport 字段中增加 sever_port,指明对等的服务器端 RTP 和 RTCP 传输的端口,增加 ssrc 字段,增加 mode 字段,同时返回一个 session id,用于标识本次会话连接,之后当客户端发起 PLAY 请求时需要使用该字段。

4. PLAY

SETUP 可以说是 PLAY 的准备流程,只有 SETUP 请求被成功回复之后,客户端才可以发起 PLAY 请求。PLAY 消息是客户端发送的播放请求,发送播放请求时可以指定播放区间。发起播放请求后,如果连接正常,则服务器端开始播放,即开始向客户端按照之前在 TRANSPORT 中约定好的方式发送音视频数据包,播放流程便正式开始。PLAY 的示例代码如下:

```
//chapter2/wireshark.play.txt
#客户端的 PLAY 请求信息
#PLAY:客户端告诉服务器以 SETUP 指定的机制开始发送数据
#还可以用关键字 Range 指定 PLAY 的范围
PLAY rtsp://192.168.1.4:8554/test RTSP/1.0\r\n
CSeq: 8
User-Agent: LibVLC/2.2.4 (LIVE555 Streaming Media v2016.02.22)
Session: 16e2af332b91410f
Range: npt = 0.000 -


#服务器端的 PLAY 响应信息
#服务器响应 PLAY 消息,包括初始的随机序列号和随机时间戳
RTSP/1.0 200 OK
CSeq: 8
Session: 16e2af332b91410f;timeout = 60
RTP-Info: url = rtsp://192.168.1.4:8554/test/trackID = 4;seq = 27686;rtptime = 14548000\r\n
Date: Thu, 06 Jan 2022 08:12:20 GMT\r\n
Cache-Control: no-cache\r\n
Content-length: 0
```

PLAY 交互流程的抓包信息如图 2-21 所示。

PLAY 请求消息主要包括以下字段:

(1) RTSP URI 表明请求的 RTSP 地址。

(2) RTSP version 表明版本号。

(3) CSeq 表示请求的序列号。

(4) User-Agent 表示用户代理。

(5) Session 表示会话 id,值为 SETUP 请求之后,服务器端返回的 session id 的值。

(6) Authorization 表示认证信息。

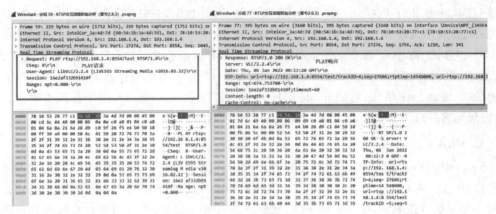

图 2-21 PLAY 请求和响应消息

（7）Range 是 PLAY 消息特有的，代表请求播放的时间段，使用 ntp 时间来表示。Range 的值为 ntp=0.0000-，表示从开始播放，默认一直播放。

客户端发送 PLAY 请求之后，服务器端会回复 RTSP 消息，常见的回复字段格式如下：

（1）RTSP version 表示 RTSP 的版本。

（2）状态码表示当前消息的状态，在没有异常的情况下一般为 200。

（3）状态描述是针对状态码的描述，如 200 对应的描述为 OK。

（4）CSeq 表示 RTSP 包的序列号。

（5）Session 表示会话 ID，即 SETUP 返回时确定的 ID。

（6）RTP-Info 表示 RTP 播放音视频流的详细信息。

（7）Date 表示日期。

5. TREADOWN

TEARDOWN 对于 RTSP 而言，就是结束流传输，同时释放与之相关的资源，TEARDWON 之后，整个 RTSP 连接随之结束。TEARDOWN 的示例代码如下：

```
//chapter2/wireshark.teardown.txt
♯TEARDOWN:客户端请求终止播放，并释放相关资源
TEARDOWN rtsp://192.168.1.4:8554/test RTSP/1.0\r\n
CSeq: 10
User－Agent: LibVLC/2.2.4 (LIVE555 Streaming Media v2016.02.22)
Session: 16e2af332b91410f


♯服务器响应:已经关闭这个会话 Session(16e2af332b91410f)
RTSP/1.0 200 OK\r\n
Server: VLC/2.2.4\r\n
CSeq: 10\r\n
Cache－Control: no－cache\r\n
Session: 16e2af332b91410f;timeout=60
Date: Thu, 06 Jan 2022 08:12:42 GMT\r\n
```

TEARDOWN 交互流程的抓包信息如图 2-22 所示。

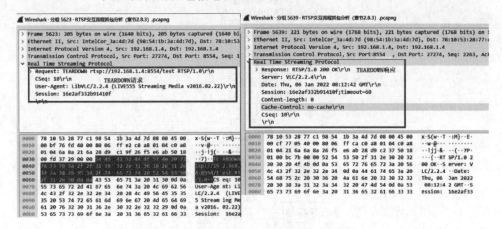

图 2-22　TEARDOWN 请求和响应消息

在 TEARDOWN 的请求消息中,URI 表示资源地址;RTSP 表示版本号;CSeq 表示序列号;Authorization 表示认证信息;User-Agent 表示用户代理;Session 表示会话 ID (SETUP 消息请求之后 RTSP Sever 返回的会话 ID)。

TEARDOWN 的响应消息中包含 RTSP 版本号、状态码及针对状态码的描述;同时返回消息的序列号(对应请求序列号)及 session id;另外还返回日期信息。如果服务器端正常返回该消息,则此次 RTSP 连接消息结束后相关资源会被释放。

注意:以上几条消息比较常用,其他消息读者可以自行抓包分析。

2.2　FFplay 播放原理简介

绝大多数的视频播放器,如 VLC、MPlayer 和 Xine,也包括 DirectShow,在播放视频的原理和架构上是非常相似的。当视频播放器播放一个互联网上的视频文件时通常需要经过几个步骤,包括解协议、解封装、音视频解码、音视频同步和音视频输出。

2.2.1　视频播放器简介

视频播放器播放本地视频文件或互联网上的流媒体大概需要解协议、解封装、解码、音视频同步等几个步骤,如图 2-23 所示。

1. 解协议

解协议是指将流媒体协议的数据解析为标准的封装格式数据。当音视频在网络上传播时,常采用各种流媒体协议,例如 HTTP、RTMP、RTMP、MMS 等。这些协议在传输视音频数据的同时,也会传输一些信令数据。这些信令数据包括对播放的控制(播放、暂停、停

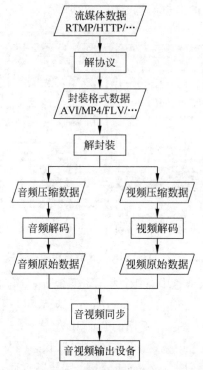

图 2-23 视频播放流程图

止），或者对网络状态的描述等。解协议的过程中会除掉信令数据而只保留视音频数据。例如采用 RTMP 传输的数据，经过解协议操作后，输出 FLV 格式的数据。

注意："文件"本身也是一种"协议"，常见的流媒体协议有 HTTP、RTSP、RTMP 等。

2. 解封装

解封装是指将输入的封装格式的数据分离成音频流压缩编码数据和视频流压缩编码数据。封装格式的种类很多，例如 MP4、MKV、RMVB、TS、FLV、AVI 等，其作用就是将已经压缩编码的视频数据和音频数据按照一定的格式放到一起。例如 FLV 格式的数据，经过解封装操作后，输出 H.264 编码的视频码流和 AAC 编码的音频码流。

3. 解码

解码是指将视频/音频压缩编码数据解码成非压缩的视频/音频原始数据。音频的压缩编码标准包含 AAC、MP3、AC-3 等，视频的压缩编码标准则包含 H.264、MPEG2、VC-1 等。解码是整个系统中最重要也是最复杂的一个环节。通过解码，压缩编码的视频数据被输出为非压缩的颜色数据，例如 YUV420p 和 RGB 等；压缩编码的音频数据被输出为非压缩的音频抽样数据，例如 PCM 数据。

4. 音视频同步

根据解封装模块处理过程中获取的参数信息，同步解码出来视频和音频数据，并将视频和音频数据送至系统的显卡和声卡播放出来。为什么需要音视频同步？媒体数据经过解复用流程后，音频/视频解码便是独立的，也是独立播放的，而在音频流和视频流中，其播放速度都是由相关信息指定的，例如视频是根据帧率，而音频是根据采样率。从帧率及采样率，即可知道视频/音频播放速度。声卡和显卡均是以一帧数据来作为播放单位，如果单纯依赖帧率及采样率进行播放，则在理想条件下应该是同步的，不会出现偏差。

下面以一个 44.1kHz 的 AAC 音频流和 24f/s 的视频流为例来说明。如果一个 AAC 音频 frame 每个声道包含 1024 个采样点，则一个 frame 的播放时长为（1024/44100）× 1000ms≈23.22ms，而一个视频 frame 播放时长为 1000ms/24≈41.67ms。在理想情况下，音视频完全同步，但在实际情况下，如果用上面那种简单的方式，慢慢地就会出现音视频不同步的情况，要么是视频播放快了，要么是音频播放快了。可能的原因包括一帧的播放时间难以精准控制；音视频解码及渲染的耗时不同，可能造成每帧输出有一点细微差距，长久累积，不同步便越来越明显；音频输出是线性的，而视频输出可能是非线性的，从而导致有偏差；媒体流本身音视频有差距（特别是 TS 实时流，音视频能播放的第 1 个帧起点不同），所以为了解决音视频同步问题，引入了时间戳，它包括几个特点：首先选择一个参考时钟（要求参考时钟上的时间是线性递增的）；编码时依据参考时钟给每个音视频数据块都打上时间戳；播放时，根据音视频时间戳及参考时钟来调整播放，所以视频和音频的同步实际上是一个动态的过程，同步是暂时的，不同步则是常态。

2.2.2　FFmpeg 播放架构与原理

FFplay 是使用 FFmpeg API 开发的功能完善的开源播放器。FFplay 源代码包含多个线程，如图 2-24 所示，扮演角色如下：read_thread 线程扮演着图中 Demuxer 的角色；video_thread 线程扮演着图中 Video Decoder 的角色；audio_thread 线程扮演着图中 Audio Decoder 的角色。主线程中的 event_loop 函数循环调用 refresh_loop_wait_event，扮演着视频渲染的角色。回调函数 sdl_audio_callback 扮演图中音频播放的角色。VideoState 结构体变量扮演着各个线程之间的信使。

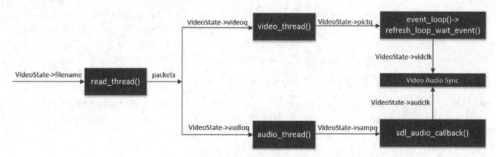

图 2-24　FFplay 基本架构图

（1）read_thread 线程负责读取文件内容，将 video 和 audio 内容分离出来以生成 packet，将 packet 输出到 packet 队列中，包括 Video Packet Queue 和 Audio Packet Queue，

不考虑 subtitle。

（2）video_thread 线程负责读取 Video Packets Queue 队列，将 video packet 解码得到 Video Frame，将 Video Frame 输出到 Video Frame Queue 队列中。

（3）audio_thread 线程负责读取 Audio Packets Queue 队列，将 audio packet 解码得到 Audio Frame，将 Audio Frame 输出到 Audio Frame Queue 队列中。

（4）主线程→event_loop→refresh_loop_wait_event 负责读取 Video Frame Queue 中的 video frame，调用 SDL 进行显示，其中包括音视频同步控制的相关操作。

（5）SDL 的回调函数 sdl_audio_callback 负责读取 Audio Frame Queue 中的 audio frame，对其进行处理后，将数据返给 SDL，然后由 SDL 进行音频播放。

1. FFplay 播放器的流程及线程

FFplay 播放器的整体流程和步骤如下：

（1）打开视频文件或者网络流。

（2）解封装：从文件或者网络流读取音频包和视频包，并放入对应缓冲区。

（3）音频解码和视频解码：将解码后的视频帧和音频帧放入各自的队列以等待播放。

（4）先对音视频帧进行重采样或格式转换，然后进行画面的渲染和音频的播放。

2. FFplay 播放器的命令简介

FFplay 播放器的命令行使用方式，代码如下：

```
ffplay [选项] ['输入文件']
```

FFplay 播放器的通用选项，代码如下：

```
//chapter2/help - others.txt
01.'- L'                              //显示 license
02.'- h, - ?, - help, -- help [arg]'  //打印帮助信息；可以指定一个参数 arg,如果不指定,则只
                                      //打印基本选项
03.                                   //可选的 arg 选项
04.'long'                             //除基本选项外,还将打印高级选项
05.'full'                             //打印一个完整的选项列表,包含 encoders, decoders
                                      //demuxers, muxers, filters 等的共享及私有选项
06.'decoder = decoder_name'           //打印名称为 "decoder_name" 的解码器的详细信息
07.'encoder = encoder_name'           //打印名称为 "encoder_name" 的编码器的详细信息
08.'demuxer = demuxer_name'           //打印名称为 "demuxer_name" 的 demuxer 的详细信息
09.'muxer = muxer_name'               //打印名称为 "muxer_name" 的 muxer 的详细信息
10.'filter = filter_name'             //打印名称为 "filter_name" 的过滤器的详细信息
11.'- colors'                         //显示认可的颜色名称
12.'- version'                        //显示版本信息
13.'- formats'                        //显示有效的格式
14.'- codecs'                         //显示 libavcodec 已知的所有编解码器
15.'- decoders'                       //显示有效的解码器
16.'- encoders'                       //显示有效的编码器
```

```
17. '- bsfs'                  //显示有效的比特流过滤器
18. '- protocols'             //显示有效的协议
19. '- filters'              //显示 libavfilter 有效的过滤器
20. '- pix_fmts'             //显示有效的像素格式
21. '- sample_fmts'          //显示有效的采样格式
22. '- layouts'             //显示通道名称及标准通道布局
23. '- hide_banner'          //禁止打印欢迎语;也就是禁止默认会显示的版权信息、编译选项
                             //及库版本信息等
```

FFplay 播放器的主要选项,代码如下:

```
//chapter2/help-others.txt
01. '- x width'               //强制以 "width" 宽度显示
02. '- y height'              //强制以 "height" 高度显示
03. '- an'                    //禁止音频
04. '- vn'                    //禁止视频
05. '- ss pos'               //跳转到指定的位置(s)
06. '- t duration'           //播放 "duration" 秒音/视频
07. '- bytes'                //按字节跳转
08. '- nodisp'              //禁止图像显示(只输出音频)
09. '- f fmt'                //强制使用 "fmt" 格式
10. '- window_title title'    //设置窗口标题(默认为输入文件名)
11. '- loop number'          //循环播放 "number" 次(0 将一直循环)
12. '- showmode mode'        //设置显示模式
13.                          //默认值为 'video',可以在播放进行时,按 "W" 键在这几种模式间
                             //切换
14. '- i input_file'         //指定输入文件
```

FFplay 播放器的一些高级选项,代码如下:

```
//chapter2/help-others.txt
1. '- sync type'             //将主时钟设置为音频、视频或者外部,默认为音频.进行音视频同步
2. '- threads count'         //设置线程个数
3. '- autoexit'              //播放完成后自动退出
4. '- exitonkeydown'         //任意键按下时退出
5. '- exitonmousedown'       //任意鼠标按键按下时退出
6. '- acodec codec_name'     //强制性地将音频解码器指定为 "codec_name"
7. '- vcodec codec_name'     //强制性地将视频解码器指定为 "codec_name"
8. '- scodec codec_name'     //强制性地将字幕解码器指定为 "codec_name"
```

FFplay 播放器的一些快捷键,代码如下:

```
//chapter2/help-others.txt
01. 'q, ESC'                 //退出
02. 'f'                      //全屏
03. 'p, SPC'                 //暂停
04. 'w'                      //切换显示模式(视频/音频波形/音频频带)
05. 's'                      //步进到下一帧
```

```
06.'left/right'              //快退/快进 10s
07.'down/up'                 //快退/快进 1min
08.'page down/page up'       //跳转到前一章/下一章(如果没有章节,则快退/快进 10min)
09.'mouse click'             //跳转到鼠标单击的位置(根据鼠标在显示窗口单击的位置计算百分比)
```

FFplay 播放器的一些使用示例,代码如下:

```
//chapter2/help-others.txt
###1. 播放 test.mp4,播放完成后自动退出
ffplay -autoexit test.mp4

###2. 以 320 x 240 的大小播放 test.mp4
ffplay -x 320 -y 240 test.mp4

###3. 将窗口标题设置为 "myplayer",循环播放 2 次
ffplay -window_title myplayer -loop 2 test.mp4

###4. 播放双通道 32kHz 的 PCM 音频数据
ffplay -f s16le -ar 32000 -ac 2 test.pcm
```

第 3 章
CHAPTER 3

FFmpeg 二次开发采集
并预览本地摄像头

FFmpeg 中有一个和多媒体设备交互的类库,即 Libavdevice,使用这个库可以读取计
算机(或者其他设备)的多媒体设备中的数据,或者将数据输出到指定的多媒体设备上,也可
以使用 Qt 或 SDL 将捕获到的摄像头数据显示到窗口中。

5min

3.1 FFmpeg 的命令行方式处理摄像头

使用 ffmpeg -hide_banner -devices 命令可以查看本机支持的输入/输出设备,以
Windows 和 Linux 为例。显示的信息中 D 表示支持解码,可以作为输入;E 表示支持编
码,可以作为输出,具体信息如下:

```
//chapter3/help-others.txt
Devices:
 D = Demuxing supported
 E = Muxing supported
 ---
 D dshow          DirectShow capture
 D lavfi          Libavfilter virtual input device
 E sdl,sdl2       SDL2 output device
 D vfwcap         VfW video capture
Devices:
 D. = Demuxing supported
 E = Muxing supported
 --
 DE alsa          ALSA audio output
 E caca           caca (color ASCII art) output device
 DE fbdev         Linux framebuffer
 D iec61883       libiec61883 (new DV1394) A/V input device
 D jack           JACK Audio Connection Kit
 D kmsgrab        KMS screen capture
 D lavfi          Libavfilter virtual input device
 D libcdio
```

```
D libdc1394            dc1394 v.2 A/V grab
D openal               OpenAL audio capture device
E opengl               OpenGL output
DE oss                 OSS (Open Sound System) playback
DE pulse               Pulse audio output
E sdl,sdl2             SDL2 output device
DE sndio               sndio audio playback
DE video4linux2,v4l2   Video4Linux2 output device
E vout_rpi             Rpi (mmal) video output device
D x11grab              X11 screen capture, using XCB
 E xv                  XV (XVideo) output device
```

Windows 平台下使用 vfwcap 的效果比使用 dshow 的效果要差一些,可以通过 ffmpeg -h demuxer=dshow 命令查看支持的操作参数,支持查看设备列表、选项列表,以及可以设置设备输出的视频分辨率、帧率等,具体的输出信息如下:

```
//chapter3/help-others.txt
Demuxer dshow [DirectShow capture]:
dshow indev AVOptions:
  - video_size     < image_size >   .D...... set video size given a string such as 640x480
or hd720.
  - pixel_format < pix_fmt > .D...... set video pixel format (default none)
  - framerate      < string > .D...... set video frame rate
  - sample_rate    < int > .D...... set audio sample rate (from 0 to INT_MAX) (default 0)
  - sample_size    < int > .D...... set audio sample size (from 0 to 16) (default 0)
  - channels       < int > .D...... set number of audio channels, such as 1 or 2 (from 0 to INT_
MAX) (default 0)
  - audio_buffer_size < int > .D...... set audio device buffer latency size in milliseconds
(default is the device's default) (from 0 to INT_MAX) (default 0)
  - list_devices   < boolean > .D...... list available devices (default false)
  - list_options   < boolean > .D...... list available options for specified device (default
false)
  - video_device_number   < int > .D...... set video device number for devices with same name
(starts at 0) (from 0 to INT_MAX) (default 0)
  - audio_device_number < int > .D...... set audio device number for devices with same name
(starts at 0) (from 0 to INT_MAX) (default 0)
  - crossbar_video_input_pin_number < int > .D...... set video input pin number for crossbar
device (from - 1 to INT_MAX) (default - 1)
  - crossbar_audio_input_pin_number < int > .D...... set audio input pin number for crossbar
device (from - 1 to INT_MAX) (default - 1)
  - show_video_device_dialog < boolean > .D...... display property dialog for video capture
device (default false)
  - show_audio_device_dialog < boolean > .D...... display property dialog for audio capture
device (default false)
  - show_video_crossbar_connection_dialog < boolean > .D...... display property dialog for
crossbar connecting pins filter on video device (default false)
  - show_audio_crossbar_connection_dialog < boolean > .D...... display property dialog for
crossbar connecting pins filter on audio device (default false)
```

```
  - show_analog_tv_tuner_dialog < boolean >   .D....... display property dialog for analog tuner
filter (default false)
  - show_analog_tv_tuner_audio_dialog < boolean >   .D....... display property dialog for analog
tuner audio filter (default false)
  - audio_device_load < string >   .D....... load audio capture filter device (and properties)
from file
  - audio_device_save < string >   .D....... save audio capture filter device (and properties) to
file
  - video_device_load < string >   .D....... load video capture filter device (and properties)
from file
  - video_device_save < string >   .D....... save video capture filter device (and properties) to
file
```

Windows 平台下查询支持的所有设备列表,命令如下:

```
ffmpeg - list_devices true - f dshow - i dummy
```

命令执行后,笔者本地的输出结果如图 3-1 所示(注:有可能出现中文乱码的情况)。列表所显示的设备名称很重要,因为输入时需要使用-f dshow -i video="设备名"的方式。

图 3-1　Windows 平台列举设备列表

获取摄像头数据后,可以保存为本地文件或者将实时流发送到流媒体服务器。例如从摄像头读取数据并编码为 H.264,最后保存成 mycamera.flv 的命令如下:

```
ffmpeg - f dshow - i video = "Lenovo EasyCamera" - vcodec libx264 mycamera001.flv
```

使用 ffplay.exe 可以直接播放摄像头的数据,命令如下:

```
ffplay - f dshow - i video = "Lenovo EasyCamera"
```

如果设备名称正确,则会直接打开本机的摄像头,效果如图 3-2 所示。

可以查看摄像头的流信息,执行效果如图 3-3 所示,具体命令如下:

```
ffmpeg - hide_banner - f dshow - i "video = Lenovo EasyCamera"
```

查询本机 dshow 设备、查看 USB 2.0 摄像头的信息,只能输出 yuyv422 压缩编码数据(可以理解为 rawvideo 编码器,像素格式为 yuyv422),经过解码后获得 yuyv422 编码的图像数据,所以,在这种情况下可以不解码。

Linux 下大多使用 video4linux2/v4l2 设备,通过 ffmpeg -h demuxer=v4l2 命令可以查看相关的操作参数,输出信息如下:

图 3-2　FFplay 播放摄像头

图 3-3　查看摄像头的流信息

```
//chapter3/help-others.txt
Demuxer video4linux2,v4l2 [Video4Linux2 device grab]:
V4L2 indev AVOptions:
  -standard       <string>     .D...... set TV standard, used only by analog frame grabber
  -channel        <int>        .D...... set TV channel, used only by frame grabber(from -1 to
INT_MAX)(default -1)
  -video_size     <image_size>.D...... set frame size
  -pixel_format   <string>     .D...... set preferred pixel format
  -input_format   <string>     .D...... set preferred pixel format(for raw video) or codec name
  -framerate      <string>     .D...... set frame rate
  -list_formats   <int>        .D...... list available formats and exit(from 0 to INT_MAX)
(default 0)
     all                       .D...... show all available formats
     raw                       .D...... show only non-compressed formats
     compressed                .D...... show only compressed formats
  -list_standards <int>        .D...... list supported standards and exit(from 0 to 1)
(default 0)
     all                       .D...... show all supported standards
```

```
-timestamps     < int >     .D...... set type of timestamps for grabbed frames (from 0 to 2)
(default default)
    default              .D...... use timestamps from the kernel
    abs                  .D...... use absolute timestamps (wall clock)
    mono2abs             .D...... force conversion from monotonic to absolute timestamps
-ts             < int >     .D...... set type of timestamps for grabbed frames (from 0 to 2)
(default default)
    default          .D...... use timestamps from the kernel
    abs              .D...... use absolute timestamps (wall clock)
    mono2abs         .D...... force conversion from monotonic to absolute timestamps
-use_libv4l2    < boolean > .D...... use libv4l2 (v4l-utils) conversion functions (default
false)
```

当前机器上挂载了 CSI 接口的相机,可以查看其支持的格式,执行效果如图 3-4 所示,该相机支持多种非压缩编码格式,例如 JFIF JPEG、Motion-JPEG、H. 264 等,具体命令如下:

```
ffmpeg - hide_banner - f v4l2 - list_formats all - i /dev/video0
```

图 3-4 Linux 查看摄像头支持的格式

Linux 平台下读取摄像头并编码为 H. 264 的命令如下:

```
♯ffmpeg - f dshow - i video = "USB2.0 PC CAMERA" - vcodec libx264 xxxx.h264
ffmpeg - f v4l2 - i video = /dev/video0 - vcodec libx264 xxxx.h264
```

在实时流推送中如果需要提高 libx264 的编码速度,则可以添加-preset:v ultrafast 和 -tune:v zerolatency 两个选项。

Windows 平台下使用 gdigrab 设备可以录制桌面屏幕,可以查看 gdigrab 支持的选项,命令如下:

```
ffmpeg - h demuxer = gdigrab
```

该命令的输出信息如下:

```
//chapter3/help - others.txt
Demuxer gdigrab [GDI API Windows frame grabber]:
GDIgrab indev AVOptions:
  - draw_mouse    <int>          .D...... draw the mouse pointer (from 0 to 1) (default 1)
  - show_region   <int>  .D...... draw border around capture area (from 0 to 1) (default 0)
  - framerate     <video_rate> .D...... set video frame rate (default "ntsc")
  - video_size    <image_size> .D...... set video frame size
  - offset_x      <int>          .D...... capture area x offset (from INT_MIN to INT_MAX)
(default 0)
  - offset_y      <int>          .D...... capture area y offset (from INT_MIN to INT_MAX)
(default 0)
```

录屏并编码为 H.264 的命令如下：

```
ffmpeg - f gdigrab - i desktop - vcodec h264 xxxx.h264
```

录屏并显示鼠标，从屏幕左上角(100,200)的 640×480 区域录屏，帧率为 25 的命令如下：

```
ffmpeg - f gdigrab - draw_mouse - framerate 25 - offset_x 100 - offset_y 200 \
- video_size 640x480 - i desktop out1.mpg
```

Linux 平台下与之类似，使用 x11grab 设备，可以查看支持的选项，命令如下：

```
$ ffmpeg - h demuxer = x11grab
```

该命令的输出信息如下：

```
//chapter3/help - others.txt
Demuxer x11grab [X11 screen capture, using XCB]:
xcbgrab indev AVOptions:
  - x              <int> .D...... Initial x coordinate. (from 0 to INT_MAX) (default 0)
  - y              <int> .D...... Initial y coordinate. (from 0 to INT_MAX) (default 0)
  - grab_x         <int> .D...... Initial x coordinate. (from 0 to INT_MAX) (default 0)
  - grab_y         <int> .D...... Initial y coordinate. (from 0 to INT_MAX) (default 0)
  - video_size     <string>   .D...... A string describing frame size, such as 640x480 or
hd720. (default "vga")
  - framerate      <string> .D...... (default "ntsc")
  - draw_mouse     <int> .D...... Draw the mouse pointer. (from 0 to 1) (default 1)
  - follow_mouse   <int> .D...... Move the grabbing region when the mouse pointer
reaches within specified amount of pixels to the edge of region. (from - 1 to INT_MAX) (default 0)
    centered             .D...... Keep the mouse pointer at the center of grabbing region
when following.
  - show_region    <int> .D...... Show the grabbing region. (from 0 to 1) (default 0)
  - region_border  <int> .D...... Set the region border thickness. (from 1 to 128)
(default 3)
```

Linux 平台下录屏并捕获鼠标的命令如下：

```
ffmpeg - f x11grab - draw_mouse - framerate 25 - x 100 - y 200 \
- video_size 640x480 - i :0.0 out3.mpg
```

3.2　FFmpeg 的 SDK 方式读取本地摄像头

使用 FFmpeg 采集并预览本地摄像头的流程如图 3-5 所示。

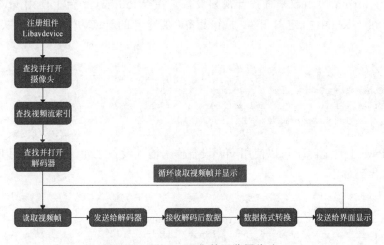

图 3-5　FFmpeg 采集并预览摄像头

使用 Libavdevice 时需要包含头文件，代码如下：

```
# include "libavdevice/avdevice.h"
```

然后在程序中需要注册 Libavdevice，代码如下：

```
avdevice_register_all();
```

接下来就可以使用 Libavdevice 的功能了，使用 Libavdevice 读取数据和直接打开视频文件比较类似。因为系统的设备会被 FFmpeg 当成一种输入的格式（AVInputFormat）。使用 FFmpeg 的 API 可以根据指定参数打开输入流，并返回输入封装的上下文 AVFormatContext，函数的代码如下：

```
//chapter3/code3.2.txt
int avformat_open_input(AVFormatContext ** ps,
        const char * url,             //打开的地址,文件或设备等
        AVInputFormat * fmt,          //指定输入格式,若为空,则自动检测
        AVDictionary ** options);     //指定解复用器的私有选项
```

通常，打开一个文件或者直播流的代码如下：

```
//chapter3/code3.2.txt
AVFormatContext * input_fmt_ctx = NULL;
const char * file_path = "test.mp4";
//也可以打开网络直播流
//const char * file_path = "rtmp://192.168.1.100:1935/live/test";
avformat_open_input(&input_fmt_ctx, file_path, NULL, NULL);
```

使用 Libavdevice 时,唯一的不同在于首先需要查找用于输入的设备,例如可以使用 av_find_input_format()函数来查找音视频设备。在 Windows 平台上使用 vfw 设备作为输入设备,然后在 URL 中指定打开第 0 个设备(在笔者的计算机上为摄像头设备),代码如下:

```
//chapter3/code3.2.txt
AVFormatContext * pFormatCtx = avformat_alloc_context();
AVInputFormat * ifmt = av_find_input_format("vfwcap");
avformat_open_input(&pFormatCtx, 0, ifmt,NULL);
```

在 Windows 平台上除了可以使用 vfw 设备作为输入设备之外,还可以使用 DirectShow 作为输入设备,代码如下:

```
//chapter3/code3.2.txt
AVFormatContext * pFormatCtx = avformat_alloc_context();
AVInputFormat * ifmt = av_find_input_format("dshow");
avformat_open_input(&pFormatCtx,"video = Integrated Camera",ifmt,NULL) ;
```

在 Linux 平台上可以使用 v4l2 设备作为输入设备,代码如下:

```
//chapter3/code3.2.txt
//查找设备前要先调用 avdevice_register_all 函数
AVInputFormat * in_fmt = in_fmt = av_find_input_format("video4linux2");
if (in_fmt == NULL) {
   printf("can't find_input_format\n");
   return ;
}

AVFormatContext * fmt_ctx = NULL;
if (avformat_open_input(&fmt_ctx, "/dev/video0", in_fmt, NULL) < 0) {
   printf("can't open_input_file\n");
   return ;
}
```

另外,使用选项 av_dict_set(&options, "f", "v4l2", 0)和指定参数 ifmt 的效果相同。通常在 Linux 平台下可以不设置,默认为支持 v4l2 且自动识别,而在 Windows 平台下的 vfwp、dshow 需要明确指定,代码如下:

```
AVInputFormat * ifmt = av_find_input_format("v4l2");        //加快探测流的速度
avformat_open_input(&fmt_ctx, "/dev/video0", ifmt, NULL);
```

上述代码等效于下面的代码：

```
AVDictionary * options = NULL;
av_dict_set(&options, "f", "v4l2", 0);
avformat_open_input(&fmt_ctx,"/dev/video0",NULL,&options);
```

如果需要指定输入格式，则可以通过 AVOption 设置，并且参数不一样，描述信息如下：

```
 - pixel_format < string > .D.... set preferred pixel format
 - input_format < string > .D.... set preferred pixel format (for raw video) or codec name
```

当选择像素格式时，一定是非压缩的原始数据，两个参数均可，代码如下：

```
av_dict_set(&options, "pixel_format", "rgb24", 0);
av_dict_set(&options, "input_format", "rgb24", 0);        //同上
```

当选择压缩编码格式，必须只能使用 input_format，代码如下：

```
av_dict_set(&options, "input_format", "h264", 0);
av_dict_set(&options, "input_format", "mjpeg", 0);
```

可以调用 avformat_open_input()函数来打开摄像头设备，通过这个函数的参数指定打开的设备路径"/dev/video0"，使用的驱动"video4linux2"，将相应的格式 pix_fmt 指定为 yuyv422，以及将分辨率指定为 640×480，代码如下：

```
//chapter3/code3.2.txt
AVFormatContext * fmt_ctx = NULL;
AVDictionary * options = NULL;
char * devicename = "/dev/video0";
avdevice_register_all();
AVInputFormat * iformat = av_find_input_format("video4linux2");
av_dict_set(&options,"video_size","640x480",0);
av_dict_set(&options,"pixel_format","yuyv422", 0);
avformat_open_input(&fmt_ctx, devicename, iformat, &options);
avformat_close_input(&fmt_ctx);
```

可以调用 av_read_frame()函数来读取一帧 YUV 数据，代码如下：

```
//chapter3/code3.2.txt
int ret = 0;
AVPacket pkt;
while((ret = av_read_frame(fmt_ctx, &pkt)) == 0) {
    av_log(NULL, AV_LOG_INFO, "packet size is % d( % p)\n",
        pkt.size, pkt.data);
```

```
    av_packet_unref(&pkt);      //释放包
}
```

可以调用 fwrite()函数将读取到的 YUV 数据保存到文件中,代码如下:

```
//chapter3/code3.2.txt
char * out = "out.yuv";
FILE * outfile = fopen(out, "wb+");
fwrite(pkt.data, 1, pkt.size, outfile); //614400
fflush(outfile);
fclose(outfile);
```

打开本地摄像头,循环读取帧数据并存储到文件中的完整代码如下:

```
//chapter3/record-video.c
#include <stdio.h>
#include "libavutil/avutil.h"
#include "libavdevice/avdevice.h"
#include "libavformat/avformat.h"
#include "libavcodec/avcodec.h"


//打开摄像头
static AVFormatContext * open_dev(){
    int ret = 0;
    char errors[1024] = {0, };

    //上下文环境
    AVFormatContext * fmt_ctx = NULL;
    AVDictionary * options = NULL;

    //设备名称
    char * devicename = "/dev/video0";

    //注册 Libavdevice 库
    avdevice_register_all();

    //查找设备
    AVInputFormat * iformat = av_find_input_format("video4linux2");

    av_dict_set(&options,"video_size","640x480",0);       //分辨率
    av_dict_set(&options,"pixel_format","yuyv422", 0);     //YUV帧格式

    //打开设备
    if((ret = avformat_open_input(&fmt_ctx, devicename, iformat, &options)) < 0 ){
        av_strerror(ret, errors, 1024);
        fprintf(stderr, "Failed to open audio device, [ %d] %s\n", ret, errors);
        return NULL;
```

```
        }

        return fmt_ctx;
}

//读取并录制摄像头数据
void rec_video() {
    int ret = 0;
    AVFormatContext * fmt_ctx = NULL;
    int count = 0;

    //packet:数据包
    AVPacket pkt;

    //设置日志级别
    av_log_set_level(AV_LOG_Debug);

    //create file:创建本地文件
    char * out = "out.yuv";
    FILE * outfile = fopen(out, "wb+");

    //打开设备
    fmt_ctx = open_dev();

    //从摄像头中读取YUV帧数据
    while((ret = av_read_frame(fmt_ctx, &pkt)) == 0 &&
        count++< 100) {
      av_log(NULL, AV_LOG_INFO,
            "packet size is %d(%p)\n",
            pkt.size, pkt.data);

      fwrite(pkt.data, 1, pkt.size, outfile);      //写入本地文件
      fflush(outfile);
      av_packet_unref(&pkt);                        //release pkt:释放 AVPacket
    }

__ERROR:
    if(outfile){
      //关闭文件
      fclose(outfile);
    }

    //关闭设备并释放上下文环境
    if(fmt_ctx) {
      avformat_close_input(&fmt_ctx);
    }

    av_log(NULL, AV_LOG_Debug, "finish!\n");
    return;
```

```
}


int main( int argc, char * argv[ ])
{
    rec_video();
    return 0;
}
```

在 Linux 系统中使用编译该文件的命令如下：

```
gcc record_video.c - lavformat - lavutil - lavdevice - lavcodec - o record_video
```

运行该程序会打开摄像头并循环读取帧,然后存储到本地文件 out. yuv 中,命令如下：

```
./record_video
```

使用 FFplay 可以播放生成的 YUV 文件,注意指定分辨率和 YUV 格式,命令如下：

```
ffplay - s 640x480 - pix_fmt yuyv422 out.yuv
```

3.3　FFmpeg+SDL2 读取并显示本地摄像头

使用 FFmpeg 读取摄像头数据之后,可以调用 SDL2 库来渲染。

3.3.1　SDL2 简介

SDL2 使用 GNU 通用公共许可证为授权方式,即动态链接(Dynamic Link)其库并不需要开放本身的源代码。虽然 SDL 时常被比喻为"跨平台的 DirectX",但事实上 SDL 被定位成以精简的方式来完成基础的功能,大幅度简化了控制图像、声音、输入/输出等工作所需的代码。但更高级的绘图功能或是音效功能则需搭配 OpenGL 和 OpenAL 等 API 来完成。另外,它本身也没有方便创建图形用户界面的函数。SDL2 在结构上是将不同操作系统的库包装成相同的函数,例如 SDL 在 Windows 平台上是 DirectX 的再包装,而在使用 X11 的平台上(包括 Linux)则是调用 Xlib 库来输出图像。虽然 SDL2 本身是使用 C 语言写成的,但是它几乎可以被所有的编程语言所使用,例如 C++、Perl、Python 和 Pascal 等,甚至是 Euphoria、Pliant 这类较不流行的编程语言也都可行。SDL2 库分为 Video、Audio、CD-ROM、Joystick 和 Timer 等若干子系统,除此之外,还有一些单独的官方扩充函数库。这些库由官方网站提供,并包含在官方文档中,它们共同组成了 SDL 的"标准库"。SDL 的整体结构如图 3-6 所示。

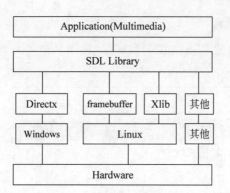

图 3-6　SDL 库的层次结构

3.3.2　VS 2015 搭建 SDL2 开发环境

本节将介绍如何在 VS 2015 下配置 SDL2.0.8 开发库的详细步骤。

1. 下载 SDL2

进入 SDL2 官网,链接网址为 https://github.com/libsdl-org/SDL/releases/。选择 SDL2 的 Development Libraries 中的 SDL2-devel-2.0.12-VC.zip(链接网址为 https://github.com/libsdl-org/SDL/releases/tag/release-2.0.12),如图 3-7 所示。下载并解压以供其他程序调用,在项目配置中可以使用 SDL 库的相对路径。

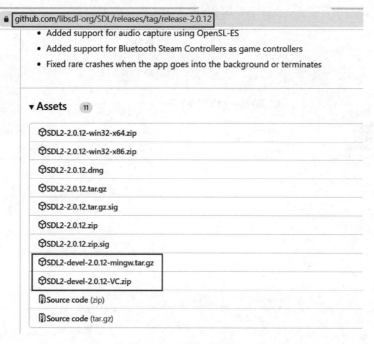

图 3-7　SDL 库的下载网址

2. VS 2015 项目配置

（1）打开 VS 2015，新建 Win32 控制台项目，将项目命名为 SDLtest1，然后单击右下方的"确定"按钮，如图 3-8 所示。

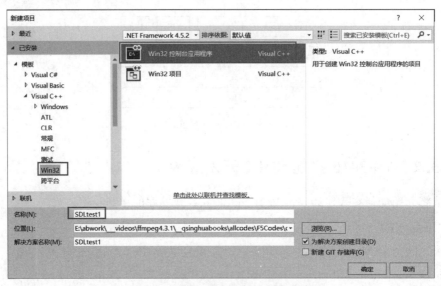

图 3-8　新建 VS 2015 的控制台项目

（2）右击项目名称（SDLtest1），在弹出的菜单中单击"属性"按钮，然后在弹出的属性页中配置包含目录和库目录，注意笔者这里使用 SDL2 库的相对路径，选择的平台为 Win32，如图 3-9 所示。

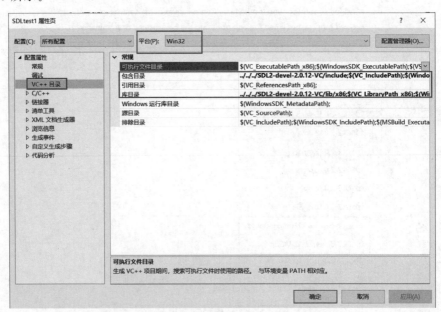

图 3-9　配置 VS 2015 项目的包含目录和库目录

（3）在项目 SDLtest1 属性页中选择"链接器"下的"输入"，编辑右侧的"附加依赖项"，在附加依赖项中添加 SDL2.lib 和 SDL2main.lib（注意中间以英文分号分隔），然后单击右下方的"确定"按钮，如图 3-10 所示。

图 3-10　配置 VS 2015 项目的附加依赖项

3. 测试案例

项目配置成功后，可以调用 SDL_Init()函数来测试是否配置成功，代码如下：

```cpp
//chapter3/SDLtest1/SDLtest1.cpp
//SDLtest.cpp : 定义控制台应用程序的入口点
# include "stdafx.h"
# include < iostream >

# define SDL_MAIN_HANDLED        //如果没有此宏,则会报错
# include < SDL.h >

int main(){
    if (SDL_Init(SDL_INIT_VIDEO) != 0)  {
        std::cout << "SDL_Init Error: " << SDL_GetError() << std::endl;
        return 1;
    }
    else{
        std::cout << "SDL_Init OK " << std::endl;
    }
```

```
    SDL_Quit();
    return 0;
}
```

需要注意这个宏语句(♯define SDL_MAIN_HANDLED),如果没有定义这个宏,则会报错(并且要放到 SDL.h 之前),错误信息如下:

无法解析的外部符号 main,该符号在函数"int cdecl invoke_main(void)"(?invoke_main@@YAHXZ)中被引用

这是因为在 SDL 库的内部重新定义了 main,因此 main()函数需要写成如下形式:

int main(int argc,char * argv[])

而添加 ♯define SDL_MAIN_HANDLED 这个宏之后,即使 main()函数的参数列表为空,也不会报错。

编译并运行该程序会提示找不到 SDL2.dll,如图 3-11 所示。将 SDL2-devel-2.0.12-VC\lib\x86 目录下的 SDL2.dll 复制到 SDLtest1.exe 同目录下,如图 3-12 所示。重新编译并运行该程序,若不报错,则表示配置成功,如图 3-13 所示。

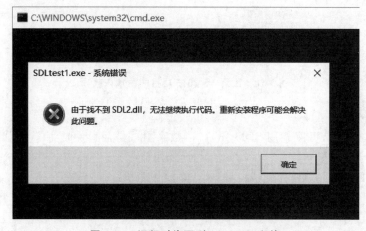

图 3-11　运行时找不到 SDL2.dll 文件

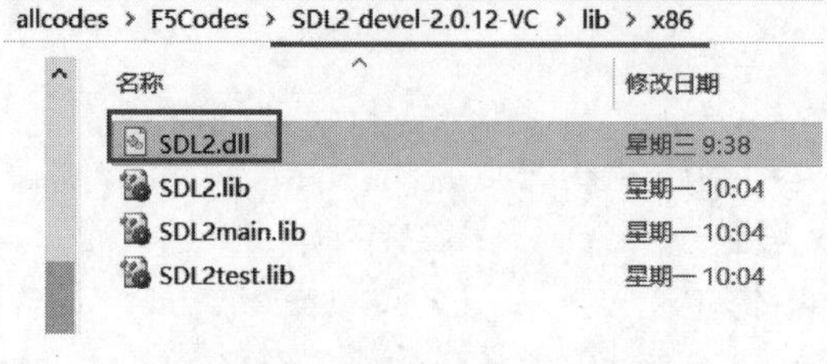

图 3-12　复制 SDL2.dll 文件

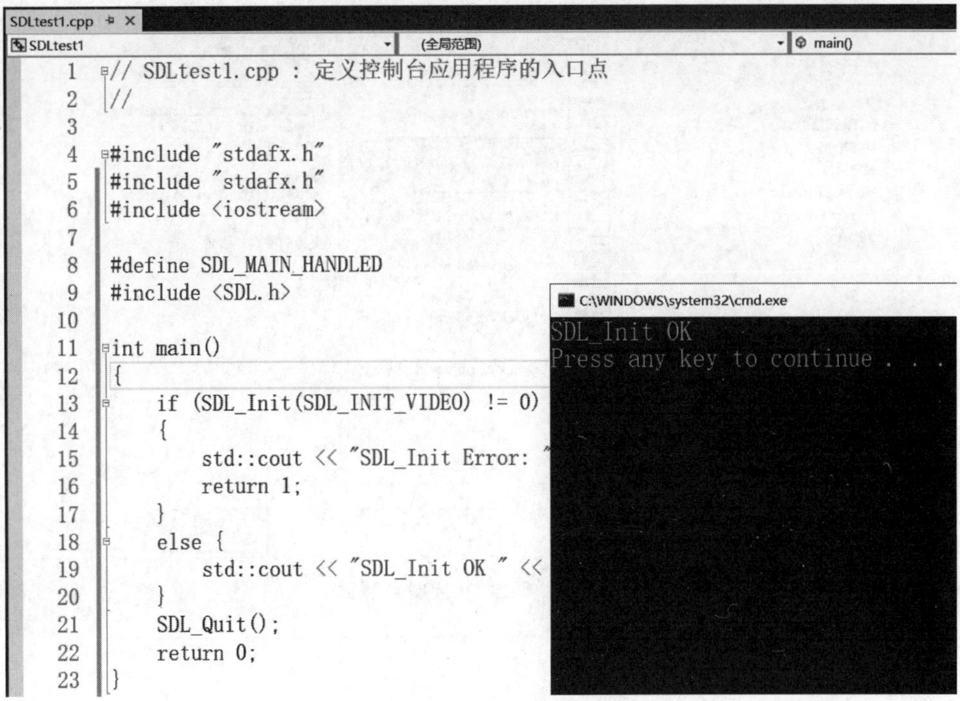

图 3-13 SDL2 库配置成功

3.3.3 Qt 5.9 平台搭建 SDL2 开发环境

笔者本地的 Qt 版本为 5.9.8，配置 SDL2 开发环境的具体步骤如下。

（1）下载 SDL2 的 mingw 版本，文件名为 SDL2-devel-2.0.12-mingw.tar.gz，链接网址为 https://github.com/libsdl-org/SDL/releases/tag/release-2.0.12。

（2）打开 Qt Creator，新建 Qt Console Application 类型的项目，单击右下方的 Choose 按钮，如图 3-14 所示。

（3）在 Project Location 页面输入项目名称（SDLQtDemo1）和路径，如图 3-15 所示。

（4）在 Kit Selection 页面选中 Desktop Qt 5.9.8 MinGW 32bit，然后单击右下方的"下一步"按钮，如图 3-16 所示。

注意：读者也可以选择其他的编译套件，但不同的编译套件对应着不同的 SDL2 开发包，例如 MinGW 32 位编译套件对应 SDL2-devel-2.0.12-mingw.tar.gz，并且运行时需要对应 32 位的动态链接库。

（5）解压 SDL2-devel-2.0.12-mingw.tar.gz 后有两个重要的子目录，如图 3-17 所示。i686-w64-mingw32 对应的是 32 位的开发库，x86_64-w64-mingw32 对应的是 64 位的开发库。

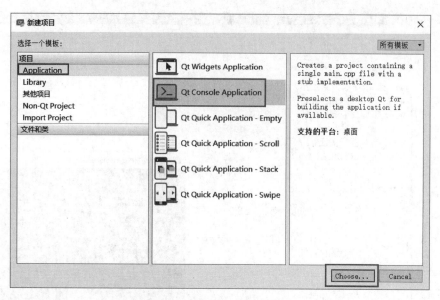

图 3-14   新建 Qt 控制台项目

图 3-15   输入 Qt 项目名称和路径

（6）配置 Qt 项目（SDLQtDemo1），打开 SDLQtDemo1.pro 配置文件，如图 3-18 所示，代码如下：

```
//chapter3/SDLQtDemo1/SDLQtDemo1.pro.txt
INCLUDEPATH +=../../SDL2-devel-2.0.12-mingw/i686-w64-mingw32/include/SDL2/
LIBS += -L../../SDL2-devel-2.0.12-mingw/i686-w64-mingw32/lib/ -lSDL2 -lSDL2main
```

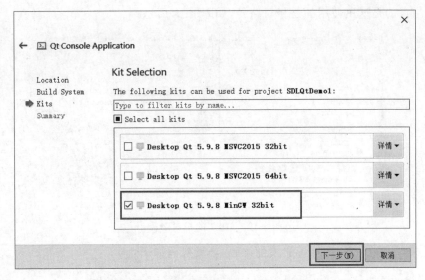

图 3-16　选择 MinGW 32 位编译套件

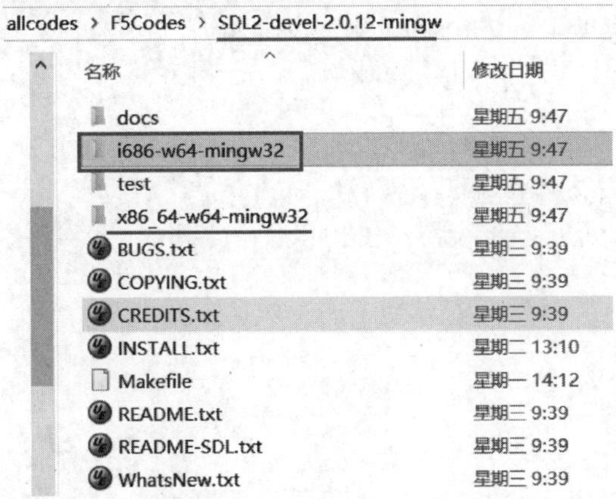

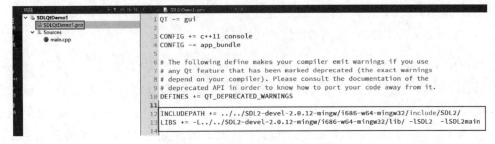

图 3-17　解压 SDL2-devel-2.0.12-mingw.tar.gz

图 3-18　修改 Qt 的项目配置文件

需要注意的是这里使用的是相对路径,如图 3-19 所示。

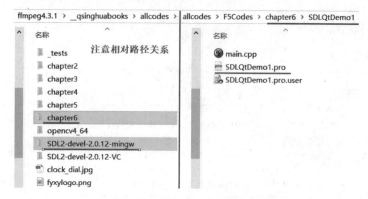

图 3-19　SDL2 的相对路径

(7) 修改 main.cpp,注释掉原来的源码,新增代码如下:

```
//chapter3/SDLQtDemo1/main.cpp
# include < iostream >
# define SDL_MAIN_HANDLED //如果没有此宏,则会报错
# include < SDL.h >

int main(){
    if (SDL_Init(SDL_INIT_VIDEO) != 0){
        std::cout << "SDL_Init Error: " << SDL_GetError() << std::endl;
        return 1;
    }
    else{
        std::cout << "SDL_Init OK " << std::endl;
    }
    SDL_Quit();
    return 0;
}
```

(8) 编译并运行该项目,输出的错误信息如下:

```
/.../F5Codes/chapter6/build - SDLQtDemo1 - Desktop_Qt_5_9_8_MinGW_32 位 - Debug/Debug/
SDLQtDemo1.exe exited with code - 1073741515
```

这是因为 SDLQtDemo1.exe 程序运行时找不到 SDL2.dll 动态链接库。将 SDL2-devel-2.0.12-mingw\i686-w64-mingw32\bin 目录下的 SDL2.dll 文件复制到 chapter6\build-SDLQtDemo1-Desktop_Qt_5_9_8_MinGW_32bit-Debug\debug 目录下。重新编译并运行该项目会输出 SDL_Init OK,如图 3-20 所示。

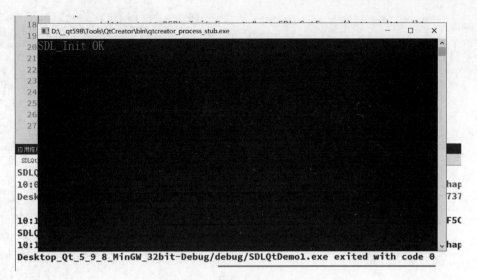

图 3-20　成功配置并运行 SDL2 项目

3.3.4　Linux 平台搭建 SDL2 开发环境

笔者本地环境为 Ubuntu 18.04，安装并配置 SDL2 的具体步骤如下。

（1）安装依赖项，命令如下：

```
//chapter3/help-others.txt
sudo apt-get update && sudo apt-get -y install \
  autoconf automake build-essential cmake \
  git-core pkg-config texinfo wget yasm zlib1g-dev
```

（2）安装 SDL2 库（只包含 . so 动态链接库），命令如下：

```
sudo apt-get install libsdl2-2.0 libsdl2-dev libsdl2-mixer-dev libsdl2-image-dev
libsdl2-ttf-dev libsdl2-gfx-dev
```

（3）检验是否安装成功，命令如下：

```
sdl2-config --exec-prefix --version -cflag
```

需要注意的是此处安装的 SDL2 库是没有头文件的，只包含系统运行时需要依赖的动态链接库（. so），而在实际开发过程中没有头文件是不行的，所以需要自己编译 SDL2 并且安装。

（4）下载并解压 SDL2 库的源码 SDL2-devel-2. 0. 12. tar. gz，具体的下载网址为 https://github. com/libsdl-org/SDL/releases/tag/release-2. 0. 12。

（5）编译并安装 SDL2，命令如下：

```
//chapter3/help-others.txt
♯解压下载的文件,然后进入 SDL2 解压目录
```

```
#配置 configure 的可执行命令
sudo chmod + x configure
#配置 configure 的参数命令
//chapter6/other - help.txt
./configure -- enable - static -- enable - shared
#编译：
    make
#安装
    make install
```

（6）查看 SDL2 是否安装成功，命令如下：

```
//chapter3/help - others.txt
#在/usr/local/lib 下面查看是否存在 libSDL2.a
ls /usr/local/lib
#在/usr/local/include 下面查看是否存在 SDL2 文件夹
ls /usr/local/include
```

（7）配置 LD_LIBRARY_PATH 环境变量，命令如下：

```
export LD_LIBRARY_PATH = $ LD_LIBRARY_PATH:/usr/local/lib
```

3.3.5 SDL2 播放 YUV 视频文件

SDL2 的核心对象主要包括窗口（SDL_Window）、表面（SDL_Surface）、渲染器（SDL_Renderer）、纹理（SDL_Texture）和事件（SDL_Event）等。使用 SDL2 进行渲染的基本流程如图 3-21 所示，具体步骤如下。

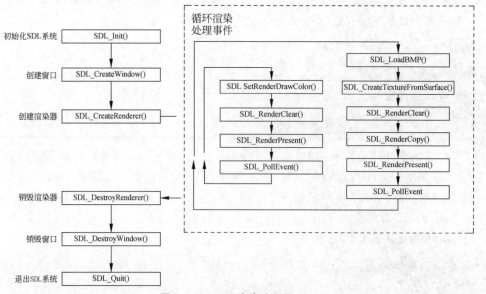

图 3-21 SDL2 渲染流程及 API

（1）创建窗口。

（2）创建渲染器。

（3）清空缓冲区。

（4）绘制要显示的内容。

（5）最终将缓冲区内容渲染到 Window 窗口上。

使用 SDL2 播放 YUV 视频文件完全遵循上述 SDL_Renderer 的渲染流程，而 YUV 视频文件不能直接渲染，需要循环读取视频帧，然后将帧数据更新到纹理上进行渲染。

1. SDL2 播放 YUV 视频文件的流程

使用 SDL2 播放 YUV 视频文件的函数调用步骤及相关 API，代码如下：

```
//chapter3/SDLQtDemo1/main.cpp
/* SDL2 播放 YUV 视频文件,函数调用步骤如下
*
* [初始化 SDL2 库]
* SDL_Init(): 初始化 SDL2
* SDL_CreateWindow(): 创建窗口(Window)
* SDL_CreateRenderer(): 基于窗口创建渲染器(Render)
* SDL_CreateTexture(): 创建纹理(Texture)
*
* [循环渲染数据]
* SDL_UpdateTexture(): 设置纹理的数据
* SDL_RenderCopy(): 纹理复制给渲染器
* SDL_RenderPresent(): 显示
* SDL_DestroyTexture(texture);
*
* [释放资源]
* SDL_DestroyTexture(texture): 销毁纹理
* SDL_DestroyRenderer(render): 销毁渲染器
* SDL_DestroyWindow(win): 销毁窗口
* SDL_Quit(): 释放 SDL2 库
*/
```

2. 使用 SDL2 开发 YUV 视频播放器的完整案例

先介绍该案例程序中用到几个的重要变量类型，SDL_Window 就是使用 SDL 时弹出的那个窗口；SDL_Texture 用于显示 YUV 数据，一个 SDL_Texture 对应一帧 YUV 数据（案例中提供的 YUV 视频格式为 YUV420p）；SDL_Renderer 用于将 SDL_Texture 渲染至 SDL_Window；SDL_Rect 用于确定 SDL_Texture 显示的位置。为了简单起见，程序中定义了几个全局变量，变量 g_bpp 代表 1 个视频像素占用的位数，例如 1 个 YUV420P 格式的视频像素占用 12 位；变量 g_pixel_w 和 g_pixel_h 代表视频的宽和高，在本案例中提供的测试视频(ande10_yuv420p_352x288.yuv)的宽和高分别为 352 和 288；变量 g_screen_w 和 g_screen_h 代表屏幕的宽和高，在本案例中被初始化为 400 和 300，程序运行中可以通过拖曳窗口的右下角来改变窗口的大小；变量 g_buffer_YUV420p 是一字节数组，用于存储 1

帧 YUV420p 的视频数据,在播放视频的过程中会循环调用 SDL_UpdateTexture()函数以将该数组中存储的视频数据更新到纹理(SDL_Texture)中。refresh_video_SDL2()函数用于定时刷新,在本案例中通过 SDL_CreateThread()函数创建了一条线程,将线程的入口函数指定数为 refresh_video_SDL2()函数,固定的刷新周期为 40ms。本案例的代码如下:

注意:本案例的完整工程及代码可参考 chapter3/SDLQtDemo1 工程,代码位于 main2.cpp 文件中。

```cpp
//chapter3/SDLQtDemo1/main2.cpp
# define SDL_MAIN_HANDLED              //如果没有此宏,则会报错,并且要放到 SDL.h 之前
# include < iostream >
# include < SDL.h >
# include < vector >
using namespace std;

//刷新事件
# define REFRESH_EVENT (SDL_USEREVENT + 1)

int g_thread_exit = 0;
const int g_bpp = 12;                    //YUV420p,1 像素占用的位数
const int g_pixel_w = 352, g_pixel_h = 288;  //在本案例中 YUV420p 视频的宽和高
int g_screen_w = 400, g_screen_h = 300;
//1 帧视频占用的字节数
unsigned char g_buffer_YUV420p[g_pixel_w * g_pixel_w * g_bpp / 8];

//增加画面刷新机制
int refresh_video_SDL2(void * opaque){
    while (g_thread_exit == 0) {
        SDL_Event event;
        event.type = REFRESH_EVENT;
        SDL_PushEvent(&event);
        SDL_Delay(40);
    }
    return 0;
}

int TestYUVPlayer001( ){
    if(SDL_Init(SDL_INIT_VIDEO)) {
        printf( "Could not initialize SDL - % s\n", SDL_GetError());
        return -1;
    }

    SDL_Window * screen;
    //SDL 2.0 对多窗口的支持
    screen = SDL_CreateWindow("SDL2 - YUVPlayer",
        SDL_WINDOWPOS_UNDEFINED, SDL_WINDOWPOS_UNDEFINED,
        g_screen_w, g_screen_h,SDL_WINDOW_OPENGL|SDL_WINDOW_RESIZABLE);
```

```
if(!screen) {
    printf("SDL: could not create window - exiting: % s\n",SDL_GetError());
    return - 1;
}
//创建渲染器
SDL_Renderer * sdlRenderer = SDL_CreateRenderer(screen, - 1, 0);
//创建纹理:格式为 YUV420p,宽和高为 352x288
SDL_Texture * sdlTexture =
    SDL_CreateTexture(sdlRenderer,SDL_PIXELFORMAT_IYUV,
        SDL_TEXTUREACCESS_STREAMING, g_pixel_w, g_pixel_h);

FILE * fpYUV420p = NULL;              //打开 YUV420p 视频文件
fpYUV420p = fopen("./ande10_yuv420p_352x288.yuv", "rb + ");

if(fpYUV420p == NULL){
    printf("cannot open this file\n");
    return - 1;
}
SDL_Rect sdlRect;
SDL_Thread * refresh_thread =        //创建独立线程,用于定时刷新
    SDL_CreateThread(refresh_video_SDL2,NULL,NULL);
SDL_Event event;
while(1){
    SDL_WaitEvent(&event);            //等待事件
    if(event.type == REFRESH_EVENT){
        fread(g_buffer_YUV420p, 1,
                g_pixel_w * g_pixel_h * g_bpp / 8, fpYUV420p);
        //将 1 帧 YUV420p 的数据更新到纹理中
        SDL_UpdateTexture(sdlTexture,NULL,g_buffer_YUV420p,g_pixel_w);

        //重新定义窗口大小
        sdlRect.x = 0;
        sdlRect.y = 0;
        sdlRect.w = g_screen_w;
        sdlRect.h = g_screen_h;
        //Render:渲染三部曲
        SDL_RenderClear( sdlRenderer );
        SDL_RenderCopy( sdlRenderer, sdlTexture, NULL, &sdlRect);
        SDL_RenderPresent( sdlRenderer );
        //注意这里不再需要延迟,因为有独立的线程来刷新
        //SDL_Delay(40);                //休眠 40ms
        //if(feof(fpYUV420p) != 0 )break; //如果遇到文件尾,则自动退出循环
    }else if(event.type == SDL_WINDOWEVENT){
        //If Resize:以拖曳方式更改窗口大小
        SDL_GetWindowSize(screen,&g_screen_w,&g_screen_h);
    }else if(event.type == SDL_QUIT){     //退出事件
      break;                             //如果关闭事件,则退出循环
    }
}
```

```
        g_thread_exit = 1;       //如果跳出循环,则将退出标志量修改为1
        //释放资源
        if (sdlTexture){
            SDL_DestroyTexture(sdlTexture);
            sdlTexture = nullptr;
        }
        if (sdlRenderer){
            SDL_DestroyRenderer(sdlRenderer);
            sdlRenderer = nullptr;
        }
        if (screen){
            SDL_DestroyWindow(screen);
            screen = nullptr;
        }
        if (fpYUV420p){
            fclose(fpYUV420p);
            fpYUV420p = nullptr;
        }
        SDL_Quit();

        return 0;
    }
```

编译并运行该程序,将 ande10_yuv420p_352x288. yuv 这两个音频文件复制到 build-SDLQtDemo1-Desktop_Qt_5_9_8_MinGW_32bit-Debug 目录下,可以通过拖曳改变窗口大小,效果如图 3-22 所示。

3. SDL2 画面刷新机制

实现 SDL2 的事件与渲染机制之后,增加画面刷新机制就可以作为一个播放器使用了。在上述案例中,通过 while 循环执行 SDL _ RenderPresent (renderer)就可以令视频逐帧播放了,但还是需要一个独立的刷新机制。这是因为在一个循环中,重复

图 3-22 SDL2 播放 YUV420p 视频

执行一个函数的效果通常不是周期性的,因为每次加载和处理的数据所消耗的时间是不固定的,因此单纯地在一个循环中使用 SDL_RenderPresent(renderer)会令视频播放产生帧率跳动的情况,因此需要引入一个定期刷新机制,令视频的播放有一个固定的帧率。通常使用多线程的方式进行画面刷新管理,主线程进入主循环中等待(SDL_WaitEvent)事件,画面刷新线程在一段时间后发送(SDL_PushEvent)画面刷新事件,主线程收到画面刷新事件后进行画面刷新操作。

画面刷新线程定期构造一个 REFRESH_EVENT 事件,然后调用 SDL_PushEvent()函数将事件发送出来,代码如下:

```
//chapter3/help-others.txt
#define REFRESH_EVENT (SDL_USEREVENT + 1)
int g_thread_exit = 0;
int refresh_video_SDL2(void * opaque){
    while (g_thread_exit == 0) {
        SDL_Event event;
        event.type = REFRESH_EVENT;
        SDL_PushEvent(&event);
        SDL_Delay(40);
    }
    return 0;
}
```

该函数只有两部分内容,第一部分是发送画面刷新事件,也就是发信号以通知主线程来干活;另一部分是延时,使用一个定时器,保证自己是定期来通知主线程的。首先定义一个"刷新事件",代码如下:

```
#define REFRESH_EVENT (SDL_USEREVENT + 1)         //请求画面刷新事件
```

SDL_USEREVENT 是自定义类型的 SDL 事件,不属于系统事件,可以由用户自定义,这里通过宏定义便于后续引用,然后调用 SDL_PushEvent()函数将事件发送出来,代码如下:

```
SDL_PushEvent(&event);                            //发送画面刷新事件
```

SDL_PushEvent()是 SDL2.0 之后引入的函数,该函数能够将事件放入 SDL2 的事件队列中,当它从事件队列中被取出时,被接收事件的函数识别,并采取相应操作。也就是说在刷新操作中,使用刷新线程不断地将"刷新事件"放到 SDL2 的事件队列,在主线程中读取 SDL2 的事件队列里的事件,当发现事件是"刷新事件"时就进行刷新操作。

主线程(main()函数)的主要工作是首先初始化所有的组件和变量,包括 SDL2 的窗口、渲染器和纹理等,然后进入一个大循环,同时读取事件队列里的事件,如果是刷新事件,则进行渲染相关工作,进行画面刷新。随后需要创建一个缓冲区,每次渲染时都是先从视频文件里读一帧,这一帧先存到缓冲区再交给渲染器去渲染。这个缓冲区的大小应该和视频文件的每帧大小是相同的,这也意味着需要提前计算该视频文件类型的每帧大小,所以需要提前计算好 YUV 格式的视频帧的大小,例如在本案例中视频文件的格式为 YUV420p,宽和高为 352×288。主循环其实就是在不断地读取事件队列里的事件,每读取到一个事件,就进行判断,根据该事件的类型采取不同的操作。当收到需要刷新画面的事件后,开始进行读数据帧并渲染的操作,代码如下:

```
//chapter3/help-others.txt
while(1){
```

```
    SDL_WaitEvent(&event);                    //等待事件
    if(event.type == REFRESH_EVENT){
        fread(g_buffer_YUV420p,1,g_pixel_w * g_pixel_h * g_bpp/8, fpYUV420p);
        //将 1 帧 YUV420p 的数据更新到纹理中
        SDL_UpdateTexture( sdlTexture,NULL,g_buffer_YUV420p,g_pixel_w);

        //渲染三部曲
        SDL_RenderClear( sdlRenderer );
        SDL_RenderCopy( sdlRenderer, sdlTexture, NULL, &sdlRect);
        SDL_RenderPresent( sdlRenderer );
        if(feof(fpYUV420p) != 0 )break;        //如果遇到文件尾,则自动退出循环
    }else if(event.type == SDL_WINDOWEVENT){
        //重定义窗口大小
        SDL_GetWindowSize(screen,&g_screen_w,&g_screen_h);
    }else if(event.type == SDL_QUIT){
        break;
    }
}
```

3.3.6　使用 FFmpeg＋SDL2 读取本地摄像头并渲染

使用 FFmpeg 可以打开本地摄像头并循环读取视频帧数据,然后可以调用 SDL2 对视频帧进行渲染。打开 Qt Creator,创建一个基于 Widget 的 Qt Widgets Application 项目(项目名称为 FFmpegSDL2QtMonitor),如图 3-23 所示。

图 3-23　新建 Qt 的 Widgets 项目

双击 widget.ui 界面文件,界面中使用 QVerticalLayout 进行布局,然后往该界面中拖曳一个 QLabel 和两个 QPushButton(它们的文本分别为 Stop Camera 和 Start Camera),如图 3-24 所示。

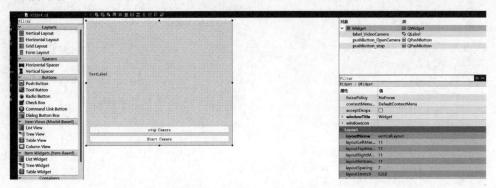

图 3-24　设计 widget.ui 界面

右击 QPushButton 按钮,在弹出的菜单中选择"转到槽",分别为这两个 QPushButton 按钮添加 clicked()槽函数,如图 3-25 所示。

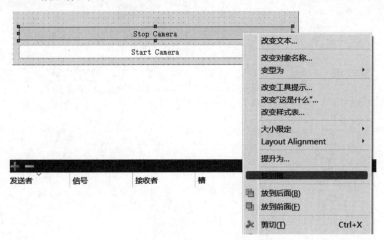

图 3-25　为 QPushButton 添加槽函数

1. 封装一个类 QtFFmpegCamera 用于操作 FFmpeg

新增一个类 QtFFmpegCamera 用于操作 FFmpeg,为了响应 Qt 的信号槽机制,将该类的父类设置为 QObject。为了方便使用,需要创建一个 Play()和 SetStopped()等公共成员函数,并且新增 AVPicture、AVFormatContext、AVCodecContext、AVFrame、SwsContext 和 AVPacket 等类型的私有成员函数。该类的头文件为 qtffmpegcamera.h,代码如下:

```
//chapter3/FFmpegSDL2QtMonitor/qtffmpegcamera.h
#ifndef QTFFMPEGCAMERA_H
#define QTFFMPEGCAMERA_H
```

```cpp
//必须加以下内容,否则编译不能通过,为了兼容C和C99标准
# ifndef INT64_C
# define INT64_C
# define UINT64_C
# endif

//引入FFmpeg和SDL2的头文件
# include < iostream >
extern "C"
{
# include < libavcodec/avcodec.h >
# include < libavformat/avformat.h >
# include < libswscale/swscale.h >
# include < libavdevice/avdevice.h >
# include < libavfilter/avfilter.h >
# include < libavutil/imgutils.h >
# include < SDL.h >
# include < SDL_main.h >
};
# undef main


using namespace std;

# include < QObject >
# include < QMutex >
# include < QImage >

class QtFFmpegCamera : public QObject
{
    Q_OBJECT
public:
    explicit QtFFmpegCamera(QObject * parent = nullptr);

    void Play();

    int GetVideoWidth() const { return this -> videoWidth; }
    int GetVideoHeight() const {return this -> videoHeight; }
    int GetVideoStreamIndex() const { return this -> videoStreamIndex; }
    QString GetVideoURL() const {return this -> videoURL; }
    void SetVideoURL(QString url){this -> videoURL = url; }
    void SetStopped(int st){this -> stopped = st;}

private:
    AVPicture pAVPicture;
    AVFormatContext * pAVFormatCtx;
    AVCodecContext * pAVCodecContext;
    AVFrame * pAVFrame;
```

```
    SwsContext * pSwsContext;            //将 YUYV422 转换为 YUV420p
    SwsContext * pSwsContext2;           //将 YUV420p 转换为 RGB888 (RGB24)
    AVPacket pAVPacket;

    QMutex        mutex;
    int           videoWidth;
    int           videoHeight;
    int           videoStreamIndex;
    QString       videoURL;
    int           stopped;

signals:
    void GetImage(const QImage &image);

public slots:
};

# endif //QTFFMPEGCAMERA_H
```

在该类的构造函数 QtFFmpegCamera::QtFFmpegCamera(QObject * parent)中对成员变量进行初始化,代码如下:

```
//chapter3/FFmpegSDL2QtMonitor/qtffmpegcamera.cpp
QtFFmpegCamera::QtFFmpegCamera(QObject * parent) : QObject(parent)
{
    stopped = 0;
    pAVFormatCtx = NULL;
    pAVCodecContext = NULL;
    pSwsContext = NULL;
    pSwsContext2 = NULL;
    pAVFrame = NULL;
}
```

在该类的成员函数 QtFFmpegCamera::Play()中初始化 FFmpeg 和 SDL2,使用 FFmpeg 打开本地摄像头并循环读取视频帧数据,然后调用 SDL2 进行渲染,代码如下:

```
//chapter3/FFmpegSDL2QtMonitor/qtffmpegcamera.cpp
void QtFFmpegCamera::Play(){
    avformat_network_init();              //初始化 FFmpeg 的网络库

    pAVFormatCtx = avformat_alloc_context();    //分配格式化上下文环境
    pAVFormatCtx -> probesize = 10000 * 1024;
    pAVFormatCtx -> duration = 10 * AV_TIME_BASE;

    //1. 打开本地摄像头
    OpenLocalCamera(pAVFormatCtx, true);

    printf(" ---------- File Information:输出格式信息 ---------- \n");
```

```
av_dump_format(pAVFormatCtx, 0, NULL, 0);

//2.寻找视频流信息
if (avformat_find_stream_info(pAVFormatCtx, NULL) < 0)
{
    printf("Couldn't find stream information.\n");
    return ;
}

//打开视频以获取视频流,设置视频默认索引值
int videoindex = -1;
for (int i = 0; i < pAVFormatCtx->nb_streams; i++)
{
    if (pAVFormatCtx->streams[i]->codecpar->codec_type == AVMEDIA_TYPE_VIDEO)
    {
        videoStreamIndex = videoindex = i;
        //break;
    }
}
//如果没有找到视频的索引,则说明没有视频流
if (videoindex == -1) {
    printf("Didn't find a video stream.\n");
    return ;
}

//3. 打开解码器
//AVCodecContext 为解码上下文结构体
//avcodec_alloc_context3 为解码分配函数
//avcodec_parameters_to_context 为参数格式转换
//avcodec_find_decoder(codec_ID) 用于查找解码器
//avcodec_open2 用于打开解码器
//分配解码器上下文
pAVCodecContext = avcodec_alloc_context3(NULL);
//获取解码器上下文信息
if (avcodec_parameters_to_context(pAVCodecContext, pAVFormatCtx->streams[videoindex]-
>codecpar) < 0)
{
    cout << "Copy stream failed!" << endl;
    return ;
}
//查找解码器//codec_id = 13
//AV_CODEC_ID_RAWVIDEO: 13
//AV_CODEC_ID_H264: 27
printf("codec_id = %d\n", pAVCodecContext->codec_id);
AVCodec * pCodec = avcodec_find_decoder(pAVCodecContext->codec_id);
if (pCodec == NULL) {
    printf("Codec not found.\n");
    return ;
}
```

```
//打开解码器
if (avcodec_open2(pAVCodecContext, pCodec, NULL) < 0)
{
    printf("Could not open codec.\n");
    return ;
}

//4.格式转换
//(1)sdl: yuyv422 ---> yuv420p:SDL2 渲染需要使用 YUV420p 格式
//(2)Qt : yuv420p ---> rgb24:Qt 渲染需要使用 RGB24 格式
//对图形进行裁剪以便于显示得更好
pSwsContext = sws_getContext(
            pAVCodecContext -> width, pAVCodecContext -> height, pAVCodecContext -> pix_
fmt, pAVCodecContext -> width, pAVCodecContext -> height, AV_PIX_FMT_YUV420P, SWS_BICUBIC,
NULL, NULL, NULL);

pSwsContext2 = sws_getContext(
            pAVCodecContext -> width, pAVCodecContext -> height, AV_PIX_FMT_ YUV420P,
pAVCodecContext -> width, pAVCodecContext -> height, AV_PIX_FMT_RGB24, SWS_BICUBIC, NULL,
NULL, NULL);

if (NULL == pSwsContext) {
    cout << "Get swscale context failed!" << endl;
    return ;
}

//获取视频流的分辨率大小
//pAVCodecContext = pAVFormatContext -> streams[videoStreamIndex] -> codec;
videoWidth = pAVCodecContext -> width;          //视频宽度
videoHeight = pAVCodecContext -> height;         //视频高度
avpicture_alloc(&pAVPicture, AV_PIX_FMT_RGB24, videoWidth, videoHeight);
                                             //以视频格式及分辨率来分配内存

//5.SDL2.0:初始化 SDL2 的库
if (SDL_Init(SDL_INIT_VIDEO | SDL_INIT_AUDIO | SDL_INIT_TIMER)){
    printf("Could not initialize SDL - %s\n", SDL_GetError());
    return;
}
//SDL2 的多窗口支持
int screen_w = pAVCodecContext -> width;
int screen_h = pAVCodecContext -> height;
SDL_Window * screen = SDL_CreateWindow("FFmpegPlayer", SDL_WINDOWPOS_UNDEFINED, SDL_
WINDOWPOS_UNDEFINED, screen_w, screen_h, SDL_WINDOW_OPENGL);
if (!screen){
    printf("SDL: could not create window - exiting:%s\n", SDL_GetError());
    return ;
}
```

```
//创建渲染器
SDL_Renderer * sdlRenderer = SDL_CreateRenderer(screen, -1, 0);

//创建纹理
    //IYUV: Y + U + V (3 planes):3个平面
    //YV12: Y + V + U (3 planes):3个平面
    SDL_Texture * sdlTexture = SDL_CreateTexture(sdlRenderer, SDL_PIXELFORMAT_IYUV, SDL_
TEXTUREACCESS_STREAMING, pAVCodecContext -> width, pAVCodecContext -> height);

    SDL_Rect sdlRect;
    sdlRect.x = 0;
    sdlRect.y = 0;
    sdlRect.w = screen_w;
    sdlRect.h = screen_h;

    //创建渲染刷新线程:thread.sdl
    SDL_Thread * video_tid = SDL_CreateThread(sfp_refresh_thread, NULL, NULL);


    //6. 使用FFmpeg解封装并解码
    AVPacket * packet = (AVPacket * )av_malloc(sizeof(AVPacket));
    AVFrame * pFrame = av_frame_alloc();
    AVFrame * pFrameYUV420p = av_frame_alloc();
uint8_t * out_buffer = (uint8_t * )av_malloc(av_image_get_buffer_size(
AV_PIX_FMT_YUV420p, pAVCodecContext -> width, pAVCodecContext -> height, 1));
    av_image_fill_arrays( pFrameYUV420p -> data, pFrameYUV420p -> linesize, out_buffer, AV_PIX_
FMT_YUV420P, pAVCodecContext -> width, AVCodecContext -> height, 1);


    //一帧一帧地读取视频:事件循环
    SDL_Event event;
    for (;;) {
        if(this -> stopped){              //检测是否需要停止
            thread_exit = 1;
            break;
        }
        //等待事件:Wait
        SDL_WaitEvent(&event);
        if (event.type == SFM_REFRESH_EVENT) {
            //------------ 读取视频包 -----------------------
            if (av_read_frame(pAVFormatCtx, packet) >= 0) //解封装
            {
                if (packet -> stream_index == videoindex) {
                    //解码 : YUYV422 ---> YUV420p
                    decode(pAVCodecContext, packet, pFrame, pFrameYUV420p, pSwsContext);


                    //格式转换: YUV420p --> RGB24
                    mutex.lock();
```

```
                    sws_scale(pSwsContext2,
                            (const uint8_t * const * )pFrameYUV420p->data,
                            pFrameYUV420p->linesize,
                            0, videoHeight,
                            pAVPicture.data,
                            pAVPicture.linesize);
                    //Qt发送获取一帧图像信号:注意下面两行代码使用的是Qt的渲染机制
                    //QImage image(pAVPicture.data[0], videoWidth, videoHeight, QImage::Format_
RGB888);
                    //emit GetImage(image);
                    mutex.unlock();

                    //SDL2:渲染视频帧
                        SDL_UpdateTexture(sdlTexture, NULL, pFrameYUV420p->data[0],
pFrameYUV420p->linesize[0]);
                    SDL_RenderClear(sdlRenderer);
                    SDL_RenderCopy(sdlRenderer, sdlTexture, &sdlRect, &sdlRect);
                    SDL_RenderCopy(sdlRenderer, sdlTexture, NULL, NULL);
                    SDL_RenderPresent(sdlRenderer);
                                }
                av_packet_unref(packet);
            }
            else {
                //退出线程
                thread_exit = 1;
            }
        }
    else if (event.type == SDL_KEYDOWN) {
        qDebug() << "keywdown";
        //暂停
        if (event.key.keysym.sym == SDLK_SPACE)
            thread_pause = !thread_pause;
        else if (event.key.keysym.sym == SDLK_ESCAPE){
            thread_exit = 1;
            qDebug() << SDLK_ESCAPE;
        }
    }
    else if (event.type == SDL_QUIT) {
        thread_exit = 1;
    }
    else if (event.type == SFM_BREAK_EVENT) {
        break;
    }
}


sws_freeContext(pSwsContext);
SDL_Quit();
av_frame_free(&pFrameYUV420p);
```

```
    av_frame_free(&pFrame);
    avcodec_close(pAVCodecContext);
    avformat_close_input(&pAVFormatCtx);
}
```

在 qtffmpegcamera.cpp 文件中有一个 OpenLocalCamera()静态函数,它的功能是调用
FFmpeg 来打开本地摄像头,代码是通用的,可以兼容 Windows 和 Linux 平台,但传递的参
数略有区别。该函数的完整代码如下:

```
//chapter3/FFmpegSDL2QtMonitor/qtffmpegcamera.cpp
/* *********************
 * 打开本地摄像头
 ********************* /
static int OpenLocalCamera(AVFormatContext * pFormatCtx, bool isUseDshow = false)
{
    avdevice_register_all();              //注册 Libavdevice 库
# ifdef _WIN32
    if (isUseDshow) {                     //使用 DShow 方式打开摄像头
        AVInputFormat * ifmt = av_find_input_format("dshow");
        //设置视频设备的名称
        //if (avformat_open_input(&pFormatCtx, "video = Lenovo EasyCamera", ifmt, NULL) != 0)
        if (avformat_open_input(&pFormatCtx, "video = HP TrueVision HD Camera", ifmt, NULL) !=
0) {
            printf("Couldn't open input stream.(无法打开输入流)\n");
            return −1;
        }
    }
    else {//使用 VFW 方式打开摄像头
        AVInputFormat * ifmt = av_find_input_format("vfwcap");
        if (avformat_open_input(&pFormatCtx, "0", ifmt, NULL) != 0) {
            printf("Couldn't open input stream.(无法打开输入流)\n");
            return −1;
        }
    }
# endif
    //Linux 平台
# ifdef linux
    AVInputFormat * ifmt = av_find_input_format("video4linux2");
    if (avformat_open_input(&pFormatCtx, "/dev/video0", ifmt, NULL) != 0) {
        printf("Couldn't open input stream.(无法打开输入流)\n");
        return −1;
    }

# endif

    return 0;

}
```

注意：在 Windows 平台下 avformat_open_input（&pFormatCtx，"video＝HP TrueVision HD Camera"，ifmt，NULL）函数中的参数需要修改为读者本地的摄像头名称，例如笔者这里的摄像头名称为 HP TrueVision HD Camera。

在 qtffmpegcamera.cpp 文件中有一个 sfp_refresh_thread()静态函数，它的功能是手工创建 SDL 的刷新事件，以此来实时刷新视频帧，代码如下：

```cpp
//chapter3/FFmpegSDL2QtMonitor/qtffmpegcamera.cpp
//Refresh Event
#define SFM_REFRESH_EVENT (SDL_USEREVENT + 1)
#define SFM_BREAK_EVENT (SDL_USEREVENT + 2)
static int thread_exit = 0;
static int thread_pause = 0;

static int sfp_refresh_thread(void * opaque)
{
    thread_exit = 0;
    thread_pause = 0;

    while (!thread_exit){
        if (!thread_pause) {            //判断是否暂停
            //手工创建 SDL 刷新事件
            SDL_Event event;
            event.type = SFM_REFRESH_EVENT;
            SDL_PushEvent(&event);
        }
        SDL_Delay(5);

    }
    thread_exit = 0;
    thread_pause = 0;
    //Break:退出事件
    SDL_Event event;
    event.type = SFM_BREAK_EVENT;
    SDL_PushEvent(&event);
    return 0;
}
```

2. 新增 1 个 Qt 的线程类来调用 FFmpeg

因为读取视频帧需要使用 while 循环，从界面上单击 Start Camera 按钮之后，如果直接进入 while 循环，就会导致界面僵死，所以需要开启一个独立的线程来源源不断地读取视频帧并解码，然后将解码出来的 YUV 帧数据送给 SDL2 进行渲染。可以使用 Qt 的 QThread 类来封装一个线程类，头文件代码如下：

```
//chapter3/FFmpegSDL2QtMonitor/qtcamerathread.h
#ifndef QTCAMERATHREAD_H
#define QTCAMERATHREAD_H

#include <QThread>
#include "qtffmpegcamera.h"

class QtCameraThread : public QThread{
    Q_OBJECT
public:
    explicit QtCameraThread(QObject * parent = nullptr);
    void run();
    void setffmpeg(QtFFmpegCamera * f){ffmpeg = f;}

private:
    QtFFmpegCamera * ffmpeg;

signals:

public slots:
};

#endif //QTCAMERATHREAD_H
```

QtCameraThread 类的基类是 QThread，在该类中有一个 QtFFmpegCamera 类型的私有成员变量，用于操作 FFmpeg，然后需要重写 QThread 的 run()虚函数，代码如下：

```
//chapter3/FFmpegSDL2QtMonitor/qtcamerathread.cpp
#include "qtcamerathread.h"
QtCameraThread::QtCameraThread(QObject * parent) :
    QThread(parent) {
}
void QtCameraThread::run() {
    ffmpeg -> Play();
}
```

由此可见，在 run()虚函数中主要调用 QtFFmpegCamera 类的 Play()函数，先打开本地摄像头，然后循环读取视频帧并通过 SDL2 进行渲染。

3. 通过 Qt 的界面按钮开启或停止摄像头

在 Start Camera 按钮的 Widget::on_pushButton_OpenCamera_clicked()槽函数中开启线程即可，代码如下：

```
//chapter3/FFmpegSDL2QtMonitor/qtcamerathread.cpp
void Widget::on_pushButton_OpenCamera_clicked(){
    qDebug() << "clicked\n";
    //修改按钮状态
```

```
ui->pushButton_stop->setEnabled(true);
ui->pushButton_OpenCamera->setEnabled(false);
objFmpg.SetStopped(0);
//objFmpg.Play();//注意:不要直接调用 FFmpeg 封装类的 Play()函数,否则会导致界面僵死
//通过线程方式来开启 FFmpeg 封装类的 Play()函数
QtCameraThread * rtsp = new QtCameraThread(this);
rtsp->setffmpeg(&objFmpg);
rtsp->start();
}
```

在 Stop Camera 按钮的 Widget::on_pushButton_stop_clicked()槽函数中修改播放状态即可,代码如下:

```
//chapter3/FFmpegSDL2QtMonitor/qtcamerathread.cpp
void Widget::on_pushButton_stop_clicked(){
    objFmpg.SetStopped(1);           //将播放状态设置为 Stopped 即可
    //修改按钮的状态
    ui->pushButton_stop->setEnabled(false );
    ui->pushButton_OpenCamera->setEnabled( true);
}
```

编译并运行该程序,发现使用 SDL2 渲染时会弹出一个单独的窗口,如图 3-26 所示。

图 3-26　SDL2 弹出的窗口

4. 将 SDL2 弹出的窗口嵌入 Qt 的 QLabel 中

可以将 SDL2 弹出的窗口嵌入 Qt 的 QLabel 中,将 SDL_CreateWindow()函数替换为 SDL_CreateWindowFrom()函数即可,代码如下:

```
//chapter3/FFmpegSDL2QtMonitor/qtcamerathread.cpp
//SDL_Window * screen = SDL_CreateWindow("FFmpegPlayer", SDL_WINDOWPOS_UNDEFINED, SDL_
WINDOWPOS_UNDEFINED, screen_w, screen_h, SDL_WINDOW_OPENGL);
//将 SDL2 窗口嵌入 Qt 子窗口的方法
SDL_Window * screen = SDL_CreateWindowFrom( m_MainWidget );
```

重新编译并运行该程序,SDL2 的窗口已经被嵌入 Qt 的 QLabel 标签中,如图 3-27 所示。

图 3-27　将 SDL2 弹出的窗口嵌入 Qt 窗口中

3.4　FFmpeg+Qt 读取并显示本地摄像头

信号与槽(Signal & Slot)是 Qt 编程的基础,也是 Qt 的一大创新。因为有了信号与槽的编程机制,在 Qt 中处理界面各个组件的交互操作时会变得更加直观和简单。信号槽是 Qt 框架引以为豪的机制之一。所谓信号槽,实际就是观察者模式。当某个事件发生之后,例如按钮检测到自己被单击了一下,它就会发出一个信号(Signal)。以这种方式发出信号类似广播。如果有对象对这个信号感兴趣,则可以使用连接(Connect)函数将想要处理的信号和自己的一个槽函数(Slot)绑定,以此来处理这个信号。也就是说,当信号发出时,被连接的槽函数会自动被回调。信号与槽机制是 Qt GUI 编程的基础,使用信号与槽机制可以比较容易地将信号与响应代码关联起来。

3.4.1　信号

信号(Signal)就是在特定情况下被发射的事件,例如下压式按钮(PushButton)最常见的信号就是鼠标单击时发射的 clicked()信号,而一个组合下拉列表(ComboBox)最常见的信号是选择的列表项变化时发射的 CurrentIndexChanged()信号。GUI 程序设计的主要内容就是对界面上各组件的信号进行响应,只需知道什么情况下发射哪些信号,合理地去响应和处理这些信号就可以了。信号是一个特殊的成员函数声明,返回值的类型为 void,只能声明而不能通过定义实现。信号必须用 signals 关键字声明,访问属性为 protected,只能通过

emit 关键字调用(发射信号)。当某个信号对其客户或所有者发生的内部状态发生改变时，信号被一个对象发射。只有定义过这个信号的类及其派生类能够发射这个信号。当一个信号被发射时，与其相关联的槽将被立刻执行，就像一个正常的函数调用一样。信号槽机制完全独立于任何 GUI 事件循环。只有当所有的槽返回以后发射函数(emit)才返回。如果存在多个槽与某个信号相关联，则当这个信号被发射时，这些槽将会一个接一个地执行，但执行的顺序将会是随机的，不能人为地指定哪个先执行、哪个后执行。信号的声明是在头文件中进行的，Qt 的 signals 关键字用于指出进入了信号声明区，随后即可声明自己的信号，代码如下：

```
signals:
    void mycustomsignals();
```

signals 是 QT 的关键字，而非 C/C++ 的关键字。信号可以重载，但信号却没有函数体定义，并且信号的返回类型都是 void，不要指望能从信号返回什么有用信息。信号由 MOC 自动产生，不应该在.cpp 文件中实现。

3.4.2　槽

槽(Slot)就是对信号响应的函数，即槽就是一个函数，与一般的 C++ 函数是一样的，可以定义在类的任何部分(public、private 或 protected)，可以具有任何参数，也可以被直接调用。槽函数与一般函数的不同点在于：槽函数可以与一个信号关联，当信号被发射时，关联的槽函数被自动执行。槽也能够声明为虚函数。槽的声明也是在头文件中进行的，代码如下：

```
public slots:
    void setValue(int value);
```

只有 QObject 的子类才能自定义槽，定义槽的类必须在类声明的最开始处使用 Q_OBJECT，类中声明槽需要使用 slots 关键字，槽与所处理的信号在函数签名上必须一致。

3.4.3　信号与槽的关联

信号与槽关联是用 QObject::connect() 函数实现的，其代码如下：

```
//chapter3/qt-help-apis.txt
//QObject::connect(sender, SIGNAL(signal()), receiver, SLOT(slot()));
bool QObject::connect ( const QObject * sender, const char * signal,
                const QObject * receiver, const char * method,
                Qt::ConnectionType type = Qt::AutoConnection );
```

connect()函数是 QObject 类的一个静态函数，而 QObject 是所有 Qt 类的基类，在实际调用时可以忽略前面的限定符，所以可以直接写为如下形式。

```
connect(sender, SIGNAL(signal()), receiver, SLOT(slot()));
```

其中,sender 是发射信号的对象的名称,signal() 是信号名称。信号可以看作特殊的函数,需要带圆括号,有参数时还需要指明参数。receiver 是接收信号的对象名称,slot() 是槽函数的名称,需要带圆括号,有参数时还需要指明参数。SIGNAL 和 SLOT 是 Qt 的宏,用于指明信号和槽,并将它们的参数转换为相应的字符串。一段简单的代码如下:

```
QObject::connect(btnClose, SIGNAL(clicked()), Widget, SLOT(close()));
```

这行代码的作用就是将 btnClose 按钮的 clicked()信号与窗体(Widget)的槽函数 close()相关联,当单击 btnClose 按钮(界面上的 Close 按钮)时,就会执行 Widget 的 close()槽函数。

当信号与槽没有必要继续保持关联时,可以使用 disconnect 函数来断开连接,代码如下:

```
bool QObject::disconnect (const QObject * sender, const char * signal,
                          const QObject * receiver, const char * method);
```

disconnect()函数用于断开发射者中的信号与接收者中的槽函数之间的关联。在 disconnect()函数中 0 可以用作一个通配符,分别表示任何信号、任何接收对象、接收对象中的任何槽函数,但是发射者 sender 不能为 0,其他 3 个参数的值可以等于 0。以下 3 种情况需要使用 disconnect()函数断开信号与槽的关联。

(1)断开与某个对象相关联的任何对象,代码如下:

```
disconnect(sender, 0, 0, 0);
sender -> disconnect();
```

(2)断开与某个特定信号的任何关联,代码如下:

```
disconnect(sender, SIGNAL(mySignal()), 0, 0);
sender -> disconnect(SIGNAL(mySignal()));
```

(3)断开两个对象之间的关联,代码如下:

```
disconnect(sender, 0, receiver, 0);
sender -> disconnect(receiver);
```

3.4.4 信号与槽的注意事项

Qt 利用信号与槽(Signal/Slot)机制取代传统的回调函数机制(callback)进行对象之间的沟通。当操作事件发生时,对象会提交一个信号(Signal),而槽(Slot)则是一个函数接收特定信号并且运行槽本身设置的动作。信号与槽之间需要通过 QObject 的静态方法

connect()函数连接。信号在任何运行点上皆可发射,甚至可以在槽里再发射另一个信号,信号与槽的链接不限定为一对一的链接,一个信号可以链接到多个槽或者多个信号链接到同一个槽,甚至信号也可连接到信号。以往的 callback 缺乏类型安全,在调用处理函数时,无法确定是传递正确型态的参数,但信号和其接收的槽之间传递的数据型态必须相匹配,否则编译器会发出警告。信号和槽可接收任何数量、任何形态的参数,所以信号与槽机制是完全类型安全。信号与槽机制也确保了低耦合性,发送信号的类并不知道可被哪个槽接收,也就是说一个信号可以调用所有可用的槽。此机制会确保当"连接"信号和槽时,槽会接收信号的参数并且正确运行。关于信号与槽的使用,需要注意以下规则。

（1）一个信号可以连接多个槽,代码如下:

```
connect(spinNum, SIGNAL(valueChanged(int)), this, SLOT(addFun(int)));
connect(spinNum, SIGNAL(valueChanged(int)), this, SLOT(updateStatus(int)));
```

当一个对象 spinNum 的数值发生变化时,所在窗体有两个槽函数进行响应,一个 addFun()函数用于计算,另一个 updateStatus()函数用于更新状态。当一个信号与多个槽函数关联时,槽函数按照建立连接时的按顺序依次执行。当信号和槽函数带有参数时,在 connect()函数里要写明参数的类型,但可以不写参数名称。

（2）多个信号可以连接同一个槽,例如将 3 个选择颜色的 RadioButton 的 clicked()信号关联到相同的一个自定义槽函数 setTextFontColor(),代码如下:

```
//chapter3/qt-help-apis.txt
connect(ui->rBtnBlue,SIGNAL(clicked()),this,SLOT(setTextFontColor()));
connect(ui->rBtnRed,SIGNAL(clicked()),this,SLOT(setTextFontColor()));
connect(ui->rBtnBlack,SIGNAL(clicked()),this,SLOT(setTextFontColor()));
```

当任何一个 RadioButton 被单击时,都会执行 setTextFontColor() 槽函数。

（3）一个信号可以连接另外一个信号,代码如下:

```
connect(spinNum, SIGNAL(valueChanged(int)), this, SIGNAL (refreshInfo(int)));
```

当一个信号发射时,也会发射另外一个信号,实现某些特殊的功能。

（4）在严格的情况下,信号与槽的参数的个数和类型需要一致,至少信号的参数不能少于槽的参数。如果不匹配,则会出现编译错误或运行错误。

（5）在使用信号与槽的类中,必须在类的定义中加入宏 Q_OBJECT。

（6）当一个信号被发射时,与其关联的槽函数通常会被立即执行,就像正常调用一个函数一样。只有当信号关联的所有槽函数执行完毕后,才会执行发射信号处后面的代码。

3.4.5　元对象工具

元对象编译器(Meta Object Compiler,MOC)对 C++文件中的类声明进行分析并生成用于初始化元对象的 C++代码,元对象包含全部信号和槽的名字及指向槽函数的指针。

当 MOC 读 C++ 源文件时，如果发现有 Q_OBJECT 宏声明的类，就会生成另外一个 C++ 源文件，新生成的文件中包含该类的元对象代码。假设有一个头文件 mysignal.h，在这个文件中包含信号或槽的声明，那么在编译之前 MOC 工具就会根据该文件自动生成一个名为 mysignal.moc.h 的 C++ 源文件并将其提交给编译器；对应的 mysignal.cpp 文件 MOC 工具将自动生成一个名为 mysignal.moc.cpp 的文件提交给编译器。

元对象代码是 Signal/Slot 机制所必需的。用 MOC 生成的 C++ 源文件必须与类实现一起进行编译和连接，或者用 ♯include 语句将其包含到类的源文件中。MOC 并不扩展 ♯include 或者 ♯define 宏定义，只是简单地跳过所遇到的任何预处理指令。

信号和槽函数的声明一般位于头文件中，同时在类声明的开始位置必须加上 Q_OBJECT 语句，Q_OBJECT 语句将告诉编译器在编译之前必须先应用 MOC 工具进行扩展。关键字 signals 是对信号的声明，signals 默认为 protected 等属性。关键字 slots 是对槽函数的声明，slots 有 public、private、protected 等属性。signals、slots 关键字是 Qt 自己定义的，不是 C++ 中的关键字。信号的声明类似于函数的声明而非变量的声明，左边要有类型，右边要有括号，如果要向槽中传递参数，则可在括号中指定每个形式参数的类型，而形式参数的个数可以多于一个。关键字 slots 指出随后开始槽的声明，这里 slots 用的也是复数形式。槽的声明与普通函数的声明一样，可以携带零或多个形式参数。既然信号的声明类似于普通 C++ 函数的声明，那么信号也可采用 C++ 中虚函数的形式进行声明，即同名但参数不同。例如，第 1 次定义的 void mySignal()没有带参数，而第 2 次定义的却带有参数，从这里可以看出 Qt 的信号机制是非常灵活的。信号与槽之间的联系必须事先用 connect()函数进行指定。如果要断开二者之间的联系，则可以使用 disconnect()函数。

3.4.6　案例：标准信号槽

新建一个 Qt Widgets Application 项目（笔者的项目名称为 MySignalSlotsDemo），基类选择 QWidget，如图 3-28 所示，然后在构造函数中动态地创建一个按钮，实现单击按钮关闭窗口的功能。编译并运行该程序，效果如图 3-29 所示。本项目包含的代码如下：

注意：该案例的完整工程代码可参考本书源码中的 chapter3/MySignalSlotsDemo，建议读者先下载源码将工程运行起来，然后结合本书进行学习。

```
//chapter3/MySignalSlotsDemo/widget.h
//widget.h头文件////
♯ifndef WIDGET_H
♯define WIDGET_H

♯include < QWidget >

namespace Ui {
```

```
class Widget;
}

class Widget : public QWidget
{
    Q_OBJECT

public:
    explicit Widget(QWidget * parent = nullptr);
    ~Widget();

private:
    Ui::Widget * ui;
};
#endif //WIDGET_H


/////widget.cpp 文件//////
#include "widget.h"
#include "ui_widget.h"
#include < QPushButton >

Widget::Widget(QWidget * parent) :
    QWidget(parent),
    ui(new Ui::Widget)
{
    ui-> setupUi(this);

    //创建一个按钮
    QPushButton * btn = new QPushButton;
    //btn-> show();                          //以顶层方式弹出窗口控件
    //让 btn 依赖在 myWidget 窗口中
    btn-> setParent(this);                    //this 指当前窗口
    btn-> setText("关闭");
btn-> move(100,100);

    //关联信号和槽:单击按钮关闭窗口
//参数 1:信号发送者;参数 2:发送的信号(函数地址)
//参数 3:信号接收者;参数 4:处理槽函数地址
    connect(btn, &QPushButton::clicked, this, &QWidget::close);

}

Widget::~Widget()
{
    delete ui;
}
```

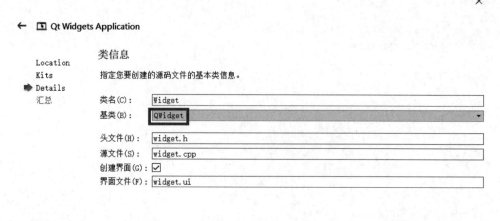

图 3-28　Qt Widgets 项目的基类选择

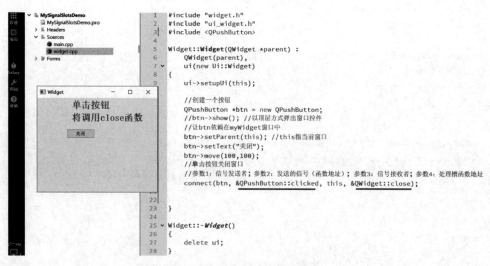

图 3-29　Qt 信号槽的运行效果

3.4.7　案例：自定义信号槽

当 Qt 提供的标准信号和槽函数无法满足需求时，就需要用到自定义信号槽，可以使用 emit 关键字来发射信号。例如定义老师和学生两个类（都继承自 QObject），当老师发出"下课"信号时，学生响应"去吃饭"的槽功能。由于"下课"不是 Qt 标准的信号，所以需要用到自定义信号槽机制。这里不再创建新的 Qt 项目，直接使用 3.4.6 节的 MySignalSlotsDemo 项目，先添加两个自定义类 Teacher 和 Student，它们都继承自 QObject。右击项目名称 MySignalSlotsDemo，在弹出的菜单中选择 Add New... 菜单选项，如图 3-30 所示，然后在弹出的"新建文件"对话框中，单击左侧的 C++ 模板，在右侧选择 C++Class，如图 3-31 所示，接着在弹出的 C++Class 对话框中，输入 Class name(Teacher)，在 Base class 下拉列表中选择 QObject，如图 3-32 所示，再以同样的步骤创建 Student 类，成功后，项目中多了两个类 (Teacher 和 Student)，如图 3-33 所示。

图 3-30　Qt 项目中通过 Add New 添加新项

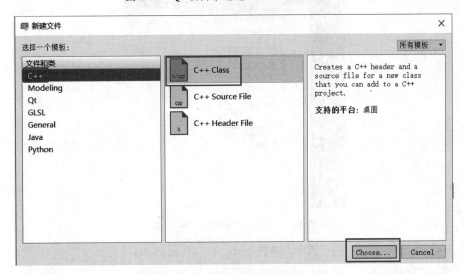

图 3-31　Qt 项目中选择 C++Class

在 Teacher 类中添加一个"下课"信号(finishClass)，代码如下：

```
//chapter3/MySignalSlotsDemo/student.h
signals:
    //自定义信号,写到 signals 下
    //返回值为 void,只用申明,不需要实现
    //可以有参数,也可以重载
    void finishClass();
```

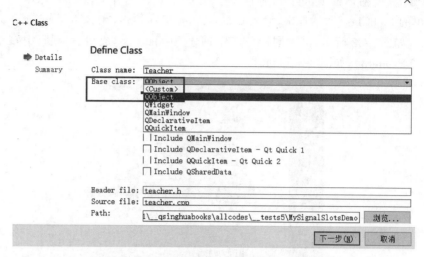

图 3-32　Qt 项目中添加新类并选择 QObject 基类

图 3-33　Qt 项目中添加了两个类

在 Student 类中添加一个"去吃饭"槽(gotoEat),代码如下:

```
//chapter3/MySignalSlotsDemo/student.h
public slots:
//早期 Qt 版本需要写到 public slots 下,高级版本可以写到 public 或全局下
//返回值为 void,需要声明,也需要实现
//可以有参数,也可以重载
    void gotoEat();


//sutdent.cpp
void Student::gotoEat()
```

```
{
    qDebug() << "准备去吃饭......";
}
```

在 Widget 类中声明老师类（Student）和学生类（Student）的成员变量，并在构造函数中通过 new 创建实例，然后通过 connect() 函数来关联老师类的"下课"信号和学生类的"去吃饭"槽，代码如下：

```
//chapter3/MySignalSlotsDemo/widget.h
private:
    Teacher * m_teacher;
    Student * m_student;

//widget.cpp
Widget::Widget(QWidget * parent):
    QWidget(parent),
    ui(new Ui::Widget)
{
    ...
    //创建老师对象
    this->m_teacher = new Teacher(this);
    //创建学生对象
    this->m_student = new Student(this);
    //连接老师的"下课"信号和学生的"去吃饭"槽函数
    connect(m_teacher,&Teacher::finishClass,
        m_student,&Student::gotoEat);
}
```

在界面上拖曳一个按钮，将文本内容修改为"下课"，用来模拟老师的下课信号，然后双击这个按钮，在 Qt 自动生成的 Widget::on_pushButton_clicked() 函数中添加的代码如下：

```
//chapter3/MySignalSlotsDemo/widget.cpp
void Widget::on_pushButton_clicked()
{
    //通过 emit 发射信号
    emit this->m_teacher->finishClass();
}
```

编译并运行该程序，单击"下课"按钮后会在控制台输出"准备去吃饭……"，证明学生类的槽函数被成功地触发了，如图 3-34 所示。在本案例中老师类和学生类的相关代码如下（其余代码读者可参考源码工程）：

```
//chapter3/MySignalSlotsDemo/teacher.h
////teacher.h////
#ifndef TEACHER_H
#define TEACHER_H
```

```cpp
#include <QObject>

class Teacher : public QObject
{
    Q_OBJECT
public:
    explicit Teacher(QObject * parent = nullptr);

signals:
    //自定义信号,写到 signals 下
    //返回值为 void,只用声明,不需要实现
    //可以有参数,也可以重载
    void finishClass();

public slots:

};
#endif //TEACHER_H


////teacher.cpp////
#include "teacher.h"
Teacher::Teacher(QObject * parent) : QObject(parent)
{

}


////student.h////
#ifndef STUDENT_H
#define STUDENT_H
#include <QObject>

class Student : public QObject
{
    Q_OBJECT
public:
    explicit Student(QObject * parent = nullptr);

signals:

public slots:
//早期 Qt 版本需要写到 public slots 下,高级版本可以写到 public 或全局下
//返回值为 void,需要声明,也需要实现
//可以有参数,也可以重载
    void gotoEat();
};
#endif //STUDENT_H
```

```
////student.cpp////
# include "student.h"
# include < QDebug >
Student::Student(QObject * parent) : QObject(parent)
{

}

void Student::gotoEat()
{
    qDebug() << "准备去吃饭......";
}
```

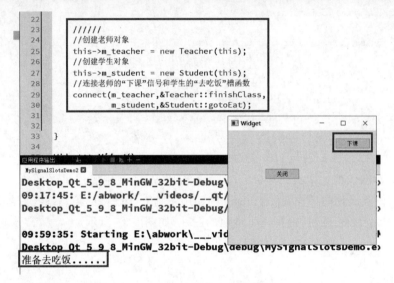

图 3-34 Qt 项目中自定义信号槽的应用

3.4.8 Qt 显示图像

Qt 可显示基本的图像类型,利用 QImage、QPxmap 类可以实现图像的显示,并且利用类中的方法可以实现图像的基本操作(缩放、旋转等)。Qt 可以直接读取并显示的格式有 BMP、GIF、JPG、JPEG、PNG、TIFF、PBM、PGM、PPM、XBM 和 XPM 等。可以使用 QLabel 显示图像,QLabel 类有 setPixmap()函数,可以用来显示图像。也可以直接用 QPainter 画出图像。如果图像过大,则可直接用 QLabel 显示,此时将会出现有部分图像显示不出来,可以用 Scroll Area 部件解决此问题。

首先使用 QFileDialog 类的静态函数 getOpenFileName()打开一张图像,将图像文件加载进 QImage 对象中,再用 QPixmap 对象获得图像,最后用 QLabel 选择一个 QPixmap 图像对象进行显示。该过程的关键代码如下(完整代码可参考 chapter3/QtImageDemo 工程):

```
//chapter3/QtImageDemo/widget.cpp
//Qt 显示图片
void Widget::on_btnShowImage_clicked()
{
    QString filename;
    filename = QFileDialog::getOpenFileName(this,
tr("选择图像"),"",tr("Images ( * .png * .bmp * .jpg * .tif * .gif )"));
    if(filename.isEmpty()){
        return;
    }
    else{
        m_img = new QImage;
        if(! ( m_img -> load(filename) ) )        //加载图像
        {
            QMessageBox::information(this,
                    tr("打开图像失败"),tr("打开图像失败!"));
            delete m_img;
            return;
        }
        ui -> lblImage -> setPixmap(QPixmap::fromImage( * m_img));
    }
}
```

QImage 对图像的像素级访问进行了优化,QPixmap 使用底层平台的绘制系统进行绘制,无法提供像素级别的操作,而 QImage 则使用了独立于硬件的绘制系统。编译并运行该工程,单击"显示图像"按钮,选择一张本地的图片,如图 3-35 所示。

图 3-35　Qt 使用 QImage 和 QPixmap 显示图像

3.4.9　Qt 缩放图像

Qt 缩放图像可以用 scaled 函数实现,代码如下:

```
//chapter3/qt-help-apis.txt
QImage QImage:: scaled ( const QSize & size, Qt:: AspectRatioMode aspectRatioMode = Qt::
IgnoreAspectRatio, Qt::TransformationModetransformMode = Qt::FastTransformation) const;
```

利用上面已经加载成功的图像(m_img)，在 scaled 函数中 width 和 height 表示缩放后图像的宽和高，即将原图像缩放到(width×height)大小。例如在本案例中显示的图像原始宽和高为(200×200)，缩放后修改为(100×100)，编译并运行，如图 3-36 所示，代码如下：

```
//chapter3/QtImageDemo/widget.cpp
void Widget::on_btnScale_clicked(){
    QImage * imgScaled = new QImage;
     * imgScaled = m_img->scaled(100,100, Qt::KeepAspectRatio);
    ui->lblScale->setPixmap(QPixmap::fromImage( * imgScaled));
}
```

图 3-36　Qt 缩放图像

3.4.10　Qt 旋转图像

Qt 旋转图像可以用 QMatrix 类的 rotate 函数实现，代码如下：

```
//chapter3/QtImageDemo/widget.cpp
void Widget::on_btnRotate_clicked(){
    QImage * imgRotate = new QImage;
    QMatrix matrix;
    matrix.rotate(270);
     * imgRotate = m_img->transformed(matrix);
    ui->lblRotate->setPixmap(QPixmap::fromImage( * imgRotate));
}
```

编译并运行该项目,依次单击"显示图像""缩放"和"旋转"按钮,效果如图 3-37 所示。

图 3-37　Qt 显示、缩放和旋转图像

第4章

CHAPTER 4

H.264/H.265 视频
编码并存储

H.264 也是 MPEG-4 的第 10 部分,是由 ITU-T 视频编码专家组(VCEG)和 ISO/IEC 动态图像专家组(MPEG)联合组成的联合视频组(Joint Video Team,JVT)提出的一种高度压缩的数字视频编解码器标准,该标准通常被称为 H.264/AVC(或者 AVC/H.264 或者 H.264/MPEG-4 AVC 或者 MPEG-4/H.264 AVC)。H.264 标准包括访问单元划分器、附加增强信息、基本图像编码、冗余图像编码、即时解码刷新、假想参考解码和假想码流调度器等。

H.265 即高效率视频编码(High Efficiency Video Coding,HEVC),是新一代视频编码技术。它围绕现有视频编码标准 H.264,保留原来的某些技术,使用新技术对某些方面进行改进优化,如码流、编码质量、时延等,提高压缩效率、增强稳健性和错误恢复能力、减少实时的时延、降低复杂度等。H.265 在 H.264 的基础上,对一些技术进行了改进,只需原来带宽的一半就可以播放同样质量的视频,因此,计算机、手机、平板电脑、电视,包括监控行业,在使用 H.265 编码时,可以在相同视频质量的基础上节省更多的带宽和容量。

4.1 FFmpeg 命令行编码 H.264

研制视频编码标准的有两大正式组织,包括 ISO/IEC 和 ITU-T。ISO/IEC 制定的编码标准有 MPEG-1、MPEG-2、MPEG-4、MPEG-7、MPEG-21 和 MPEG-H 等。ITU-T 制定的编码标准有 H.261、H.262、H.263、H.264 和 H.265 等。实际上,真正在业界产生较强影响力的标准均是由这两个组织合作产生的,例如 MPEG-2、H.264/AVC 和 H.265/HEVC 等。不同标准组织制定的视频编码标准的发展如图 4-1 所示。

30 多年以来,世界上主流的视频编码标准基本上是由 ITU 和 ISO/IEC 提出来的。ITU 提出了 H.261、H.262、H.263、H.263+、H.263++ 等标准,这些统称为 H.26X 系列,主要应用于实时视频通信领域,如会议电视、可视电话等。ISO/IEC 提出了 MPEG-1、MPEG-2、MPEG-4、MPEG-7、MPEG-21,统称为 MPEG 系列。ITU 和 ISO/IEC 一开始是各自为战的,后来这两个组织成立了一个联合小组,名叫 JVT,即视频联合工作组。H.264

就是由 JVT 联合制定的,它也属于 MPEG-4 家族的一部分,即 MPEG-4 系列文档 ISO 14496 的第 10 部分,因此又称作 MPEG-4/AVC。与 MPEG-4 重点考虑的灵活性和交互性不同,H.264 着重强调更高的编码压缩率和传输可靠性,在数字电视广播、实时视频通信、网络流媒体等领域具有广泛的应用。

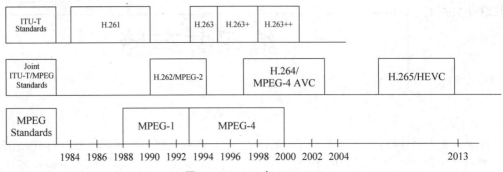

图 4-1   H. 26X 与 MPEG-X

4.1.1   YUV 编码为 H. 264

使用 FFmpeg 可以将 YUV 格式的视频编码为 H.264 格式,命令如下:

```
ffmpeg - s 320x240 - pix_fmt yuv420p - i yuv420p_test4_320x240.yuv - c:v libx264 out -
320x240.h264
```

在该案例中,需要指定输入的 YUV 文件的格式(-pix_fmt yuv420p)及宽和高(-s 320x240),否则 FFmepg 无法识别出来,从而会导致编码失败,-c:v libx264 指定了使用 libx264 进行编码。FFmpeg 转换过程的主要输出信息如下:

```
//chapter4/ffmpeg - pcm - 1 - out.txt
D:\_movies\__test\000 > ffmpeg - s 320x240 - pix_fmt yuv420p - i yuv420p_test4_320x240.yuv
- c:v libx264 out - 320x240.h264
[rawvideo @ 0530e200] Estimating duration from bitrate, this may be inaccurate
Input #0, rawvideo, from 'yuv420p_test4_320x240.yuv':
  Duration: 00:00:00.44, start: 0.000000, bitrate: 23040 Kb/s
    Stream #0:0: Video: rawvideo (I420 / 0x30323449), yuv420p, 320x240, 23040 Kb/s, 25 tbr,
25 tbn, 25 tbc
Stream mapping:      //以下是流映射信息,从 YUV420p 转换为 H.264 格式,使用 libx264 编码器
  Stream #0:0 -> #0:0 (rawvideo (native) -> h264 (libx264))
Press [q] to stop, [?] for help
[libx264 @ 06941540] using cpu capabilities: MMX2 SSE2Fast SSSE3 SSE4.2 AVX FMA3 BMI2 AVX2
[libx264 @ 06941540] profile High, level 1.3, 4:2:0, 8 - bit【High Profile】
Output #0, h264, to 'out - 320x240.h264':
  Metadata:
    encoder : Lavf58.45.100
    Stream #0:0: Video: h264 (libx264), yuv420p, 320x240, q = - 1 -- 1, 25 fps, 25 tbn, 25 tbc
    Metadata:
```

```
        encoder : Lavc58.91.100 libx264 ♯指定使用 libx264 编码器
......
[libx264 @ 06941540] frame I:1 Avg QP:25.31 size: 14405    ♯I帧总数
[libx264 @ 06941540] frame P:4 Avg QP:27.93 size: 1010     ♯P帧总数
[libx264 @ 06941540] frame B:6 Avg QP:30.77 size: 251      ♯B帧总数
......
[libx264 @ 06941540] Weighted P-Frames: Y:0.0% UV:0.0%
......
[libx264 @ 06941540] Kb/s:362.73
```

使用 MediaInfo 查看生成的 out-320x240.h264 的流信息,如图 4-2 所示。

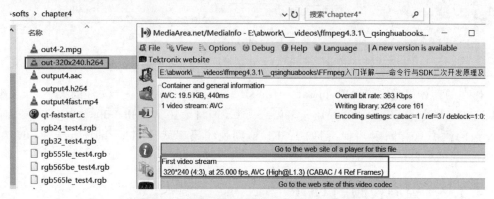

图 4-2 MediaInfo 查看 H.264 文件的流信息

在该案例中,也可以指定新的宽和高(-s 160x120)及帧率(-r 30)等,命令如下:

```
ffmpeg -s 320x240 -pix_fmt yuv420p -i yuv420p_test4_320x240.yuv -c:v libx264 -s 160x120
-r 30 out-160x120.h264
♯注意:第1个-s需要放在-i之前,用于指定输入文件的宽和高;第2个-s需要放在-i之后,用
♯于指定输出文件的宽和高
```

注意:由于 YUV 文件本身不带参数信息,所以需要在命令行中指定具体的 YUV 格式及宽和高。

4.1.2 控制视频的码率及分辨率

使用 FFmpeg 的-s 参数可以控制视频的分辨率,格式为-s Width x Height(注意这里的 x 是小写的英文字母 x),也可以使用-b:v 控制视频的码率。这些参数用于控制输出视频,所以需要放到-i 后边,命令如下:

```
ffmpeg -i test4.mp4 -s 640x360 -b:v 300k -y test4-640x360-300k.mp4
```

在该案例中,原视频的分辨率是 1920×1080,码率为 1921Kb/s,转码后的分辨率是 640×360,码率为 255Kb/s(接近 300Kb/s),如图 4-3 所示。

102

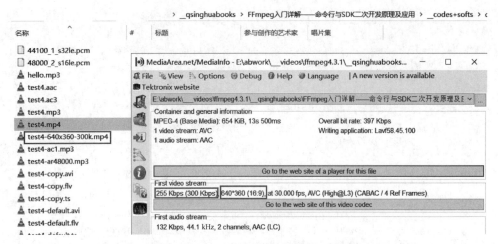

图4-3 通过 MediaInfo 查看转码后视频的宽和高及码率

码率的计算相对比较简单,bitrate=file size÷duration,例如一个文件的大小 20.8MB,时长 1min,那么,bitrate=20.8MB÷60s=20.8×1024×1024×8b÷60s≈2840Kb/s,而一般音频的码率只有固定几种,例如 128Kb/s,则视频码率就是 video biterate=2840Kb/s−128Kb/s=2712Kb/s。

4.1.3 控制视频的 GOP

使用 FFmpeg 的-g 参数可以控制视频的 GOP,放到-i 后边,用于控制转码后的 GOP,命令如下:

```
ffmpeg − i test4 − r15.mp4 − r 15 − g 5 − y test4 − r15 − g5.mp4
```

在该案例中,输入视频文件 test4-r15.mp4 本来的 GOP 是 250,而转码后的 GOP 是 5。可以通过 MediaInfo 的 View 菜单下的 Text 选项来查看 GOP,如图4-4 所示。

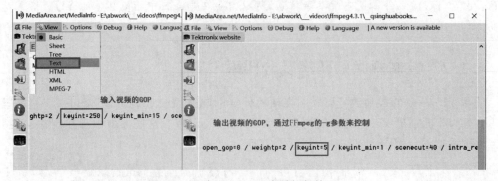

图4-4 通过 MediaInfo 查看视频的 GOP

4.2　libx264 的常用编码选项简介

可以使用 libx264 对视频进行编码,但是需要在编译 FFmpeg 时通过--enable-libx264 将第三方库 libx264 集成进来。例如有一个视频编码格式为 MPEG-4 Video 的文件 test4-default.avi,使用 libx264 对它进行视频转码,转码过程如图 4-5 所示,命令如下:

```
ffmpeg – i test4 – default.avi – vcodec libx264 – y test4 – libx264 – avi.mp4
```

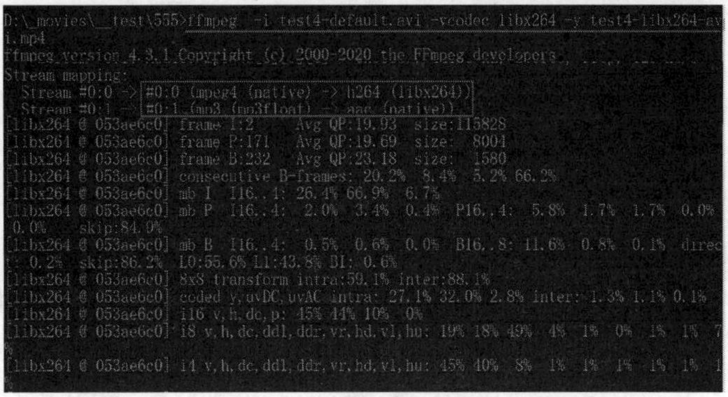

图 4-5　通过 FFmpeg 进行 libx264 编码

4.2.1　FFmpeg 中 libx264 的选项

libx264 有很多选项,例如可以使用 -slice-max-size 4 来将最大的条带数(Slices)控制为 4,命令如下:

```
ffmpeg – i test4 – default.avi – vcodec libx264 – r 30 – slice – max – size 4 – y test4 – libx264
– avi – r30 – slice4.mp4
```

H.264 编码可以将一张图片分割成若干条带(Slice),Slice 承载固定个数的宏块。将一张图片分割成若干 Slice 的目的是限制误码的扩散和传输。在 H.264 编码协议中定义,当前帧的当前 Slice 片内宏块不允许参考其他 Slice 的宏块。H.264 的视频序列、帧、条带、宏块及像素的关系如图 4-6 所示。

FFmpeg 中可用的 libx264 的所有选项,可以通过 CMD 窗口行进行查看,命令如下:

```
ffmpeg – h encoder = libx264
```

这些是 FFmpeg 命令行中可以使用的选项名,有几个选项非常重要,包括-preset、-tune、-profile、-level 等,具体的输出信息如下:

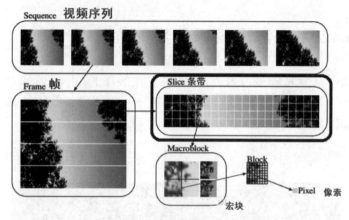

图 4-6　视频序列、帧、条带、宏块、像素

```
//chapter4/ffmpeg - libx264 - help.txt
Encoder libx264 [libx264 H.264 / AVC / MPEG - 4 AVC / MPEG - 4 part 10]:
    General capabilities: delay threads
    Threading capabilities: auto
    Supported pixel formats: yuv420p yuvj420p yuv422p yuvj422p yuv444p yuvj444p nv12 nv16 nv21
yuv420p10le yuv422p10le yuv444p10le nv20le gray gray10le
libx264 AVOptions:
  - preset           < string >    E..V...... Set the encoding preset (cf. x264 -- fullhelp)
(default "medium")                                                         ♯非常重要
  - tune             < string>     E..V...... Tune the encoding params (cf. x264 -- fullhelp)
                                                                          ♯非常重要
  - profile          < string>     E..V...... Set profile restrictions (cf. x264 -- fullhelp)
                                                                          ♯非常重要
  - fastfirstpass    < boolean >   E..V...... Use fast settings when encoding first pass (default
true)
  - level            < string>     E..V...... Specify level (as defined by Annex A)    ♯非常重要
  - passlogfile      < string>     E..V...... Filename for 2 pass stats
  - wpredp           < string>     E..V...... Weighted prediction for P - frames
  - a53cc            < boolean >   E..V...... Use A53 Closed Captions (if available) (default
true)
  - x264opts         < string>     E..V...... x264 options
  - crf              < float>      E..V...... Select the quality for constant quality mode (from - 1
to FLT_MAX) (default - 1)
  - crf_max          < float >     E..V...... In CRF mode, prevents VBV from lowering quality
beyond this point. (from - 1 to FLT_MAX) (default - 1)
  - qp               < int >       E..V...... Constant quantization parameter rate control
method (from - 1 to INT_MAX) (default - 1)
  - aq - mode        < int>        E..V...... AQ method (from - 1 to INT_MAX) (default - 1)
    none             0             E..V......
    variance         1             E..V...... Variance AQ (complexity mask)
    autovariance     2             E..V...... Auto - variance AQ
    autovariance - biased 3        E..V...... Auto - variance AQ with bias to dark scenes
```

- aq - strength < float > E..V...... AQ strength. Reduces blocking and blurring in flat and textured areas. (from -1 to FLT_MAX) (default -1)

- psy < boolean >E..V..... Use psychovisual optimizations. (default auto)

- psy - rd < string >E..V...... Strength of psychovisual optimization, in < psy - rd >:< psy - trellis > format.

- rc - lookahead < int >E..V...... Number of frames to look ahead for frametype and ratecontrol (from -1 to INT_MAX) (default -1)

- weightb < boolean >E..V...... Weighted prediction for B - frames. (default auto)

- weightp < int >E..V...... Weighted prediction analysis method. (from -1 to INT_MAX) (default -1)

none	0	E..V......
simple	1	E..V......
smart	2	E..V......

- ssim   < boolean >   E..V...... Calculate and print SSIM stats. (default auto)

- intra - refresh < boolean >   E..V...... Use Periodic Intra Refresh instead of IDR frames. (default auto)

- bluray - compat < boolean >   E..V...... Bluray compatibility workarounds. (default auto)

- b - bias   < int >   E..V...... Influences how often B - frames are used (from INT_MIN to INT_MAX) (default INT_MIN)

- b - pyramid   < int >   E..V...... Keep some B - frames as references. (from -1 to INT_MAX) (default -1)

none	0	E..V......	
strict	1	E..V......	Strictly hierarchical pyramid
normal	2	E..V......	Non - strict (not Blu - ray compatible)

- mixed - refs   < boolean >   E..V...... One reference per partition, as opposed to one reference per macroblock (default auto)

- 8x8dct   < boolean >   E..V...... High profile 8x8 transform. (default auto)

- fast - pskip   < boolean >   E..V...... (default auto)

- aud   < boolean >   E..V...... Use access unit delimiters. (default auto)

- mbtree   < boolean > E..V...... Use macroblock tree ratecontrol. (default auto)

- deblock   < string >   E..V...... Loop filter parameters, in < alpha:beta > form.

- cplxblur   < float >   E..V...... Reduce fluctuations in QP (before curve compression) (from -1 to FLT_MAX) (default -1)

- partitions   < string >   E..V...... A comma - separated list of partitions to consider. Possible values: p8x8, p4x4, b8x8, i8x8, i4x4, none, all

- direct - pred   < int >   E..V...... Direct MV prediction mode (from -1 to INT_MAX) (default -1)

none	0	E..V......
spatial	1	E..V......
temporal	2	E..V......
auto	3	E..V......

- slice - max - size < int > E..V...... Limit the size of each slice in bytes (from -1 to INT_MAX) (default -1)

- stats   < string >   E..V...... Filename for 2 pass stats

- nal - hrd   < int > E..V...... Signal HRD information (requires vbv - bufsize; cbr not allowed in .mp4) (from -1 to INT_MAX) (default -1)

none	0	E..V......
vbr	1	E..V......
cbr	2	E..V......

```
- avcintra - class  < int >   E..V...... AVC - Intra class 50/100/200 (from - 1 to 200) (default
- 1)
 - me_method< int >   E..V...... Set motion estimation method (from - 1 to 4) (default - 1)
    dia        0        E..V......
    hex        1        E..V......
    umh        2        E..V......
    esa        3        E..V......
    tesa       4        E..V......
 - motion - est  < int >   E..V...... Set motion estimation method (from - 1 to 4) (default - 1)
    dia        0        E..V......
    hex        1        E..V......
    umh        2        E..V......
    esa        3        E..V......
    tesa       4        E..V......
 - forced - idr   < boolean >   E..V..... If forcing keyframes, force them as IDR frames.
(default false)
 - coder         < int >   E..V...... Coder type (from - 1 to 1) (default default)
    default    - 1       E..V......
    cavlc      0        E..V......
    cabac      1        E..V......
    vlc        0        E..V......
    ac         1        E..V......
 - b_strategy   < int >   E..V..... Strategy to choose between I/P/B - frames (from - 1 to 2)
(default - 1)
 - chromaoffset < int >   E..V...... QP difference between chroma and luma (from INT_MIN to INT_
MAX) (default - 1)
 - sc_threshold < int >   E..V...... Scene change threshold (from INT_MIN to INT_MAX) (default
- 1)
 - noise_reduction< int >   E..V...... Noise reduction (from INT_MIN to INT_MAX) (default - 1)
 - x264 - params   < dictionary >   E..V...... Override the x264 configuration using a :
- separated list of key = value parameters
```

4.2.2　x264.exe 中的选项名与选项值

libx264 中的这些选项值需要通过 x264.exe 来查看,部分截图如图 4-7 所示,具体的命令如下:

```
x264.exe -- help
x264.exe -- fullhelp
```

注意,输入 x264.exe --fullhelp 可以查看所有的详细参数值,例如-profile 的选项值可以是 baseline、main、high、high10、high422 及 high444 等,所以 FFmepg 转码时可以使用的命令如下:

```
//chapter4/x264 - encode.txt
ffmpeg - i test4 - default.avi - vcodec libx264 - r 30 - profile:v high - y test4 - libx264 -
avi - r30 - slice4.mp4
#也可以使用 baseline、main 等
```

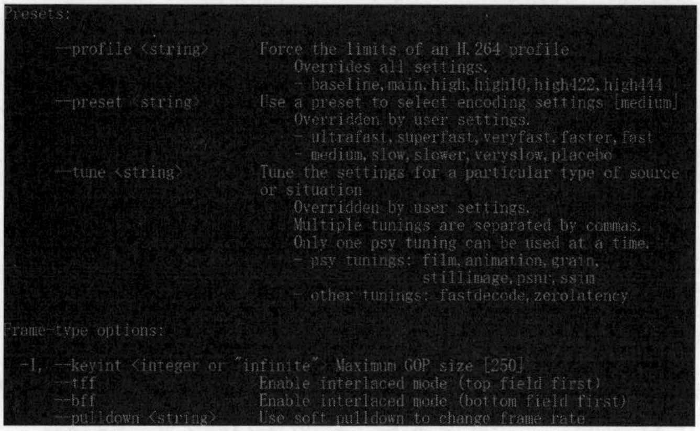

图 4-7　x264 中的参数选项

输入 x264.exe --fullhelp 后,部分输出信息如下:

```
//chapter4/x264 - encode.txt
Presets:

        -- profile < string >         Force the limits of an H.264 profile
                                      Overrides all settings.
                                      - baseline:
                                        -- no - 8x8dct -- bframes 0 -- no - cabac
                                        -- cqm flat -- weightp 0
                                      No interlaced.
                                      No lossless.
                                      - main:
                                        -- no - 8x8dct -- cqm flat
                                      No lossless.
                                      - high:
                                      No lossless.
                                      - high10:
                                      No lossless.
                                      Support for bit depth 8 - 10.
                                      - high422:
                                      No lossless.
                                      Support for bit depth 8 - 10.
                                      Support for 4:2:0/4:2:2 chroma subsampling.
                                      - high444:
                                      Support for bit depth 8 - 10.
                                      Support for 4:2:0/4:2:2/4:4:4 chroma subsampling.
        -- preset < string >          Use a preset to select encoding settings [ medium ]
                                      Overridden by user settings.
                                      - ultrafast:
                                        -- no - 8x8dct -- aq - mode 0 -- b - adapt 0
                                        -- bframes 0 -- no - cabac -- no - deblock
                                        -- no - mbtree -- me dia -- no - mixed - refs
```

```
                           -- partitions none -- rc - lookahead 0 -- ref 1
                           -- scenecut 0 -- subme 0 -- trellis 0
                           -- no - weightb -- weightp 0
                         - superfast:
                           -- no - mbtree -- me dia -- no - mixed - refs
                           -- partitions i8x8, i4x4 -- rc - lookahead 0
                           -- ref 1 -- subme 1 -- trellis 0 -- weightp 1
                         - veryfast:
                           -- no - mixed - refs -- rc - lookahead 10
                           -- ref 1 -- subme 2 -- trellis 0 -- weightp 1
                         - faster:
                           -- no - mixed - refs -- rc - lookahead 20
                           -- ref 2 -- subme 4 -- weightp 1
                         - fast:
                           -- rc - lookahead 30 -- ref 2 -- subme 6
                           -- weightp 1
                         - medium:
                           Default settings apply.
                         - slow:
                           -- direct auto -- rc - lookahead 50 -- ref 5
                           -- subme 8 -- trellis 2
                         - slower:
                           -- b - adapt 2 -- direct auto -- me umh
                           -- partitions all -- rc - lookahead 60
                           -- ref 8 -- subme 9 -- trellis 2
                         - veryslow:
                           -- b - adapt 2 -- bframes 8 -- direct auto
                           -- me umh -- merange 24 -- partitions all
                           -- ref 16 -- subme 10 -- trellis 2
                           -- rc - lookahead 60
                         - placebo:
                           -- bframes 16 -- b - adapt 2 -- direct auto
                           -- slow - firstpass -- no - fast - pskip
                           -- me tesa -- merange 24 -- partitions all
                           -- rc - lookahead 60 -- ref 16 -- subme 11
                           -- trellis 2
-- tune < string >      Tune the settings for a particular type of source
                        or situation
                           Overridden by user settings.
                           Multiple tunings are separated by commas.
                           Only one psy tuning can be used at a time.
                         - film (psy tuning):
                           -- deblock - 1: - 1 -- psy - rd < unset >: 0. 15
                         - animation (psy tuning):
                           -- bframes { + 2} -- deblock 1:1
                           -- psy - rd 0. 4:< unset > -- aq - strength 0. 6
                           -- ref {Double if > 1 else 1}
                         - grain (psy tuning):
                           -- aq - strength 0. 5 -- no - dct - decimate
```

```
                              -- deadzone - inter 6  -- deadzone - intra 6
                              -- deblock - 2: - 2  -- ipratio 1.1
                              -- pbratio 1.1  -- psy - rd < unset >:0.25
                              -- qcomp 0.8
                          - stillimage (psy tuning):
                              -- aq - strength 1.2  -- deblock - 3: - 3
                              -- psy - rd 2.0:0.7
                          - psnr (psy tuning):
                              -- aq - mode 0  -- no - psy
                          - ssim (psy tuning):
                              -- aq - mode 2  -- no - psy
                          - fastdecode:
                              -- no - cabac  -- no - deblock  -- no - weightb
                              -- weightp 0
                          - zerolatency:
                              -- bframes 0  -- force - cfr  -- no - mbtree
                              -- sync - lookahead 0  -- sliced - threads
                              -- rc - lookahead 0
   -- slow - firstpass    Don't force these faster settings with -- pass 1:
                          -- no - 8x8dct  -- me dia  -- partitions none
                          -- ref 1  -- subme {2 if > 2 else unchanged}
                          -- trellis 0  -- fast - pskip
```

4.3　libx265 的常用编码选项简介

可以使用 libx265 对视频进行编码,但是需要在编译 FFmpeg 时通过--enable-libx265 将第三方库 libx265 集成进来。例如对于一个视频编码格式为 H.264 的文件(test4.mp4) 使用 libx265 进行转码,过程如图 4-8 所示,命令如下:

```
ffmpeg - i test4.mp4 - vcodec libx265 - acodec copy - y test4 - libx265.mp4
```

图 4-8　使用 FFmpeg 进行 libx265 编码

在该案例中,使用的视频转码格式是 HEVC(H.264),转码器是开源的 libx265,非常耗费 CPU 资源,几乎接近 100%,如图 4-9 所示。转码速度比较慢,但转码后的视频文件变小了很多(大约为源 H.264 文件的一半),这是因为 H.265 的压缩效率比 H.264 要高很多。

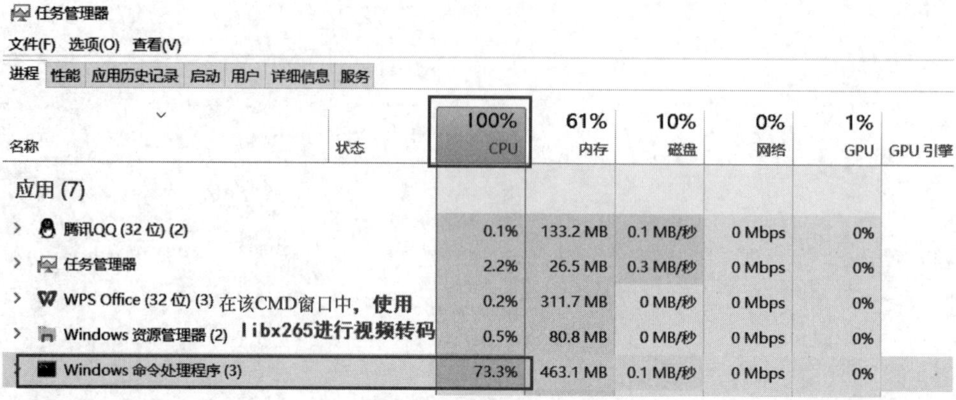

图 4-9　libx265 编码的 CPU 占用率

注意:由于 libx265 是纯软编,所以 CPU 资源耗费得非常多(几乎为 100%),但几乎没有用到 GPU(该案例中大约使用了 1%)。

在 FFmpeg 中可用的 libx265 的所有选项,可以通过 CMD 窗口行进行查看,命令如下:

```
ffmpeg - h encoder = libx265
```

这些是 FFmpeg 命令行中可以使用的选项名,输出信息如下:

```
//chapter4/x265 - help.txt
Encoder libx265 [libx265 H.265 / HEVC]:
    General capabilities: delay threads
    Threading capabilities: auto
    Supported pixel formats: yuv420p yuvj420p yuv422p yuvj422p
yuv444p yuvj444p gbrp gray ##这些是支持的输入像素格式
libx265 AVOptions: ##这些是支持的参数选项名
   - crf         < float >          E..V...... set the x265 crf (from - 1 to FLT_MAX) (de
fault - 1)
   - qp          < int >            E..V...... set the x265 qp (from - 1 to INT_MAX) (def
ault - 1)
   - forced - idr  < boolean >      E..V...... if forcing keyframes, force them as IDR f
rames (default false)
   - preset      < string >         E..V...... set the x265 preset
   - tune        < string >         E..V...... set the x265 tune parameter
   - profile     < string >         E..V...... set the x265 profile
   - x265 - params  < dictionary >  E..V...... set the x265 configuration using a : - sepa
rated list of key = value parameters
```

4.4 编解码原理流程及 API 解析

视频编解码的过程比较复杂,包括各种编解码及编解码算法等,比较耗费 CPU 资源,也可以使用 GPU 实现硬件加速。例如从摄像头读取数据(YUV/MPEG 格式),解码播放,同时编码保存为 MP4 本地文件,包括视频的解封装、解码、格式转换、显示、编码、封装保存等步骤。

4.4.1 视频解码过程简介

解码实现的是将压缩域的视频数据解码为像素域的 YUV 数据。实现的过程如图 4-10 所示。

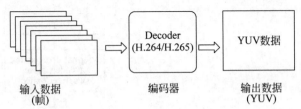

图 4-10 FFmpeg 将视频解码为 YUV 格式

从图 4-10 中可以看出,大致可以分为下面 3 个步骤:

(1)首先要有待解码的压缩域的视频。

(2)其次根据压缩域的压缩格式获得解码器。

(3)最后解码器的输出即为像素域的 YUV 数据。

该流程的大致思路如下:

(1)关于输入数据。首先要分配一块内存,用于存放压缩域的视频数据;其次,对内存中的数据进行预处理,使其分为一个一个的 AVPacket 结构(AVPacket 结构的简单介绍如上面的编码实现)。最后,将 AVPacket 结构中的 data 数据传到解码器。

(2)关于解码器。首先,利用 CODEC_ID 获取注册的解码器;其次,将预处理过的视频数据传到解码器进行解码。

(3)关于输出。在 FFmpeg 中,解码后的数据存放在 AVFrame 中;之后就将 AVFrame 中的 data 字段的数据存放到输出文件中。

4.4.2 视频解码流程及主要 API

使用 FFmpeg 进行解码会用到一些结构体和 API,整体流程如图 4-11 所示。

使用 FFmpeg 对音视频文件进行解码的主要步骤及相关 API 如下所示。

(1)avformat_open_input():打开输入文件,初始化输入视频码流的 AVFormatContext。

(2)avformat_find_stream_info():查找音视频流的详细信息。

(3)av_find_best_stream():查找最匹配的流,例如视频流或音频流。

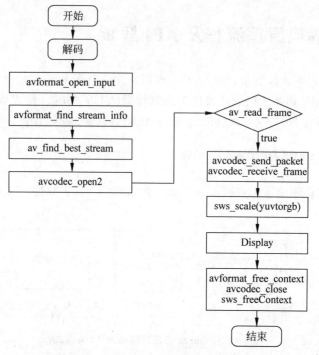

图 4-11　FFmpeg 视频解码过程及 API

（4）avcodec_open2()：打开解码器。

（5）av_read_frame()：从输入文件中读取一个音视频包 AVPacket。

（6）avcodec_send_packet()：给解码器发送压缩的音视频包。

（7）avcodec_receive_frame()：从解码器中获取解压后的音视频帧（YUV 或 PCM）。

（8）sws_scale()：实现颜色空间转换或图像缩放等操作，以方便渲染。

（9）avformat_close_input()：关闭文件，并调用其他几个相关的 API 以释放资源。

注意：FFmpeg 解码流程的前几个步骤与解封装是一样的，其实解码前必须先解封装。

4.4.3　视频编码过程简介

视频编码过程主要是将视频帧 YUV 数据编码为压缩域的音视频包，编码格式包含了 H.264 和 H.265 等类型。实现的过程如图 4-12 表示。

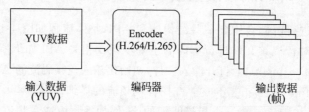

图 4-12　FFmpeg 将 YUV 压缩为 H.264 视频

可以看出视频编码的大概流程如下。

（1）首先要有未压缩的 YUV 原始数据。

（2）其次要根据想要编码的格式选择特定的编码器。

（3）最后编码器的输出即为编码后的视频帧。

该流程的大致思路如下：

（1）存放待压缩的 YUV 原始数据。可以利用 FFmpeg 提供的 AVFrame 结构体，并根据 YUV 数据来填充 AVFrame 结构的视频宽和高、像素格式；根据视频宽和高、像素格式可以分配存放数据的内存大小，以及字节对齐情况。AVFrame 结构体的分配使用 av_frame_alloc() 函数，该函数会对 AVFrame 结构体的某些字段设置默认值，它会返回一个指向 AVFrame 的指针或 NULL 指针。AVFrame 结构体的释放只能通过 av_frame_free() 函数来完成。

（2）获取编码器。利用想要压缩的格式，例如 H.264、H.265、MPEG-2 等，获取注册的编解码器，编解码器在 FFmpeg 中用 AVCodec 结构体表示，对于编解码器，肯定要对其进行配置，包括待压缩视频的宽和高、像素格式和比特率等信息。对于这些信息，FFmpeg 提供了一个专门的结构体 AVCodecContext。

（3）存放编码后压缩域的视频帧。在 FFmpeg 中用来存放压缩编码数据相关信息的结构体为 AVPacket。最后将 AVPacket 存储的压缩数据写入文件即可。

注意：av_frame_alloc() 函数只能分配 AVFrame 结构体本身，不能分配它的 data buffers 字段指向的内容，该字段的指向要根据视频的宽和高、像素格式信息手动分配，例如可以使用 av_image_alloc() 函数。

4.4.4　视频编码流程及主要 API

使用 FFmpeg 进行编码会用到一些结构体和 API，整体流程如图 4-13 所示。

使用 FFmpeg 进行编码，需要先有数据源，这里使用 FFmpeg 来读取音视频源（如本地文件或摄像头数据）。先进行解封装、解码，以此获得原始的音视频帧（YUV 或 PCM），然后进行编码、封装，最后写入文件中或进行直播推流。

由此可见，先进行解封装、解码是为了获得原始的音视频帧，然后进行编码、封装，而使用 FFmpeg 进行编码、封装的主要流程及 API 如下所示。

（1）avcodec_open2()：根据设置的编解码参数打开解码器。

（2）avformat_write_header()：根据封装格式写文件头信息。

（3）avcodec_send_frame()：给编码器发送原始的音视频帧（YUV 或 PCM）。

（4）avcodec_receive_packet()：从编码器中获取压缩后的音视频包（AVPacket）。

（5）av_interleaved_write_frame()：往输出文件中交织写音视频包。

（6）av_write_trailer()：根据封装格式写文件尾信息。

（7）avcodec_close()：关闭编码器，并调用其他相关 API 以释放资源。

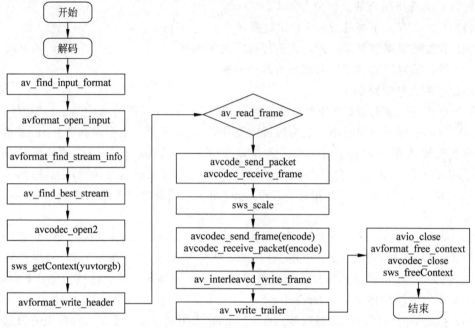

图 4-13　FFmpeg 视频编码过程及 API

4.5　FFmpeg 编程流程与案例实战

使用 FFmpeg 可以将 YUV 视频帧编码为 H.264/H.265 等格式视频流,然后还可以封装为 MP4、FLV 等格式。编码流程与解码流程类似,将解码器替换为编码器,在细节上有点差异,整体流程如图 4-14 所示。

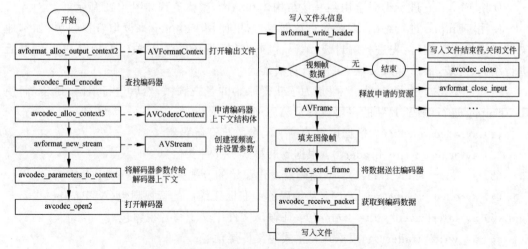

图 4-14　FFmpeg 的编码流程及 API

4.5.1 案例：使用 FFmpeg 将 YUV 编码为 H.264

使用 FFmpeg 可以实现 H.264 编码，编译 FFmpeg 时需要集成第三方的开源编码器 libx264，然后可以生成 AnnexB 结构的 H.264 码流，直接可以播放。可以使用 FFmpeg 从一个 MP4 视频文件中提取视频流，并解码为 YUV420p 格式，命令如下：

```
ffmpeg - i test_1280x720.mp4 - t 5 - r 25 - pix_fmt yuv420p yuv420p_1280x720.yuv
```

该命令行提取了 5s 视频，解码为 YUV420p 格式，并且直接被存储到本地文件中。使用 FFmpeg 将 YUV 编码为 H.264 的步骤如下。

(1) 查找编码器：编码为 H.264 并准备编码器的上下文参数。

(2) 打开编码器，并初始化编码器上下文参数。

(3) 根据像素格式计算一帧图像的字节数。

(4) 分配 AVFrame 的内存空间，并初始化。

(5) 分配 AVPacket 的内存空间，并初始化。

(6) 打开输入文件和输出文件。

(7) 循环读取 YUV 帧，并填充 AVFrame。

(8) 将 AVFrame 送入编码器。

(9) 从编码器获取 AVPacket。

(10) 将编码出来的 H.264 数据包(带起始码)直接写入文件中。

(11) 清空编码器的缓冲区：读取剩余的帧。

(12) 关闭文件、释放资源。

该过程使用了 AVCodec、AVCodecContext、AVFrame 和 AVPacket 等结构体，使用的 API 函数包括 avcodec_find_encoder()、avcodec_alloc_context3()、avcodec_open2()、av_image_get_buffer_size()、av_image_fill_arrays()、avcodec_send_frame()、avcodec_receive_packet()和 avcodec_close()等。完整的实现代码如下(详见注释信息)：

```cpp
//chapter4/QtFFmpeg5_Chapter4_001/yuvtoh264.cpp
/**
* 视频编码,从本地读取 YUV 数据进行 H.264 编码
*/
#define __STDC_CONSTANT_MACROS
#define __STDC_FORMAT_MACROS
//解决 C++调用 PRId64,原来这个是定义给 C 用的,C++要用它,就要定义一个__STDC_FORMAT_MACROS
//宏显示打开它

#include < stdio.h >
#include < stdlib.h >
#include < string.h >
extern "C"{
    #include < libavformat/avformat.h >
```

```
    # include < libavcodec/avcodec. h >
    # include < libavutil/time. h >
    # include < libavutil/opt. h >
    # include < libavutil/imgutils. h >
}
//注意:该宏的定义要放到 libavformat/avformat. h 文件的下边
static char av_error[10240] = { 0 };
# define av_err2str(errnum) av_make_error_string(av_error, AV_ERROR_MAX_STRING_SIZE,
errnum)

int main(){
    //ffmpeg - i test_1280x720.flv - t 5 - r 25 - pix_fmt yuv420p yuv420p_1280x720. yuv
    const char * out_h264_file = "yuv420p_1280x720.h264";    //通过上述命令行获取 YUV 测试文件

    int fps = 25;                                            //编码帧率
    int width = 1280;                                        //分辨率
    int height = 720;

    //1. 查找编码器:编码为 H.264 并准备编码器的上下文参数
    AVCodec * codec = (AVCodec * )avcodec_find_encoder(AV_CODEC_ID_H264);
    AVCodecContext * avcodec_context = avcodec_alloc_context3(codec);
    //时间基,pts 和 dts 的时间单位
    //pts(解码后帧被显示的时间),dts(视频帧送入解码器的时间)的时间单位
    avcodec_context -> time_base.den = fps;                  //pts
    avcodec_context -> time_base.num = 1;                    //1s,时间基与帧率互为倒数
    avcodec_context -> codec_id = AV_CODEC_ID_H264;

    avcodec_context -> codec_type = AVMEDIA_TYPE_VIDEO;      //表示视频类型
    avcodec_context -> pix_fmt = AV_PIX_FMT_YUV420P;         //视频数据像素格式

    avcodec_context -> width = width;                        //视频的宽和高
    avcodec_context -> height = height;

    //2. 打开编码器,并初始化编码器上下文参数
    int ret = avcodec_open2(avcodec_context, codec, nullptr);
    if (ret) {
        return - 1;
    }

    //3. 根据像素格式计算一帧图像的字节数
    //计算出每帧的数据:像素格式 * 宽 * 高
    //1382400 = 1280 * 720 * 1.5,YUV420p 一像素占 1.5 字节
    int buffer_size = av_image_get_buffer_size(avcodec_context -> pix_fmt,
                                                avcodec_context -> width,
                                                avcodec_context -> height,
                                                1);
    //真正存储一帧图像的缓冲区
    uint8_t * out_buffer = (uint8_t * )av_malloc(buffer_size);
```

```
//4. 分配 AVFrame 的内存空间,并初始化
AVFrame * frame = av_frame_alloc();
av_image_fill_arrays(frame->data,
                     frame->linesize,
                     out_buffer,
                     avcodec_context->pix_fmt,
                     avcodec_context->width,
                     avcodec_context->height,
                     1);
frame->format = AV_PIX_FMT_YUV420P;              //像素格式及宽和高
frame->width = width;
frame->height = height;

//5. 分配 AVPacket 的内存空间,并初始化
AVPacket * av_packet = av_packet_alloc();         //分配包空间
av_init_packet(av_packet);                        //在堆空间分配的包,必须初始化

//一帧 YUV420p 图像的字节数
uint8_t * file_buffer = (uint8_t *)av_malloc(width * height * 3 / 2);

//6. 打开输入文件和输出文件
FILE * in_file = fopen("d:/_movies/__test/yuv420p_1280x720.yuv", "rb");
FILE * outfile = fopen(out_h264_file, "wb");
if (!outfile) {
    fprintf(stderr, "Could not open % s\n", out_h264_file);
    exit(1);
}
int i = 0;

while (true) {
    //7. 循环读取 YUV 帧,并填充 AVFrame
    //读取 YUV 帧数据,注意 YUV420p 的长度 = width * height * 3 / 2
    if (fread(file_buffer, 1, width * height * 3 / 2, in_file) <= 0) {
        break;
    } else if (feof(in_file)) {
        break;
    }

//封装 YUV 帧数据,需要详细理解 YUV420p 的内存结构
frame->data[0] = file_buffer;                          //y 数据的起始位置在数组中的索引
frame->data[1] = file_buffer + width * height;          //u 数据的起始位置在数组中的索引
frame->data[2] = file_buffer + width * height * 5 / 4;  //v 数据的起始位置
    frame->linesize[0] = width;                         //y 数据的行宽
    frame->linesize[1] = width / 2;                     //u 数据的行宽
    frame->linesize[2] = width / 2;                     //v 数据的行宽
    frame->pts = i;                                     //编解码层的 pts,每次递增 1 即可
    i++;
```

```
//8. 将 AVFrame 送入编码器
avcodec_send_frame(avcodec_context, frame);    //将 YUV 帧数据送入编码器

while(true) {                                   //有可能返回 0 帧或多帧
    //9. 从编码器获取 AVPacket:从编码器中取出 H.264 帧
    int ret = avcodec_receive_packet(avcodec_context, av_packet);
    if (ret) {
        av_packet_unref(av_packet);
        break;
    }

    //10. 将编码出来的 H.264 数据包(带起始码)直接写入文件中
    fwrite(av_packet->data, 1, av_packet->size, outfile);
    }
}

//11. 清空编码器的缓冲区:读取剩余的帧
avcodec_send_frame(avcodec_context, nullptr);
while(true) {
    int ret = avcodec_receive_packet(avcodec_context, av_packet);
    if (ret) {
        av_packet_unref(av_packet);
        break;
    }

    //将编码出来的 H.264 数据包(带起始码)直接写入文件中
    fwrite(av_packet->data, 1, av_packet->size, outfile);
}

//12.关闭文件、释放资源
fclose(in_file);
fclose(outfile);
avcodec_close(avcodec_context);
av_free(frame);
av_free(out_buffer);
av_packet_free(&av_packet);

return 0;
}
```

4.5.2　AVFrame 及相关 API

使用 FFmpeg 编码或解码,始终离不开 AVFrame 这个结构体,它用于存储一帧未压缩的音视频帧,例如 YUV 或 PCM 格式音视频帧数据。该结构体的字段非常多,这里只列举几个重要字段,代码如下(详见注释信息):

```
//chapter4/4.5.help.txt
typedef struct AVFrame {
#define AV_NUM_DATA_POINTERS 8

uint8_t *data[AV_NUM_DATA_POINTERS];
/**
    对视频来讲,是每帧图像行的字节数
    对于音频来讲,是每个通道的数据的大小
    对于音频来讲,只有linesize[0]必须被设置,对于planar格式的音频,每个通道必须
      被设置成相同的尺寸

      对于视频来讲,linesizes根据CPU的内存方式的不同,可以是不同的
      linesize的大小可能比实际有用的数据大
      在渲染时可能会有额外的距离呈现:之前遇到的绿色条纹
      AV_NUM_DATA_POINTERS的默认值为8
 */
int linesize[AV_NUM_DATA_POINTERS];

/**
    对于视频来讲,指向的是data[]
    对plannar格式的audio数据来讲,每个通道有一个分开的data指针
    linesize[0]包括每个通道的缓冲区的尺寸
    包括所有通道的尺寸的和
    一个plannar格式有多个通道,并且当data无法装下所有通道的数据时
      extended_data必须被使用,用来存储多出来的通道的数据的指针
 */
uint8_t **extended_data;

/** 视频帧的宽和高 */
int width, height;

/** 音频帧的采样数 */
int nb_samples;

/** 音频或视频的采样格式 */
int format;

/** 是否是关键帧
 * 1 -> keyframe, 0 -> not
 */
int key_frame;

/** :显示时间戳:单位是时间基 */
int64_t pts;
...

}
```

相关的几个API介绍如下。

（1）av_frame_alloc()：申请 AVFrame 结构体空间，同时会对申请的结构体初始化。注意，这个函数只是创建 AVFrame 结构的空间，AVFrame 中的 uint8_t * data[AV_NUM_DATA_POINTERS]的内存空间此时为 NULL，是不会自动创建的。

（2）av_frame_free()：释放 AVFrame 的结构体空间。它不仅涉及释放结构体空间问题，还涉及 AVFrame 中的 uint8_t * data[AV_NUM_DATA_POINTERS]字段的释放问题。如果 AVFrame 中的 uint8_t * data[AV_NUM_DATA_POINTERS]中的引用计数为 1，则释放 data 的空间。

（3）av_frame_ref(AVFrame * dst, const AVFrame * src)：对已有 AVFrame 的引用，这个引用做两项工作，第一项是将 src 属性内容复制到 dst；第二项是对 AVFrame 中的 uint8_t * data[AV_NUM_DATA_POINTERS]字段引用计数加 1。

（4）av_frame_unref(AVFrame * frame)：对 frame 释放引用，做了两项工作，第一项是将 frame 的各个属性初始化；第二项是如果 AVFrame 中的 uint8_t * data[AV_NUM_DATA_POINTERS]中的引用为 1，则释放 data 的空间，如果 data 的引用计数大于 1，则由别的 AVFrame 去检测释放。

（5）av_frame_get_buffer()：这个函数用于建立 AVFrame 中的 uint8_t * data[AV_NUM_DATA_POINTERS]内存空间，使用这个函数之前 AVFrame 结构中的 format、width、height 必须赋值，否则该函数无法知道创建多少字节的内存空间。

（6）av_image_get_buffer_size()：该函数的作用是通过指定像素格式、图像宽、图像高来计算所需的内存大小，函数的声明代码如下。

```
int av_image_get_buffer_size(enum AVPixelFormat pix_fmt, int width, int height, int align);
```

重点说明一个参数 align：此参数用于设定内存对齐的对齐数，也就是按多大的字节进行内存对齐。例如设置为 1，表示按 1 字节对齐，那么得到的结果就是与实际的内存大小一样。再例如设置为 4，表示按 4 字节对齐，也就是内存的起始地址必须是 4 的整数倍。

（7）av_image_alloc()：此函数的功能是按照指定的宽、高、像素格式来分析图像内存，函数的声明代码如下。

```
int av_image_alloc(uint8_t * pointers[4], int linesizes[4], int w, int h, enum AVPixelFormat pix_fmt, int align);
```

该函数返回所申请的内存空间的总大小；如果是负值，则表示申请失败。参数 pointers[4]代表保存图像通道的地址；如果是 RGB，则前 3 个指针分别指向 R、G、B 的内存地址；第 4 个指针保留不用。参数 linesizes[4]代表保存图像每个通道的内存对齐的步长，即一行的对齐内存的宽度，此值的大小等于图像宽度。参数 w 代表要申请内存的图像宽度。参数 h 代表要申请内存的图像高度。参数 pix_fmt 代表要申请内存的图像的像素格式。参数 align 代表用于内存对齐的值。

（8）av_image_fill_arrays()：该函数自身不具备内存申请功能，此函数类似于格式化已经申请的内存,即通过 av_malloc()函数申请的内存空间,函数的声明代码如下。

```
int av_image_fill_arrays(uint8_t * dst_data[4], int dst_linesize[4],const uint8_t * src,
enum AVPixelFormat pix_fmt, int width, int height, int align);
```

参数 dst_data[4]代表对申请的内存格式化为 3 个通道后分别保存其地址。参数 dst_linesize[4]代表格式化的内存的步长(内存对齐后的宽度)。参数 src 代表 av_alloc()函数申请的内存地址。参数 pix_fmt 代表申请 src 内存时的像素格式。参数 width 代表申请 src内存时指定的宽度。参数 height 代表申请 scr 内存时指定的高度。参数 align 代表申请 src内存时指定的对齐字节数。

4.5.3 案例:使用 FFmpeg 将 YUV 编码为 H.264 并封装为 MP4

使用 FFmpeg 将 YUV 编码为 H.264,然后封装为 MP4 的步骤如下。

(1) 查找编码:编码为 H.264 并准备编码器的上下文参数。

(2) 打开编码器,并初始化编码器上下文参数。

(3) 创建一路输出流,将编码上下文参数复制到 AVStream.codecpar 字段中。

(4) 根据像素格式计算一帧图像的字节数。

(5) 写输出文件的头信息(FFmpeg 根据输出封装格式自动判断)。

(6) 根据像素格式、宽、高,计算一帧图像的字节数。

(7) 分配 AVFrame 的内存空间,并初始化。

(8) 分配 AVPacket 的内存空间,并初始化。

(9) 打开输入文件和输出文件。

(10) 循环读取 YUV 帧,并填充 AVFrame。

(11) 将 AVFrame 送入编码器。

(12) 从编码器获取 AVPacket。

(13) 将编码出来的 H.264 数据包(带起始码)直接写入文件中。

(14) 时间基转换,将编码层的时间基转换为封装层的时间基,需要调用 av_packet_rescale_ts()函数。

(15) 将视频帧写入输出文件中,需要调用 av_interleaved_write_frame()函数。

(16) 清空编码器的缓冲区:读取剩余的帧。

(17) 关闭文件、释放资源。

完整的实现代码如下(详见注释信息):

```
//chapter4/QtFFmpeg5_Chapter4_001/yuvtomp4.cpp
/**
 * 视频编码,从本地读取 YUV 数据进行 H.264 编码
 */
#define __STDC_CONSTANT_MACROS
#define __STDC_FORMAT_MACROS
```

```cpp
//解决 C++ 调用 PRId64,原来这个是定义给 C 用的,C++ 要用它,就要定义一个 __STDC_FORMAT_MACROS
//宏显示打开它

#include < stdio.h >
#include < stdlib.h >
#include < string.h >
extern "C"{
    #include < libavformat/avformat.h >
    #include < libavcodec/avcodec.h >
    #include < libavutil/time.h >
    #include < libavutil/opt.h >
    #include < libavutil/imgutils.h >
}
//注意:该宏的定义要放到 libavformat/avformat.h 文件的下边
static char av_error[10240] = { 0 };
#define av_err2str(errnum) av_make_error_string(av_error, AV_ERROR_MAX_STRING_SIZE,
errnum)


int main(){
    //ffmpeg - i test_1280x720.flv - t 5 - r 25 - pix_fmt yuv420p yuv420p_1280x720.yuv
    const char * out_h264_file = "yuv420p_1280x720.h264";    //通过上述命令行获取 YUV 测试文件
    const char * out_mp4_path = "new_test.mp4";

    int fps = 25;                                            //编码帧率
    int width = 1280;                                        //分辨率
    int height = 720;


    AVFormatContext * avformat_context = NULL;
    //1. 根据文件扩展名判断,初始化输出的封装格式上下文,并打开输出文件
    avformat_alloc_output_context2(&avformat_context, NULL, NULL, out_mp4_path);
    if (avio_open(&avformat_context - >pb, out_mp4_path, AVIO_FLAG_WRITE) < 0) {
                                                            //打开输出文件
        return - 1;
    }

    //2. 查找编码器:编码为 H.264 并准备编码器的上下文参数
    AVCodec * codec = (AVCodec * )avcodec_find_encoder(AV_CODEC_ID_H264);
    AVCodecContext * avcodec_context = avcodec_alloc_context3(codec);
    //时间基,pts 和 dts 的时间单位
    //pts(解码后帧被显示的时间),dts(视频帧送入解码器的时间)的时间单位
    avcodec_context - >time_base.den = fps;                  //pts
    avcodec_context - >time_base.num = 1;                    //1s,时间基与帧率互为倒数
    avcodec_context - >codec_id = AV_CODEC_ID_H264;

    avcodec_context - >codec_type = AVMEDIA_TYPE_VIDEO;      //表示视频类型
```

```
avcodec_context->pix_fmt = AV_PIX_FMT_YUV420P;              //视频数据像素格式

avcodec_context->width = width;                            //视频的宽和高
avcodec_context->height = height;


//3. 创建一路输出流,将编码上下文参数复制到 AVStream.codecpar 字段中
AVStream * avvideo_stream = avformat_new_stream(avformat_context, NULL);   //创建一个流
avcodec_parameters_from_context(avvideo_stream->codecpar, avcodec_context);
avvideo_stream->time_base = avcodec_context->time_base;
avvideo_stream->codecpar->codec_tag = 0;


//4. 打开编码器,并初始化编码器上下文参数
int ret = avcodec_open2(avcodec_context, codec, nullptr);
if (ret) {
    return -1;
}

//5. 写输出文件的头信息(FFmpeg 根据输出封装格式自动判断)
int avformat_write_header_result = avformat_write_header(avformat_context, NULL);
if (avformat_write_header_result != AVSTREAM_INIT_IN_WRITE_HEADER) {
    return -1;
}


//6. 根据像素格式计算一帧图像的字节数
//计算出每帧的数据: 像素格式 * 宽 * 高
//1382400 = 1280 * 720 * 1.5,YUV420p 一像素占 1.5 字节
int buffer_size = av_image_get_buffer_size(avcodec_context->pix_fmt,
                                           avcodec_context->width,
                                           avcodec_context->height,
                                           1);
//真正存储一帧图像的缓冲区
uint8_t * out_buffer = (uint8_t *)av_malloc(buffer_size);


//7. 分配 AVFrame 的内存空间,并初始化
AVFrame * frame = av_frame_alloc();
av_image_fill_arrays(frame->data,
                     frame->linesize,
                     out_buffer,
                     avcodec_context->pix_fmt,
                     avcodec_context->width,
                     avcodec_context->height,
                     1);
frame->format = AV_PIX_FMT_YUV420P;                        //像素格式及宽和高
frame->width = width;
```

```
    frame->height = height;

    //8. 分配 AVPacket 的内存空间,并初始化
    AVPacket * av_packet = av_packet_alloc();                    //分配包空间
    av_init_packet(av_packet);                                  //在堆空间分配的包必须初始化
    //一帧 YUV420p 图像的字节数
    uint8_t * file_buffer = (uint8_t *)av_malloc(width * height * 3 / 2);

    //9. 打开输入文件和输出文件
    FILE * in_file = fopen("d:/_movies/__test/yuv420p_1280x720.yuv", "rb");
    FILE * outfile = fopen(out_h264_file, "wb");
    if (!outfile) {
        fprintf(stderr, "Could not open % s\n", out_h264_file);
        exit(1);
    }
    int i = 0;

while (true) {
    //10. 循环读取 YUV 帧,并填充 AVFrame
    //读取 YUV 帧数据,注意 YUV420p 的长度 = width * height * 3 / 2
    if (fread(file_buffer, 1, width * height * 3 / 2, in_file) <= 0) {
        break;
    } else if (feof(in_file)) {
        break;
    }

    //封装 YUV 帧数据
    frame->data[0] = file_buffer;           //y 数据的起始位置在数组中的索引
    frame->data[1] = file_buffer + width * height;   //u 数据的起始位置在数组中的索引
    frame->data[2] = file_buffer + width * height * 5 / 4;
                                            //v 数据的起始位置在数组中的索引
    frame->linesize[0] = width;             //y 数据的行宽
    frame->linesize[1] = width / 2;         //u 数据的行宽
    frame->linesize[2] = width / 2;         //v 数据的行宽
    frame->pts = i;                         //编解码层的 pts,每次递增 1 即可
    i++;

    //11. 将 AVFrame 送入编码器
    avcodec_send_frame(avcodec_context, frame);     //将 YUV 帧数据送入编码器

    while(true) {                                    //有可能返回 0 帧或多帧
        //12. 从编码器获取 AVPacket:从编码器中取出 H.264 帧
        int ret = avcodec_receive_packet(avcodec_context, av_packet);
        if (ret) {
            av_packet_unref(av_packet);
            break;
        }
```

```
        //13. 将编码出来的 H.264 数据包(带起始码)直接写入文件中
        fwrite(av_packet -> data, 1, av_packet -> size, outfile);

        //14. 时间基转换,将编码层的时间基转换为封装层的时间基
        av_packet_rescale_ts(av_packet, avcodec_context -> time_base, avvideo_stream ->
time_base);
        av_packet -> stream_index = avvideo_stream -> index;
//15. 将视频帧写入输出文件中
//将帧写入视频文件中,与 av_write_frame 的区别是对 packet 进行缓存和 pts 检查
        av_interleaved_write_frame(avformat_context, av_packet);


    }
  }

    //16. 清空编码器的缓冲区:读取剩余的帧
    avcodec_send_frame(avcodec_context, nullptr);
    while(true) {
        int ret = avcodec_receive_packet(avcodec_context, av_packet);
        if (ret) {
            av_packet_unref(av_packet);
            break;
        }

        //将编码出来的 H.264 数据包(带起始码)直接写入文件中
        fwrite(av_packet -> data, 1, av_packet -> size, outfile);

    }

    //17.关闭文件、释放资源
    fclose(in_file);
    fclose(outfile);
    avcodec_close(avcodec_context);
    av_free(frame);
    av_free(out_buffer);
    av_packet_free(&av_packet);

    av_write_trailer(avformat_context);
    avio_close(avformat_context -> pb);
    avformat_free_context(avformat_context);

    return 0;
}
```

该案例是在上述"编码为 H.264 后直接存储到文件"的案例基础上,添加了"输出到 MP4 封装格式"的功能,大部分流程几乎完全相同。

1. 程序运行效果分析

在工程中添加文件 yuvtomp4.cpp,将代码复制进去,编译并运行,如图 4-15 所示。使用 MediaInfo 观察生成的 MP4 文件,如图 4-16 所示。

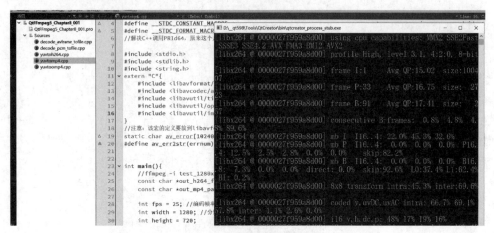

图 4-15　FFmpeg 将 YUV 编码并封装为 MP4 的代码

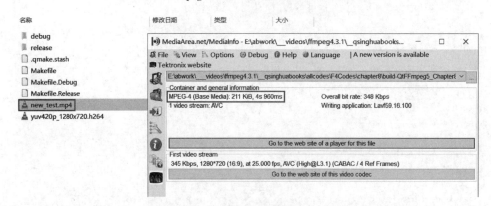

图 4-16　FFmpeg 将 YUV 编码并封装为 MP4 文件的流信息

2. 根据封装格式创建输出文件

该案例用于创建 MP4 格式的输出文件,核心代码如下:

```
//chapter4/4.2.help.txt
const char * out_mp4_path = "new_test.mp4";
AVFormatContext * avformat_context = NULL;
//1. 根据文件扩展名判断初始化输出的封装格式上下文,并打开输出文件
avformat_alloc_output_context2(&avformat_context, NULL, NULL, out_mp4_path);
if (avio_open(&avformat_context->pb, out_mp4_path, AVIO_FLAG_WRITE) < 0) {   //打开输出文件
    return -1;
}
//5. 写输出文件的头信息(FFmpeg 根据输出封装格式自动判断)
```

```
int avformat_write_header_result = avformat_write_header(avformat_context, NULL);

//14. 时间基转换,将编码层的时间基转换为封装层的时间基
av_packet_rescale_ts(av_packet, avcodec_context->time_base, avvideo_stream->time_base);
av_packet->stream_index = avvideo_stream->index;

//15. 将视频帧写入输出文件中
//将帧写入视频文件中,与 av_write_frame 的区别是对 packet 进行缓存和 pts 检查
av_interleaved_write_frame(avformat_context, av_packet);
```

（1）调用 avformat_alloc_output_context2（）函数为 AVFormatContext 结构体分配内存空间,并根据文件名判断封装格式,这里为 MP4。

（2）调用 avio_open（）函数打开输出文件。

（3）调用 avformat_write_header（）函数写输出文件的头信息。

（4）调用 av_packet_rescale_ts（）函数将编码层的时间基转换为封装层的时间基。

（5）调用 av_interleaved_write_frame（）函数将视频帧写入输出文件中。

注意：FFmpeg 其他封装格式的代码与流程与 MP4 格式几乎完全相同。

4.5.4　案例：使用 FFmpeg 将 H.264 码流封装为 MP4

从 H.264 码流封装为 MP4 的过程并不涉及编码操作。H.264 码流是带有起始码的,需要先用 FFmpeg 解封装,获得原始的 NALU,再封装为 MP4 格式。完整的代码如下：

```cpp
//chapter4/QtFFmpeg5_Chapter4_001/h264tomp4.cpp
# include < stdio.h >
//这里是个坑,如果不加 extern "C",则无法编译
extern "C"
{
    # include "libavformat/avformat.h"
};

int main( int argc, char * argv[])
{
    AVOutputFormat * ofmt = NULL;                            //输出格式
    //创建输入 AVFormatContext 对象和输出 AVFormatContext 对象
    AVFormatContext * ifmt_ctx = NULL, * ofmt_ctx = NULL;
    AVPacket pkt;
    const char * in_filename = "yuv420p_1280x720.h264";      //输入文件名
    const char * out_filename = "yuv420p_1280x720_h264.mp4"; //输出文件名
    int ret, i;
    int stream_index = 0;
    int * stream_mapping = NULL;
    int stream_mapping_size = 0;
```

```
//1. 打开 H.264 格式的视频文件
if ((ret = avformat_open_input(&ifmt_ctx, in_filename, 0, 0)) < 0) {
    return -1;
}
//2. 获取视频文件信息
if ((ret = avformat_find_stream_info(ifmt_ctx, 0)) < 0) {
    return -1;
}

//打印信息
av_dump_format(ifmt_ctx, 0, in_filename, 0);

//3. 输出文件分配空间
avformat_alloc_output_context2(&ofmt_ctx, NULL, NULL, out_filename);
if (!ofmt_ctx) {
    return -1;
}

//4. 映射并创建输出流
stream_mapping_size = ifmt_ctx->nb_streams;
stream_mapping = (int *)av_mallocz_array(stream_mapping_size, sizeof(*stream_
mapping));
if (!stream_mapping) {
    return -1;
}
ofmt = (AVOutputFormat *)ofmt_ctx->oformat;
for (i = 0; i < ifmt_ctx->nb_streams; i++) {
    AVStream *out_stream;
    AVStream *in_stream = ifmt_ctx->streams[i];
    AVCodecParameters *in_codecpar = in_stream->codecpar;

    if (in_codecpar->codec_type != AVMEDIA_TYPE_VIDEO) {
        stream_mapping[i] = -1;
        continue;
    }

    stream_mapping[i] = stream_index++;
    out_stream = avformat_new_stream(ofmt_ctx, NULL);//创建流
    if (!out_stream) {
        //fprintf(stderr, "Failed allocating output stream\n");
        return -1;
    }
    //复制编解码参数
    ret = avcodec_parameters_copy(out_stream->codecpar, in_codecpar);
    if (ret < 0) {
        return -1;
    }
    out_stream->codecpar->codec_tag = 0;
    printf("fps = %d\n", in_stream->r_frame_rate);
```

```
    }

    //5. 打开输出文件
    if (!(ofmt - > flags & AVFMT_NOFILE)) {
        ret = avio_open(&ofmt_ctx - > pb, out_filename, AVIO_FLAG_WRITE);
        if (ret < 0) {
            return - 1;
        }
    }

    //6. 写入文件头信息
    ret = avformat_write_header(ofmt_ctx, NULL);
    if (ret < 0) {
        return - 1;
    }
    int m_frame_index = 0;

    while (1) {//开始循环读取视频流,并获取 pkt 信息
        AVStream * in_stream, * out_stream;

        //7. 循环读取音视频压缩包:AVPacket
        ret = av_read_frame(ifmt_ctx, &pkt);
        if (ret < 0)
            reak;

        in_stream = ifmt_ctx - > streams[pkt.stream_index];
        if (pkt.stream_index > = stream_mapping_size ||
            stream_mapping[pkt.stream_index] < 0) {
                av_packet_unref(&pkt);
                continue;
        }

        pkt.stream_index = stream_mapping[pkt.stream_index];
        out_stream = ofmt_ctx - > streams[pkt.stream_index];

        //如果没有时间戳信息,则需要自己加时间戳,不然转换出来的文件是没有时间信息的
        if(pkt.pts == AV_NOPTS_VALUE){
            //Write PTS
            AVRational time_base1 = in_stream - > time_base;
//Duration between 2 frames (us):编解码层的时间基是帧率的倒数
//AV_TIME_BASE 是 FFmpeg 的内部时间单位,1000000;r_frame_rate:帧率
            int64_t calc_duration = (double)AV_TIME_BASE/av_q2d(in_stream - > r_frame_rate);
            pkt.pts = (double)(m_frame_index * calc_duration)/(double)(av_q2d(time_base1) *
AV_TIME_BASE);
            pkt.dts = pkt.pts;
            pkt.duration = (double)calc_duration/(double)(av_q2d(time_base1) * AV_TIME_BASE);
            printf("AV_NOPTS_VALUE, fps = % d, calc_duration = % d, pts = % d, duration = % d\n",
                    in_stream - > r_frame_rate, calc_duration, pkt.pts, pkt.dts);
        }
```

```
    //8. 时间基转换:从一种格式转换到另一种格式
    /* copy packet:时间基转换,包括 pts,dts,duration */
    pkt.pts = av_rescale_q_rnd(pkt.pts, in_stream -> time_base, out_stream -> time_base,
(AVRounding)(AV_ROUND_NEAR_INF|AV_ROUND_PASS_MINMAX));
    pkt.dts = av_rescale_q_rnd(pkt.dts, in_stream -> time_base, out_stream -> time_base,
(AVRounding)(AV_ROUND_NEAR_INF|AV_ROUND_PASS_MINMAX));
    pkt.duration = av_rescale_q(pkt.duration, in_stream -> time_base, out_stream -> time_
base);
    pkt.pos = -1;

    //9. 交织写入音视频帧
    ret = av_interleaved_write_frame(ofmt_ctx, &pkt);
    if (ret < 0) {
        break;
    }
    av_packet_unref(&pkt);
    m_frame_index++;
    printf("m_frame_index = % d,\n", m_frame_index);
}

    //10.写入文件尾信息
    av_write_trailer(ofmt_ctx);

    //11.关闭文件、释放相关内存空间
    avformat_close_input(&ifmt_ctx);
    //close output
    if (ofmt_ctx && !(ofmt -> flags & AVFMT_NOFILE))
        avio_closep(&ofmt_ctx -> pb);
    avformat_free_context(ofmt_ctx);
    av_freep(&stream_mapping);

    return 0;
}
```

该案例的主要步骤如下:

(1) 打开 H.264 视频文件,需要调用 avformat_open_input()函数。

(2) 获取视频文件信息,需要调用 avformat_find_stream_info()函数。

(3) 为输出格式分配空间,需要调用 avformat_alloc_output_context2()函数。

(4) 映射并创建输出流,需要调用 avformat_new_stream()函数。

(5) 打开输出文件,需要调用 avio_open()函数。

(6) 写入文件头信息,需要调用 avformat_write_header()函数。

(7) 循环读取音视频压缩包(AVPacket),需要调用 av_read_frame()函数。

(8) 时间基转换,从一种格式转换到另一种格式,需要调用 av_rescale_q_rnd()函数。

(9) 交织写入音视频帧,需要调用 av_interleaved_write_frame()函数。

(10) 写入文件尾信息,需要调用 av_write_trailer()函数。

（11）关闭文件、释放相关内存空间，需要调用 avformat_close_input()、avformat_free_context()和 avio_closep()等函数。

在工程中添加一个文件 h264tomp4.cpp，将上述代码复制进去，编译并运行会生成 yuv420p_1280x720_h264.mp4 文件，如图 4-17 所示。

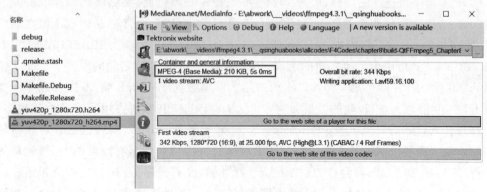

图 4-17　FFmpeg 将 H.264 码流转封装为 MP4 文件

4.6　FFmpeg 编解码与时间基详解

音视频同步是一个比较复杂的技术点，在 FFmpeg 中，时间基（time_base）是时间戳（timestamp）的单位，时间戳值乘以时间基，可以得到实际的时刻值（以秒等为单位）。

4.6.1　GOP 与 PTS/DTS

编解码中有几个非常重要的基础概念，包括 I/P/B/IDR 帧、GOP、DTS 及 PTS 等。视频的播放过程可以简单地理解为一帧一帧的画面按照时间顺序呈现出来的过程，就像在一个本子的每页画上画，然后快速翻动的感觉，但是在实际应用中，并不是每帧都是完整的画面，因为如果每帧画面都是完整的图片，则一个视频的体积就会很大，这样对于网络传输或者视频数据存储来讲成本太高，所以通常会对视频流中的一部分画面进行压缩编码处理。由于压缩处理的方式不同，视频中的画面帧就分为不同的类别，其中包括 I 帧、P 帧和 B 帧。

1. I/P/B/IDR 帧

I 帧通常称为关键帧，包含一幅完整的图像信息，属于帧内编码图像，不含运动向量，在解码时不需要参考其他帧图像，因此在 I 帧图像处可以切换频道，而不会导致图像丢失或无法解码。I 帧图像用于阻止误差的累积和扩散。在闭合式 GOP 中，每个 GOP 的第 1 个帧一定是 I 帧，并且当前 GOP 的数据不会参考前后 GOP 的数据。

即时解码刷新帧（Instantaneous Decoding Refresh picture，IDR）是一种特殊的 I 帧。当解码器解码到 IDR 帧时会将前后向参考帧列表（Decoded Picture Buffer，DPB）清空，将已解码的数据全部输出或抛弃，然后开始一次全新的解码序列。IDR 帧之后的图像不会参考

IDR 帧之前的图像。P 帧是帧间编码帧,利用之前的 I 帧或 P 帧进行预测编码。B 帧是帧间编码帧,利用之前和(或)之后的 I 帧或 P 帧进行双向预测编码。B 帧不可以作为参考帧。

2. GOP

GOP 是指一组连续的图像,由一个 I 帧和多个 B/P 帧组成,是编解码器存取的基本单位。GOP 结构常用的两个参数为 M 和 N,M 用于指定 GOP 中首个 P 帧和 I 帧之间的距离,N 用于指定一个 GOP 的大小。例如 M=1、N=15,GOP 结构为 IPBBPBBPBBPBBPB IPBBPBB。GOP 指两个 I 帧之间的距离,Reference 指两个 P 帧之间的距离。一个 I 帧所占用的字节数大于一个 P 帧,一个 P 帧所占用的字节数大于一个 B 帧,所以在码率不变的前提下,GOP 值越大,P、B 帧的数量会越多,平均每个 I、P、B 帧所占用的字节数就越多,也就更容易获取较好的图像质量;Reference 越大,B 帧的数量越多,同理也更容易获得较好的图像质量。需要说明的是,通过提高 GOP 值来提高图像质量是有限度的,在遇到场景切换的情况时,H.264 编码器会自动强制插入一个 I 帧,此时实际的 GOP 值被缩短了。另一方面,在一个 GOP 中,P、B 帧是由 I 帧预测得到的,当 I 帧的图像质量比较差时会影响到一个 GOP 中后续 P、B 帧的图像质量,直到下一个 GOP 开始才有可能得以恢复,所以 GOP 值也不宜设置得过大。同时,由于 P、B 帧的复杂度大于 I 帧,所以过多的 P、B 帧会影响编码效率,使编码效率降低。另外,过长的 GOP 还会影响 seek 操作的响应速度,由于 P、B 帧是由前面的 I 或 P 帧预测得到的,所以 seek 操作需要直接定位,当解码某个 P 或 B 帧时,需要先解码得到本 GOP 内的 I 帧及之前的 N 个预测帧才可以,GOP 值越长,需要解码的预测帧就越多,seek 响应的时间也越长。

GOP 通常有两种,包括闭合式 GOP 和开放式 GOP。闭合式 GOP 只需参考本 GOP 内的图像,不需参考前后 GOP 的数据。这种模式决定了,闭合式 GOP 的显示顺序总是以 I 帧开始并以 P 帧结束。开放式 GOP 中的 B 帧解码时可能要用到其前一个 GOP 或后一个 GOP 的某些帧。当码流里面包含 B 帧时才会出现开放式 GOP。开放式 GOP 和闭合式 GOP 中 I 帧、P 帧、B 帧的依赖关系如图 4-18 所示。

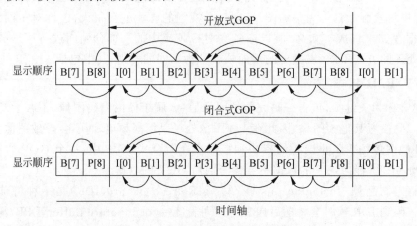

图 4-18　开放式 GOP 和闭合式 GOP

3. DTS 和 PTS

DTS 表示 packet 的解码时间。PTS 表示 packet 解码后数据的显示时间。音频中 DTS 和 PTS 是相同的。视频中由于 B 帧需要双向预测,B 帧依赖于其前和其后的帧,因此含 B 帧的视频解码顺序与显示顺序不同,即 DTS 与 PTS 不同。当然,不包含 B 帧的视频,其 DTS 和 PTS 是相同的。下面以一个开放式 GOP 为例,说明视频流的解码顺序和显示顺序,如图 4-19 所示。

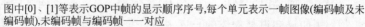
图中[0]、[1]等表示GOP中帧的显示顺序序号,每个单元表示一帧图像(编码帧及未编码帧),未编码帧与编码帧一一对应

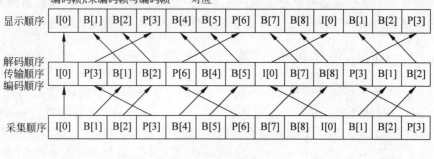

图 4-19 PTS 和 DTS

(1)采集顺序指图像传感器采集原始信号得到图像帧的顺序。

(2)编码顺序指编码器编码后图像帧的顺序,存储到磁盘的本地视频文件中图像帧的顺序与编码顺序相同。

(3)传输顺序指编码后的流在网络中传输过程中图像帧的顺序。

(4)解码顺序指解码器解码图像帧的顺序。

(5)显示顺序指图像帧在显示器上显示的顺序。

(6)采集顺序与显示顺序相同;编码顺序、传输顺序和解码顺序相同。

其中 B[1]帧依赖于 I[0]帧和 P[3]帧,因此 P[3]帧必须比 B[1]帧先解码。这就导致了解码顺序和显示顺序的不一致,后显示的帧需要先解码。一般的解码器中有帧缓存队列,以 GOP 为单位,这样就可以解决 B 帧参考其后边帧的问题。

上面讲解了视频帧、DTS、PTS 相关的概念,下面来介绍音视频同步。在一个媒体流中,除了视频以外,通常还包括音频。音频的播放也有 DTS、PTS 的概念,但是音频没有类似视频中的 B 帧,不需要双向预测,所以音频帧的 DTS、PTS 顺序是一致的。音频视频混合在一起播放,就呈现了常常看到的广义的视频。在音视频一起播放时,通常需要面临一个问题:怎么去同步它们,以免出现画不对声的情况。要实现音视频同步,通常需要选择一个参考时钟,参考时钟上的时间是线性递增的,编码音视频流时依据参考时钟上的时间给每帧数据打上时间戳。在播放时,读取数据帧上的时间戳,同时参考当前参考时钟上的时间来安排播放。这里所说的时间戳就是前面说的 PTS。实践中,可以选择:同步视频到音频、同步音频到视频、同步音频和视频到外部时钟。

4．time_base

时间基(time_base)也是用来度量时间的。可以类比 duration。如果把 1s 分为 25 等份，则可以理解为一把尺，那么每一格表示的就是 1/25s，此时的 time_base＝{1,25}。如果把 1s 分成 90000 份，则每个刻度就是 1/90000s，此时的 time_base＝{1,90000}。

时间基表示的就是每个刻度是多少秒。PTS 的值就是占多少个时间刻度(占多少个格子)。它的单位不是秒，而是时间刻度。只有 PTS 加上 time_base 两者同时在一起，才能表达出时间是多少。例如只知道某物体的长度占某一把尺上的 20 个刻度，但是不知道这把尺总共是多少厘米的，那就没有办法计算每个刻度是多少厘米，也就无法知道物体的长度。

4.6.2　FFmpeg 中的时间基与时间戳

FFmpeg 内部有多种时间戳，基于不同的时间基。理解这些时间概念，有助于通过 FFmpeg 进行音视频开发。在 FFmpeg 内部，时间基(time_base)是时间戳(timestamp)的单位，时间戳值乘以时间基后可以得到实际的时刻值(以秒等为单位)。例如，一个视频帧的 DTS 是 40，PTS 是 160，其 time_base 是 1/1000 秒，那么可以计算出此视频帧的解码时刻是 40 毫秒(40/1000)，显示时刻是 160 毫秒(160/1000)。FFmpeg 中时间戳(PTS/DTS)的类型是 int64_t 类型，如果把一个 time_base 看作一个时钟脉冲，则可把时间戳(PTS/DTS)看作时钟脉冲的计数。

1．tbn、tbc 与 tbr

不同的封装格式具有不同的时间基，例如，FLV 封装格式的视频和音频的 time_base 是 {1,1000}；ts 封装格式的视频和音频的 time_base 是{1,90000}；MP4 封装格式中的视频的 time_base 默认为{1,16000}，而音频的 time_base 为采样率(默认为{1,48000})。

在 FFmpeg 处理音视频过程中的不同阶段，也会采用不同的时间基。FFmepg 中有 3 种时间基，命令行中 tbr、tbn 和 tbc 的打印值就是这 3 种时间基的倒数，如下所示。

(1) tbn：对应容器(封装格式)中的时间基，值是 AVStream. time_base 的倒数。

(2) tbc：对应编解码器中的时间基，值是 AVCodecContext. time_base 的倒数。

(3) tbr：从视频流中猜算得到，有可能是帧率或场率(帧率的 2 倍)。

关于 tbr、tbn 和 tbc 的说明，英文原文如下：

```
//chapter4/chap4.6.help.txt
There are three different time bases for time stamps in FFmpeg. The
values printed are actually reciprocals of these, i.e. 1/tbr, 1/tbn and
1/tbc.

tbn is the time base in AVStream that has come from the container, I
think. It is used for all AVStream time stamps.

tbc is the time base in AVCodecContext for the codec used for a
```

particular stream. It is used for all AVCodecContext and related time
stamps.

tbr is guessed from the video stream and is the value users want to see
when they look for the video frame rate, except sometimes it is twice
what one would expect because of field rate versus frame rate.

下面通过 ffprobe 来探测不同格式的音视频文件，命令行及主要输出信息如下：

```
//chapter4/chap4.6.help.txt
----------- FLV 格式 ----------------
//注意:[tbr:30, tbc:60, tbn:1k, fps:30]
D:\_movies\__test > ffprobe ande_10.flv
Input # 0, flv, from 'ande_10.flv':
  Metadata:
    major_brand    : isom
    minor_version  : 512
    compatible_brands: isomiso2avc1mp41
    encoder        : Lavf57.57.100
  Duration: 00:00:08.66, start: 1.347000, bitrate: 609 Kb/s
    Stream # 0:0: Video: h264 (High), yuv420p(progressive), 1280x720 [SAR 1:1 DAR 16:9],
30.30 fps, 30 tbr, 1k tbn, 60 tbc
    Stream # 0:1: Audio: aac (LC), 44100 Hz, stereo, fltp

----------- MP4 格式 ----------------
//注意:[tbr:30, tbc:60, tbn:16k, fps:30]
D:\_movies\__test > ffprobe ande_10.mp4
Input # 0, mov,mp4,m4a,3gp,3g2,mj2, from 'ande_10.mp4':
  Metadata:
    major_brand : isom
    minor_version : 512
    compatible_brands: isomiso2avc1mp41
    encoder : Lavf57.57.100
  Duration: 00:00:08.55, start: 0.000000, bitrate: 617 Kb/s
    Stream # 0:0(und): Video: h264 (High) (avc1 / 0x31637661), yuv420p, 1280x720 [SAR 1:1 DAR
16:9], 553 Kb/s, 30 fps, 30 tbr, 16k tbn, 60 tbc (default)
    Metadata:
      handler_name : VideoHandler
    Stream # 0:1(und): Audio: aac (LC) (mp4a / 0x6134706D), 44100 Hz, stereo, fltp, 127
Kb/s (default)
    Metadata:
      handler_name : SoundHandler
```

2. 内部时间基

除以上 3 种时间基外，FFmpeg 还有一个内部时间基 AV_TIME_BASE，以及分数形式的 AV_TIME_BASE_Q，代码如下：

```
//chapter4/chap4.6.help.txt
//内部时间基,用整数表示
#define AV_TIME_BASE              1000000

//内部时间基,用分数表示
#define AV_TIME_BASE_Q            (AVRational){1, AV_TIME_BASE}
```

注意：AV_TIME_BASE 及 AV_TIME_BASE_Q 用于 FFmpeg 内部函数处理,使用此时间基计算得到的时间值的单位是微秒。

FFmpeg 的很多结构中有 AVRational time_base;这样的一个成员,它是 AVRational 结构的,代码如下:

```
//chapter4/chap4.6.help.txt
typedef struct AVRational{
    int num;        //< 分子
    int den;        //< 分母
} AVRational;
```

AVRational 这个结构标识一个分数,num 为分子,den 为分母。实际上 time_base 的意思就是时间的刻度。例如{1,25}代表时间刻度就是 1/25,而{1,9000}代表时间刻度就是 1/90000。那么,在刻度为 1/25 的体系下的 time＝5,转换成在刻度为 1/90000 体系下的时间 time 为 18000(5×1÷25×90000)。

3. 时间转换函数

因为时间基不统一,所以当时间基变化时,需要对时间戳进行转换。转换思路很简单:先将原时间戳以某一中间时间单位(这里取国际通用时间单位:秒)为单位进行转换,然后以新的时间基为单位进行转换,即可得到新的时间戳。由转换思路可知,转换过程即先做乘法再做除法,涉及除法就有除不尽的情况,就有舍入问题,FFmpeg 专门为时间戳转换提供了 API,即 av_rescale_q_rnd()函数,一定要使用该 API,提高转换精度,以免给片源未来的播放带来问题。

av_q2d()函数用于将时间从 AVRational 形式转换为 double 形式。AVRational 是分数类型,double 是双精度浮点数类型,转换的结果的单位为秒。转换前后的值基于同一时间基,仅仅是数值的表现形式不同而已。该函数的实现代码如下:

```
//chapter4/chap4.6.help.txt
/**
 * 将分数转换为小数
 * @param:分数
 * @return:小数
 * @see av_d2q()
 */
static inline double av_q2d(AVRational a){
```

```
    return a. num / (double) a.den;
}
```

av_q2d()使用方法的伪代码如下：

```
//chapter4/chap4.6.help.txt
AVStream stream;
AVPacket packet;
//packet 播放时刻值：
timestamp(单位秒) = packet.pts × av_q2d(stream.time_base);
//packet 播放时长值：
duration(单位秒) = packet.duration × av_q2d(stream.time_base);
```

av_rescale_q()用于不同时间基的转换，用于将时间值从一种时间基转换为另一种时间基。这个函数的作用是计算 a×bq/cq，把时间戳从一个时间基调整到另外一个时间基。在进行时间基转换时，应该首选这个函数，因为它可以避免溢出的情况发生，代码如下：

```
int64_t av_rescale_q(int64_t a, AVRational bq, AVRational cq) av_const;
```

av_packet_rescale_ts()用于将 AVPacket 中各种时间值从一种时间基转换为另一种时间基，代码如下：

```
void av_packet_rescale_ts(AVPacket * pkt, AVRational tb_src, AVRational tb_dst);
```

例如把流时间戳转换到内部时间戳，代码如下：

```
//把某个视频帧的 pts 转换成内部时间基
av_rescale_q(AVFrame -> pts, AVStream -> time_base, AV_TIME_BASE_Q);
```

在 FFmpeg 中进行 seek 时(av_seek_frame)，时间戳必须基于流时间基，例如 seek 到第 5s 的主要代码如下：

```
//chapter4/chap4.6.help.txt
//首先计算出基于视频流时间基的时间戳
int64_t timestamp_in_stream_time_base = av_rescale_q(5 * AV_TIME_BASE, AV_TIME_BASE_Q,
video_stream_ -> time_base);
//然后定位查找
av_seek_frame(av_format_context, video_stream_index, timestamp_in_stream_time_base, AVSEEK_
FLAG_BACKWARD);
```

4.6.3　转封装过程中的时间基转换

容器中的时间基(AVStream. time_base,对应 tbn)的定义代码如下：

```
//chapter4/chap4.6.help.txt
```

```
typedef struct AVStream {
    ...
    /** 这是表示帧时间戳的基本时间单位(秒)
       解码时被 libavformat 设置
       编码时：可以由调用方在 avformat_write_header()之前设置,以向 muxer 提供有关所需时基
    的提示.在 avformat_write_header()中,muxer 将使用实际用于写入文件的时间戳的时基覆盖此字段
    (可能与用户提供的时间戳相关,也可能与用户提供的时间戳无关,具体取决于格式)
     */
    AVRational time_base; //封装格式(容器)中的时间基
    ...
}
```

AVStream.time_base 是 AVPacket 中 PTS 和 DTS 的时间单位,输入流与输出流中
time_base 按以下方式确定。

(1) 对于输入流：打开输入文件后,调用 avformat_find_stream_info()可获取每个流中
的 time_base。

(2) 对于输出流：打开输出文件后,调用 avformat_write_header()可根据输出文件的
封装格式确定每个流的 time_base 并写入输出文件中。

不同封装格式具有不同的时间基,不同的封装格式具有不同的时间基,例如 flv 封装格
式的视频和音频的 time_base 是{1,1000}；ts 封装格式的视频和音频的 time_base 是{1,
90000}；MP4 封装格式中的视频的 time_base 默认为{1,16000},而音频的 time_base 为采
样率(默认为{1,48000})。在转封装(将一种封装格式转换为另一种封装格式)过程中,时
间基转换的相关代码如下：

```
//chapter4/chap4.6.help.txt
av_read_frame(ifmt_ctx, &pkt);  //读取音视频包
//in_stream 代表输入流; out_stream 代表输出流
pkt.pts = av_rescale_q_rnd(pkt.pts, in_stream -> time_base, out_stream -> time_base, AV_
ROUND_NEAR_INF|AV_ROUND_PASS_MINMAX);
pkt.dts = av_rescale_q_rnd(pkt.dts, in_stream -> time_base, out_stream -> time_base, AV_
ROUND_NEAR_INF|AV_ROUND_PASS_MINMAX);
pkt.duration = av_rescale_q(pkt.duration, in_stream -> time_base, out_stream -> time_base);
```

使用 av_packet_rescale_ts()函数可以实现与上面代码相同的效果,代码如下：

```
//chapter4/chap4.6.help.txt
//从输入文件中读取 packet
av_read_frame(ifmt_ctx, &pkt);
//将 packet 中的各时间值从输入流封装格式时间基转换到输出流封装格式时间基
av_packet_rescale_ts(&pkt, in_stream -> time_base, out_stream -> time_base);
```

这里的时间基 in_stream->time_base 和 out_stream->time_base 是容器中的时间基
(对应 tbn)。例如 flv 封装格式的 time_base 为{1,1000},ts 封装格式的 time_base 为{1,
90000},可以使用 FFmpeg 的命令行将 flv 封装格式转换为 ts 封装格式。先抓取原文件

（flv）前 4 帧的显示时间戳，命令行及输出内容如下：

```
//chapter4/chap4.6.help.txt
ffprobe - show_frames - select_streams v xxx.flv | grep pkt_pts      //Linux
ffprobe - show_frames - select_streams v xxx.flv | findstr pkt_pts  //Windows
//显示内容如下
pkt_pts = 40
pkt_pts_time = 0.040000
pkt_pts = 80
pkt_pts_time = 0.080000
pkt_pts = 120
pkt_pts_time = 0.120000
pkt_pts = 160
pkt_pts_time = 0.160000
```

再抓取转换的文件（ts）前 4 帧的显示时间戳，命令行及输出内容如下：

```
//chapter4/chap4.6.help.txt
ffprobe - show_frames - select_streams v xxx.ts | grep pkt_pts      //Linux
ffprobe - show_frames - select_streams v xxx.ts | findstr pkt_pts  //Windows
//显示内容如下
pkt_pts = 3600
pkt_pts_time = 0.040000
pkt_pts = 7200
pkt_pts_time = 0.080000
pkt_pts = 10800
pkt_pts_time = 0.120000
pkt_pts = 14400
pkt_pts_time = 0.160000
```

可以发现，对于同一个视频帧，它们在不同封装格式中的时间基（tbn）不同，所以时间戳（pkt_pts）也不同，但是计算出来的时刻值（pkt_pts_time）是相同的。例如第 1 帧的时间戳，计算关系的代码如下：

```
//chapter8/chap4.6.help.txt
40 × {1,1000} == 3600 × {1,90000} == 0.040000
80 × {1,1000} == 7200 × {1,90000} == 0.080000
120 × {1,1000} == 10800 × {1,90000} == 0.120000
160 × {1,1000} == 14400 × {1,90000} == 0.160000
```

4.6.4 转码过程中的时间基转换

编解码器中的时间基（AVCodecContext.time_base，对应 tbc）的定义代码如下：

```
//chapter4/chap4.6.help.txt
typedef struct AVCodecContext {
```

```
    ...

    /**
        这是表示帧时间戳的基本时间单位(秒).对于固定 fps 内容,时间基应为 1/帧速率,时间戳增量
    应为 1
        这通常(但并非总是)与视频的帧速率或场速率相反.如果帧速率不是常数,则 1/time_base 不是
    平均帧速率
        与容器一样,基本流也可以存储时间戳,1/time_base 是指定这些时间戳的单位
        作为此类编解码器时基的示例,可参见 ISO/IEC 14496 - 2:2001(E)
        编码时必须由用户设置该字段
        解码时不推荐使用此字段进行解码,而是应该使用帧率字段 framerate
    */
    AVRational time_base;           //编解码中的时间基

    ...
}
```

上述注释指出,AVCodecContext. time_base 是帧率的倒数,每帧时间戳递增 1,那么 tbc 就等于帧率。在编码过程中,应由用户设置好此参数。在解码过程中,此参数已过时, 建议直接使用帧率倒数作为时间基。

注意:根据注释中的建议,在实际使用时,在视频解码过程中,不使用 AVCodecContext. time_base,而用帧率倒数作时间基;在视频编码过程中,用户需要将 AVCodecContext. time_base 设置为帧率的倒数。

不同的封装格式,时间基(time_base)是不一样的。另外,整个转码过程,不同的数据状态对应的时间基也不一致。例如用 mpegts 封装格式,帧率为 25 帧/秒,非压缩时的数据 (YUV 或者其他),在 FFmpeg 中对应的结构体为 AVFrame,它的时间基为 AVCodecContext 的 time_base,为帧率的倒数(AVRational{1,25}),而压缩后的数据(结构体为 AVPacket) 对应的时间基为 AVStream 的 time_base,mpegts 的时间基为 AVRational{1,90000}。

由于数据状态不同,时间基不一样,所以必须对时间基进行转换,例如在 1/25 时间刻度下占 5 格,在 1/90000 时间刻度下占 18000 格。这就是 PTS 的转换。根据 PTS 来计算一帧在整个视频中的时间位置,代码如下:

```
timestamp(s) = pts * av_q2d(st->time_base)
```

duration 和 PTS 单位一样,duration 表示当前帧的持续时间占多少格。或者理解为两帧的间隔时间占多少格。计算 duration,代码如下:

```
time(s) = st->duration * av_q2d(st->time_base)
```

1. 在解码过程中的时间基转换

想要播放一个视频,需要获得视频画面和音频数据,然后对比一下时间,让音视频的时

间对齐,再放入显示器和扬声器中播放。在 FFmpeg 里,对于视频,它把画面一帧一帧增加认为是一个单元,例如一个帧率为 10 帧/秒的视频,那么在 1s 内它就以 1、2、3、4、5、6、7、8、9、10 这样的方式进行计数,可以简单地认为这里的 1、2、…、10 就是其中的一个时间戳(PTS)。

AVStream.time_base 是 AVPacket 中 PTS 和 DTS 的时间单位。解码时通过 av_read_frame()函数将数据读取到 AVPacket,此时 AVPacket 有一个 PTS,该 PTS 是以 AVStream.time_base 为基准的。需要将这个 PTS 转换成解码后的 PTS,可以通过 av_packet_rescale_ts()函数把 AVStream 的 time_base 转换成 AVCodecContext 的 time_base。对于视频来讲,这里的 AVCodecContext 的 time_base 是帧率的倒数。

通过解码后得到视频帧 AVFrame,这里的 AVFrame 会有一个 PTS,该 PTS 是以 AVCodecContext 的 time_base 为基准的,如果要拿这帧画面去显示,则还需要转换成显示的时间,即从 AVCodecContext 的 time_base 转换成 AV_TIME_BASE(1000000)的 timebase,最后得到的才是日常习惯使用的微秒单位。视频在解码过程中的时间基转换处理的代码如下:

```
//chapter4/chap4.6.help.txt
AVFormatContext * ifmt_ctx;
AVStream * in_stream;
AVCodecContext * dec_ctx;
AVPacket packet;
AVFrame * frame;

//从输入文件中读取编码帧:AVPacket
av_read_frame(ifmt_ctx, &packet);

//先获取解码层的时间基(等于帧率的倒数)
int raw_video_time_base = av_inv_q(dec_ctx->framerate);
//时间基转换:将 AVStream 的时间基转换为 AVCodecContext 的时间基
av_packet_rescale_ts(packet, in_stream->time_base, raw_video_time_base);

//解码
avcodec_send_packet(dec_ctx, packet)
avcodec_receive_frame(dec_ctx, frame);
```

2. 编码过程中的时间基转换

前面解码部分得到了一个 AVFrame,并且得到了以微秒为基准的 PTS。如果要去编码,则要逆过来,通过调用 av_rescale_q()函数将 PTS 转换成编码器(AVCodecContext)的 PTS,转换成功后,就可以压缩了。压缩过程需要调用 avcodec_send_frame()和 avcodec_receive_packet()函数,然后得到 AVPacket。此时会有一个 PTS,该 PTS 是以编码器为基准的,所以需要再次调用 av_packet_rescale_ts()函数将编码器的 PTS 转换成 AVStream 的 PTS,最后才可以写入文件或者流中。视频编码过程中的时间基转换处理的代码如下:

```
//chapter4/chap4.6.help.txt
AVFormatContext * ofmt_ctx;
AVStream * out_stream;
AVCodecContext * dec_ctx;
AVCodecContext * enc_ctx;
AVPacket packet;
AVFrame * frame;

//编码
avcodec_send_frame(enc_ctx, frame);
avcodec_receive_packet(enc_ctx, packet);

//时间基转换
packet.stream_index = out_stream_idx;               //写入文件中,对应的流索引
enc_ctx->time_base = av_inv_q(dec_ctx->framerate);   //编码层的时间基,帧率的倒数
//将编码层的时间基转换为封装层的时间基(AVStream.time_base)
av_packet_rescale_ts(&opacket, enc_ctx->time_base, out_stream->time_base);

//将编码帧写入输出媒体文件
av_interleaved_write_frame(o_fmt_ctx, &packet);
```

3. 时间基转换所涉及的数据结构与时间体系

FFmpeg 中时间基转换涉及的数据结构包括 AVStream 和 AVCodecContext。如果由某个解码器产生固定帧率的码流,则 AVCodecContext 中的 time_base 会根据帧率来设定,如帧率为 25 帧/秒,那么 time_base 为{1,25}。

AVStream 中的 time_base 一般根据其采样频率设定,例如 mpegts 封装格式的时间基为{1,90000},当在某些场景下涉及 PTS 的计算时,就涉及两个 Time 的转换,以及到底取哪里的 time_base 进行转换,如下所示。

(1) 场景 1:编码器产生的帧,直接存入某个容器的 AVStream 中,那么此时 packet 的 Time 要从 AVCodecContext 的 Time 转换成目标 AVStream 的 Time。

(2) 场景 2:将从一种容器中 demux 出来的源 AVStream 的 packet 存入另一个容器中的 AVStream。此时的 time_base 应该从源 AVStream 的 Time 转换成目的 AVStream 的 time_base 下的 Time。

所以问题的关键还是要理解在不同的场景下取到的数据帧的 Time 是相对哪个时间体系的,如下所示。

(1) demux 出来的帧的 Time:是相对于源 AVStream 的 time_base。

(2) 编码器出来的帧的 Time:是相对于源 AVCodecContext 的 time_base。

(3) mux 存入文件等容器的 Time:是相对于目的 AVStream 的 time_base。

4. 视频流在编解码过程中的时间基转换

视频需要按帧播放,解码后的原始视频帧的时间基为帧率的倒数(1/framerate),视频在解码过程中的时间基转换处理,代码如下:

```
//chapter4/chap4.6.help.txt
AVFormatContext * ifmt_ctx;
AVStream * in_stream;
AVCodecContext * dec_ctx;
AVPacket packet;
AVFrame * frame;

//从输入文件中读取编码帧
av_read_frame(ifmt_ctx, &packet);

//时间基转换：先计算解码时的帧率倒数
int raw_video_time_base = av_inv_q(dec_ctx->framerate);
//将 AVStream 的时间基转换为 AVCodecContext 的时间基
av_packet_rescale_ts(packet, in_stream->time_base, raw_video_time_base);

//解码
avcodec_send_packet(dec_ctx, packet)
avcodec_receive_frame(dec_ctx, frame);
```

视频编码过程中的时间基转换处理，代码如下：

```
//chapter4/chap4.6.help.txt
AVFormatContext * ofmt_ctx;
AVStream * out_stream;
AVCodecContext * dec_ctx;
AVCodecContext * enc_ctx;
AVPacket packet;
AVFrame * frame;

//编码
avcodec_send_frame(enc_ctx, frame);
avcodec_receive_packet(enc_ctx, packet);

//时间基转换
packet.stream_index = out_stream_idx;
enc_ctx->time_base = av_inv_q(dec_ctx->framerate);   //编码层的时间基;帧率的倒数
av_packet_rescale_ts(&opacket, enc_ctx->time_base, out_stream->time_base);

//将编码帧写入输出媒体文件
av_interleaved_write_frame(o_fmt_ctx, &packet);
```

5. 音频流在编解码过程中的时间基转换

音频按采样点播放，解码后原始音频帧的时间基为采样率的倒数（1/sample_rate）。音频在解码过程中的时间基转换处理，代码如下：

```
//chapter4/chap4.6.help.txt
AVFormatContext * ifmt_ctx;
```

```
AVStream * in_stream;
AVCodecContext * dec_ctx;
AVPacket packet;
AVFrame * frame;

//从输入文件中读取编码帧
av_read_frame(ifmt_ctx, &packet);

//时间基转换
int raw_audio_time_base = av_inv_q(dec_ctx->sample_rate);   //采样率的倒数
//将封装层的 AVStream.time_base 转换为编解码层的时间基
av_packet_rescale_ts(packet, in_stream->time_base, raw_audio_time_base);

//解码
avcodec_send_packet(dec_ctx, packet)
avcodec_receive_frame(dec_ctx, frame);
```

音频编码过程中的时间基转换处理，代码如下：

```
//chapter4/chap4.6.help.txt
AVFormatContext * ofmt_ctx;
AVStream * out_stream;
AVCodecContext * dec_ctx;
AVCodecContext * enc_ctx;
AVPacket packet;
AVFrame * frame;

//编码
avcodec_send_frame(enc_ctx, frame);
avcodec_receive_packet(enc_ctx, packet);

//时间基转换
packet.stream_index = out_stream_idx;
enc_ctx->time_base = av_inv_q(dec_ctx->sample_rate);   //采样率的倒数
//将转换为编解码层的时间基及封装层的 AVStream.time_base
av_packet_rescale_ts(&opacket, enc_ctx->time_base, out_stream->time_base);

//将编码帧写入输出媒体文件
av_interleaved_write_frame(o_fmt_ctx, &packet);
```

第 5 章
CHAPTER 5

FFmpeg 二次开发
IPC 视频监控

▶ 3min

  视频监控是指使用摄像头对人或物体照相,并将其实时转换为计算机可以处理的电子信号,然后存储在磁盘或与网络相连的信息服务器上,以便能够远程观看,或者利用安全系统中的人工智能进行自动视频分析、报警和报警处理的技术系统。结合 FFmpeg 技术,可以很方便地开发 IPC 视频监控系统。

5.1 视频监控系统简介

  视频监控(Cameras and Surveillance)是安全防范系统的重要组成部分,传统的监控系统包括前端摄像机、传输线缆、视频监控平台。摄像机可分为网络数字摄像机和模拟摄像机,可对前端视频图像信号进行采集。视频监控是一种防范能力较强的综合系统,以其直观、准确及时和信息内容丰富而广泛应用于许多场合。近年来,随着计算机、网络及图像处理、传输技术的飞速发展,视频监控技术也有了长足的发展。最新的监控系统可以使用智能手机担当,同时对图像进行自动识别、存储和自动报警。视频数据通过 3G/4G/5G/WiFi 传回控制主机(也可以由智能手机担当),主机可对图像进行实时观看、录入、回放、调出及存储等操作,从而实现移动互联的视频监控。

  完整的视频监控系统由摄像、传输、控制、显示和记录登记 5 大部分组成。摄像机通过网络线缆或同轴视频电缆将视频图像传输到控制主机,控制主机再将视频信号分配到各监视器及录像设备,同时可将需要传输的语音信号同步录入录像机内。通过控制主机,操作人员可发出指令,对云台的上、下、左、右的动作进行控制及对镜头进行调焦变倍的操作,并可通过视频矩阵实现多路摄像机的切换。利用特殊的录像处理模式,可对图像进行录入、回放、调出及存储等操作。视频监控主要包括摄像机、光圈镜头、硬盘录像机、矩阵、控制键盘和监视器等。视频监控的应用越来越广泛,例如在智能家居系统中,视频监控系统属于家庭安防系统的一部分,是一个常见的选配系统,尤其是在别墅应用中。完整视频监控系统主要包括以下几个组成部分。

  (1) 视频采集系统:主要由各观测点的摄像机组成,完成视频图像信号采集。用于采集被监控点的监控信息,并可以配备报警设备。监控前端可分为普通摄像头和网络摄像头。普通摄像头可以是模拟摄像头,也可以是数字摄像头。原始视频信号传到视频服务器,经视频服务器编码后,以 TCP/IP 通过网络传至其他设备。网络摄像头(IPC)是融摄像、视频编码、Web 服务于一体的高级摄像设备,内嵌了 TCP/IP 协议栈,可以直接连接到网络。

(2)云台镜头控制系统:主要由云台和控制器组成,用于完成在监控中心遥控摄像机的观测位置的变动和观测点图像的放大、缩小处理。

(3)信号传输系统:分为有线和无线传输,并且传输方式和传输线材对信号影响较大。

(4)视频处理系统:主要完成对视频信号的数字化处理、图像信号的显示、图像信号的存储及图像信号的远程传输。

(5)管理中心:承担所有前端设备的管理、控制、报警处理、录像、录像回放、用户管理等工作,各部分功能分别由专门的服务器各司其职。

(6)监控中心:用于集中对所辖区域进行监控,包括电视墙、监控客户终端群,系统中可以有一个或多个监控中心。

(7)PC 客户端:在监控中心之外,也可以由 PC 接到网络上进行远程监控。

(8)无线网桥:用于接入无线数据网络,并访问互联网。通过无线网桥,可以将 IP 网上的监控信息传至无线终端,也可以将无线终端的控制指令传给 IP 网上的视频监控管理系统。

5.1.1　视频监控系统的功能及特点

视频监控系统一般采用高清视频监控技术,实现视频图像信息的高清采集、高清编码、高清传输、高清存储、高清显示;基于 IP 网络传输技术,提供视频质量诊断等智能分析技术,实现全网调度、管理及数字化应用,为用户提供一套"高清化、网络化、数字化"的视频图像监控系统,满足用户在视频图像业务应用中日益迫切的需求。一般而言,需要建成统一的中心管理平台,通过管理平台实现全网统一的视频资源管理,对前端摄像机、编码器、解码器、控制器等设备进行统一管理,实现远程参数配置与远程控制等;通过管理平台实现全网统一的用户和权限管理,满足系统多用户的监控、管理需求,真正做到"坐阵于中心,掌控千里之外"。需要实现系统高清化与网络化,以建设全高清监控系统为目标,为用户提供更清晰的图像和细节,让视频监控变得更有使用价值;同时以建设全 IP 监控系统为目标,让用户可通过网络中的任何一台计算机来观看、录制和管理视频信息,并且系统组网便利,结构简单,新增监控点或客户端都非常方便。视频监控系统需要具备以下几个特征。

(1)系统具备高可靠性、高开放性的特征:通过采用业内成熟、主流的设备来提高系统可靠性,尤其是录像存储的稳定性。另外,系统可接入其他厂家的摄像机、编码器、控制器等设备,能与其他厂家的平台无缝对接。

(2)具备高数字化、低码流的特征:运用智能分析、带有智能功能的摄像机等提高系统的数字化水平,同时通过先进的编码技术降低视频码流,降低存储成本和网络成本,减弱对网络的依赖性,提高视频预览的流畅度。

（3）具备快速部署及时维护的特征：通过采用高集成化、模块化设计的设备提高系统部署效率，减少系统调试周期，系统能及时发现前端监控系统的故障并及时告警，快速响应。

（4）具备高度整合、充分利旧的特征：新建系统能与原有系统高度整合、无缝对接，能充分利用原有监控资源，避免前期投资的浪费。

（5）安全性高，使用图像掩码技术，防止非法篡改录像资料，只有授权用户才可以进入系统进行查看，调用视频资料，可以对不同身份的管理人员发放不同权限的管理账号；有效防止恶意破坏；配合强大日志管理功能，保证了专用系统的安全使用。服务器端和客户端之间所传输的数据，全部经过加密。

（6）服务器平台构架方便，在大楼监控机房（如市公安局、区公安局和各派出所）都可以方便地安装客户端软件，只需分配用户不同权限的登录账号，便可查看前端摄像机监控点的图像资料。

（7）权限管理为了保证上网人员的隐私和录像资料的安全，具有操作权限管理，系统登录、操作进行严格的权限控制，保证系统的安全性。

（8）远程视频监控人员可远程任意调取网吧存储的监控图像，并可远程发出控制指令，进行录像资料的智能化检索、回放、调整摄像机镜头焦距、控制云台巡视或局部细节观察。

（9）可以本地录像，保存一定时间段内的本地视频监控录像资料，并能方便地查询、取证，为事后调查提供依据。

（10）随时随地的监控录像功能，无论身在何处，任何密码授权的用户通过身边的计算机联网连接到监控网点，可以看到任意监控网点的即时图像并根据需要录像，避免了地理位置间隔原因而造成监督管理的不便。

（11）系统可扩容性强，若需要添加新的监控网点，则可在服务器端添加相应的子节点和设备信息。

（12）可以和电子地图相结合，可以通过电子地图更加直观地查看各监控点所分布的地理位置，并且在电子地图上实时显示监控设备的运行状态。

5.1.2　视频监控系统的工作原理及结构

对于视频监控系统，根据系统各部分功能的不同，整个系统可以划分为7层，如图5-1所示，主要包括表现层、控制层、处理层、传输层、执行层、支撑层和采集层。当然，由于设备集成化越来越高，对部分系统而言，某些设备可能会同时以多个层的身份存在于系统中。

视频监控系统的各层含义如下所示。

（1）表现层可以被最直观地感受到，它展现了整个视频监控系统的品质，如监控电视墙、监视器、高音报警扬声器、报警自动驳接电话等都属于这一层。

（2）控制层是整个视频监控系统的核心，它是系统科技水平的最明确体现。常见的控制方式有两种，即模拟控制和数字控制。模拟控制是早期的控制方式，其控制台通常由控制器或者模拟控制矩阵构成，适用于小型局部视频监控系统，这种控制方式成本较低，故障率较小，但对于中大型视频监控系统而言，这种方式就显得操作复杂且无任何价格优势了，这

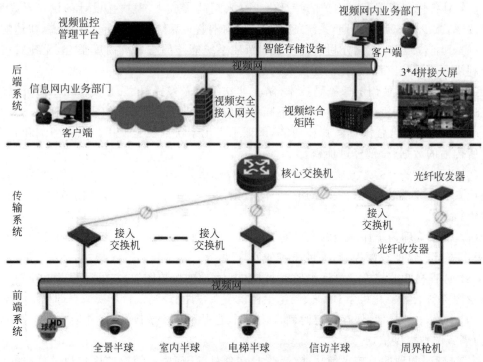

图 5-1 视频监控系统架构

时更为明智的选择应该是数字控制。数字控制是将工控计算机作为监控系统的控制核心,它将复杂的模拟控制操作变为简单的鼠标单击操作,将巨大的模拟控制器堆叠缩小为一个工控计算机,将复杂而数量庞大的控制电缆变为一根串行电话线;将中远程视频监控变为事实、为因特网远程监控提供可能,但数字控制也不是十全十美的,控制主机的价格十分昂贵、模块浪费的情况、系统可能出现全线崩溃的危机、控制较为滞后等问题仍然存在。

(3)处理层(音视频处理层)将传输层送过来的音视频信号加以分配、放大、分割等处理,将表现层与控制层加以连接。音视频分配器、音视频放大器、视频分割器、音视频切换器等设备都属于这一层。

(4)传输层相当于视频监控系统的血脉。在小型视频监控系统中,最常见的传输层设备是视频线、音频线;对于中远程监控系统而言,常使用的是射频线、微波;对于远程监控而言,通常使用因特网这一廉价载体。大多数人在数字安防监控上存在一个误区,认为控制层使用的数字控制的视频监控系统就是数字视频监控系统了,其实不然。纯数字视频监控系统的传输介质一定是网线或光纤。信号从采集层出来时,就已经被调制成数字信号了,数字信号在已趋成熟的网络上传输在理论上是无衰减的,这就保证远程监控图像的无损失显示,这是模拟传输无法比拟的。当然,高性能的回报也需要高成本的投入。

(5)执行层是控制指令的命令对象,在某些时候,它和支撑层、采集层不太容易截然地分开,一般认为受控对象即为执行层设备。例如,云台、镜头、解码器和球机等。

（6）支撑层用于后端设备的支撑，保护和支撑采集层、执行层设备，包括支架、防护罩等辅助设备。

（7）采集层是整个视频监控系统品质好坏的关键因素，也是系统成本开销最大的地方。它包括镜头、监控摄像机和报警传感器等。

5.1.3　视频监控系统的总体结构设计

通常情况下，视频监控系统以用户需求为出发点，以用户价值为落脚点，并结合产品亮点进行组合设计。系统具备很多优势，如下所示。

（1）有利于系统维护：可以采用视频质量诊断技术，自动地对前端监控点的视频图像是否完好、设备是否在线等进行实时、不间断的检测，以及时发现前端系统运行发生的问题并告警通知，有效保障系统高质量运行。

（2）方便系统部署：实现软件与硬件部署的一体化、视频解码与上墙显示的一体化及网络、模拟、数字视频信号可集中处理的一体化，方便安装调试，减少了部署时间。

（3）方便系统扩容：采用标准化的设备，可接入第三方平台软件，而且平台开放性高，可兼容其他厂家的摄像机、存储等设备；视频综合平台采用模块化设计，设计时留有一定的冗余，方便系统后期的升级与扩容。

（4）降低存储和网络传输成本：可以采用码流低的摄像机，最大可减少3/4的存储占用空间，降低了存储成本；通过采用低码流的网络高清智能摄像机，同等图像质量下，720P码率只需1～2MB，1080P码率只需3～4MB，从而降低了网络开销，降低了网络成本。

（5）降低系统功耗：从前端摄像机到存储都采用新技术可降低功耗，从整体上降低功耗，达到节能减排的效果。

（6）良好的视觉效果：实现全高清模式，并且可实现对大场景进行高清监控，满足用户对高清监控的需求，提高用户的体验度；通过先进的智能编码技术，有效地降低视频码流，减少视频预览不流畅等现象。

（7）便捷的管理效果：实现全网络监控，满足用户对数字化组网的要求，方便用户对系统网络化管理，轻松做到足不出户就能掌控全局；采用智能网络摄像机、智能球机和智能分析技术，体现了高度的数字化水平，可让用户体验丰富的智能效果。

网络高清方案从逻辑上可分为视频前端系统、传输网络、视频存储系统、视频解码拼控、大屏显示和视频信息管理应用平台等几部分。

（1）视频前端系统：前端支持多种类型的摄像机接入，例如配置高清网络枪机、球机等网络设备，按照标准的音视频编码格式及标准的通信协议，可直接接入网络并进行音视频数据的传输。

（2）传输网络：负责将前端的视频数据传输到后端系统。

（3）视频存储系统：视频存储系统负责对视频数据进行存储，例如可以配置云存储进行数据存储。

（4）视频解码拼控：完成视频的解码、拼接、上墙控制，例如可以配置视频综合平台以实现对前端所有种类视频信号的接入,完成视频信号以多种显示模式进行输出。

(5)大屏显示:接收视频综合平台输出的视频信号,完成视频信号的完美呈现。

(6)视频信息管理应用平台:负责对视频资源、存储资源、用户等进行统一管理和配置,用户可通过应用平台进行视频预览、回放。

网络高清方案的物理拓扑如图 5-2 所示。

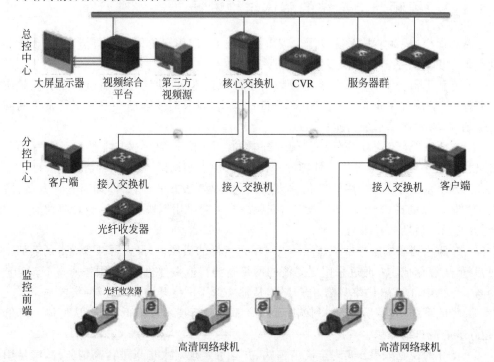

图 5-2　高清视频监控物理拓扑结构

网络高清方案物理拓扑结构的组成部分如下所示。

(1)总控中心:负责对分控中心分散区域高清监控点的接入、显示、存储、设置等,主要部署核心交换机、视频综合平台、大屏、云存储、客户端、平台、视频质量诊断服务器等。

(2)分控中心:负责对前端分散区域高清监控点的接入、存储、浏览、设置等功能,主要部署接入交换机、客户端等。

(3)监控前端:主要负责各种音视频信号的采集,通过部署网络摄像机、球机等设备,将采集到的信息实时传送至各个监控中心。

(4)传输网络:整个传输网络采用接入层、核心层两层传输架构设计。前端网络设备就近连接到接入交换机,接入交换机与核心交换机之间通过光纤连接。部分设备因传输距离问题通过光纤收发器进行信号传输,再汇入接入交换机。

(5)视频存储系统:视频存储系统采用集中存储方式,使用云存储设备,支持流媒体直存,减少了存储服务器和流媒体服务器的数量,确保了系统架构的稳定性。

(6)视频解码拼控:视频综合平台通过网线与核心交换机连接,并通过多链路汇聚的方式提高网络带宽与系统可靠性。视频综合平台采用电信级 ATCA 架构设计,集视频智能分析、编码、解码、拼控等功能于一体,极大地简化了监控中心的设备部署,更从架构上提升了系统的可靠性与健壮性。

(7) 大屏显示:大屏显示部分采用最新 LCD 窄缝大屏拼接显示。

(8) 视频信息管理应用平台:部署于通用的 x86 服务器上,服务器直接接入核心交换机。

其中,根据不同场景的不同需求,可以灵活地选择合适的前端监控产品,满足室内外各种场景下的监控需求。网络高清摄像机通过其全新的硬件平台和最优的编码算法提供高效的处理能力和丰富的功能应用,旨在向用户提供最优质的图像效果、最丰富的监控价值、最便捷的操作管理和最完善的维护体系。例如,室外可以依据固定枪机与球机搭配使用和交叉互动原则,以保证监控空间内的无盲区、全覆盖,同时根据实际需要配置前端基础配套设备,如防雷器、设备箱及视频传输设备和线缆;室内可以采用红外半球与室内球机搭配使用,确保满足安装的美观与细节的不丢失需求要求。

视频解码拼控系统采用集图像处理、网络功能、日志管理、设备维护于一体的电信级综合处理平台设计,即视频综合平台,满足数字视频切换、视频编解码、视频编码数据网络集中存储、电视墙管理、开窗漫游显示等功能。

大屏显示系统不仅包含用来显示视频图像的大屏显示部分,还包括解码控制等产品。大屏显示系统建设的总体目标是:系统充分考虑到先进性、可靠性、经济性、可扩充性和可维护性等原则,建成一套采用先进成熟的技术、遵循布局设计优良、设备应用合理、界面友好简便、功能有序实用、升级扩展性好的液晶大屏幕拼接系统,以达到满足大屏幕图像和数据显示的需求。整个大屏系统可以分为以下几部分。

(1) 前端信号接入部分:大屏显示系统支持各类型信号的接入,如模拟摄像机、高清数字摄像机、网络摄像机等信号,除能接入远端摄像机之外,还能接入本地的 VGA 信号、DVD信号及有线电视信号等,满足用户接入所有信号类型的需求。

(2) 解码、控制部分:前端摄像机信号接入视频综合平台之后,可由视频综合平台对各种信号进行解码和控制,输出到大屏显示屏幕上,并可通过在控制主机上安装的拼接控制软件实现对整个大屏显示系统的控制与操作,实现上墙显示信号的选择与控制。

(3) 上墙显示部分:大屏显示系统支持 BNC、VGA、DVI 和 HDMI 等多种信号的接入显示,通过控制软件对已选择需要上墙显示的信号进行显示,通过视频综合平台可实现信号的全屏显示、任意分割、开窗漫游、图像叠加、任意组合显示和图像拉伸缩放等一系列功能。

5.1.4　视频监控系统的存储结构设计

随着视频监控系统的规模越来越大,以及高清视频的大规模应用,视频监控系统中需要存储的数据和应用的复杂程度在不断提高,并且视频数据需要长时间持续地保存到存储系统中,并要求随时可以调用,对存储系统的可靠性和性能等方面都提出了新的要求。在未来的复杂系统中,数据将呈现爆炸性海量增长,提供对海量数据的快速存储及检索技术,显得尤为重要,存储系统正在成为视频监控技术未来发展的决定性因素。

面对百 PB 级的海量存储需求,传统的 SAN 或 NAS 在容量和性能的扩展上会存在瓶颈,而云存储可以突破这些性能瓶颈,而且可以实现性能与容量的线性扩展,这对于追求高性能、高可用性的企业用户来讲是一个新选择。云存储是在云计算(Cloud Computing)概念上延伸和发展出来的一个新的概念,是指通过集群应用、网格技术或分布式文件系统等功能,应用存储虚拟化技术将网络中大量各种不同类型的存储设备通过应用软件集合起来协同工作,共同对外提供数据存储和业务访问功能的一个系统,所以云存储可以认为是配置了大容量存储设备的一个云计算系统。依据云存储的功能特点,针对大容量视频数据的存储和管理及满足视频监控领域特殊的应用需求,量身设计了一套视频云存储监控系统。

视频云存储监控系统可以同时应用于视频、图片混合存储,承担整个系统内的视频/图片的数据写入/读取工作。云存储监控系统一方面采用了基于云架构的分布式集群设计和虚拟化设计,在系统内部实现了多设备协同工作、性能和资源的虚拟整合,最大限度地利用了硬件资源和存储空间;另一方面,通过对云存储的存储功能、管理功能进行打包,通过开放透明的应用接口和简单易用的管理界面,与上层应用平台整合后,为整个安防监控系统提供了高效、可靠的数据存储服务。

在视频云存储监控系统的设计中,采用的核心技术如下:

(1) 采用存储全域虚拟化技术对具有海量存储需求的用户提供透明存储构架,可持续扩容以避免瓶颈限制,可以更有效地进行资源管理,灵活增减空间,达到最大程度地合理利用空间的效果。

(2) 采用集群技术,解决单/多节点失效问题,并利用负载均衡技术及各存储节点的性能,提升系统的可靠性和安全性。

(3) 采用离散存储技术,在保障用户高效地进行读写的同时保证了业务的持续性。

(4) 采用统一完善的接口,降低对接成本、平台维护成本和用户管理的复杂度。

(5) 采用开放的集成构架,使其可兼容业界各类 iSCSI/FC 存储设备,保护用户现有存储投资资源。

(6) 采用数据备份和容灾技术,保证云存储中的数据不丢失,保证云存储服务的安全稳定。

云存储监控系统采用分层结构设计,整个系统从逻辑上分为 5 层,分别为设备层、存储层、管理层、接口层和应用层,如图 5-3 所示。

(1) 设备层: 是云存储最基础、最底层的部分,该层由标准的物理设备组成,支持标准的 IP-SAN、FC-SAN 存储设备。在系统组成中,存储设备可以是 SAN 架构下的 FC 光纤通道存储设备或 iSCSI 协议下的 IP 存储设备。

(2) 存储层: 在存储层上部署云存储流数据系统,通过调用云存储流数据系统,实现存储传输协议和标准存储设备之间的逻辑卷或磁盘阵列的映射,实现数据(视频、图片、附属流)和设备层存储设备之间的通信连接,完成数据的高效写入、读取和调用等服务。

(3) 管理层: 融合了索引管理、计划管理、调度管理、资源管理、集群管理、设备管理等

图 5-3　云存储逻辑架构图

多种核心的管理功能。该层可以实现存储设备的逻辑虚拟化管理、多链路冗余管理、录像计划的主动下发，以及硬件设备的状态监控和故障维护等；整个存储系统的虚拟化的统一管理；上层服务(视频录像、回放、查询、智能分析数据请求等)的响应。

（4）接口层：应用接口层是云存储最灵活多变的部分，接口层面向用户应用提供完善及统一的访问接口。接口类型可分为 Web Service 接口、API、Mibs 接口，可以根据实际业务类型，开发不同的应用服务接口，提供不同的应用服务。该层可以实现和行业专属平台、运维平台的对接，及与智能分析处理系统之间的对接；视频数据的存储、检索、回放、浏览转发等操作；关键视频数据的远程容灾；设备及服务的监控和运维等。

（5）应用层：从逻辑上划分，除了应用层外，其他 4 层都属于通常云存储的范畴，但是在视频云存储监控系统中，为了与视频监控系统的建设和应用更加紧密地结合，更加符合用户的业务需求，将应用层纳入了整个系统架构中，从根本上提高了视频云存储监控系统的针对性。

可将行业视频监管平台、运维平台、智能分析平台等通过相应的接口与云存储监控系统对接，实现与云存储监控系统之间的数据及信令的交互。行业视频监控平台可与云存储系统进行配置录像计划、配置存储策略、检索视频资源、重要录像的备份存储等指令的交互，辅助流数据、视频数据、图片数据的存取。运维平台采用标准的 SNMP 实现并提供 Mibs 接口,对云存储系统及服务进行监控管理,以便及时地将产生的告警传递给用户。将智能分析平台可与云存储系统进行对接,实现基础数据的读取,以及对经过存储的二次分析后的片段信息和文本信息进行写入和检索。

云存储监控系统主要由管理节点和存储节点(物理存储设备)两部分组成,如图 5-4 所示。系统内部需要配置的元数据信息由管理服务器统一管理,管理节点还需要负责集群内部的负载均衡、失败替换等管理职能;视频云存储监控系统可以组建海量的存储资源池,容量分配不受物理硬盘数量的限制,并且存储容量可进行线性在线扩容,性能和容量的扩展都可以通过在线扩展完成。

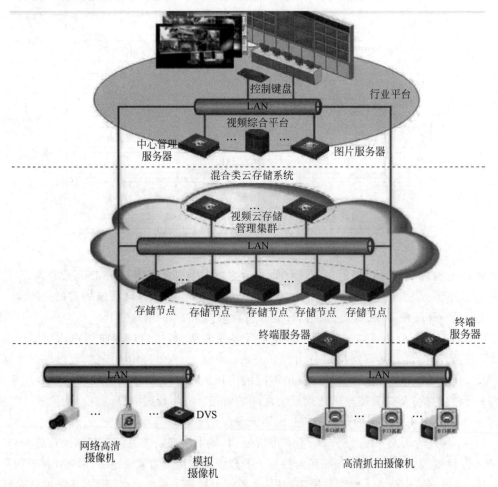

图 5-4　云存储物理架构图

(1)视频云存储管理节点(CVMN):部署管理服务器是视频云存储监控系统的核心节点,作为云存储监控系统的调度中心,负责云存储监控系统资源管理、索引管理、计划管理、策略调度等。根据项目对存储容量需求、前端支撑数目、性能要求和可靠性要求,存储管理节点可以按照两种方式部署,即双机部署和集群部署。

（2）视频云存储节点（CVSN）：作为云存储监控系统业务的具体执行者，负责视频数据存储、读取、存储设备管理、存储空间管理等。

5.2 FFmpeg 读取网络摄像头

使用 FFmpeg 可以打开网络摄像头并循环读取视频帧数据，然后可以调用 Qt 对视频帧进行渲染。打开 Qt Creator，创建一个基于 Widget 的 Qt Widgets Application 项目（项目名称为 FFmpegMonitor_Libx264），在 .pro 文件中配置 FFmpeg 的头文件和库文件路径，代码如下：

```
//chapter5/FFmpegMonitor_Libx264/FFmpegMonitor_Libx264.pro
INCLUDEPATH += $$PWD/FFmpeg431dev/include

LIBS += $$PWD/FFmpeg431dev/lib/avcodec.lib \
        $$PWD/FFmpeg431dev/lib/avdevice.lib \
        $$PWD/FFmpeg431dev/lib/avfilter.lib \
        $$PWD/FFmpeg431dev/lib/avformat.lib \
        $$PWD/FFmpeg431dev/lib/avutil.lib \
        $$PWD/FFmpeg431dev/lib/swresample.lib \
        $$PWD/FFmpeg431dev/lib/swscale.lib
```

运行并编译该项目，程序运行效果如图 5-5 所示。笔者这里只演示了一路 RTSP 流，读者可以配置多路网络摄像头进行测试。通常情况下，市面上的 IPC 都支持 RTSP 流，另外也可以通过 VLC 来推送 RTSP 流。

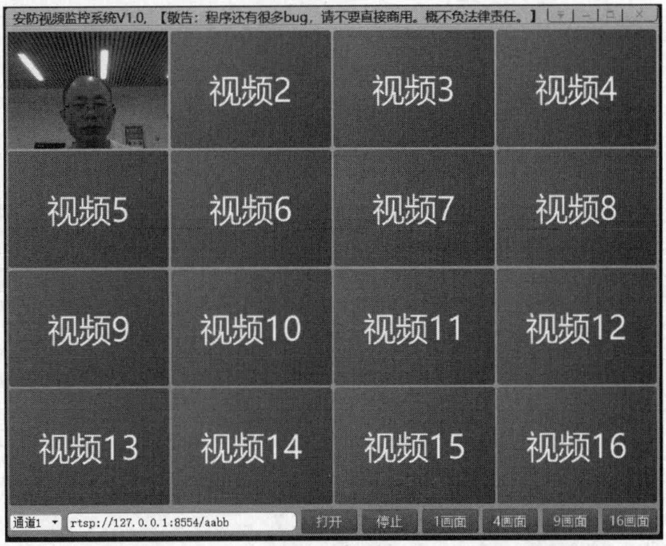

图 5-5 基于 Qt 和 FFmpeg 的视频监控客户端

使用 FFmpeg 读取网络摄像头和读取本地摄像头的流程和代码几乎一模一样，这也是
FFmpeg 的优势。笔者封装了一个 C++类（AVFFmpegNetCamera），专门用来读取网络摄
像头，该类的头文件中的代码如下：

```cpp
//chapter5/FFmpegMonitor_Libx264/avffmpegnetcamera.h
#ifndef AVFFMPEGNETCAMERA_H
#define AVFFMPEGNETCAMERA_H

#include <QObject>
#include <QMutex>
#include <QImage>
#include <QThread>

extern "C"{
    #include <libavcodec/avcodec.h>
    #include <libavformat/avformat.h>
    #include <libavfilter/avfilter.h>
    #include <libswscale/swscale.h>
    #include <libavutil/frame.h>
};

#include "t3ffmpegh2645encoder2.h"

class AVFFmpegNetCamera : public QObject
{
    Q_OBJECT
public:
    explicit AVFFmpegNetCamera(QObject * parent = nullptr);

    bool Init();
    void Play();
    void Deinit();

    void SetUrl(QString url){this->url = url;}
    QString Url()const{return url;}
    int VideoWidth()const{ return videoWidth; }
    int VideoHeight()const{return videoHeight;}
    void setStopped(int st){ this->m_stopped = st; }
    void setChannelIndex(int ci) {this->m_channelIndex = ci;}
    void setIsPlayingbacked(int np){this->m_bIsPlayingbacked = np; }

    //声明成员变量
private:
    QMutex mutex;
    AVFormatContext * pAVFormatContext;
    AVCodecContext * pAVCodecContext;
    AVFrame * pAVFrame;
    SwsContext * pSwsContext;
```

```
    AVPacket pAVPacket;
    AVPicture pAVPicture;

    QString url;
    int videoWidth;
    int videoHeight;
    int videoStreamIndex;
    int m_channelIndex;

    int m_stopped;
    int m_bIsPlayingbacked;

signals:
    void GetImage(const QImage &image);

public slots:

};

#endif //AVFFMPEGNETCAMERA_H
```

该类的构造函数主要用于进行变量的初始化工作,代码如下:

```
//chapter5/FFmpegMonitor_Libx264/avffmpegnetcamera.cpp
AVFFmpegNetCamera::AVFFmpegNetCamera(QObject * parent)
    : QObject(parent)
{
    pAVFormatContext = NULL;
    pAVCodecContext = NULL;
    pAVFrame = NULL;
    pSwsContext = NULL;

    videoWidth = 0;
    videoHeight = 0;
    videoStreamIndex = -1;

    m_stopped = 0;
}
```

该类的 Init() 函数主要用来初始化 FFmpeg 的网络库并打开网络流,然后分析流信息,
再根据音视频流参数找到对应的解码器,同时准备好 SwsContext 进行颜色空间转换等,主
要代码如下:

```
//chapter5/FFmpegMonitor_Libx264/avffmpegnetcamera.cpp
//初始化
bool AVFFmpegNetCamera::Init(){
```

```
//初始化网络流格式,使用 RTSP 网络流时必须先执行
avformat_network_init();

//申请一个 AVFormatContext 结构的内存并进行简单初始化
pAVFormatContext = avformat_alloc_context();
pAVFrame = av_frame_alloc();

//打开视频流
int result = avformat_open_input(
        &pAVFormatContext, url.toStdString().c_str(), NULL, NULL);
if (result < 0){
   qDebug() << "打开视频流失败 ";
   return false;
}

//获取视频流信息
result = avformat_find_stream_info(pAVFormatContext, NULL);
if (result < 0){
   qDebug() << "获取视频流信息失败 ";
   return false;
}

//获取视频流索引
videoStreamIndex = -1;
for (int i = 0; i < pAVFormatContext->nb_streams; i++) {
   if (pAVFormatContext->streams[i]->codec->codec_type == AVMEDIA_TYPE_VIDEO) {
      videoStreamIndex = i;
      break;
   }
}

if (videoStreamIndex == -1){
   qDebug() << "获取视频流索引失败 ";
   return false;
}

//分析编解码器的详细信息
pAVCodecContext = pAVFormatContext->streams[videoStreamIndex]->codec;
videoWidth = pAVCodecContext->width;
videoHeight = pAVCodecContext->height;

//分配 AVPicture,格式为 RGB24
avpicture_alloc(&pAVPicture,AV_PIX_FMT_RGB24,videoWidth,videoHeight);

//解码器指针
AVCodec * pAVCodec = NULL;

//获取视频流解码器
```

```
    pAVCodec = avcodec_find_decoder(pAVCodecContext->codec_id);//eg: h264,h265

    //颜色空间转换,结构体为 SwsContext
    //相关函数包括 sws_getContext、sws_freeContext、sws_scale(...)
    pSwsContext = sws_getContext(
            videoWidth,videoHeight,AV_PIX_FMT_YUV420P,
            videoWidth,videoHeight,AV_PIX_FMT_RGB24,
            SWS_BICUBIC,0,0,0);

    //打开对应解码器
    result = avcodec_open2(pAVCodecContext,pAVCodec,NULL);
    if (result < 0){
        qDebug()<<"打开解码器失败 ";
        return false;
    }
    qDebug()<<"初始化视频流成功 ";
    return true;

    return true;
}
```

该类的 Deinit() 函数主要用来释放相关的内存,进行反初始化,主要代码如下:

```
//chapter5/FFmpegMonitor_Libx264/avffmpegnetcamera.cpp
void AVFFmpegNetCamera::Deinit(){
    avformat_network_deinit();

    av_frame_free(&pAVFrame);
    avformat_free_context(pAVFormatContext);
    avpicture_free(&pAVPicture);
    sws_freeContext(pSwsContext);

}
```

该类的 Play() 函数的主要功能是读取网络摄像头,然后解封装、解码,最后实现视频预览,主要代码如下:

```
//chapter5/FFmpegMonitor_Libx264/avffmpegnetcamera.cpp
//读取网络摄像头,解封装、解码,预览
void AVFFmpegNetCamera::Play(){
    //1. av_read_frame : demuxing
    //2. avcodec_send_packet, avcodec_receive_frame: decoding
    //3. sws_scale: yuv420p -- > rgb24,
    //4. QImage, emit signal
    //
    //准备 libx264 和 libx265 编码器
    //判断:如果是 RTSP 直播摄像头,则录制;如果是回放,则不用录制
    T3FFmpegH2645Encoder2 objFmpgH2645Encoder;
```

```
    if( ! this -> m_bIsPlayingbacked ){
        //文件名
        QString strFileName = QDateTime::currentDateTime().toString("yyyy - MM - dd = hhmmss")
                + " - channel" + QString::number( m_channelIndex ) + ".h264" ;
        objFmpgH2645Encoder.setOutfile( strFileName );
        objFmpgH2645Encoder.setVideoWidth(videoWidth);
        objFmpgH2645Encoder.setVideoHeight(videoHeight);
        objFmpgH2645Encoder.initLibx2645();
    }

    int ret = - 1;
    while(1){
        if(m_stopped){
            break;
        }

        if (av_read_frame(pAVFormatContext, &pAVPacket) >= 0){
            if(pAVPacket.stream_index == videoStreamIndex){
                qDebug()<<"开始解码 "<< QDateTime::currentDateTime().toString("yyyy - MM - dd
HH:mm:ss ");

                //avcodec_decode_video2(pAVCodecContext, pAVFrame, &frameFinished, &pAVPacket);


                /* 将音视频压缩包发给解码器 */
                ret = avcodec_send_packet(pAVCodecContext, &pAVPacket);
                if (ret < 0)
                {
                    fprintf(stderr, "Error submitting the packet to the decoder\n");
                    continue;
                }


                ret = avcodec_receive_frame(pAVCodecContext, pAVFrame);
                if (ret == AVERROR(EAGAIN) || ret == AVERROR_EOF)
                    continue;

                //编码视频帧,格式为 FrameYUV420p
                if( ! this -> m_bIsPlayingbacked ){
                    objFmpgH2645Encoder.encodeLibx2645OneFrame( pAVFrame );
                }


                if (ret >= 0){//结束
                    mutex.lock();
                    sws_scale(pSwsContext,(const uint8_t * const * )pAVFrame -> data,pAVFrame -
> linesize,0,videoHeight,pAVPicture.data,pAVPicture.linesize);
                    //发送获取一帧图像信号
                    QImage image(pAVPicture.data[0], videoWidth, videoHeight, QImage::Format_
RGB888);

                    emit GetImage(image);
```

```
            mutex.unlock();
        }
        //-re: 帧率
        QThread::msleep(33);
    }
}

    //释放资源,否则内存会一直上升
    av_free_packet(&pAVPacket);
}

qDebug() << "OK to exit, bye...\n" ;
if( ! this->m_bIsPlayingbacked ){
    objFmpgH2645Encoder.quitLibx2645();
}
return;
}
```

5.3　FFmpeg 实现 H.264/H.265 编码的 C++ 类封装

在预览网络视频流的同时,已经实现了视频的编码录制工作,核心代码如下:

```
//chapter5/FFmpegIPCMonitor/t3ffmpegh2645encoder.cpp
    //判断:如果是 RTSP 直播摄像头,则录制;如果是回放,则不用录制
    T3FFmpegH2645Encoder2 objFmpgH2645Encoder;
    if( ! this->m_bIsPlayingbacked ){
        //filename: QDateTime::currentDateTime().toString("yyyy-MM-dd=hhmmss");
        QString strFileName = QDateTime::currentDateTime().toString("yyyy-MM-dd=
hhmmss")
                + "-channel" + QString::number( m_channelIndex) + ".h264" ;
        objFmpgH2645Encoder.setOutfile( strFileName );
        objFmpgH2645Encoder.setVideoWidth(videoWidth);
        objFmpgH2645Encoder.setVideoHeight(videoHeight);
        objFmpgH2645Encoder.initLibx2645();
    }
```

可以看出,笔者专门封装了一个 C++类(T3FFmpegH2645Encoder2),用来调用 libx264 或 libx265 对视频帧进行编码并存储,该类的头文件如下;

```
//chapter5/FFmpegIPCMonitor/t3ffmpegh2645encoder.h
#ifndef T3FFMPEGH2645ENCODER2_H
#define T3FFMPEGH2645ENCODER2_H

#include <QObject>
extern "C"{
```

```cpp
#include <libavformat/avformat.h>
#include <libavcodec/avcodec.h>
#include <libavutil/imgutils.h>
#include <libavutil/opt.h>
};
#include <iostream>
using namespace std;

class T3FFmpegH2645Encoder2 : public QObject
{
    Q_OBJECT
public:
    explicit T3FFmpegH2645Encoder2(QObject * parent = nullptr);

    //初始化、编码、退出
    int initLibx2645();
    int quitLibx2645();
    int encodeLibx2645OneFrame(AVFrame * pFrameYUV420p); //输入参数
    void setOutfile(QString strfilename){this->m_outfile = strfilename;}
    void setVideoWidth(int ww){in_w = ww;}
    void setVideoHeight(int hh) {in_h = hh; }

private:
    int _encode(AVCodecContext * avCodecCtx,
            AVPacket * pack,
            AVFrame * frame,
            FILE * fp = NULL);

private:
    AVFormatContext * pFormatCtx;
    AVOutputFormat * pOutputFmt;
    AVStream * pStream;
    AVCodecContext * pCodecCtx;
    AVCodec * pCodec;
    AVPacket * pkt;
    AVFrame * pFrame;

    FILE * out_file;
    QString m_outfile;
    uint8_t * pFrameBuf;
    int m_frameIndex;
    int in_w, in_h;

signals:
public slots:
};

#endif //T3FFMPEGH2645ENCODER2_H
```

　　该类的构造函数主要用于对变量进行初始化，代码如下：

```
//chapter5/FFmpegIPCMonitor/t3ffmpegh2645encoder.cpp
T3FFmpegH2645Encoder2::T3FFmpegH2645Encoder2(QObject * parent) : QObject(parent)
{
    //init the member variables to zero
    pFormatCtx = NULL;
    pOutputFmt = NULL;
    pStream = NULL;
    pCodecCtx = NULL;
    pCodec = NULL;
    pkt = NULL;
    pFrame = NULL;

    out_file = NULL;
    pFrameBuf = NULL;
    m_frameIndex = 0;

    in_w = 640;
    in_h = 480;
}
```

　　该类的 initLibx2645() 函数主要用于初始化 libx264 和 libx265 编码器，核心代码如下：

```
//chapter5/FFmpegIPCMonitor/t3ffmpegh2645encoder.cpp
int T3FFmpegH2645Encoder2::initLibx2645(){
    //1: 定义变量和结构体
    //2: 打开文件
    //3: 进入 FFmpeg 的流程

    //读取本地文件(二进制):yuvtest1-352x288-yuv420p.yuv
    int nFrameNum = 100;
    char * pstrOutfile = this->m_outfile.toLocal8位().data();
    out_file = fopen(this->m_outfile.toLocal8位().data(), "wb");
    if (out_file == NULL) {
        printf("cannot create out file\n");
        return -1;
    }

    //准备编码器
    uint8_t * pFrameBuf = NULL;
    int frame_buf_size = 0;
    int y_size = 0;
    int nEncodedFrameCount = 0;
    pFormatCtx = avformat_alloc_context();
    pOutputFmt = av_guess_format(NULL, this->m_outfile.toLocal8位().data(), NULL);
    pFormatCtx->oformat = pOutputFmt;
```

```
//除了以下方法,还可以使用 avcodec_find_encoder_by_name()获取 AVCodec
pCodec = avcodec_find_encoder(pOutputFmt->video_codec);
if (!pCodec) {
    //cannot find encoder
    return -1;
}
pCodecCtx = avcodec_alloc_context3(pCodec);
if (!pCodecCtx) {
    //如果失败,则返回-1
    return -1;
}
pkt = av_packet_alloc();
if (!pkt){
    return -1;
}
pCodecCtx->codec_id = pOutputFmt->video_codec;
pCodecCtx->codec_type = AVMEDIA_TYPE_VIDEO;
pCodecCtx->pix_fmt = AV_PIX_FMT_YUV420P;
pCodecCtx->width = in_w;
pCodecCtx->height = in_h;
pCodecCtx->time_base.num = 1;
pCodecCtx->time_base.den = 25;
pCodecCtx->bit_rate = 400000;
pCodecCtx->gop_size = 250;

//H.264 编码参数
//pCodecCtx->me_range = 16;
//pCodecCtx->max_qdiff = 4;
//pCodecCtx->qcompress = 0.6;
pCodecCtx->qmin = 10;
pCodecCtx->qmax = 51;
//可选参数,b 帧数量
pCodecCtx->max_b_frames = 3;

AVDictionary *param = NULL;
//H.264 编码器
if (pCodecCtx->codec_id == AV_CODEC_ID_H264) {
    //av_dict_set(&param, "profile", "main", 0);
    av_dict_set(&param, "preset", "slow", 0);
    av_dict_set(&param, "tune", "zerolatency", 0);
}
//H.265 编码器
if (pCodecCtx->codec_id == AV_CODEC_ID_HEVC) {//AV_CODEC_ID_HEVC,AV_CODEC_ID_H265
    av_dict_set(&param, "profile", "main", 0);
    //av_dict_set(&param, "preset", "ultrafast", 0);
    //note uncompatilable://av_dict_set(&param, "tune", "zero-latency", 0);
}

if (avcodec_open2(pCodecCtx, pCodec, &param) < 0) {
```

```
        //如果失败,则返回-1
        return -1;
    }

    pFrame = av_frame_alloc();
    if (!pFrame) {
        fprintf(stderr, "Could not allocate the video frame data\n");
        return -1;
    }
    pFrame->format = pCodecCtx->pix_fmt;
    pFrame->width  = pCodecCtx->width;
    pFrame->height = pCodecCtx->height;

    int ret = av_frame_get_buffer(pFrame, 32);
    if (ret < 0) {
        fprintf(stderr, "Could not allocate the video frame data\n");
        return -1;
    }

    frame_buf_size = av_image_get_buffer_size(pCodecCtx->pix_fmt, pCodecCtx->width,
pCodecCtx->height, 1);
    pFrameBuf = (uint8_t *)av_malloc(frame_buf_size);
    av_image_fill_arrays(pFrame->data, pFrame->linesize,
        pFrameBuf, pCodecCtx->pix_fmt, pCodecCtx->width, pCodecCtx->height, 1);

    y_size = pCodecCtx->width * pCodecCtx->height;

    return 0;
}
```

在读取摄像头时可以获得原始的视频帧,然后调用 encodeLibx2645OneFrame() 函数对视频帧进行实时编码,并存储到本地文件中,代码如下:

```
//chapter5/FFmpegIPCMonitor/t3ffmpegh2645encoder.cpp
//摄像头的一帧数据,使用 libx264 或 libx265 进行编码
int T3FFmpegH2645Encoder2::encodeLibx2645OneFrame(AVFrame * pFrameYUV420p){

    //读取摄像头原始数据,将格式转换为 YUV420p
    int ret = av_frame_make_writable(pFrame);
    if (ret < 0) {
        return -1;
    }

    //本地帧,YUV 分量
    pFrame->data[0] = pFrameYUV420p->data[0];//Y
    pFrame->data[1] = pFrameYUV420p->data[1];//U
```

```
    pFrame->data[2] = pFrameYUV420p->data[2];//V

    //显示时间戳
    pFrame->pts = m_frameIndex++;

    //编码细节
    _encode(pCodecCtx, pkt, pFrame, out_file);

    return 0;
}
```

<table>
<tr><td>第 6 章

CHAPTER 6</td><td></td></tr>
</table>

SOAP 及 gSOAP 实战

SOAP 是一种简单的基于 XML 的协议,它是 Web Service 的通信协议,基于 XML 语言和 XSD 标准。其定义了一套编码规则,该规则定义如何将数据表示为消息,以及怎样通过 HTTP 来传输 SOAP 消息,由 SOAP 信封(Envelope)、SOAP 编码规则、SOAP RPC 表示及 SOAP 绑定 4 部分组成。目前的应用程序通过远程过程调用(RPC)在诸如 DCOM 与 CORBA 等对象之间进行通信,但是 HTTP 不是为此设计的。RPC 会产生兼容性及安全性问题,防火墙和代理服务器通常会阻止此类流量。通过 HTTP 在应用程序间通信是更好的方法,因为 HTTP 得到了所有的因特网浏览器及服务器的支持。SOAP 就是被创造出来完成这个任务的。SOAP 提供了一种标准的方法,使运行在不同的操作系统并使用不同的技术和编程语言的应用程序可以互相进行通信。

4min

gSOAP 编译工具提供了一个 SOAP/XML 关于 C/C++ 语言的实现,从而让 C/C++ 语言开发 Web 服务或客户端程序的工作变得轻松了很多。绝大多数的 C++ Web 服务工具包提供了一组 API 函数类库来处理特定的 SOAP 数据结构,这样就使用户必须改变程序结构来适应相关的类库。与之相反,gSOAP 利用编译器技术提供了一组透明化的 SOAP API,并将与开发无关的 SOAP 实现细节相关的内容对用户隐藏起来。

6.1 SOAP 简介

简单对象访问协议(Simple Object Access Protocol,SOAP)是交换数据的一种协议规范,是一种轻量的、简单的、基于 XML(标准通用标记语言下的一个子集)的协议,它被设计成在 Web 上交换结构化的和固化的信息。简单来讲,SOAP 由 RPC、HTTP 和 XML 等组成,如图 6-1 所示,伪代码如下:

```
SOAP = RPC 机制 + HTTP 传输协议 + XML 数据格式
```

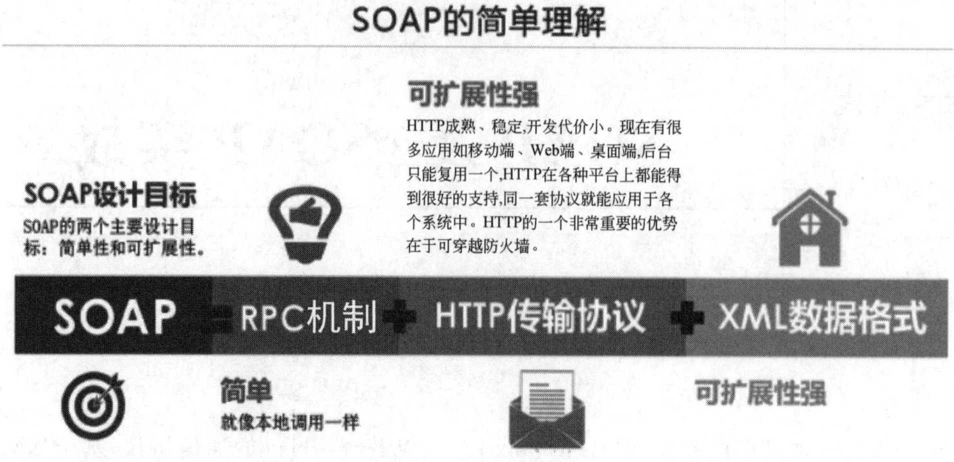

SOAP的简单理解

可扩展性强

HTTP成熟、稳定,开发代价小。现在有很多应用如移动端、Web端、桌面端,后台只能复用一个,HTTP在各种平台上都能得到很好的支持,同一套协议就能应用于各个系统中。HTTP的一个非常重要的优势在于可穿越防火墙。

SOAP设计目标

SOAP的两个主要设计目标:简单性和可扩展性。

SOAP = RPC机制 + HTTP传输协议 + XML数据格式

简单 就像本地调用一样

可扩展性强

图 6-1　SOAP 组成结构

6.1.1　RPC 简介

远程过程调用(Remote Procedure Call,RPC)与本地过程调用(Local Procedure Call,LPC)类似,二者的区别就在于执行单元:一个在本地,另一个在远端。以 C 语言的函数来举例,本地过程调用通常在代码中调用一个函数,这个函数要么是系统 API,要么是自己实现的本地代码,一起编译,一起发布,也在同一个进程中一起执行,这就是本地调用。例如,为了计算两个整数的和,可以写一个 calc_plus()函数,在 main()函数中调用它即可。如图 6-2 所示,其中,calc_plus()函数在 main()函数之前实现,或者在其他库中实现,然后被调用,那么执行 main()函数时,就直接访问 calc_plus()函数的内存地址,直接得到运算结果。而在远程过程调用中,被调用函数的具体实现不在同一个进程,而是在别的进程中,甚至在别的计算机上,如图 6-3 所示。RPC 的一个重要思想就是,使远程调用看起来像本地调用一

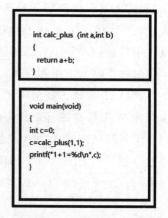

```
int calc_plus (int a,int b)
{
  return a+b;
}
```

```
void main(void)
{
int c=0;
c=calc_plus(1,1);
printf("1+1=%d\n",c);
}
```

图 6-2　LPC 本地函数调用

样,调用者无须知道被调用接口具体在哪台机器上执行。例如,专门分配一台这样的计算机作为 RPC 服务器,提供 calc_plus()这个函数,任何有需求的用户都可以访问该服务器来调用 calc_plus()函数,并传入两个参数,然后这个 RPC 服务器再将计算结果返给对应的用户。

RPC(Remote Procedure Call)即远程过程调用,它是利用网络从远程计算机上请求服务,可以理解为把程序的一部分放在其他远程计算机上执行。通过网络通信将调用请求发送至远程计算机后,利用远程计算机的系统资源执行这部分程序,最终返回远程计算机上的执行结果。RPC 的组成主要包括五部分,即 user(服务调用方)、user-stub(调用方的本地存根)、RPC Runtime(RPC 通信者)和 server-stub(服务器端的本地存根)。服务调用方、调用

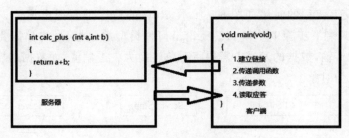

图 6-3　RPC 远程函数调用

方的本地存根及其一个 RPC 通信包的实例存在于调用者的机器上，而服务提供方、服务提供方的存根及另一个 RPC 通信包的实例存在于被调用的机器上。

　　服务调用方也叫服务消费者(Consumer)，它的职责之一是提供需要调用的接口的全限定名和方法，调用方法的参数给调用端的本地存根；职责之二是从调用方的本地存根中接收执行结果。服务提供方(Provider)就是服务器端，它的职责就是提供服务，执行接口实现的方法逻辑，也就是为服务提供方的本地存根提供方法的具体实现。在远程调用中，对于Consumer 发起的函数调用，Provider 如何精准地知道自己应该执行哪个函数。此时，就需要本地存根(Stub)了。Stub 的存在就是为了让远程调用像本地调用一样直接进行函数调用，无须关心地址空间隔离、函数不匹配等问题。Stub 的职责就是进行类型和参数转换。RPC 通信者(RPC Runtime)负责数据包的重传、数据包的确认、数据包路由和加密等。在Consumer 端和 Provider 端都会有一个 RPC Runtime 实例，负责双方之间的通信，可靠地将存根传递的数据包传输到另一端。

　　RPC 包括客户端和服务器端两方，通信流程如图 6-4 所示。客户端要调用服务器端的方法，客户端先告诉它的"小助手"(Client Stub)需要访问的方法和参数等，然后这个"小助手"会与服务器端建立网络通信以传递方法调用信息，服务器端的"小助手"接收到了客户端的请求，知道它要访问的方法和传递过来的参数，然后服务器端的"小助手"就找到对应的方法并执行，最后将结果通过网络返回客户端的"小助手"，它再传给发起调用的地方。客户端的"小助手"要将调用信息发送到服务器端就要序列化请求，便于在网络中传输。服务器端的"小助手"需要反序列化后才知道具体的参数。

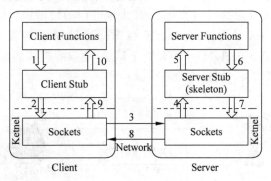

图 6-4　RPC 通信过程

整个 RPC 交互流程的时序如图 6-5 所示,RPC 的目标是要把步骤 2、3、4、5、7、8、9 和 10 都封装起来,只剩下步骤 1、6 和 11。无论是何种类型的数据,最终都需要转换成二进制流在网络上进行传输,数据的发送方需要将对象转换为二进制流,而数据的接收方则需要把二进制流再恢复为对象。

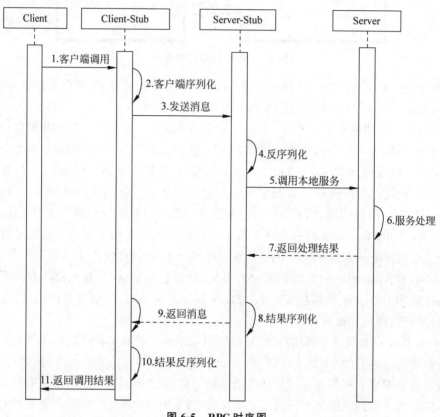

图 6-5 RPC 时序图

6.1.2 HTTP 简介

访问 RPC 服务器需要建立专门的链接,并采取专门的传输协议,而实际上 SOAP 采用了 HTTP 进行数据传输,因为大部分服务器支持这种简单的服务。超文本传输协议(HyperText Transfer Protocol,HTTP)是基于请求/响应的模式协议,客户端发出请求,服务器端给出响应并返回结果,如图 6-6 所示。

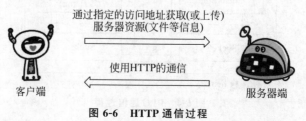

图 6-6 HTTP 通信过程

HTTP 是应用层协议,同其他应用层协议一样,是一种为了实现某类具体应用的协议,并由某一运行在用户空间的应用程序实现其功能。HTTP 是一种协议规范,这种规范记录在文档上,为真正通过 HTTP 进行通信的 HTTP 的实现程序。HTTP 是基于 B/S 架构进行通信的,而 HTTP 的服务器端实现程序有 httpd、nginx 等,其客户端的实现程序主要是 Web 浏览器,例如 Firefox、Internet Explorer、Google Chrome、Safari 和 Opera 等。此外,客户端的命令行工具还有 elink、curl 等。Web 服务是基于 TCP 的,因此为了能够随时响应客户端的请求,Web 服务器需要监听在 80/TCP 端口。这样客户端浏览器和 Web 服务器之间就可以通过 HTTP 进行通信了。HTTP 1.1 协议中共定义了 8 种方法(也叫"动作")来以不同方式操作指定的资源,其实常用的只有 GET 和 POST,SOAP 用到的只有 GET 和 POST 两种方式。这些方法如表 6-1 所示。

表 6-1 HTTP 方法

方 法	含 义
GET	向指定的资源发出"显示"请求。使用 GET 方法应该只用于读取数据,而不应当被用于产生"副作用"的操作中,例如在 Web Application 中,其中一个原因是 GET 可能会被网络蜘蛛等随意访问
HEAD	与 GET 方法一样,都是向服务器发出指定资源的请求。只不过服务器将不传回资源的文本部分。它的好处在于,使用这种方法可以在不必传输全部内容的情况下,就可以获取其中"关于该资源的信息"(元信息或称元数据)
POST	向指定资源提交数据,请求服务器进行处理(例如提交表单或者上传文件)。数据被包含在请求文本中。这个请求可能会创建新的资源或修改现有资源,或二者皆有
PUT	向指定资源位置上传其最新内容
DELETE	请求服务器删除 Request-URI 所标识的资源
TRACE	回显服务器收到的请求,主要用于测试或诊断
OPTIONS	这种方法可使服务器传回该资源所支持的所有 HTTP 请求方法。用 ' * '来代替资源名称,向 Web 服务器发送 OPTIONS 请求,可以测试服务器功能是否正常运作
CONNECT	HTTP 1.1 协议中预留给能够将连接改为管道方式的代理服务器。通常用于 SSL 加密服务器的链接(经由非加密的 HTTP 代理服务器)

SOAP 使用因特网应用层协议作为其传输协议。SMTP 及 HTTP 都可以用来传输 SOAP 消息,但是由于 HTTP 在如今的因特网结构中工作得很好,特别是在网络防火墙下仍然工作流畅,所以其更为广泛地被采纳。SOAP 也可以在 HTTPS 上进行传输。HTTP 的主要特点如下。

(1) HTTP 是无状态的,也就是说每次 HTTP 请求都是独立的,任何两个请求之间没有什么必然的联系,但是在实际应用中并不是完全这样的,引入了 Cookie 和 Session 机制来关联请求。

(2) 多次 HTTP 请求,在客户端请求网页时多数情况下并不是一次请求就能成功的,服务器端首先响应 HTML 页面,在浏览器收到响应之后有时会发现 HTML 页面还引用了其他的资源,例如 CSS、JS 文件和图片等,还会自动发送 HTTP 请求这些需要的资源。现在的 HTTP 版本支持管道机制,可以同时请求和响应多个请求,极大地提高了效率。

（3）基于 TCP,HTTP 的目的是规定客户端和服务器端数据传输的格式和数据交互行为,并不负责数据传输的细节。底层是基于 TCP 实现的。现在使用的版本中是默认持久连接的,也就是多次 HTTP 请求使用一个 TCP 连接。

6.1.3　XML 简介

HTTP 只是传输的最外层协议,但内部实现还需要具体的端口和参数等,SOAP 采用了 XML。可扩展标记语言（Extensible Markup Language,XML）可以用来标记数据、定义数据类型,是一种允许用户对自己的标记语言进行定义的源语言。XML 属于标准通用标记语言（Standard Generalized Markup Language,SGML）,具有可扩展性良好、内容与形式分离、遵循严格的语法要求和保值性良好等优点。一段 SOAP 报文请求的示例如图 6-7 所示,在 XML 里面定义了调用的函数（getWeather）,以及传入的参数（theCityCode）,最终将这一段报文发送给服务器端,这样就可以得到天气预报结果了,示例代码如下:

```
//chapter6/WeatherWS.xml
POST /WebServices/WeatherWS.asmx HTTP/1.1
Host: ws.webxml.com.cn
Content - Type: text/xml; charset = utf - 8
Content - Length: length
SOAPAction: "http://WebXml.com.cn/getWeather"

<?xml version = "1.0" encoding = "utf - 8"?>
< soap:Envelope xmlns:xsi = "http://www.w3.org/2001/XMLSchema - instance" xmlns:xsd = "http://
www.w3.org/2001/XMLSchema" xmlns:soap = "http://schemas.xmlsoap.org/soap/envelope/">
  < soap:Body >
    < getWeather xmlns = "http://WebXml.com.cn/">
      < theCityCode > string </theCityCode >
    </getWeather >
  </ soap:Body >
</ soap:Envelope >
```

图 6-7　XML 代码结构

XML 文件格式是纯文本格式,在许多方面类似于 HTML,XML 由 XML 元素组成,每个 XML 元素包括一个开始标记、一个结束标记及两个标记之间的内容,例如可以将 XML 元素标记为价格、订单编号或名称。标记是对文档存储格式和逻辑结构的描述。在形式上,标记中可能包括注释、引用、字符数据段、起始标记、结束标记、空元素、文档类型声明(DTD)和序言,具体规则如下。

(1) 必须有声明语句,XML 声明是 XML 文档的第一句,其格式如下:

```
<?xml version = "1.0" encoding = "utf - 8"?>
```

(2) 严格区分大小写,在 XML 文档中,大小写是有区别的。A 和 a 是不同的标记。注意在写元素时,前后标记的大小写要保持一致。最好养成一种习惯,或者全部大写,或者全部小写,或者大写第 1 个字母,这样可以减少因为大小写不匹配而产生的文档错误。

(3) XML 文档有且只有一个根元素。良好格式的 XML 文档必须有一个根元素,也就是紧接着声明后面建立的第 1 个元素,其他元素都是这个根元素的子元素,根元素完全包括文档中其他所有的元素。根元素的起始标记要放在所有其他元素的起始标记之前;根元素的结束标记要放在所有其他元素的结束标记之后。

(4) 属性值使用引号。在 HTML 代码里面,属性值可以加引号,也可以不加,但是 XML 规定,所有属性值必须加引号(可以是单引号,也可以是双引号,建议使用双引号),否则将被视为错误。

(5) 所有的标记必须有相应的结束标记。在 HTML 中,标记可以不成对出现,而在 .xml 文件中,所有标记必须成对出现,有一个开始标记,就必须有一个结束标记,否则将被视为错误。

(6) 所有的空标记也必须被关闭。空标记是指标记对之间没有内容的标记。在.xml 文件中,规定所有的标记必须有结束标记。一段 XML 的示例代码如下:

```
//chapter6/WeatherWS.xml
<?xml version = "1.0" encoding = "utf - 8"?>
< manifest xmlns:android = "http://schemas.android.com/apk/res/android"
      package = "osg.AndroidExample"
      android:installLocation = "preferExternal"
      android:versionCode = "1"
      android:versionName = "1.0">
   < uses - sdk android:targetSdkVersion = "8" android:minSdkVersion = "8"></uses - sdk >
   < uses - feature android:glEsVersion = "0x00020000"/>
   <!-- OpenGL min requierements (2.0) -->
   < uses - permission android:name = "android.permission.INTERNET"/>

   < application android:label = "@string/app_name" android:icon = "@drawable/osg">
      < activity android:name = ".osgViewer"
                    android: label = "@ string/app _ name" android: screenOrientation =
"landscape">
```

```
<!-- Force screen to landscape -->
        < intent - filter >
            < action android:name = "android. intent. action. MAIN" />
            < category android:name = "android. intent. category. LAUNCHER" />
        </ intent - filter >
    </activity>

    </application>
</manifest >
```

XML 具有以下特点：

（1）XML 可以从 HTML 中分离数据，即能够在 HTML 文件之外将数据存储在 XML 文档中，这样可以使开发者集中精力使用 HTML 做好数据的显示和布局，并确保数据改动时不会导致 HTML 文件也需要改动，从而方便维护页面。XML 也能够将数据以"数据岛"的形式存储在 HTML 页面中，开发者依然可以把精力集中到使用 HTML 格式化和显示数据上。

（2）XML 可用于交换数据。基于 XML 可以在不兼容的系统之间交换数据，计算机系统和数据库系统所存储的数据有多种形式，对于开发者来讲，最耗时间的工作就是在遍布网络的系统之间交换数据。把数据转换为 XML 格式存储将大大减少交换数据时的复杂性，还可以使这些数据能被不同的程序读取。

（3）XML 可应用于 B2B 中。例如在网络中交换金融信息，目前 XML 正成为遍布网络的商业系统之间交换信息所使用的主要语言，许多与 B2B 有关的完全基于 XML 的应用程序正在开发中。

（4）利用 XML 可以共享数据。XML 数据以纯文本格式存储，这使 XML 更易读、更便于记录、更便于调试，使不同系统、不同程序之间的数据共享变得更加简单。

（5）XML 可以充分利用数据。XML 是与软件、硬件和应用程序无关的，数据可以被更多的用户、设备所利用，而不仅限于基于 HTML 标准的浏览器，其他客户端和应用程序可以把 XML 文档作为数据源来处理，就像操作数据库一样，XML 的数据可以被各种各样的"阅读器"处理。

（6）XML 可以用于创建新的语言。例如，WAP 和 WML 语言都是由 XML 发展来的。无线标记语言（Wireless Markup Language，WML）是用于标识运行于手持设备上（如手机）因特网程序的工具，它就采用了 XML 的标准。

总之，XML 使用一个简单而又灵活的标准格式，为基于 Web 的应用提供了一个描述数据和交换数据的有效手段，但是，XML 并非是用来取代 HTML 的。HTML 着重描述如何将文件显示在浏览器中，而 XML 与 SGML 相近，它着重描述如何将数据以结构化方式表示。

SOAP 的请求消息实例如下：

```
//chapter6/WeatherWS.xml
< soapenv:Envelope
xmlns:soapenv = "http://schemas.xmlsoap.org/soap/envelope/"
    xmlns:xsd = "http://www.w3.org/2001/XMLSchema"
    xmlns:xsi = "http://www.w3.org/2001/XMLSchema - instance">
  < soapenv:Body >
    < req:echo xmlns:req = "http://localhost:8080/axis2/services/MyService/">
      < req:category > classifieds </req:category >
    </req:echo >
  </soapenv:Body >
</soapenv:Envelope >
```

SOAP 的响应消息如下:

```
//chapter6/WeatherWS.xml
< soapenv:Envelope
    xmlns:soapenv = "http://schemas.xmlsoap.org/soap/envelope/"
    xmlns:wsa = "http://schemas.xmlsoap.org/ws/2004/08/addressing">
  < soapenv:Header >
    < wsa:ReplyTo > < wsa:Address > http://schemas.xmlsoap.org/ws/2004/08/addressing/role/
anonymous </wsa:Address >
    </wsa:ReplyTo >

    < wsa: From > < wsa: Address > http://localhost: 8080/axis2/services/MyService </wsa:
Address >
    </wsa:From >
    < wsa:MessageID > ECE5B3F187F29D28BC11433905662036 </wsa:MessageID >
  </soapenv:Header >

  < soapenv:Body >
    < req:echo xmlns:req = "http://localhost:8080/axis2/services/MyService/">
      < req:category > classifieds </req:category >
    </req:echo >
  </soapenv:Body >
</soapenv:Envelope >
```

6.1.4　WSDL 简介

Web 服务描述语言(Web Services Description Language,WSDL)是一种 XML 应用,它将 Web 服务描述定义为一组服务访问点,客户端可以通过这些服务访问点对包含面向文档信息或面向过程调用的服务进行访问(类似远程过程调用)。WSDL 首先对访问的操作和访问时使用的请求/响应消息进行抽象描述,然后将其绑定到具体的传输协议和消息格式上以最终定义具体部署的服务访问点。相关的具体部署的服务访问点通过组合就成为抽象的 Web 服务。

WSDL 是一个用于精确描述 Web 服务的文档,WSDL 文档是一个遵循 WSDL-XML

模式的 XML 文档。WSDL 文档将 Web 服务定义为服务访问点或端口的集合。在 WSDL 中,由于服务访问点和消息的抽象定义已从具体的服务部署或数据格式绑定中分离出来,因此可以对抽象定义进行再次使用。消息指对交换数据的抽象描述,而端口类型指操作的抽象集合。用于特定端口类型的具体协议和数据格式规范构成了可以再次使用的绑定。将 Web 访问地址与可再次使用的绑定相关联,可以定义一个端口,而端口的集合则可定义为服务。一个 WSDL 文档通常包含 8 个重要的元素,即 definitions、types、import、message、portType、operation、binding 和 service。这些元素嵌套在 definitions 元素中,definitions 是 WSDL 文档的根元素。WSDL 文档外层结构如图 6-8 所示。

```
<?xml version="1.0" encoding="UTF-8" ?>
- <wsdl:definitions name="ABPWebService" targetNamespace="http://abp.freelance.com" xmlns:ns1="http://schemas.xmlsoap.org/soap/http"
    xmlns:soap="http://schemas.xmlsoap.org/wsdl/soap/" xmlns:tns="http://abp.freelance.com" xmlns:wsdl="http://schemas.xmlsoap.org/wsdl/"
    xmlns:xsd="http://www.w3.org/2001/XMLSchema">
    + <wsdl:types>
    + <wsdl:message name="getPageEmrInstanceVOResponse">
    + <wsdl:message name="loginResponse">
    + <wsdl:message name="getPageEmrInstanceVO">
    + <wsdl:message name="login">
    + <wsdl:portType name="ABPWebService">
    + <wsdl:binding name="ABPWebServiceSoapBinding" type="tns:ABPWebService">
    + <wsdl:service name="ABPWebService">
  </wsdl:definitions>
```

图 6-8　WSDL 元素结构

WSDL 服务进行交互的基本元素如下。

(1) types(消息类型):数据类型定义的容器,它使用某种类型系统(如 XSD)。

(2) message(消息):通信数据的抽象类型化定义,它由一个或者多个 part 组成。

(3) part:消息参数。

(4) portType(端口类型):特定端口类型的具体协议和数据格式规范,它由一个或者多个 operation 组成。

(5) operation(操作):对服务所支持的操作进行抽象描述,WSDL 定义了几种操作,如下所示。

- 单向(One-Way):端点接收信息。
- 请求-响应(Request-Response):端点接收消息,然后发送相关消息。
- 要求-响应(Solicit-Response):端点发送消息,然后接收相关消息。
- 通知(Notification):端点发送消息。

(6) binding:特定端口类型的具体协议和数据格式规范。

(7) port:定义为绑定和网络地址组合的单个端点。

(8) service:相关端口的集合,包括关联的接口、操作、消息等。

下面通过一份 WSDL 文档来详细解读 WSDL 结构,代码如下:

```
//chapter6/wsdl-demo.txt
<?xml version = "1.0" encoding = "UTF-8" ?>
<wsdl:definitions
    targetNamespace = "http://com.liuxiang.xfireDemo/HelloService"
    xmlns:tns = "http://com.liuxiang.xfireDemo/HelloService"
    xmlns:wsdlsoap = "http://schemas.xmlsoap.org/wsdl/soap/"
```

```
        xmlns:soap12 = "http://www.w3.org/2003/05/soap-envelope"
        xmlns:xsd = "http://www.w3.org/2001/XMLSchema"
        xmlns:soapenc11 = "http://schemas.xmlsoap.org/soap/encoding/"
        xmlns:soapenc12 = "http://www.w3.org/2003/05/soap-encoding"
        xmlns:soap11 = "http://schemas.xmlsoap.org/soap/envelope/"
        xmlns:wsdl = "http://schemas.xmlsoap.org/wsdl/">
        <wsdl:types>
            <xsd:schema xmlns:xsd = "http://www.w3.org/2001/XMLSchema"
                attributeFormDefault = "qualified" elementFormDefault = "qualified"
                targetNamespace = "http://com.liuxiang.xfireDemo/HelloService">
                <xsd:element name = "sayHello">
                    <xsd:complexType>
                        <xsd:sequence>
                            <xsd:element maxOccurs = "1" minOccurs = "1"
                                name = "name" nillable = "true" type = "xsd:string" />
                        </xsd:sequence>
                    </xsd:complexType>
                </xsd:element>
                <xsd:element name = "sayHelloResponse">
                    <xsd:complexType>
                        <xsd:sequence>
                            <xsd:element maxOccurs = "1" minOccurs = "0"
                                name = "return" nillable = "true" type = "xsd:string" />
                        </xsd:sequence>
                    </xsd:complexType>
                </xsd:element>
            </xsd:schema>
        </wsdl:types>
        <wsdl:message name = "sayHelloResponse">
            <wsdl:part name = "parameters" element = "tns:sayHelloResponse" />
        </wsdl:message>
        <wsdl:message name = "sayHelloRequest">
            <wsdl:part name = "parameters" element = "tns:sayHello" />
        </wsdl:message>
        <wsdl:portType name = "HelloServicePortType">
            <wsdl:operation name = "sayHello">
                <wsdl:input name = "sayHelloRequest"
                    message = "tns:sayHelloRequest" />
                <wsdl:output name = "sayHelloResponse"
                    message = "tns:sayHelloResponse" />
            </wsdl:operation>
        </wsdl:portType>
        <wsdl:binding name = "HelloServiceHttpBinding"
            type = "tns:HelloServicePortType">
            <wsdlsoap:binding style = "document"
                transport = "http://schemas.xmlsoap.org/soap/http" />
            <wsdl:operation name = "sayHello">
                <wsdlsoap:operation soapAction = "" />
                <wsdl:input name = "sayHelloRequest">
```

```
                    < wsdlsoap:body use = "literal" />
                </wsdl:input >
                < wsdl:output name = "sayHelloResponse">
                    < wsdlsoap:body use = "literal" />
                </wsdl:output >
            </wsdl:operation >
        </wsdl:binding >
        < wsdl:service name = "HelloService">
            < wsdl:port name = "HelloServiceHttpPort"
                binding = "tns:HelloServiceHttpBinding">
                < wsdlsoap:address
                    location = "http://localhost:8080/xfire/services/HelloService" />
            </wsdl:port >
        </wsdl:service >
</wsdl:definitions >
```

该案例中各个元素的详细含义如下。

(1) definitions 元素：所有的 WSDL 文档的根元素均是 definitions 元素。该元素封装了整个文档，同时通过其 name 提供了一个 WSDL 文档。除了提供一个命名空间（targetNamespace）外，该元素没有其他作用。

(2) types 元素：WSDL 采用了 W3C XML 模式内置类型作为其基本类型系统。types 元素用作一个容器，用于定义 XML 模式内置类型中没有描述的各种数据类型。当声明消息部分的有效时，消息定义使用了在 types 元素中定义的数据类型和元素。在本案例中 WSDL 文档中的 types 的定义如下：

```
//chapter6/wsdl - demo.txt
< wsdl:types >
        < xsd:schema xmlns:xsd = "http://www.w3.org/2001/XMLSchema"
            attributeFormDefault = "qualified" elementFormDefault = "qualified"
            targetNamespace = "http://com.liuxiang.xfireDemo/HelloService">
        < xsd:element name = "sayHello">
            < xsd:complexType >
                < xsd:sequence >
                    < xsd:element maxOccurs = "1" minOccurs = "1"
                        name = "name" nillable = "true" type = "xsd:string" />
                </xsd:sequence >
            </xsd:complexType >
        </xsd:element >
        < xsd:element name = "sayHelloResponse">
            < xsd:complexType >
                < xsd:sequence >
                    < xsd:element maxOccurs = "1" minOccurs = "0"
                        name = "return" nillable = "true" type = "xsd:string" />
                </xsd:sequence >
            </xsd:complexType >
        </xsd:element >
```

```
        </xsd:schema>
    </wsdl:types>
```

上面是数据定义部分,该部分定义了两个元素,一个是 sayHello,另一个是 sayHelloResponse。sayHello 定义了一个复杂类型,仅包含一个简单的字符串,将来用来描述操作的参数传入部分;sayHelloResponse 定义了一个复杂类型,仅包含一个简单的字符串,将来用来描述操作的返回值。

这里 sayHelloResponse 是和 sayHello 相关的,sayHello 相对于一种方法,里面的 type= "xsd:string" name="name"是用来确定传入 name 的参数是 String 类型的,而 sayHelloResponse 中的 name="return" type="xsd:string"是用来确定方法 sayHello(String name)返回的是 String 类型的。

(3) import 元素:可以在当前的 WSDL 文档中使用其他 WSDL 文档中指定的命名空间中的定义元素。本案例中没有使用 import 元素。通常在用户希望模块化 WSDL 文档时,该功能是非常有效果的。import 的格式如下:

```
< wsdl:import namespace = "http://xxx.xxx.xxx/xxx/xxx"
location = "http://xxx.xxx.xxx/xxx/xxx.wsdl"/>
```

import 元素必须有 namespace 属性和 location 属性,其中,namespace 属性的值必须与正在导入的 WSDL 文档中声明的 targetNamespace 相匹配;location 属性必须指向一个实际的 WSDL 文档,并且该文档不能为空。

(4) message 元素:描述了 Web 服务使用消息的有效负载。message 元素可以描述输出或者接收消息的有效负载,还可以描述 SOAP 文件头和错误 detail 元素的内容。定义 message 元素的方式取决于使用 RPC 样式还是文档样式的消息传递。在本文中的 message 元素的定义,采用文档样式的消息传递,代码如下:

```
//chapter6/wsdl-demo.txt
< wsdl:message name = "sayHelloResponse">
    < wsdl:part name = "parameters" element = "tns:sayHelloResponse" />
</wsdl:message >
< wsdl:message name = "sayHelloRequest">
    < wsdl:part name = "parameters" element = "tns:sayHello" />
</wsdl:message >
```

该部分是消息格式的抽象定义,主要定义了两条消息 sayHelloResponse 和 sayHelloRequest,其中 sayHelloRequest 是 sayHello 操作的请求消息格式,由一条消息片断组成,名字为 parameters,元素是前面定义的 types 中的元素;sayHelloResponse 是 sayHello 操作的响应消息格式,由一条消息片断组成,名字为 parameters,元素是前面定义的 types 中的元素;如果采用 RPC 样式的消息传递,则只需将文档中的 element 元素修改为 type。

(5) portType 元素:定义了 Web 服务的抽象接口。该接口有点类似 Java 的接口,即都定义了一个抽象类型和方法,没有定义实现。在 WSDL 中,portType 元素是由 binding 和 service 元素实现的,这两个元素用来说明 Web 服务实现使用的因特网协议、编码方案及因特网地址。一个 portType 中可以定义多个 operation,一个 operation 可以看作一种方法,在本案例中 WSDL 文档的定义如下:

```
//chapter6/wsdl - demo.txt
< wsdl:portType name = "HelloServicePortType">
    < wsdl:operation name = "sayHello">
        < wsdl:input name = "sayHelloRequest"
            message = "tns:sayHelloRequest" />
        < wsdl:output name = "sayHelloResponse"
            message = "tns:sayHelloResponse" />
    </wsdl:operation>
</wsdl:portType >
```

portType 定义了服务的调用模式的类型,这里包含一个操作 sayHello 方法,同时包含 input 和 output,表明该操作是一个请求/响应模式,请求消息是前面定义的 sayHelloRequest,响应消息是前面定义的 sayHelloResponse。input 表示传递到 Web 服务的有效负载,output 消息表示传递给客户的有效负载。这里相当于在抽象类中定义了一个抽象方法 sayHello,而方法参数的定义和返回值的定义都是在 types 中设置的,方法名又是在 message 中定义的。

(6) binding 元素:将一个抽象 portType 映射到一组具体协议(SOAO 和 HTTP)、消息传递样式、编码样式。通常 binding 元素与协议专有的元素在一起使用,在本案例中的代码如下:

```
//chapter6/wsdl - demo.txt
< wsdl:binding name = "HelloServiceHttpBinding"
        type = "tns:HelloServicePortType">
    < wsdlsoap:binding style = "document"
            transport = "http://schemas.xmlsoap.org/soap/http" />
    < wsdl:operation name = "sayHello">
        < wsdlsoap:operation soapAction = "" />
        < wsdl:input name = "sayHelloRequest">
            < wsdlsoap:body use = "literal" />
        </wsdl:input >
        < wsdl:output name = "sayHelloResponse">
            < wsdlsoap:body use = "literal" />
        </wsdl:output >
    </wsdl:operation >
</wsdl:binding >
```

这部分将服务访问点的抽象定义与 SOAP、HTTP 绑定,描述如何通过 SOAP/HTTP 访问按照前面描述的访问入口点类型部署的访问入口,其中规定了在具体 SOAP 调用时,应当使用的 soapAction 是 xxx,这个 Action 在 WebService 代码调用中是很重要的。具体的使用需要参考特定协议定义的元素。

（7）service 元素和 port 元素：service 元素包含一个或者多个 port 元素，其中每个 port 元素表示一个不同的 Web 服务。port 元素将 URL 赋给一个特定的 binding，甚至可以使两个或者多个 port 元素将不同的 URL 赋值给相同的 binding。在本案例中的代码如下：

```
//chapter6/wsdl-demo.txt
<wsdl:service name="HelloService">
    <wsdl:port name="HelloServiceHttpPort"
            binding="tns:HelloServiceHttpBinding">
        <wsdlsoap:address location="http://localhost:8080/xx/services/HelloService"/>
    </wsdl:port>
</wsdl:service>
```

6.1.5　SOAP 简介

HTTP 是标准超文本传输协议，基于 TCP 的应用层协议，它不关心数据传输的细节，主要用来规定客户端和服务器端的数据传输格式，最初用来向客户端传输 HTML 页面的内容，默认端口是 80。

SOAP 是轻型协议，用于分散的分布式计算环境中交换信息。SOAP 有助于以独立于平台的方式访问对象、服务和服务器。SOAP 是把成熟的基于 HTTP 的 Web 技术与 XML 的灵活性和可扩展性组合在了一起。SOAP 请求是一个 HTTP POST 请求。每个 SOAP 体是一个 XML 文档，它具有一个显著的根元素，Content-Type 必须为 text/xml。SOAP 的 XML 文档主要包含以下 4 个组成部分。

（1）第一部分：SOAP 封装（Envelop）定义了一个框架（描述消息的内容多少、谁发送、谁应当接收、处理，以及如何处理它们）。

（2）第二部分：SOAP 编码规则（Encoding Rules）定义了可选数据编码规则，用于表示应用程序定义的数据类型和直接图表，以及一个用于序列化非语法数据模型统一标准。

（3）第三部分：SOAP RPC 表示（RPC Representation）定义了一个远程调用风格（请求/响应）信息交换的模式。

（4）第四部分：SOAP 绑定（Binding）定义了 SOAP 和 HTTP 之间的绑定和使用底层协议的交换。

SOAP 的语法规则如下。

（1）SOAP 消息必须用 XML 来编码。

（2）SOAP 消息必须使用 SOAP Envelope 命名空间。

（3）SOAP 消息必须使用 SOAP Encoding 命名空间。

（4）SOAP 消息不能包含 DTD 引用。

（5）SOAP 消息不能包含 XML 处理指令。

一条 SOAP 消息就是一个普通的 XML 文档，包含下列元素：

（1）必选的 Envelope 元素，可把此 XML 文档标识为一条 SOAP 消息。

（2）可选的 Header 元素，包含头部信息。

（3）必选的 Body 元素，包含所有的调用和响应信息。

（4）可选的 Fault 元素，提供有关在处理此消息所发生错误的信息。

SOAP 消息的基本结构示例如下：

```
//chapter6/soap - demo.txt
<?xml version = "1.0"?>
    < soap:Envelope
      xmlns:soap = "http://www.w3.org/2001/12/soap - envelope"
soap:encodingStyle = "http://www.w3.org/2001/12/soap - encoding">
        < soap:Header >
        </soap:Header >
    < soap:Body >
        < soap:Fault >
        </soap:Fault >
    </soap:Body >
</soap:Envelope >
```

下面是一个 SOAP 的简单案例，GetStockPrice 请求被发送到了 SOAP 服务器。此请求有一个 StockName 参数，而在响应中则会返回一个 Price 参数。此功能的命名空间被定义在 http://www.example.org/stock 地址中。该 SOAP 请求的代码如下：

```
//chapter6/soap - demo.txt
POST /InStock HTTP/1.1
Host: www.example.org
Content - Type: application/soap + xml; charset = utf - 8
Content - Length: nnn

<?xml version = "1.0"?>
< soap:Envelope
xmlns:soap = "http://www.w3.org/2001/12/soap - envelope"
soap:encodingStyle = "http://www.w3.org/2001/12/soap - encoding">

< soap:Body xmlns:m = "http://www.example.org/stock">
  < m:GetStockPrice >
    < m:StockName > IBM </m:StockName >
  </m:GetStockPrice >
</soap:Body >

</soap:Envelope >
```

该 SOAP 响应代码如下：

```
//chapter6/soap - demo.txt
HTTP/1.1 200 OK
Content - Type: application/soap + xml; charset = utf - 8
```

```
Content - Length: nnn

<?xml version = "1.0"?>
< soap:Envelope
xmlns:soap = "http://www.w3.org/2001/12/soap - envelope"
soap:encodingStyle = "http://www.w3.org/2001/12/soap - encoding">

< soap:Body xmlns:m = "http://www.example.org/stock">
  < m:GetStockPriceResponse >
    < m:Price > 34.5 </m:Price >
  </m:GetStockPriceResponse >
</soap:Body >

</soap:Envelope >
```

对 SOAP 简单的理解就是这样的一个开放协议 SOAP＝RPC＋HTTP＋XML,采用 HTTP 作为底层通信协议,采用 RPC 作为一致性的调用途径,采用 XML 作为数据传送的格式,允许服务提供者和服务客户经过防火墙在因特网间进行通信交互。RPC 的描述可能不大准确,因为 SOAP 一开始的构思就是要实现平台与环境的无关性和独立性,每个通过网络的远程调用都可以通过 SOAP 封装起来,包括 DCE(Distributed Computing Environment) RPC CALLS、COM/DCOM CALLS、CORBA CALLS 和 JAVA CALLS 等。SOAP 使用 HTTP 传送 XML,尽管 HTTP 不是有效率的通信协议,而且 XML 还需要额外的文件解析,两者结合使交易的速度低于其他方案,但是 XML 是一个开放、健全、有语义的信息机制,而 HTTP 是一个广泛又能避免许多关于防火墙的问题,从而使 SOAP 得到了广泛应用,但是对于要求交易效率很高的场景,那么应该多考虑其他的方式,而不要用 SOAP。

为了更好地理解 SOAP、HTTP 和 XML 的工作原理,可以先考虑一下 COM/DCOM 的运行机制,DCOM 处理网络协议的低层次的细节问题,如 PROXY/STUB 间的通信、生命周期的管理和对象的标识。在客户端与服务器端进行交互时,DCOM 采用 NDR(Network Data Representation)作为数据表示,它是低层次的与平台无关的数据表现形式。DCOM 是有效的、灵活的,但也是很复杂的,而 SOAP 的一个主要优点就在于它的简单性,SOAP 使用 HTTP 作为网络通信协议,接收和传送数据参数时采用 XML 作为数据格式,从而代替了 DCOM 中的 NDR 格式,SOAP 和 DCOM 执行过程是类似的,如图 6-9 所示。

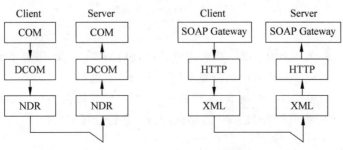

图 6-9　DCOM/SOAP 通信过程

但是用 XML 取代 NDR 作为编码表现形式,提供了更高层次上的抽象,与平台和环境无关。客户端发送请求时,不管客户端是什么平台的,首先把请求转换成 XML 格式,SOAP 网关可自动执行这个转换。为了保证传送时参数、方法名和返回值的唯一性,SOAP 使用了一个私有标记表,从而使服务器端的 SOAP 网关可以被正确地解析,这有点类似于 COM/DCOM 中的桩(STUB)。转换成 XML 格式后,SOAP 终端名(远程调用方法名)及其他的一些协议标识信息被封装成 HTTP 请求,然后发送给服务器。如果应用程序有要求,服务器则将一个 HTTP 应答信息返回给客户端。与通常对 HTML 页面的 HTTP GET 请求不同的是,此请求设置了一些 HTTP HEADER,标识着一个 SOAP 服务激发和 HTTP 包一起传送。例如,对于一个询问股票价格的应用程序,服务器端具有组件提供某股票当前的价格,组件是 COM 或 CORBA 在服务器上建立的。客户端将一个 SOAP 请求发送给服务器以询问股票价格。服务器依赖于服务器上的 SOAP 网关,使用内嵌的 HTML 对象调用合适的方法,然后把得到的价格通过 SOAP 应答传给客户端。

SOAP 的消息模型如图 6-10 所示。SOAP 节点表示 SOAP 消息路径的逻辑实体,用于进行消息路由或处理。SOAP 节点可以是 SOAP 消息的发送者、接收方、消息中介。在 SOAP 消息模型中,中间方为一种 SOAP 节点,负责提供发送消息的应用程序和接收方间的消息交换和协议路由功能。中间方节点驻留在发送节点和接收节点之间,负责处理 SOAP 消息头中定义的部分消息。SOAP 发送方和接收方之间可以有 0 个或多个 SOAP 中间方,为 SOAP 接收方提供分布式处理机制。一般来讲,SOAP 消息中间方分为两种,其中,转发中间方负责转发中间方通过在所转发消息的 SOAP 消息头块中描述和构造语义和规则,从而实现消息处理;活动中间方利用一组功能为接收方节点修改外部绑定消息,从而提供更多的消息处理操作。

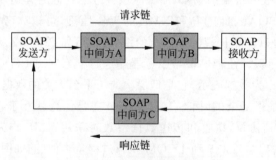

图 6-10　SOAP 消息模型

SOAP 的优点如下。

(1) 可扩展:SOAP 无须中断已有的应用程序,SOAP 客户端、服务器和协议自身都能发展,而且 SOAP 能极好地支持中间介质和层次化的体系结构。

(2) 简单:客户端发送一个请求,调用相应的对象,然后服务器返回结果。这些消息是 XML 格式的,并且封装成符合 HTTP 的消息,因此,它符合任何路由器、防火墙或代理服务器的要求。

（3）完全和厂商无关：SOAP可以相对于平台、操作系统、目标模型和编程语言独立实现。另外，传输和语言绑定及数据编码的参数选择都由具体的实现决定。

（4）与编程语言无关：SOAP可以使用任何语言来完成，只要客户端发送正确的SOAP请求（也就是说，将一个合适的参数传递给一个实际的远端服务器）。SOAP没有对象模型，应用程序可以捆绑在任何对象模型中。

（5）与平台无关：SOAP在任何操作系统中无须改动便可正常运行。

总之，SOAP是一种基于XML的协议，它用于在分布式环境中发送消息，并执行远程过程调用。使用SOAP，不用考虑任何特定的传输协议（尽管通常选用HTTP），就能使数据序列化。用SOAP来构建平台与语言的互操作系统是一个好的选择，而SOAP和Web服务已为在XML上构建分布式应用程序基础结构所需的一切考虑好了。通过解决COM和Java组件对象模型之间的冲突，SOAP把多个平台在访问数据时所出现的不兼容性问题减至最少。

简单对象访问协议（SOAP）描述了一种在分散的或分布式的环境中如何交换信息的轻量级协议。SOAP是一个基于XML的协议，它包括三部分，即SOAP封装（Envelop），封装定义了一个描述消息中的内容是什么，是谁发送的，谁应当接收并处理它及如何处理它们的框架；SOAP编码规则（Encoding Rules），用于表示应用程序需要使用的数据类型的实例；SOAP RPC表示（RPC Representation），表示远程过程调用和应答的协定。SOAP可以和多种传输协议绑定（Binding），使用底层协议交换信息。在这个文档中，目前只定义了SOAP如何和HTTP及HTTP扩展进行绑定的框架。SOAP是个通信协议，SOAP在HTTP的基础上，把编写成XML的Request参数放在HTTP BODY上提交给Web Service服务器；处理完成后，结果也写成XML作为Response送回用户端，为了使用户端和Web Service可以相互对应，可以使用WSDL作为这种通信方式的描述文件，利用WSDL工具可以自动生成WS和用户端的框架文件，SOAP具备把复杂对象序列化捆绑到XML里的能力。SOAP的前身是RPC，但RPC这个协议的安全性不是很好，多数防火墙会阻挡RPC的通信包，而SOAP则使用HTTP作为基本的协议，使用端口80使SOAP可以穿透防火墙，完成RPC的功能。SOAP和HTTP一样，都是底层的通信协议，只是请求包的格式不同而已，SOAP包是XML格式的，现在编写Web Service不需要深入理解SOAP。如果Service和Client在同样的环境下使用SOAP，则由于一般情况下都有自动生成SOAP程序框架的工具，因此不知道细节也没关系。可是，如果Client和Service的环境不同，例如Java的Client和.NET的Service进行通信，或者VB Client和Tomcat下的Java Service通信，则需要多了解一些底层细节知识。

6.1.6　Web Service 简介

Web Service也称为Web服务，它是一种跨编程语言和操作系统平台的远程调用技术，如图6-11所示。Web Service采用标准的SOAP传输；采用WSDL作为描述语言，也就是Web Service的使用说明书，并且W3C为Web Service制定了一套传输数据类型，使用

XML 进行描述,即 XSD(XML Schema Datatypes),使用任何语言写的 Web Service 接口在发送数据时都要转换成 Web Service 标准的 XSD 发送。最普遍的一种通俗理解就是,Web Service＝SOAP＋HTTP＋WSDL,其中,SOAP 是 Web Service 的主体,它通过 HTTP 或者 SMTP 等应用层协议进行通信,自身使用 XML 文件来描述程序的函数方法和参数信息,从而完成不同主机的异构系统间的计算服务处理。这里的 WSDL 服务描述语言也是一个 XML 文档,它通过 HTTP 向公众发布,公告客户端程序关于某个具体的 Web Service 服务的 URL 信息、方法的命名、参数和返回值等。

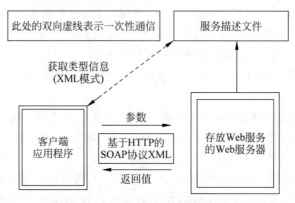

图 6-11　Web Service 工作原理图

W3C 组织对 Web Service 的定义如下：它是一个软件系统,为了支持跨网络的机器间相互操作交互而设计。Web Service 服务通常被定义为一组模块化的 API,它们可以通过网络进行调用,以此来执行远程系统的请求服务。这里从一个程序员的视角来观察 Web Service。在传统的程序编码中,存在着各种函数方法的调用。通常,例如一个程序模块 M 中的方法 A,向其发出调用请求,并传入 A 方法需要的参数 P,方法 A 执行完毕后,返回处理结果 R。这种函数或方法调用通常发生在同一台机器上的同一程序语言环境下。假如需要一种能够在不同计算机间的以不同语言编写的应用程序系统中,通过网络通信实现函数和方法调用的能力,而 Web Service 正是应这种需求而诞生的。

Web Service 实现业务诉求,即 Web Service 是真正"办事"的那个,提供一种办事接口的统称。WSDL 提供"能办的事的文档说明",是一种用于描述 Web 服务的 XML 格式的文档。假如 A 想帮 B 的忙,但是 A 要告诉 B 能干的工作内容,以及干这些事情需要的参数类型。SOAP 提供"请求"的规范,向服务接口传递请求的格式,包括方法和参数等,按照 SOAP 定义的"请求"格式来"书写"请求就可以保证 Web Service 能够正确地理解让它干的工作及为它提供的参数。在这个请求中,需要描述的主要问题包括向哪个 Web Service 发送请求,以及请求的参数类型、参数值和返回值类型。这些都"填写"完毕,也就完成了符合 SOAP 规范的 SOAP 消息。

WSDL 和 SOAP 虽然是 Web Service 的两大标准,但是两者并没有必然的联系,即可以独立使用。WSDL 提供了一个统一的接口,目前已经成为一个国际上公认的标准,通过

WSDL 提供的接口可以访问不同类型的资源（如 Java、C♯、C 和 C++等），因为 WSDL 是基于 XML 且与语言平台无关的。另外，WSDL 提供了 binding 和 service 元素，用于将接口绑定到具体的服务，实现了接口与实现的分离。SOAP（简单对象访问协议）是一种基于 HTTP 的传输协议，用于访问远程服务。WSDL 和 SOAP 的关系在于，WSDL 绑定服务时可以设定使用的协议，协议可以是 SOAP、HTTP、SMTP 或 FTP 等任何一种传输协议，除此以外，WSDL 还可以绑定 JMS、EJB 及 Local Java 等，不过都需要对 binding 和 service 元素做扩展，而且需要扩展服务器的功能以支持这种扩展。SOAP 是一种请求和应答协议规范，而 HTTP 是 Web 传输协议，HTTP 的传输是可以基于 HTTP 的，但也可以基于其他的传输协议，如 FTP 或 SMTP 等。

当前的应用程序开发逐步地呈现了两种迥然不同的倾向：一种是基于浏览器的瘦客户端应用程序，另一种是基于浏览器的富客户端应用程序，当然后一种技术相对来讲更加时髦一些（如现在很流行的 H5 技术）。基于浏览器的瘦客户端应用程序并不是因为瘦客户能够提供更好的用户界面，而是因为它能够避免在桌面应用程序发布上产生的高成本。发布桌面应用程序成本很高，一半是因为应用程序安装和配置的问题，另一半是因为客户和服务器之间通信的问题。传统的 Windows 富客户应用程序使用 DCOM 来与服务器进行通信和调用远程对象。配置 DCOM，使其在一个大型的网络中正常工作将是一个极富挑战性的工作，同时也是许多 IT 工程师的噩梦。事实上，许多 IT 工程师宁愿忍受浏览器所带来的功能限制，也不愿在局域网上运行一个 DCOM。关于客户端与服务器的通信问题，一个完美的解决方法是使用 HTTP 来通信。这是因为任何运行 Web 浏览器的机器都在使用 HTTP。同时，当前许多防火墙也被配置为只允许 HTTP 连接。许多商用程序还面临另一个问题，那就是与其他程序的互操作性。如果所有的应用程序都是使用 COM 或 .NET 语言编写的，并且都运行在 Windows 平台上，那就天下太平了，然而，事实上大多数商业数据仍然在大型主机上以非关系文件（VSAM）的形式存放，并由 COBOL 语言编写的大型机程序访问，而且，目前还有很多商用程序继续在使用 C++、Java、Visual Basic 和其他各种各样的语言编写。现在，除了最简单的程序外，所有的应用程序都需要与运行在其他异构平台上的应用程序集成并进行数据交换。这样的任务通常由特殊的方法，如文件传输和分析，消息队列，还有仅适用于某些情况的 API，如 IBM 的高级程序到程序交流等来完成的。在以前，没有一个应用程序通信标准是独立于平台、组建模型和编程语言的。只有通过 Web Service，客户端和服务器端才能自由地用 HTTP 进行通信，而不用关心两个程序的运行平台和编程语言。

总是，Web Service 是一种跨编程语言和跨操作系统平台的远程调用技术。所谓跨编程语言和跨操作平台，就是说服务器端程序采用 Java 编写，客户端程序则可以采用其他编程语言编写。跨操作系统平台则是指服务器端程序和客户端程序可以在不同的操作系统上运行。所谓远程调用，就是一台计算机 A 上的一个程序可以调用另外一台计算机 B 上的一个对象的方法，例如银联提供给商场的 POS 刷卡系统，商场的 POS 机转账调用的转账方法的代码其实是运行在银行服务器上；再例如天气预报系统、淘宝网和校内网等把自己的系统服务以 Web Service 服务的形式暴露出来,让第三方网站和程序可以调用这些服务功能,这样便可扩展自己系统的市场占有率。

可以从多个角度来理解 Web Service,从表面上看,Web Service 就是一个应用程序向外界暴露出一个能通过 Web 进行调用的 API,也就是说能用编程的方法通过 Web 来调用这个应用程序。把调用这个 Web Service 的应用程序叫作客户端,而把提供这个 Web Service 的应用程序叫作服务器端。从深层次看,Web Service 是建立可互操作的分布式应用程序的新平台,是一个平台,是一套标准。它定义了应用程序如何在 Web 上实现互操作性,可以用任何编程语言、在任何操作系统平台上编写 Web Service,只要可以通过 Web Service 标准对这些服务进行查询和访问。

Web Service 平台需要一套协议实现分布式应用程序的创建。任何平台都有它的数据表示方法和类型系统。要实现互操作性,Web Service 平台必须提供一套标准的类型系统,用于沟通不同平台、编程语言和组件模型中的不同类型系统。Web Service 平台必须提供一种标准来描述 Web Service,让客户可以得到足够的信息来调用这个 Web Service。最后还必须有一种方法来对这个 Web Service 进行远程调用,这种方法实际是一种远程过程调用协议(RPC)。为了达到互操作性,这种 RPC 协议还必须与平台和编程语言无关。

Web Service 开发可以分为服务器端开发和客户端开发两方面。服务器端开发需要把公司内部系统的业务方法发布成 Web Service 服务,供远程合作单位和个人调用。借助一些 Web Service 框架可以很轻松地把自己的业务对象发布成 Web Service 服务,例如 Java 方面的典型 Web Service 框架包括 axis、xfire 和 cxf 等。客户端开发需要调用别人发布的 Web Service 服务,大多数人从事的开发属于这方面,例如调用天气预报 Web Service 服务。

Web Service 的工作调用原理主要是理解客户端与服务器端的交互流程。对客户端而言,给这各类 Web Service 客户端 API 传递 WSDL 文件的 URL 网址,这些 API 就会创建出底层的代理类,调用这些代理,就可以访问 Web Service 服务。代理类把客户端的方法调用变成 SOAP 格式的请求数据再通过 HTTP 发出去,并把接收的 SOAP 数据变成返回值返回。对服务器端而言,当远程调用客户端给它通过 HTTP 发送过来 SOAP 格式的请求数据时,它通过分析这些数据,就可以知道要调用的方法,然后去查找或创建这个对象,并调用其方法,再把方法返回的结果包装成 SOAP 格式的数据,通过 HTTP 响应消息回给客户端。

Web Service 的适用场合包括以下几方面。

(1)跨防火墙通信:如果应用程序有成千上万个用户,而且分布在世界各地,则客户端和服务器端之间的通信将是一个棘手的问题。因为客户端和服务器端之间通常会有防火墙或者代理服务器。在这种情况下,使用 DCOM 就不是那么简单了,通常也不便于把客户端程序发布到数量如此庞大的每个用户手中。传统的做法是,选择浏览器作为客户端,写一大堆 ASP 页面,把应用程序的中间层暴露给最终用户。这样做的结果是开发难度大,程序很难维护。如果把中间层组件换成 Web Service,就可以从用户界面直接调用中间层组件了。

从大多数人的经验来看,在一个用户界面和中间层有较多交互的应用程序中,使用 Web Service 这种结构可以节省用户界面编程 20% 的开发时间。

(2) 应用程序集成:企业级的应用程序开发者都知道,企业里经常要把用不同语言写成的在不同平台上运行的各种程序集成起来,而这种集成将花费很大的开发力量。应用程序经常需要从运行在主机上的程序中获取数据,或者把数据发送到主机或 UNIX 应用程序中,即使在同一个平台上,不同软件厂商开发的各种软件也常常需要集成起来。通过 Web Service 可以很容易地集成不同结构的应用程序。

(3) B2B 集成:用 Web Service 集成应用程序,可以使公司内部的商务处理更加自动化,但当交易跨越供应商和客户、突破公司的界限时会比较麻烦。跨公司的商务交易集成通常叫作 B2B 集成。Web Service 是 B2B 集成成功的关键。通过 Web Service,公司可以把关键的商务应用“暴露”给指定的供应商和客户。例如,把电子下单系统和电子发票系统“暴露”出来,这样客户就可以以电子的方式发送订单,供应商则可以以电子的方式发送原料采购发票。当然,这并不是一个新的概念,电子文档交换(EDI)早就是这样了。但是,Web Service 的实现要比 EDI 简单得多,而且 Web Service 运行在因特网上,在世界任何地方都可轻易实现,其运行成本相对较低。不过,Web Service 并不像 EDI 那样,是文档交换或 B2B 集成的完整解决方案。Web Service 只是 B2B 集成的一个关键部分,还需要许多其他的部分才能实现集成。用 Web Service 实现 B2B 集成的最大好处在于可以轻易实现互操作性。只要把商务逻辑“暴露”出来,成为 Web Service,就可以让任何指定的合作伙伴调用这些商务逻辑,而不管他们的系统在什么平台上运行,以及使用什么开发语言。这样就减少了花费在 B2B 集成上的时间和成本,让许多原本无法承受 EDI 的中小企业也能实现 B2B 集成。

(4) 软件和数据重用:软件重用是一个很大的主题,重用的形式很多,重用的程度有大有小。最基本的形式是源代码模块或者类一级的重用,一种形式是二进制形式的组件重用。采用 Web Service 应用程序可以用标准的方法把功能和数据“暴露”出来,供其他应用程序使用,以达到业务级重用。

6.2　gSOAP 简介

gSOAP 属于一种跨平台的 C 和 C++软件开发工具包,生成 C/C++的 RPC 代码和 XML 数据绑定,对 SOAP Web 服务和其他应用形成高效的具体架构解析器,它们都受益于一个 XML 接口。这个工具包提供了一个全面和透明的 XML 数据绑定解决方案,可以自动生成 SOAP/XML Web 服务中的 C/C++代码,节省了大量开发时间。此外,使用 XML 数据绑定大幅简化了 XML 自动映射。应用开发人员不再需要调整应用程序逻辑的具体库和 XML 为中心的数据。gSOAP 是一个跨平台的开发 SOAP 和 XML 应用(它们组成了 Web Service)的工具(Toolkit)。Web Service 的客户端和服务器端都可以用它来辅助开发。

gSOAP 提供了类型安全检测机制,通过编译器技术向用户隐藏不相关的 WSDL、

SOAP 和 XML 特定细节,同时自动确保 XML 有效性检查、内存管理和类型安全序列化,从而实现透明解决方案。gSOAP 工具自动将本机和用户定义的 C 和 C++ 数据类型映射到语义上等价的 XML 数据类型,反之亦然。因此,通过一个简单的 API 实现了完全的 SOAP 互操作性,从而减轻了用户对 WSDL/SOAP/XML 细节的负担,从而使程序员能够专注于应用程序的基本逻辑。gSOAP 支持在 SOAP/XML 应用程序中集成 C/C++ 代码(及 C 接口可用时的其他编程语言)、嵌入式系统和实时软件,这些应用程序与其他 SOAP 应用程序共享计算资源和信息,可以跨不同的平台、语言环境和不同的组织。同时 gSOAP 也流行于在 C 和 C++ 中实现 XML 的数据绑定。这意味着应用程序本机数据结构可以被自动编码可以将 XML,而无须编写转换代码。这些工具还可以将 XML 数据绑定生成 XML 模式,因此外部应用程序可以基于这些模式使用 XML 数据。gSOAP 下载网址为 https://sourceforge.net/projects/gsoap2/files/,它主要的功能(特征)如下:

(1) C/C++数据绑定工具,支持 XML-RPCfrom/to JSON from/to C/C++Serialization。

(2) 支持 WSDL 1.1、2.0,SOAP 1.1 和 1.2。

(3) 支持 REST HTTP(S) 1.0/1.1 (GET、PUT 和 POST 等) for XML 和 JSON。

(4) 支持 MIME and MTOM 附件。

(5) 支持 IPv4、IPv6、TCP 和 UDP。

(6) 支持 CGI 和 FastCGI。

(7) 支持嵌入 Apache 和 IIS 中发布。

(8) 自带了一个 Web Server,可用于发布。

(9) 可适用于 Windows CE、Palm、Symbian、VxWorks、Android 和 iPhone 等小设备。

在实际工作中,首先要应用它的两个工具,即 soapcpp2. exe 和 wsdl2h. exe,如图 6-12 所示。这两个工具在 gSOAP 开发包中已经被编译生成(bin 目录下),所以可以直接使用,gSOAP 使用的方便性就体现出来了。另外,它

图 6-12   gSOAP 的开发工具

的源文件个数较少,可以直接包含在工程中,从而减少了维护的成本。wsdl2h. exe 的作用是根据 WSDL 生成 C/C++风格的头文件;soapcpp2. exe 的作用是根据头文件自动生成调用远程 SOAP 服务的客户端代码(称为存根 Stub)和提供 SOAP 服务的框架代码(称为框架 Skeleton),另外它也能从头文件生成 WSDL 文件。

6.2.1   soapcpp2 的用法

soapcpp2. exe 可执行文件是一个根据. h 头文件生成若干支持 Web Service 的代码生成工具,生成的代码文件包括 Web Service 客户端和服务器端的实现框架和 XML 数据绑定等,具体说明如表 6-2 所示。soapcpp2 可执行文件的参数选项如表 6-3 所示。

表 6-2　soapcpp2 生成的文件

方　　法	含　　义
soapStub.h	根据输入的.h 文件生成的数据定义文件,一般不直接引用它
soapH.h soapC.cpp	客户端和服务器端应包含该头文件,它包含了 soapStub.h。针对 soapStub.h 文件中的数据类型,.cpp 文件实现了序列化、反序列化方法
soapXYZProxy.h soapXYZProxy.cpp	这两个文件用于客户端,是客户端调用 Web Service 的框架文件,代码主要在此实现或从它继承
soapXYZService.h soapXYZService.cpp	这两个文件用于服务器端,是服务器端实现 Web Service 的框架文件,代码主要在此实现或从它继承
.xsd	传输消息的 schema,可以检测是否满足协议格式
.wsdl	WSDL 文件
.xml	满足 Web Service 定义的例子 message,即实际的传输消息,可以检测是否满足协议格式
.nsmap	命名空间的定义,对命名空间不敏感

表 6-3　soapcpp2 的参数选项

选　　项	描　　述
-1	SOAP 1.1 绑定
-2	SOAP 1.2 绑定
-C	只生成客户端代码
-S	只生成服务器端代码
-T	生成自动测试代码
-L	不生成 soapClientLib/soapServerLib
-a	用 SOAPAction 和 WS-Addressing 调用服务器端方法
-A	用 SOAPAction 调用服务器端方法
-b	采用 char[N]的方式来表示 string
-c	生成的是 C 代码,而不是 C++代码
-d < path >	将代码生成在< path >下
-e	生成 SOAP RPC 样式的绑定
-f N	每个文件的 N 个 XML 序列化程序实现的文件拆分
-h	显示一个简要的用法信息
-i	生成的服务代理类和对象从 struct soap 继承而来
-j	生成的服务代理类和对象包含 struct soap(C 代码的唯一选择)
-I < path >	包含其他文件时使用,指明< path >(多个文件,用:分隔),相当于♯import,该路径一般是 gSOAP 目录下的 import 目录,该目录下有一堆文件供 soapcpp2 生成代码时使用
-n	用于生成支持多个客户端和服务器端
-p < name >	生成的文件前缀采用< name >,而不是默认的"soap"
-q < name >	在 C++代码中,所有声明的命名空间
-s	生成的代码在反序列化时,严格检查 XML 的有效性
-t	生成的代码在发送消息时,采用 xsi:type 方式
-u	在 WSDL/schema 输出文件中不产生 XML 注释

续表

选　　项	描　　述
-v	显示版本信息
-w	不生成 WSDL 和 schema 文件
-x	不生成 XML 形式的传输消息文件
-y	在 XML 形式的传输消息文件中,包含 C/C++类型信息

通常情况下,SOAP 客户端应用程序的实现需要存根(也称为服务代理)。存根的主要责任是序列化参数数据,将带有参数的请求发送到指定的 SOAP 服务,然后等待响应,并将收到的响应数据反序列化。客户端应用程序调用服务操作的存根例程,类似于调用本地函数。用 C/C++手工编写存根例程是一项乏味的任务,尤其是当服务操作的输入/输出参数包含复杂的数据结构时,例如对象、结构、容器、数组和指针链接的数据结构。幸运的是,gSOAP 的 WSDL 解析器工具(wsdl2h.exe)和存根/框架代码序列化生成工具(soapcpp2.exe)将 SOAP/XMLWeb 服务客户端和服务器端应用程序的开发工作进行了自动化处理,避免了很多重复性工作。soapcpp2.exe 工具生成存根/框架代码来构建所需的 Web 服务客户端和服务器端。

6.2.2　wsdl2h 的用法

wsdl2h.exe 可执行文件可以根据输入的 wsdl、XSD 或 URL 产生相应的 C/C++形式的.h 文件(不能直接引用)以供 soapcpp2 使用。wsdl2h 主要的参数选项如表 6-4 所示。

表 6-4　wsdl2h 主要的参数选项

选　　项	描　　述
-a	对匿名类型产生基于顺序号的结构体名称
-c	生成 C 代码
-f	对 schema 扩展,产生 flat C++类
-g	产生全局的元素声明
-h	显示帮助信息
-I path	包含文件时指明路径,相当于 #import
-j	不产生 SOAP_ENV__Header 和 SOAP_ENV__Detail 定义
-k	不产生 SOAP_ENV__Header mustUnderstand qualifiers
-l	在输出中包含 license 信息
-m	用 xsd.h 模块来引入类型信息
-N name	用 name 来指定服务命名空间的前缀
-n name	用 name 作为命名空间的前缀,取代默认的 ns
-o file	输出文件名
-q name	所有的声明采用 name 作为命名空间
-s	不产生 STL 代码(不用 std::string,std::vector)
-t file	使用自己指定的 type map file 而不是默认的 typemap.dat

续表

选　　项	描　　述
-u	不生成 unions
-v	产生详细的输出信息
-w	始终将响应参数包装在响应结构中
-y	为 structs,enums 产生 typedef 定义
-_	不产生_USCORE(用 UNICODE_x005f 代替)
-?	显示帮助信息

6.2.3　CentOS 编译并测试 gSOAP

首先下载 gSOAP,网址为 http://sourceforge.net/projects/gsoap2/files/,例如选择 gsoap_2.8.123.zip 这个版本的源码包,然后解压,命令如下(注意切换到 root 权限):

```
# unzip gsoap_2.8.123.zip
```

这里需要提前安装几个依赖项,命令如下:

```
# yum install byacc
# yum install flex
# yum install yum install bison - devel
# yum install zlib - devel
# yum install openssl - devel
```

然后配置 gSOAP,命令如下:

```
# cd gsoap - 2.8.123
# ./configure -- prefix = /usr/local/gSOAP
```

编译并安装 gSOAP,命令如下:

```
# make
# make install
```

安装成功后会在/usr/local/gSOAP 目录下生成需要的文件,主要有两个工具(wsdl2h 和 soapcpp2),使用方式如下:

```
wsdl2h - o outfile.h infile.wsdl        //实现 wsdl 文件到.h 文件的数据映射
soapcpp2 - c outfile.h                  //生成相应的底层通信存根/框架(stub/strech)程序
```

下面这个简单的例子实现的是在客户端输入两个数字,然后远程调用服务器端的加法 函数或减法函数,最后将结果返回给客户端。

1. 头文件

该案例比较简单,不需要 WSDL 文件,可以直接从.h 文件生成代码。新建一个文件夹

soap,定义一个函数声明文件,用来定义接口函数,名称为 add.h,代码如下:

```
//chapter6/wsdl/add.h
//gsoapopt cw
//gsoap ns2 schema namespace: urn:add
//gsoap ns2 schema form: unqualified
//gsoap ns2 service name: add
//gsoap ns2 service type: addPortType
add http://schemas.xmlsoap.org/soap/encoding/
//gsoap ns2 service method-action: add ""

int ns2__add(int num1, int num2, int * sum);
int ns2__sub(int num1, int num2, int * sub);
```

然后执行 soapcpp2 -c add.h,将自动生成一些远程调用需要的文件。由于 soapcpp2 这个工具生成在/usr/local/gSOAP 目录下,因此需执行的命令如下:

```
#/usr/local/gSOAP/bin/soapcpp2 -c add.h
```

2. 服务器端代码

创建文件 addserver.c,添加的代码如下:

```
//chapter6/wsdl/addserver.c
# include < string.h>
# include < stdio.h>
# include "soapH.h"
# include "add.nsmap"

int main(int argc, char ** argv)
{
    int m, s;
    struct soap add_soap;
    soap_init(&add_soap);
    soap_set_namespaces(&add_soap, namespaces);
    if (argc < 2) {
        printf("usage: % s < server_port > /n", argv[0]);
        exit(1);
    } else {
    m = soap_bind(&add_soap, NULL, atoi(argv[1]), 100);
    if (m < 0) {
        soap_print_fault(&add_soap, stderr);
        exit(-1);
    }
    fprintf(stderr, "Socket connection success: master socket = % d\n", m);
    for (;;) {
        s = soap_accept(&add_soap);
        if (s < 0) {
```

```
            soap_print_fault(&add_soap, stderr);
            exit(-1);
        }
    fprintf(stderr, "Socket connection successful: slave socket = %d\n", s);
    soap_serve(&add_soap);
    soap_end(&add_soap);
    }
    }
    return 0;
}

int ns2__add(struct soap * add_soap, int num1, int num2, int * sum)
{
    * sum = num1 + num2;
    return 0;
}

int ns2__sub(struct soap * sub_soap, int num1, int num2, int * sub)
{
    * sub = num1 - num2;
    return 0;
}
```

3. 客户端代码

创建文件 addclient.c,添加的代码如下:

```
//chapter6/wsdl/addclient.c
#include <string.h>
#include <stdio.h>
#include "soapStub.h"
#include "add.nsmap"

int add(const char * server, int num1, int num2, int * sum);
int sub(const char * server, int num1, int num2, int * sub);

int main(int argc, char ** argv)
{
    int result = -1;
    char server[128] = {0};
    int num1;
    int num2;
    int sum;
    if (argc < 4) {
        printf("usage: %s <ip:port> num1 num2 /n", argv[0]);
        exit(1);
    }
    strcpy(server,argv[1]);
    num1 = atoi(argv[2]);
```

```
    num2 = atoi(argv[3]);
    result = add(server, num1, num2, &sum);
    if (result != 0) {
        printf("soap error, errcode = %d\n", result);
    } else {
        printf("%d + %d = %d\n", num1, num2, sum);
    }
    result = sub(server, num1, num2, &sum);
    if (result != 0) {
        printf("soap error, errcode = %d\n", result);
    } else {
        printf("%d - %d = %d\n", num1, num2, sum);
    }
    return 0;
}

int add(const char * server, int num1, int num2, int * sum)
{
    struct soap add_soap;
    int result = 0;
    soap_init(&add_soap);
    soap_set_namespaces(&add_soap, namespaces);
    soap_call_ns2__add(&add_soap, server, NULL, num1, num2, sum);
    printf("server is %s, num1 is %d, num2 is %d\n", server, num1, num2);
    if (add_soap.error) {
        printf("soap error: %d, %s, %s\n", add_soap.error, * soap_faultcode(&add_soap), *
soap_faultstring(&add_soap));
        result = add_soap.error;
    }
    soap_end(&add_soap);
    soap_done(&add_soap);
    return result;
}

int sub(const char * server, int num1, int num2, int * sub)
{
    struct soap add_soap;
    int result = 0;
    soap_init(&add_soap);
    soap_set_namespaces(&add_soap, namespaces);
    soap_call_ns2__sub(&add_soap, server, NULL, num1, num2, sub);
    printf("server is %s, num1 is %d, num2 is %d\n", server, num1, num2);
    if (add_soap.error) {
        printf("soap error: %d, %s, %s\n", add_soap.error, * soap_faultcode(&add_soap), *
soap_faultstring(&add_soap));
        result = add_soap.error;
    }
    soap_end(&add_soap);
    soap_done(&add_soap);
    return result;
}
```

到此为止,代码已经编写完毕,现在来编译服务器端和客户端。注意,编译时需要 gSOAP 包里的源代码文件,把 stdsoap2.c 和 stdsoap2.h 文件复制到当前目录下,命令如下:

```
#cp /opt/gsoap-2.8/gsoap/stdsoap2.c stdsoap2.h ./
```

4. 编写 Makefile

创建 Makefile 文件,代码如下:

```
//chapter6/wsdl/Makefile
GSOAP_ROOT = /root/gsoap-2.8/gsoap #当前工作目录
WSNAME = add

CC = g++ -g -DWITH_NONAMESPACES
INCLUDE = -I $(GSOAP_ROOT)

SERVER_OBJS = soapC.o stdsoap2.o soapServer.o $(WSNAME)server.o
CLIENT_OBJS = soapC.o stdsoap2.o soapClient.o $(WSNAME)client.o
all: server
server: $(SERVER_OBJS)
    $(CC) $(INCLUDE) -o $(WSNAME)server $(SERVER_OBJS)
client: $(CLIENT_OBJS)
    $(CC) $(INCLUDE) -o $(WSNAME)client $(CLIENT_OBJS)
clean:
    rm -f *.o *.xml *.a *.wsdl *.nsmap soap* $(WSNAME)Stub.* $(WSNAME)server ns.xsd
 $(WSNAME)test
```

5. 编译

编译生成服务器端执行程序 addserver 和客户端执行程序 addclient,命令如下:

```
# make server
# make client
```

6. 运行

(1) 在终端上执行服务器程序,命令如下:

```
# ./addserver 8888
```

如果终端打印出 Socket connection successful:master socket = 3,则说明服务器端已经运行起来了。

(2) 新开另一个终端,执行客户端程序,命令如下:

```
# ./addclient http://localhost:8888 99 22
```

具体的输出信息如下:

```
[root@localhost gsoap]#./addclient http://localhost:8888 99 22
server is http://localhost:8888, num1 is 99, num2 is 22
99 + 22 = 121
server is http://localhost:8888, num1 is 99, num2 is 22
99 - 22 = 77
[root@localhost gsoap]
```

由于这个例子比较简单,所以没用 WSDL 文件;如果需要 WSDL 文件,则按下面的步骤生成和解析头文件。

(1) 用 wsdl2h 命令生成 C/C++ 头文件,格式如下:

```
wsdl2h - c - o <输出文件名>.h <服务器端的 Web 地址>?wsdl
```

一个具体的例子如下:

```
# wsdl2h - c - o test.h http://abc.amobile.cn/submitdata/service.asmx?wsdl
```

另外需要注意,如果使用了-s 参数,则表示不使用 STL。

(2) 使用 soapcpp2 命令解析 test.h 文件,生成存根程序,命令如下:

```
# soapcpp2 - c - C test.h
```

该命令中的参数-c 代表生成标准 C 程序,若没有这个参数,则默认生成 C++ 程序,而参数-C 代表仅生成客户端程序,若没有这个参数,则默认生成客户端和服务器端程序。

6.2.4　Ubuntu 编译 gSOAP

下载并解压 gsoap_2.8.123.zip 文件,配置并编译 gSOAP 的命令如下:

```
//chapter6/gsoap - help.txt
sudo apt - get install bison
sudo apt - get install flex
sudo apt - get install openssl
sudo apt - get install libssl - dev
unzip gsoap_2.8.123.zip
cd gsoap - 2.8/
mkdir release
./configure -- prefix = /usr/local/gsoap - 2.8/
make
make install
```

6.2.5　VS 利用 gSOAP 开发 Web Service 客户端

Web Service 是一种跨编程语言和跨操作系统平台的远程调用技术。服务器端向外界暴露一个可以被客户端通过网络调用的 API。客户端调用 API 的过程实际上可以看作调用一个函数,不同点就是该函数是远程的。服务器端和客户端的调用关系如图 6-13 所示。

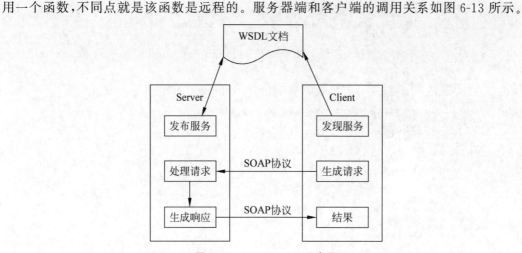

图 6-13 Web Service 示意图

Web Service 中涉及 WSDL 和 SOAP 的概念。WSDL 属于 Web Service 描述语言,是一个用于精确描述 Web 服务的 XML 文档。它描述了 Web Service 接口信息,例如入参、出参和接口名称等,当需要调用第三方 Web Service 接口时,必须知道 WSDL 地址。Web Service 可以有两种方式来暴露它的 WSDL 地址,即注册到 UDDI 中或者直接告诉调用者地址。SOAP 属于简单对象访问协议,是一种轻量的、简单的、基于 XML 的协议,它被设计成在 Web 上交换结构化和固化的信息。SOAP 是基于 XML 的简易协议,可使应用程序在 HTTP 上进行信息交换。

Web Service 作为一种跨平台的技术应用,本质上是服务器端提供一些资源可以让客户端应用访问(获取数据),集团内部使用较多。例如服务器端提供公司职员信息,客户端通过调用 Web Service 接口获取人员信息等。C♯和 Java 开发 Web Service 相对于 C/C++来讲较为方便,而 gSOAP 工具使 C/C++开发 Web Service 成为可能。gSOAP 工具可以使开发人员不必关心协议的内部实现,而更多地关注服务器端方法的实现及客户端方法的调用。Web Service 的测试可以使用 soapUI 工具,该工具开源,soapUI PRO 为商业非开源版本。可以通过 soapUI 工具测试服务器接口是否正常。

下面详细介绍如何使用 C++开发一个 Web Service 客户端进行 API 调用,以获取天气预报的案例。操作系统为 Windows 10 64 位,编程环境为 VS 2019,开发工具为 gSOAP_2.8.116。gSOAP 编译工具提供了一个 SOAP/XML 关于 C/C++语言的实现,从而让 C/C++语言开发 Web 服务或客户端程序的工作变得轻松了很多。gSOAP 利用编译器技术提供了一组透明化的 SOAP API,并将与开发无关而与 SOAP 实现细节相关的内容对用户隐藏起来。

1. 生成头文件

天气预报的 Web Service WSDL 的内容如图 6-14 所示,具体的链接地址如下:

```
http://ws.webxml.com.cn/WebServices/WeatherWS.asmx?wsdl
```

```
← → C  ▲ 不安全 | ws.webxml.com.cn/WebServices/WeatherWS.asmx?wsdl
          </wsdl:output>
        </wsdl:operation>
      ▼<wsdl:operation name="getRegionProvince">
          <http:operation location="/getRegionProvince"/>
        ▼<wsdl:input>
            <mime:content type="application/x-www-form-urlencoded"/>
          </wsdl:input>
        ▼<wsdl:output>
            <mime:mimeXml part="Body"/>
          </wsdl:output>
        </wsdl:operation>
      ▼<wsdl:operation name="getRegionCountry">
          <http:operation location="/getRegionCountry"/>
        ▼<wsdl:input>
            <mime:content type="application/x-www-form-urlencoded"/>
          </wsdl:input>
        ▼<wsdl:output>
            <mime:mimeXml part="Body"/>
          </wsdl:output>
        </wsdl:operation>
      ▼<wsdl:operation name="getSupportCityDataset">
          <http:operation location="/getSupportCityDataset"/>
        ▼<wsdl:input>
            <mime:content type="application/x-www-form-urlencoded"/>
          </wsdl:input>
        ▼<wsdl:output>
            <mime:mimeXml part="Body"/>
          </wsdl:output>
        </wsdl:operation>
      ▼<wsdl:operation name="getSupportCityString">
          <http:operation location="/getSupportCityString"/>
        ▼<wsdl:input>
            <mime:content type="application/x-www-form-urlencoded"/>
          </wsdl:input>
        ▼<wsdl:output>
            <mime:mimeXml part="Body"/>
          </wsdl:output>
        </wsdl:operation>
```

图 6-14　天气预报的 WSDL

右击该页面,在弹出的菜单中选择"另存为",保存到 gsoap_2.8.116\gsoap\bin\win64 目录下,直接把文件扩展名改成.wsdl,如图 6-15 所示。

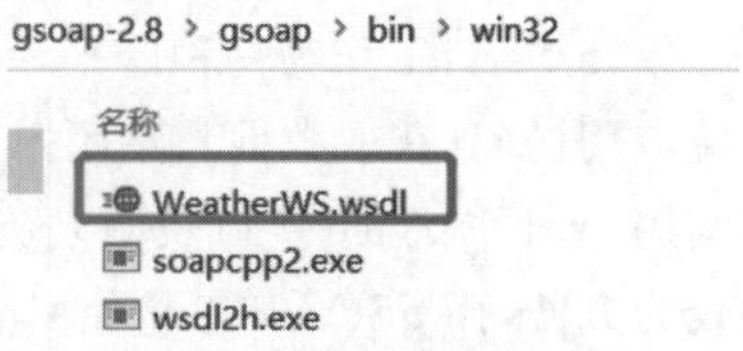

使用 gSOAP 的 wsdl2h.exe 和 soapcpp2 生成供客户端使用的 C++文件。下载并解压 gsoap_2.8.116.zip,在 gsoap_2.8.116\gsoap\bin\win64 下新建一个字符转换规则文件 wsmap.dat,可以更好地支持中文,转换规则可参考 gsoap_2.8.116\gsoap\typemap.dat。wsmap.dat 文件的内容如下:

```
gsoap-2.8 > gsoap > bin > win32
名称
  ⊕ WeatherWS.wsdl
  ▣ soapcpp2.exe
  ▣ wsdl2h.exe
```

图 6-15　下载 WSDL 文件

```
xsd__string = | std::wstring | wchar_t *
```

用 wsdl2h.exe 将 WSDL 文件或者 WSDL 网址翻译成.h 文件,以实现数据绑定接口。启动 CMD,进入 gsoap_2.8.116\gsoap\bin\win64 目录下,调用 wsdl2h.exe 生成头文件接口定义,如图 6-16 所示,命令如下:

```
wsdl2h - s - t wsmap.dat WeatherWS.wsdl
```

wsdl2h 的参数说明如下。

（1）-o：文件名，指定输出头文件。

（2）-n：命名空间前缀代替默认的 ns。

（3）-c：生成纯 C 代码，否则生成 C++代码。

（4）-s：不要使用 STL 代码。

（5）-t：文件名，指定 type map 文件，默认为 typemap.dat。

（6）-e：禁止为 enum 成员加上命名空间前缀。

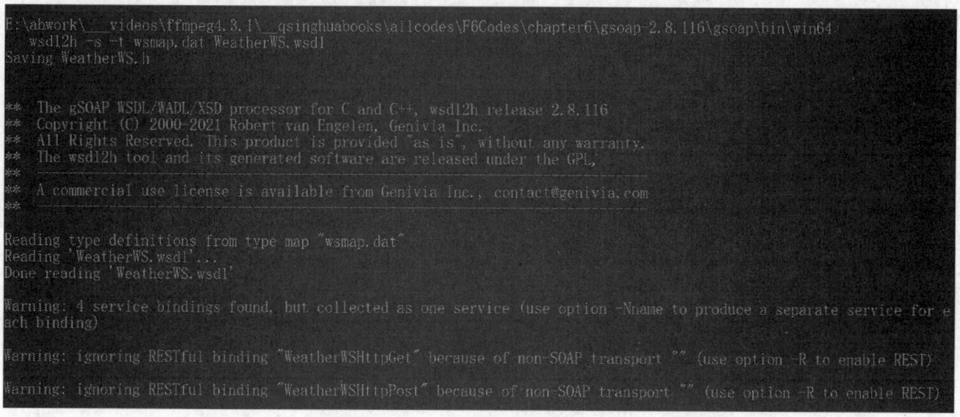

图 6-16　wsdl2h.exe 生成头文件

命令执行成功后会生成 WeatherWS.h 头文件，内容如下：

```
//chapter6/gSOAPWeatherDemo1/gSOAPWeatherDemo1/WeatherWS.h
/* WeatherWS.h Generated by wsdl2h 2.8.116 from
   WeatherWS.wsdl and wsmap.dat and wsmap.dat
   2023-01-23 09:21:43 GMT
   DO NOT INCLUDE THIS ANNOTATED FILE DIRECTLY IN YOUR PROJECT SOURCE CODE.
   USE THE FILES GENERATED BY soapcpp2 FOR YOUR PROJECT'S SOURCE CODE.

gSOAP XML Web services tools
Copyright (C) 2000-2021, Robert van Engelen, Genivia Inc. All Rights Reserved.
This program is released under the GPL with the additional exemption that
compiling, linking, and/or using OpenSSL is allowed.
--------------------------------------------------------

A commercial use license is available from Genivia Inc., contact@genivia.com
--------------------------------------------------------
*/

/**
@page page_notes Notes

@note HINTS:
- Run soapcpp2 on WeatherSoap.h to generate the SOAP/XML processing logic:
  Use soapcpp2 -I to specify paths for #import
```

Use soapcpp2 - j to generate improved proxy and server classes.
Use soapcpp2 - r to generate a report.
- Edit 'typemap.dat' to control namespace bindings and type mappings:
  It is strongly recommended to customize the names of the namespace prefixes
  generated by wsdl2h. To do so, modify the prefix bindings in the Namespaces
  section below and add the modified lines to 'typemap.dat' to rerun wsdl2h.
- Run Doxygen (www.doxygen.org) on this file to generate documentation.
- Use wsdl2h - c to generate pure C code.
- Use wsdl2h - R to include the REST operations defined by the WSDLs.
- Use wsdl2h - O3 or - O4 to optimize by removing unused schema components.
- Use wsdl2h - d to enable DOM support for xsd:any and xsd:anyType.
- Use wsdl2h - F to simulate struct - type derivation in C (also works in C++).
- Use wsdl2h - f to generate flat C++class hierarchy, removes type derivation.
- Use wsdl2h - g to generate top - level root elements with readers and writers.
- Use wsdl2h - U to map XML names to C++Unicode identifiers instead of _xNNNN.
- Use wsdl2h - u to disable the generation of unions.
- Use wsdl2h - L to remove this @note and all other @note comments.
- Use wsdl2h - nname to use name as the base namespace prefix instead of 'ns'.
- Use wsdl2h - Nname for service prefix and produce multiple service bindings
- Struct/class members serialized as XML attributes are annotated with a '@'.
- Struct/class members that have a special role are annotated with a '$'.

@warning
    DO NOT INCLUDE THIS ANNOTATED FILE DIRECTLY IN YOUR PROJECT SOURCE CODE.
    USE THE FILES GENERATED BY soapcpp2 FOR YOUR PROJECT'S SOURCE CODE:
    THE GENERATED soapStub.h FILE CONTAINS THIS CONTENT WITHOUT ANNOTATIONS.

```
Author contact information:
engelen@genivia.com / engelen@acm.org
            .

This program is released under the GPL with the additional exemption that
compiling, linking, and/or using OpenSSL is allowed.
--------------------------------------------------
A commercial-use license is available from Genivia, Inc., contact@genivia.com
--------------------------------------------------
@endverbatim
*/

//gsoapopt c++,w
/******************************************************\
 * Definitions *
 * http://WebXml.com.cn/ *
\******************************************************/

/* WSDL Documentation:
<a href="http://www.webxml.com.cn/" target="_blank">WebXml.com.cn</a><strong>
Web 2.5
340 60 </br>Web
Services<a href="http://www.webxml.com.cn/zh_cn/contact_us.aspx"
target="_blank"></a>QQ8409035<br />
WEB http://www.webxml.com.cn/ </strong><br
/><span style="color:#999999;">WEB
http://www.onhap.com/WebServices/WeatherWebService.asmx
http://www.webxml.com.cn/WebServices/WeatherWebService.asmx </span><br
/><br />  
*/

/******************************************************\
 * $CONTAINER typemap variable: *
 * std::vector *
\******************************************************/

#include <vector>
template<class T> class std::vector;

/******************************************************\
 * $SIZE typemap variable: *
 * int *
\******************************************************/


/******************************************************\
 * Import *
\******************************************************/
```

```
/ ***************************************** \
 * Schema Namespaces *
\ ***************************************** /


/ * NOTE:
It is strongly recommended to customize the names of the namespace prefixes
generated by wsdl2h. To do so, modify the prefix bindings below and add the
modified lines to 'typemap.dat' then rerun wsdl2h (use wsdl2h - t typemap.dat):

ns1 = "http://WebXml.com.cn/"
 * /

#define SOAP_NAMESPACE_OF_ns1"http://WebXml.com.cn/"
//gsoap ns1 schema namespace:http://WebXml.com.cn/
//gsoap ns1 schema elementForm:qualified
//gsoap ns1 schema attributeForm:unqualified

/ ************************************* \
 * Built - in Schema Types and Top - Level Elements and Attributes *
 * *
\ ************************************* /

//Built - in element "xs:schema".
typedef _XML _xsd__schema;


/ ********************************* \
 * Forward Declarations *
\ ********************************* /

class ns1__ArrayOfString;
class _ns1__getRegionDataset;
class _ns1__getRegionDatasetResponse;
class _ns1__getRegionProvince;
class _ns1__getRegionProvinceResponse;
class _ns1__getRegionCountry;
class _ns1__getRegionCountryResponse;
class _ns1__getSupportCityDataset;
class _ns1__getSupportCityDatasetResponse;
class _ns1__getSupportCityString;
class _ns1__getSupportCityStringResponse;
class _ns1__getWeather;
class _ns1__getWeatherResponse;
class _ns1__DataSet;
...
```

2. 生成 C++代码

soapcpp2.exe 为接口文件中声明的每种可序列化的 C/C++ 类型生成一组函数。把
\gsoap_2.8.116\gsoap\import 路径下的 soap12.h 和 stlvector.h 复制到 win64 目录下,或

者通过-l指定import路径。使用soapcpp2.exe解析WeatherSoap.h,生成存根程序,命令如下:

```
soapcpp2 - i - C - x - L WeatherWS.h
```

soapcpp2.exe的参数说明如下。

(1) -C:仅生成客户端代码。

(2) -S:仅生成服务器端代码。

(3) -L:不要生成soapClientLib.c和soapServerLib.c文件。

(4) -c:生成纯C代码,否则生成C++代码(与头文件有关)。

(5) -I:指定import路径(此项是必要的,因前面为指定-s)。

(6) -x:不要生成XML示例文件。

(7) -i:生成C++包装,客户端为xxxxProxy.h(.cpp),服务器端为xxxxService.h(.cpp)。

(8) -j:生成C++代理类。

(9) -CL:指示客户端(非libs)。

该命令执行成功后会生成一系列相关的文件,包括.h头文件、.cpp代码文件、.xml文件及.nsmap文件等,如图6-17所示,具体的输出信息如下:

```
...\gsoap\bin\win64 > soapcpp2 - i - C - x - L WeatherWS.h

** The gSOAP code generator for C and C++, soapcpp2 release 2.8.116
** Copyright (C) 2000 - 2021, Robert van Engelen, Genivia Inc.
** All Rights Reserved. This product is provided "as is", without any warranty.
** The soapcpp2 tool and its generated software are released under the GPL.
** -----------------------------------------------
** A commercial use license is available from Genivia Inc., contact@genivia.com
** -----------------------------------------------

Saving soapStub.h annotated copy of the source interface header file
Saving soapH.h serialization functions to # include in projects
Using ns1 service name: WeatherWSSoap
Using ns1 service style: document
Using ns1 service encoding: literal
Using ns1 service location: http://ws.webxml.com.cn/WebServices/WeatherWS.asmx
Using ns1 schema namespace: http://WebXml.com.cn/
Saving soapWeatherWSSoapProxy.h client proxy class
Saving soapWeatherWSSoapProxy.cpp client proxy class
Saving WeatherWSSoap.nsmap namespace mapping table
Saving soapC.cpp serialization functions

Compilation successful
```

3. 新建VS工程

打开VS 2015(或其他版本)创建C++的Win32控制台工程(名称为gSOAPWeatherDemo1),

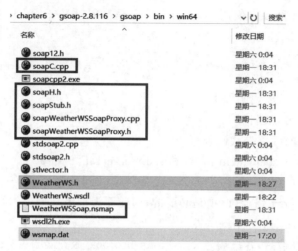

图 6-17　soapcpp2.exe 生成的文件

进行客户端代码实现。由于刚才使用的 gSOAP 为 64 位的,所以这个 VS 工程也需要使用 x64 位编译模式,如图 6-18 所示。然后将生成的 C++ 文件引入工程中,将 soapC.cpp、soapH.h、soapStub.h、soapWeatherWSSoapProxy.cpp、soapWeatherWSSoapProxy.h、WeatherWSSoap.nsmap 文件复制到当前工程目录下,另外还需要将\gsoap_2.8.116\gsoap\路径下的 stdsoap2.cpp 和 stdsoap2.h 复制到当前工程目录下,复制完成后的目录如图 6-19 所示。单击工程名,在弹出的菜单中选择"添加"→"现有项"命令,如图 6-20 所示,将这些文件(见图 6-21)都引入工程中。

注意:工程一定要引入 WeatherWebServiceSoap.nsmap 这个文件,否则会发生命名空间编译出错的问题。

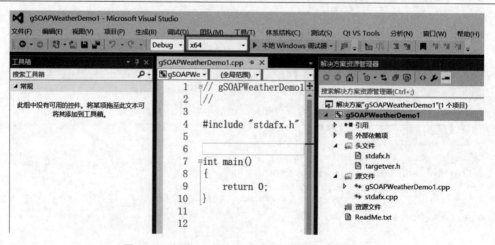

图 6-18　新建 VS 2015 工程并设置 x64 编译模式

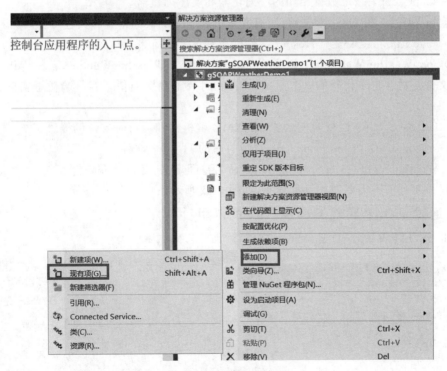

图 6-19　将 gSOAP 相关的文件复制到工程目录下

图 6-20　VS 添加现有项

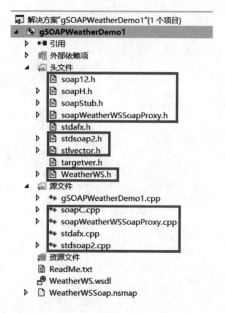

图 6-21   VS 将 gSOAP 相关文件添加到工程中

各文件的含义如下。

（1）soapC.cpp：指定数据结构的序列化器和反序列化器。

（2）soapH.h：主 Header 文件，所有客户机和服务源代码都要将其包括在内。

（3）soapStub.h：从输入 Header 文件生成经过修改且带标注的 Header 文件。

（4）soapWeatherWebServiceSoapProxy.cpp 和 soapWeatherWebServiceSoapProxy.h：这两个文件是对客户端代码的一个简单封装，它封装了底层通信。客户端通过实例化该类进行调用。

（5）stdsoap2.cpp：运行时 C++库，带 XML 解析器和运行时支持例程。

（6）stdsoap2.h：为 stdsoap2.cpp 运行时库的 Header 文件。

（7）WeatherWebServiceSoap.nsmap：命名空间定义，客户端需要包含它。

编译该工程前不需要使用预编译头，如图 6-22 所示。

4. 通过 gSOAP 实现 Web Service 的调用

打开 gSOAPWeatherDemo1.cpp 文件，添加的代码如下：

```
//chapter6/gSOAPWeatherDemo1/gSOAPWeatherDemo1/gSOAPWeatherDemo1.cpp
//gSOAPWeatherDemo1.cpp：定义控制台应用程序的入口点
//
# include "stdafx.h"

# include < stdio.h >
# include < stdlib.h >
```

图 6-22　VS 不使用预编译头

```cpp
#include <fstream>
#include <string>
#include <iostream>

#include <iostream>
//包含 soap 头文件
#include "soapH.h"
#include "soapStub.h"
#include "WeatherWSSoap.nsmap"
#include "soapWeatherWSSoapProxy.h"

using namespace std;

void main(int argc, char ** argv)
{
    //Web Service 的请求地址
    const char * web_url = "http://ws.webxml.com.cn/WebServices/WeatherWS.asmx";

    //soap 接口
    WeatherWSSoapProxy soap(SOAP_C_UTFSTRING);

    //构造输入参数
    _ns1__getWeather city_name;
    city_name.theCityCode = L"北京";
    city_name.theUserID = L"";

    //输出参数
    _ns1__getWeatherResponse weather_res;
    //调用接口方法 getWeather
    int xlt = soap.getWeather(web_url, NULL, &city_name, weather_res);
```

```
    //判断接口返回值，SOAP_OK 表示成功
    if (xlt == SOAP_OK)
    {
        //获取返回结果
        ns1__ArrayOfString* aos = weather_res.getWeatherResult;
        setlocale(LC_ALL, "");
        //打印返回结果
        int count = aos->__sizestring;
        for (int i = 0; i < count; i++)
        {
            std::wstring a = (aos->string)[i];
            //wcout.imbue(locale("chs"));
            wcout << a.c_str() << endl;
        }
    }

    getchar();
}
```

在 main()函数中定义了一个 WeatherWSSoapProxy 代理类的对象，然后调用它的 getWeather()成员函数，传入对应的参数即可，返回的数据类型为_ns1__getWeatherResponse。参考 WSDL 查看说明，以根据城市名称获取天气 getWeather 为例，根据 WSDL 中的描述，输入参数为城市中文名称，输出结果为字符串数组，包括查询的省份、城市、城市代码、更新时间和气温等信息。编译并运行该项目，如图 6-23 所示。

图 6-23   gSOAP 成功访问天气预报的 Web Service

<table>
<tr><td>第 7 章</td><td rowspan="2"></td></tr>
</table>

第 7 章
CHAPTER 7

ONVIF 协议原理解析

ONVIF,即 Open Network Video Interface Forum,可以译为开放型网络视频接口论坛,是安迅士、博世、索尼等公司在 2008 年共同成立的一个国际性、开发型网络视频产品标准网络接口的开发论坛,后来这种技术开发论坛共同制定的开发型行业标准使用该论坛的大写字母命名,即 ONVIF 网络视频标准规范,习惯将其简称为 ONVIF 协议。ONVIF 协议的出现,解决了不同厂商之间开发的各类标准不能融合使用的难题,提供了统一的网络视频开发标准,即最终能够通过 ONVIF 这个标准化的平台实现不同产品之间的集成。

▶ 4min

7.1　ONVIF 简介

2008 年 5 月,由安讯士(AXIS)、博世(BOSCH)及索尼(SONY)公司三方宣布携手共同成立一个国际开放型网络视频产品标准网络接口开发论坛,取名为开放型网络视频接口论坛(Open Network Video Interface Forum,ONVIF),并以公开、开放的原则共同制定开放性行业标准。ONVIF 标准将为网络视频设备之间的信息交换定义通用协议,包括设备搜寻、实时视频、音频、元数据和控制信息等。截止到 2011 年 3 月,已有 279 个公司加入 ONVIF 而成为会员。2008 年 11 月,论坛正式发布了 ONVIF 的第 1 版规范。2010 年 11 月,论坛发布了 ONVIF 的第 2 版规范。规范涉及设备发现、实时音视频、摄像头 PTZ 控制、录像控制、视频分析等方面。

7.1.1　ONVIF 背景简介

网络摄像机是网络设备,需要有通信协议,早期的网络摄像机硬件提供商都采用私有协议。随着视频监控的网络化应用,产业链的分工越来越细。有些厂商专门做摄像头,有些厂商专门做视频服务器,而有些厂商则可能专门做平台等,然后通过集成商进行集成,以提供给最终客户。私有协议无法胜任这种产业合作模式,行业标准化的接口由此应运而生。

目前,网络摄像机的标准协议,国际标准上有 3 大类,包括 ONVIF、PSIA 和 HDCCTV,国内标准有国标 GB/T 28181。ONVIF 阵营日益壮大,与 PSIA、HDCCTV 相比,无论是支持厂商的数目、厂商的知名度还是市场占有率,都遥遥领先。ONVIF 标准的厂商覆盖芯片、视频前端设备、存储设备、系统平台、智能分析设备、门禁、传感设备等各个安防相关领域。常见的 IPC 摄像头只是 ONVIF 标准里的一个分支而已,可见 ONVIF 的强大。ONVIF(开放型网络视频接口论坛)以公开、开放的原则共同制定开放性行业标准。从 ONVIF 官网上可以了解到,为适应各种不同的参与级别,ONVIF 提供了不同等级的会员企业资格,其中不乏国内外著名的设备制造商与集成商,如国内的华为、海康威视、浙江大华、波粒科技和佳信捷也是 ONVIF 论坛的高级会员。

ONVIF 规范描述了网络视频的模型、接口、数据类型及数据交互的模式,并复用了一些现有的标准,如 WS 系列标准等。ONVIF 规范的目标是实现一个网络视频框架协议,使不同厂商所生产的网络视频产品(包括摄录前端、录像设备等)完全互通。

由于采用 WSDL + XML 模式,使 ONVIF 规范的后续扩展不会遇到太多的麻烦。XML 极强的扩展性与 SOAP 开发的便捷性将吸引更多的人来关注和使用 ONVIF 规范。ONVIF 组织日益扩大,与同领域的 PSIA、HDCCTV 相比,占据了绝对的人员优势。会员企业不乏国内外著名的设备制造商与集成商。一套规范、协议的生命周期与市场占有率是息息相关的,而 ONVIF 规范的发展则正是由市场来导向且由用户来充实的。每个成员企业都拥有加强、扩充 ONVIF 规范的权利。ONVIF 规范所涵盖的领域将不断增大。目前门禁系统的相关内容也即将被纳入 ONVIF 规范之中。在安防、监控系统急速发展的今天,效率和质量的领先所带来的价值不言而喻。ONVIF 协议提供了这样的潜质。ONVIF 规范的优势主要包括以下几点。

(1)协同性:不同厂商所提供的产品均可以通过一个统一的"语言"进行交流,方便了系统的集成。

(2)灵活性:终用户端和集成用户不需要被某些设备的固有解决方案所束缚,大大降低了开发成本。

(3)质量保证:不断扩展的规范将由市场来导向,在遵循规范的同时也满足主流的用户需求。

7.1.2 ONVIF 的技术框架

ONVIF 规范中设备管理和控制部分所定义的接口均以 Web Service 的形式提供。ONVIF 规范涵盖了完全的 XML 及 WSDL 的定义。每个支持 ONVIF 规范的终端设备均需提供与功能相应的 Web Service。服务器端与客户端的数据交互采用 SOAP。ONVIF 中的其他部分(如音视频流)则通过 RTP/RTSP 进行。ONVIF 的技术框架如图 7-1 所示。

以 IPC 摄像头为例,IPC 是 Web Service 服务器端,其提供的 Web 服务接口需符合 ONVIF 协议规范(这些接口在 ONVIF 规定的 WSDL 文档中),而客户端需要通过这些

图 7-1 ONVIF 技术框架

ONVIF 规范接口跟 IPC 通信,例如获取 IPC 的基本信息(厂家信息和版本信息等)、修改 IPC 的系统日期或时间、修改 IPC 的网络配置(IP 和子网掩码等)、获取/修改 IPC 摄像头的各种参数(视频分辨率、码率、帧率、OSD 和云台控制等)。由于 SOAP 不适合传输音视频流,所以 ONVIF 规范中的传输音视频流采用的是已经很成熟的 RTP/RTSP 多媒体传输协议。可以简单地理解为 IPC 的各种参数获取/配置都是通过 ONVIF 协议实现的,而音视频流多媒体传输采用的是 RTP/RTSP。

1. Web Service

Web Service 是基于网络的、分布式的模块化组件,用于执行特定的任务。Web Service 主要利用 HTTP 和 SOAP 使数据在 Web 上传输。Web 用户能够使用 SOAP 和 HTTP 通过 Web 调用的方法来调用远程对象,如图 7-2 所示。

Web Service 是基于 XML 和 HTTP/HTTPS 的一种服务,其通信协议主要基于 SOAP。服务器端、客户端以传递符合 XML 的 SOAP 消息实现服务的请求与回应,如图 7-3 所示。

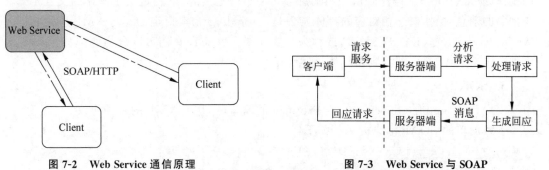

图 7-2 Web Service 通信原理   图 7-3 Web Service 与 SOAP

客户端根据 WSDL 描述文档会生成一个 SOAP 请求消息,该请求会被嵌入一个 HTTP POST 请求中,发送到 Web Service 所在的 Web 服务器。Web Service 请求处理器解析收到的 SOAP 请求,调用相应的 Web Service,然后生成相应的 SOAP 应答。Web 服务器得到 SOAP 应答后会再通过 HTTP 应答的方式把信息送回客户端,如图 7-4 所示。

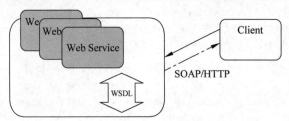

图 7-4 Web Service 客户端与服务器端交互流程

2. WSDL

WSDL 是 Web Service 描述语言(Web Service Description Language)的缩写,是一个

用来描述 Web 服务和说明如何与 Web 服务通信的 XML 语言,为用户提供详细的接口说明书。它是为描述 Web 服务发布的 XML 格式,W3C 组织(World Wide Web Consortium)没有批准 1.1 版的 WSDL,当前的 WSDL 版本是 2.0,是 W3C 的推荐标准(recommendation)(官方标准),并将被 W3C 组织批准为正式标准。WSDL 是描述 Web 服务的公共接口。这是一个基于 XML 的关于如何与 Web 服务通信和使用的服务描述,也就是描述与目录中列出的 Web 服务进行交互时需要绑定的协议和信息格式。通常采用抽象语言描述该服务支持的操作和信息,使用时再将实际的网络协议和信息格式绑定给该服务。

WSDL 信息模型充分利用了抽象规范与规范具体实现的分离,也就是分离了服务接口(抽象接口)与服务实现(具体端点)。抽象接口规范描述了终端的处理能力,它在 WSDL 中被表示为 PortType。束定机制(Binding Mechanism)在 WSDL 中被表示为 Binding 元素,它使用特定的通信协议、数据编码模型和底层通信协议,将 Web 服务的抽象定义映射至特定实现。若束定结合了实现的访问地址,抽象端点也就成为可供服务请求者调用的具体端点(Concrete Endpoint),WSDL 的 Port 元素表示了这一结合。抽象接口可以支持任何数量的操作(Operations)。操作是由一组消息(Messages)定义的,消息定义了操作的交互定式。与抽象的消息、操作概念相对应的具体实现是由 Binding 元素指定的。与 XML 应用相同,WSDL 模式定义了几个高层元素,或称为主要元素。WSDL 文档可以分为两部分:顶部分由抽象定义组成,而底部分则由具体描述组成。

3. SOAP

SOAP 是 Simple Object Access Protocol 的缩写,是基于 XML 的一种协议。

一条简单的 SOAP 消息的示例如下:

```
//chapter7/soapdemo.txt
<?xml version = "1.0" encoding = "utf - 8"?>
< Envelope xmlns = "http://www.w3.org/2003/05/soap - envelope"
xmlns:tds = "http://www.onvif.org/ver10/device/wsdl">
  < Header >
    < wsa:MessageID xmlns:wsa = "http://schemas.xmlsoap.org/ws/2004/08/addressing"> uuid:
8db8f280 - 2d52 - 4955 - 8c76 - fd4a0f1d30ef </wsa:MessageID>
    < wsa:To xmlns:wsa = "http://schemas.xmlsoap.org/ws/2004/08/addressing"> urn:schemas -
xmlsoap - org:ws:2005:04:discovery </wsa:To >
    < wsa:Action xmlns:wsa = "http://schemas.xmlsoap.org/ws/2004/08/addressing"> http://
schemas.xmlsoap.org/ws/2005/04/discovery/Probe</wsa:Action >
  </Header >

  < Body >
    < Probe xmlns = "http://schemas.xmlsoap.org/ws/2005/04/discovery" xmlns:xsi = "http://
www.w3.org/2001/XMLSchema - instance" xmlns:xsd = "http://www.w3.org/2001/XMLSchema">
      < Types > tds:Device </Types >
      < Scopes/>
    </Probe >
  </Body >
</Envelope>
```

在向 Web Service 发送的 SOAP 请求中，Body 元素中的字段需与 WSDL 中的数据类型相符合。在构建 SOAP 的过程中，必须从 WSDL 文件中获取并映射这种对应关系，如图 7-5 所示。然而这样一个对应过程将充满了重复性和机械性，为了避免不必要的人工差错及节约开发时间，一个名为 gSOAP 的编译工具应运而生。

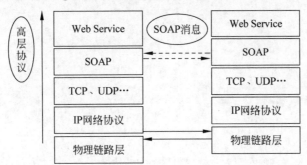

图 7-5 Web Service 与 SOAP 生成流程

gSOAP 利用编译器技术提供了一组透明化的 SOAP API，并将与开发无关而与 SOAP 实现细节相关的内容对用户隐藏起来。通过将 WSDL 文件解析序列化为 C/C++文件，最小化了 Web Service 的开发过程。

以下的实例是一个用 WSDL 定义的简单的股票价格咨询服务。服务支持的唯一操作称为 GetLastTradePrice，该服务使用基于 HTTP 的 SOAP 实现。请求带有一个字符串类型的交易标记（Ticker Symbol），同时返回一个浮点数类型的价格。通过 HTTP 实现的 SOAP 1.1 Request/Response 的示例代码如下：

```
//chapter7/soapdemo.txt
<?xml version = "1.0"?>
< definitions name = "StockQuote"
targetNamespace = "http://example.com/stockquote.wsdl"
xmlns:tns = "http://example.com/stockquote.wsdl"
xmlns:xsd1 = "http://example.com/stockquote.xsd"
xmlns:soap = "http://schemas.xmlsoap.org/wsdl/soap/"
xmlns = "http://schemas.xmlsoap.org/wsdl/">

< types >
< schema targetNamespace = "http://example.com/stockquote.xsd"
xmlns = "http://www.w3.org/1999/XMLSchema">
< element name = "TradePriceRequest">
< complexType >
< all >
< element name = "tickerSymbol" type = "string"/>
</all >
</complexType >
</element >
< element name = "TradePriceResult">
```

```
< complexType >
< all >
< element name = "price" type = "float"/>
</ all >
</ complexType >
</ element >
</ schema >
</ types >


< message name = "GetLastTradePriceInput">
< part name = "body" element = "xsd1:TradePriceRequest"/>
</ message >

< message name = "GetLastTradePriceOutput">
< part name = "body" element = "xsd1:TradePriceResult"/>
</ message >

< portType name = "StockQuotePortType">
< operation name = "GetLastTradePrice">
< input message = "tns:GetLastTradePriceInput"/>
< output message = "tns:GetLastTradePriceOutput"/>
</ operation >
</ portType >

< binding name = "StockQuoteSoapBinding" type = "tns:StockQuotePortType">
< soap:binding style = "document" transport = "http://schemas.xmlsoap.org/soap/http"/>
< operation name = "GetLastTradePrice">
< soap:operation soapAction = "http://example.com/GetLastTradePrice"/>
< input >
< soap:body use = "literal" namespace = "http://example.com/stockquote.xsd"
encodingStyle = "http://schemas.xmlsoap.org/soap/encoding/"/>
</ input >

< output >
< soap:body use = "literal" namespace = "http://example.com/stockquote.xsd"
encodingStyle = "http://schemas.xmlsoap.org/soap/encoding/"/>
</ output >

</ operation >
</ binding >
< service name = "StockQuoteService">
< documentation > My first service </documentation >
< port name = "StockQuotePort" binding = "tns:StockQuoteBinding">
< soap:address location = "http://example.com/stockquote"/>
</ port >
</ service >
</ definitions >
```

7.1.3　ONVIF 规范

ONVIF 规范向视频监控引入了 Web Service 的概念。设备的实际功能均被抽象为 Web Service 的服务,视频监控系统的控制单元以客户端的身份出现,通过 Web 请求的形式完成控制操作,如图 7-6 所示。

Web Service 为视频监控带来的优势主要包括以下几点(见图 7-7)。

(1) 设备的无关性:任何一个设备接入系统,不会对其他系统造成影响。

(2) 设备的独立性:每个设备只负责对接收的请求做出反馈,甚至不需要知晓控制端的存在。

(3) 管理的集中性:所有的控制由客户端发起。

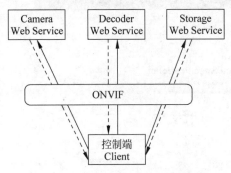

图 7-6　ONVIF 与 Web Service 服务

图 7-7　Web Service 为视频监控带来的便利

ONVIF 规范为视频监控带来的优势主要包括以下几点(见图 7-8)。

(1) 抽象了功能的接口,统一了对设备的配置及操作方式。

(2) 控制端关心的不是设备的型号,而是设备所提供的 Web Service。

(3) 规范了视频系统中 Web Service 范围之外的行为。

(4) ONVIF 提供了各个模块的 WSDL,拥有效率非常高的开发方式。

ONVIF 规范的内容主要包括设备发现、设备管理、设备输入/输出服务、图像配置、媒体配置、实时流媒体、接收端配置、显示服务、事件处理和 PTZ 控制等,如图 7-9 所示。

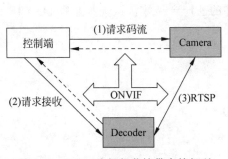

图 7-8　ONVIF 为视频监控带来的便利

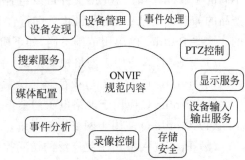

图 7-9　ONVIF 规范的主要内容

每个模块的接口都由相对应的 WSDL 文档进行描述,可以在 ONVIF 官网(Network Interface Specifications)中查阅,网址为 https://www.onvif.org/profiles/specifications/, 如图 7-10 所示。如果想快速浏览 ONVIF 所有模块的常用接口(ONVIF 2.0 Service Operation Index),则可通过网址 https://www.onvif.org/onvif/ver20/util/operationIndex. html 获取相关信息。需要注意的是,这里仅仅列出了常用接口,而不是全部接口,每个模块的全部接口需要进入每个模块的 WSDL 中查看,单击任意一个接口就会自动跳转到对应的 WSDL 文档链接处。例如 GetServices 接口在以上页面中没有显示,但显示在 http://www.onvif.org/ver10/device/wsdl/devicemgmt.wsdl 页面中,所以想看全部的接口,还是需要深入每个 WSDL 才可以。

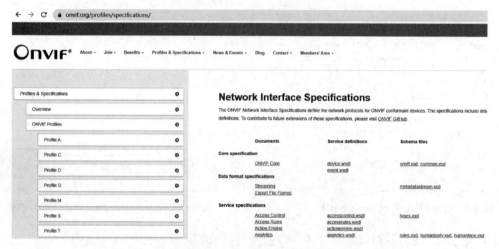

图 7-10　ONVIF 模块接口

7.1.4　ONVIF Profile

ONVIF 提供很多 Profile 概要文件,用于规范 ONVIF 设备端与 ONVIF 客户端的通信标准。目前已发布的 Profile 文件主要包括 Profile S、G、C、Q、A,不同的 Profile 文件应用于不同的领域,不同的 Profile 文件可以组合使用。Profile 文件的一致性是确保符合 ONVIF 产品的兼容性的唯一方法,因此只有符合 Profile 文件的注册产品才被认为是兼容 ONVIF 的。这些 Profiles 的应用范围不同,如下所示。

(1) Profile S 应用于网络视频系统。

(2) Profile G 应用于边缘存储与检索。

(3) Profile C 应用于网络电子门禁系统。

(4) Profile Q 应用于网络视频系统,用于快速安装。

(5) Profile A 应用于更广泛的访问控制系统。

(6) Profile T 应用于高级视频流。

1．Profile S

Profile S 应用于网络视频系统。Profile S 设备（如网络摄像机或视频编码器）可以将视频数据通过 IP 网络发送到 Profile S 的客户端。Profile S 的客户端（如视频管理软件）可以配置、请求和控制 Profile S 设备上的 IP 网络视频流，为网络视频系统的产品提供帮助，例如视频和音频流、PTZ 控制和继电器输出、视频配置和多播等。

2．Profile G

Profile G 应用于边缘存储与检索。Profile G 设备（如网络摄像机或视频编码器）可以通过网络或本地存储录像。Profile G 客户端（如视频管理软件）可以配置、请求和控制 Profile G 设备上的录像。Profile G 可以近乎完美地被应用在网络视频系统的边缘存储与检索层面，主要特点包括配置、请求、控制录像、接收视频/音频流等。

3．Profile C

Profile C 应用于网络电子门禁系统。Profile C 在网络电子门禁系统具备强大的系统管理功能，支持站点信息、门禁控制、事件和报警管理。

4．Profile Q

Profile Q 应用于网络视频系统，其目的是提供 Profile Q 产品的快速发现和配置（如网络摄像机、网络交换机、网络监视器）。Profile Q 的客户端能够发现、配置和控制 Profile Q 设备。同时支持传输层安全协议（TLS），允许 ONVIF 设备与客户端以防止篡改和窃听的安全方式进行网络通信。

5．Profile A

Profile A 应用于访问控制系统。Profile A 设备可以检索信息、状态和事件，并配置访问规则、凭据和时间表等。Profile A 的客户端可以访问规则配置、凭据和时间表，也可以检索和接收标准化的访问控制相关事件。

6．Profile T

Profile T 应用于高级视频流，具有高级视频流的能力，并且扩展了元数据流和分析的特征集。Profile T 能更高效地处理高清摄像头的视频流，同时，还涵盖了元数据流 HTTP/TLS 流式传输、WebSocket 流式传输，包括分析和事件。

7.1.5　ONVIF 应用

与 ONVIF 应用系统相关的几个名词如下。

（1）CMU（Center Manager Unit），即中心管理单元。

（2）PU（Prefocus Unit），即监控前端单元，负责在 CMU 的控制下使用摄像机采集视频流、使用话筒采集音频流、使用控制口采集报警信息、对摄像机云台镜头进行控制。

（3）CU（Client Unit），监控系统的监控客户端单元，负责将 PU 采集到的视频流、音频流、报警信息提交给监控用户，并根据用户要求操作 PU 设备，如云台、镜头等。

一个传统视频监控系统的局域网应用场景如图 7-11 所示,主要步骤如下。

(1) PU 设备上线后,向 CMU 注册,建立连接。

(2) CMU 与 PU 进行信令交互,请求能力集,获取配置。

(3) CU 上线,向 CMU 注册,建立连接。

(4) CMU 与 CU 进行信令交互,传输设备列表。

(5) CU 向 PU 请求码流。

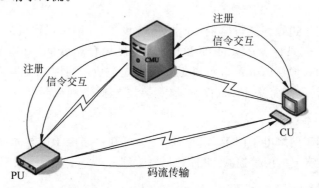

图 7-11 传统的局域网视频监控系统

应用 ONVIF 规范后的局域网应用场景如图 7-12 所示,主要步骤如下。

(1) PU 设备上线后,向 CMU 发送 Hello 消息。

(2) 当 CMU 需要搜寻设备时,向 PU 发送 Probe 消息。

(3) CMU 与 PU 进行信令交互,请求能力集,获取配置。

(4) CU 上线,向 CMU 注册,建立连接。

(5) CMU 与 CU 进行信令交互,传输设备列表。

(6) 在 CMU 的协调下,CU 同 PU 建立连接以传输码流。

上述场景应用 ONVIF 后,PU 与 CMU 的交互方式发生了改变,CMU 不再与 PU 保持长连接;遵循 ONVIF 规范,信令及消息内容有了统一的标准。

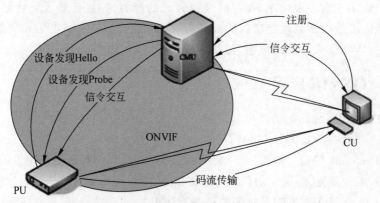

图 7-12 应用 ONVIF 的局域网视频监控系统

扬帆起航

水木书荟

清华大学出版社
TSINGHUA UNIVERSITY PRESS

May all your wishes
come true

如果知识是通向未来的大门，
我们愿意为你打造一把打开这扇门的钥匙！

https://www.shumushuhui.com/

图书详情 | 配套资源 | 课程视频 | 会议资讯 | 图书出版

乘风破浪

水木书苑

May all your wishes come true

可以将 ONVIF 理解为 C/S 模式,通过 Web Service 和 RTSP 进行交互,如下所示。

> ONVIF = 服务器端 + 客户端 = (Web Service + RTSP) + 客户端 = ((WSDL + SOAP) + RTSP) + 客户端

WSDL 是服务器端用来向客户端描述自己实现哪些请求,以及发送请求时需要带上哪些参数的 XML 组织格式;SOAP 是客户端向服务器端发送请求时的参数的 XML 组织格式。Web Service 实现摄像头控制(如一些参数配置、摄像头的上下左右 PTZ 控制)。RTSP 用来实现摄像头视频传输。Web Service 摄像头控制具体到技术交互实现上,其实和 HTTP 差不多,客户端以类似 HTTP POST 的格式向服务器端发送请求,然后服务器端响应客户端请求。例如,GetStatus 请求的示例如下(POST 的 data 部分就是 SOAP 格式):

```
//chapter7/soapdemo.txt
POST /onvif/device_service HTTP/1.1
Host: 192.168.220.128
Content - Type: application/soap + xml; charset = utf - 8
Content - Length: 333

<?xml version = "1.0" encoding = "utf - 8"?>
< s:Envelope xmlns:s = "http://www.w3.org/2003/05/soap - envelope" xmlns:tptz = "http://www.onvif.org/ver20/ptz/wsdl" xmlns:tt = "http://www.onvif.org/ver10/schema">
  < s:Body >
    < tptz:GetStatus >
      < tptz:ProfileToken > prof0 </tptz:ProfileToken >
    </tptz:GetStatus >
  </s:Body >
</s:Envelope >
```

7.1.6 ONVIF 测试工具

IPC 摄像头默认的 IP 网段都是 192.168.1.X,属于 C 类地址,其中 A 类、B 类和 C 类网段地址如下。

(1) A 类私有地址: 10.0.0.0 到 10.255.255.255。

(2) B 类私有地址: 172.16.0.0 到 172.31.255.255。

(3) C 类私有地址: 192.168.0.0 到 192.168.255.255。

ONVIF Device Test Tool 是一个常用的 ONVIF 测试工具,下载网址为 https://sourceforge.net/directory/windows/? q = onvif + device + test + tool。安装好 ONVIF Device Test Tool 工具后,将计算机 IP 地址设置成 192.168.1.X 网段,将 IPC 摄像头与计算机接入同一局域网内(直连或通过交换机都可以)。打开 ONVIF Device Test Tool 工具,单击 Discover Devices 按钮搜索局域网内的所有 IPC,如图 7-13 所示。

可以看出,搜索到了一个 IP 地址为 192.168.1.13 的 IPC。需要注意的是,IPC 摄像头内部也是有操作系统的,开机需要一段时间,根据不同 IPC,时间为 15~30s,要等到开机后

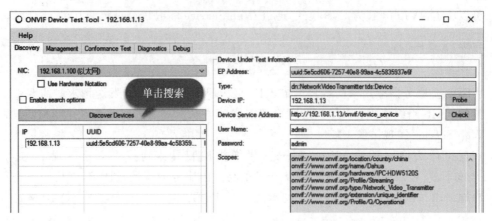

图 7-13　ONVIF Device Test Tool

才能搜索到。

　　也可以使用浏览器登录,打开浏览器,输入用户名和密码,登录 IPC 摄像头的 Web 后台操作界面,在 Web 上实时预览,修改主辅码流的各种参数,包括分辨率、帧率、码率、OSD等,如图 7-14 所示。

图 7-14　浏览器登录 IPC 后台

　　也可以使用 ONVIF Device Manage(ODM)测试工具,下载网址为 https://sourceforge.net/projects/onvifdm/files/latest/download。该工具主要用来验证设备是否支持 ONVIF,以及实时预览、PTZ 控制及远程配置 IPC 参数等。运行 ODM,在左侧设备列表中会显示当前的 ONVIF 设备。也有可能在列表中没有找到当前设备,此时就需要手动输入。可以单击 Device list 的左下角 Add 按钮,添加 ONVIF 设备。URI 需要根据实际情况添加,假如 IP 为 192.168.1.106,则需要输入 http://192.168.1.106:5555,如图 7-15 所示。

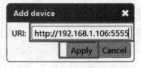

图 7-15　ODM 添加设备

然后单击 Apply 按钮,即可添加设备。单击某个设备会在右侧显示 ONVIF 设置的选项状态,在 Video streaming 页面显示视频流,如图 7-16 所示。

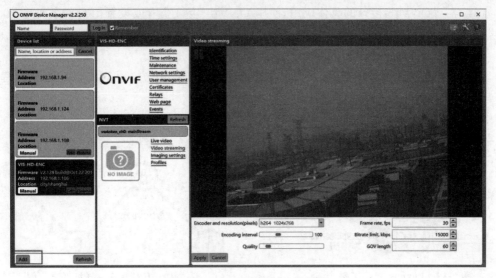

图 7-16　ODM 预览 IPC 的视频

7.1.7　ONVIF 开发 IPC 的流程

这里先简要地介绍 IPC 客户端的开发流程,主要是应用 ONVIF 协议,并且需要 FFmpeg 的辅助,如图 7-17 所示。ONVIF 协议既然是 Web Service 框架,那就不需要自己造轮子了,ONVIF 协议部分由 gSOAP 工具自动生成代码框架,而 RTP/RTSP 音视频传输部分则采用开源的 FFmpeg 即可,FFmpeg 在音视频处理方面非常强大,如图 7-18 所示。

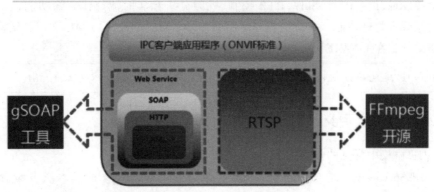

图 7-17　IPC 客户端开发流程

应用 ONVIF 协议开发 IPC 客户端的具体流程如图 7-19 所示,具体步骤如下。

（1）使用 gSOAP 将 WSDL 转换为 C/C++源码。

（2）学习 ONVIF 接口的具体应用,使用 ONVIF 接口获取或设置 IPC 的各种参数,如分辨率、码率和音视频流的 RTSP 地址。

（3）调用 FFmpeg 获取音视频频流数据。

（4）对音视频流数据进行各种业务处理,例如存储视频流、预览视频画面和远程控制等。

图 7-18　FFmpeg 转码工具

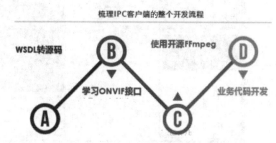

图 7-19　IPC 客户端详细开发步骤

7.2　ONVIF 功能概述

ONVIF 是基于网络视频的使用案例,适用于局域网和广域网。规范始于一个核心套接口函数配置和通过定义它们的服务类接口实现控制网络视频设备。网络视频设备包括 NVT、NVD、NVS 和 NVA。这个架构在未来还会慢慢扩展和增强。该框架涵盖了不同网络视频环境下的各个阶段,从网络视频设备部署和配置阶段到实时流处理阶段。这个规范涵盖了设备发现、设备配置、事件、PTZ 控制、视频分析和实时流媒体直播功能,以及搜索、回放和录像录音管理功能。所有的服务使用同一种 XML schema（XML 文档的结构）,所用到的数据类型都在 ONVIF schema 中定义。

注意：ONVIF 规范的详细内容可参考 ONVIF2.0 中文协议原版（文字版）.pdf。

7.2.1　概念定义

ONVIF 协议中常见的概念如下。

（1）Ad-hoc network：自组织网络,经常作为一个本地独立的基本服务设置术语来使用。

（2）Basic Service Set：基础服务集,一组成功加入一个公共网络中的 IEEE 802.11 工作站。

（3）Capability：功能命令，允许客户端通过设备请求服务。

（4）Configuration Entity：配置实体，一个网络视频设备抽象组件，用于在网络上产生媒体流，也就是音视频流。

（5）Control Plane：控制平台，由媒体的控制功能组成，如设备控制、媒体配置和 PTZ 命令。

（6）Digital PTZ：数字 PTZ，通过调整图像的位置和比例来减小或扩大一张图像。

（7）Imaging Service：成像功能，如曝光时间、高增益和白平衡参数等功能。

（8）Infrastructure network：网络构架，一个 IEEE 802.11 网络包括一个接入口。

（9）Input/Output（I/O）：输入/输出，一般的端口和音视频输入/输出口。

（10）Layout：布局，定义在监视器上显示区域的安排。

（11）Media Entity：媒体实体，媒体配置实体，如视频源、编码器、音频源、PTZ 和解析器。

（12）Media Plane：媒体平台，由媒体流组成，如音视频和元数据。

（13）Media Profile：媒体属性，管理一个音视频源或将一个音频输出到一个视频或一个音频解码器，同时管理音频解码器、PTZ、分析器配置。

（14）Metadata：元数据，除了音视频外的所有流数据，包括视频分析结果、PTZ 位置数据和其他元数据（如系统应用的文本数据）。

（15）Network Video Transmitter(NVT)：网络视频发射器，网络视频服务（如一个 IP 网络摄像机或一个解码驱动器）通过一个 IP 网络将媒体数据传给客户端。

（16）Network Video Display(NVD)：网络视频显示器，网络视频接收器（如一个网络监视器）通过 IP 网络从 NVT 接收媒体数据。

（17）Network Video Storage(NVS)：网络视频存储器，一个存储从流设备接收的媒体数据和元数据，如一个 NVT，通过 IP 网络传送到一个永久存储媒介。网络视频服务器也能使客户端查看存储器中的数据。

（18）Network Video Analytics(NVA)：网络视频分析器，用于分析从流设备收到的数据，如一个 NVT 或一个存储设备（如一个 NVS）。

（19）Optical Zoom：变焦，改变 NVT 的焦距。

（20）Pane：窗格，在一块屏面上定义一定区域。

（21）PKCS：公钥加密标准，指的是一些 RSA 安全机构设计和发布的公钥标准。

（22）Pre Shared Key：设备静态码，设备的静态密钥。

（23）PTZ Node PTZ：节点，低级的 PIZ 实体管理 PTZ 设备和它的功能。

（24）PullPoint：拖曳消息资源，通过拖曳消息，通知不会被防火墙阻塞。

（25）Recording：记录，表示当前的存储媒介和在 NVS 上从单一数据源接收的元数据，一个记录可以包含一个或多个轨道，一个记录能有多个同类型的轨道，如同时记录两个具有不同设置的视频轨道。

（26）Recording Event API：记录事件，一个事件与一个记录相关联，通过一个应用接口消息表现出来。

(27) Recording Job：记录工作，通过特定的配置，将数据从一个数据源传到指定的一条记录数据中。

(28) Remote Discovery Proxy(Remote DP)：远程设备搜索服务器，此服务器允许一台NVT在远程设备搜索服务器上注册，并在客户端上通过 Remote DP 找到注册的 NVTs，即使 NVC 和 NVT 在不同的网络管理域中。

(29) Scene Description：场景描述，通过视频分析器把场景的位置和行为转换为元数据输出。

(30) Service Set ID：服务 ID，一个 IEEE 802.11 无线网络服务身份号。

(31) Track：轨道，一段独有的由音视频或元数据组成的数据信道。

(32) Video Analytics：视频分析算法，用于分析视频数据和产生数据描述的算法或程序。

(33) Wi-Fi Protected Access Wi-Fi：授权程序，一套由 Wi-Fi 联盟创建用于保证安全的程序。

7.2.2　缩写

ONVIF 协议中常见的缩略词如下。

(1) AAC(Advanced Audio Coding)：高级音频编码。

(2) ASN(Abstract Syntax Notation)：信息的抽象句法。

(3) A/VP(Audio/Video Profile)：音视频情景。

(4) A/VPF(Audio/Video Profile for RTCP Feedback)：实时的音视频情景。

(5) BLC(Back Light Compensation)：背光补偿。

(6) BSSID(Basic Service Set Identification)：基础服务集鉴定。

(7) CA(Certificate Authority)：认证授权。

(8) CBC(Cipher-Block Chaining)：加密块链模式。

(9) CCMP(Counter mode with Cipher-block chaining Message authentication code Protocol)：计数器模式密码块链消息完整码协议。

(10) DER(Distinguished Encoding Rules)：可辨别编码规则。

(11) DHCP(Dynamic Host Configuration Protocol)：动态主机设置协议。

(12) DHT(Define Huffman Table)：定义霍夫曼表。

(13) DM(Device Management)：设备管理。

(14) DNS(Domain Name Server)：域名服务器。

(15) DQT(Define Quantization Table)：定义量化表。

(16) DP(Discovery Proxy)：查找服务。

(17) DRI(Define Restart Interval)：定义重启间隔。

(18) EOI(End Of Image)：图像的结束。

(19) FOV(Field Of View)：视场。

（20）GW（Gateway）：网关。

（21）HTTP（Hypertext Transfer Protocol）：超文本传输协议。

（22）HTTPS（Hypertext Transfer Protocol over Secure Socket Layer）：超文本传输协议安全。

（23）IO（I/O，Input/Output）：输入/输出。

（24）IP（Internet Protocol）：互联网协议。

（25）IPv4（Internet Protocol Version 4）：互联网协议第4版。

（26）IPv6（Internet Protocol Version 6）：互联网协议第6版。

（27）Ir（Infrared）：红外线。

（28）JFIF（JPEG File Interchange Format）：文件交换格式。

（29）JPEG（Joint Photographic Expert Group）：联合图像专家组。

（30）MPEG-4（Moving Picture Experts Group -4）：运动图像专家组-4。

（31）MTOM（Message Transmission Optimization Mechanism）：消息传输优化机制。

（32）NAT（Network Address Translation）：网络地址转换。

（33）NFC（Near Field Communication）：近距离无线通信技术。

（34）NTP（Network Time Protocol）：网络时间协议。

（35）NVA（Network Video Analytics Device）：网络视频分析器。

（36）NVC（Network Video Client）：网络视频客户端。

（37）NVD（Network Video Display）：网络视频显示。

（38）NVT（Network Video Transmitter）：网络视频发射器。

（39）NVS（Network Video Storage Device）：网络视频存储设备。

（40）OASIS（Organization for the Advancement of Structured Information Standards）：促进信息结构标准进步的组织机构。

（41）ONVIF（Open Network Video Interface Forum）：公开的网络视频接口论坛。

（42）POSIX（Portable Operating System Interface）：可移植性操作系统接口。

（43）PKCS（Public Key Cryptography Standards）：公钥标准。

（44）PSK（Pre Shared Key）：预共享密钥。

（45）PTZ（Pan/Tilt/Zoom）：云台全方位（上下、左右）移动及镜头变倍、变焦控制。

（46）REL（Rights Expression Language）：权限表达语言。

（47）RSA（Rivest Sharmir and Adleman）：公钥加密算法。

（48）RTCP（RTP Control Protocol）：实时控制传输协议。

（49）RTP（Realtime Transport Protocol）：实时传输协议。

（50）RTSP（Real Time Streaming Protocol）：实时流传输协议。

（51）SAML（Security Assertion Markup Language）：安全断言标记语言。

（52）SDP（Session Description Protocol）：会话描述协议。

（53）SHA（Secure Hash Algorithm）：安全散列算法。

（54）SOAP（Simple Object Access Protocol）：简单对象访问协议。

（55）SOI(Start Of Image)：图像的开始。

（56）SOF(Start Of Frame)：帧开始。

（57）SOS(Start Of Scan)：扫描开始。

（58）SR(Sender Report)：发送报告。

（59）SSID(Service Set ID)：服务集标识符。

（60）TCP(Transmission Control Protocol)：传输控制协议。

（61）TLS(Transport Layer Security)：传输层安全。

（62）TKIP(Temporal Key Integrity Protocol)：临时密钥完整性协议。

（63）TTL(Time To Live)：生存时间。

（64）UDDI(Universal Description，Discovery and Integration)：通用描述、发现与集成服务。

（65）UDP(User Datagram Protocol)：用户数据报协议。

（66）URI(Uniform Resource Identifier)：统一资源标识符。

（67）URN(Uniform Resource Name)：统一资源名称。

（68）USB(Universal Serial Bus)：通用串行总线。

（69）UTC(Coordinated Universal Time)：世界标准时间。

（70）UTF(Unicode Transformation Format)：Unicode(统一码)：转换格式。

（71）UUID(Universally Unique Identifier)：通用唯一识别码。

（72）WDR(Wide Dynamic Range)：宽动态范围。

（73）WPA(Wi-Fi Protected Access)：Wi-Fi 网络安全存取。

（74）WS(Web Services)：网络服务。

（75）WSDL(Web Services Description Language)：Web 服务描述语言。

（76）WS-I(Web Services Interoperability)：网络服务的互通性。

（77）XML(eXtensible Markup Language)：可扩展标记语言。

7.2.3 Web 服务

Web 服务是一种集成应用程序的标准化方法的名称，它基于 IP 网络，使用开放且平台独立的 Web 服务标准，如 XML、SOAP 1.2 和 WSDL 1.1，其中 XML 被用作数据描述的语法，SOAP 用于消息传递，WSDL 用来描述服务。这个框架是建立在 Web 服务标准上的，定义在标准里的所有配置服务都表示为 Web 服务操作，并在 WSDL 中定义，使用 HTTP 作为底层的通信机制。基于 Web 服务进行开发的基本原理如图 7-20 所示。

图 7-20　基于 Web 服务的开发原理

服务供应者(Service Provider)用于实现 ONVIF 的服务或者其他服务,这些服务采用基于 XML 的 WSDL 语言进行描述,然后由 WSDL 描述的文档将作为服务请求(客户端)实现或者整合的基础。WSDL 编译工具的使用简化了客户端的整合过程,WSDL 编译工具能生成与平台相关的代码,也就是说,客户端开发者可以通过这些代码把 Web 服务整合到应用程序中。Web 服务器端和客户端的数据交互采用 SOAP 消息交换协议。SOAP 是一个轻量级的基于 XML 的消息传递协议,对 Web 服务请求和应答消息进行 SOAP 封装,形成 SOAP 请求和应答消息,然后传送到网络。SOAP 消息独立于任何操作系统或协议,而且可以使用各种不同的网络传输协议进行传送。ONVIF 定义了一致的 SOAP 消息传输协议,用于描述 Web 服务。在规范中,Web 服务概述部分讲解了各种 ONVIF 服务、命令语法、错误处理机制和采用的网络安全机制。为了确保互操作性,所有定义的服务都遵循 Organization(WS-I)Basic Profile 2.0 的建议和使用文档/文字封装模型。

7.2.4　设备发现

在 ONVIF 规范中定义的配置接口都是基于 WS-Discovery 标准的 Web 服务接口。该标准的使用,使重复使用一个合适的现有的 Web 服务发现框架成为可能,而不是需要定义一个全新的服务或者寻址服务定义。该标准介绍了一种适用于视频监控目的且具体的发现行为。例如,一个完全可互操作的设备发现,需要一个完整的服务定义和服务搜索标准,为了实现这种方式,规范包含设备类型和范围定义。一个成功的发现会提供设备服务地址,一旦客户端有了设备的地址,客户端就能通过设备服务接收详细的设备信息。除了标准的网络服务发现协议,规范还支持远程发现代理,即使客户端和设备处于不同的管理网络域内,也可以通过远程发现代理找到注册设备。

7.2.5　设备类型

设备类型体现了一个设备的基本功能。ONVIF 规范定义了以下几种设备类型:
(1) 网络视频传输设备(NVT)。
(2) 网络视频显示设备(NVD)。
(3) 网络视频存储设备(NVS)。
(4) 网络视频分析设备(NVA)。
对于每个设备类型的一些服务是强制性的,一个设备可以支持其他可选的服务,设备可以通过设备发现机制发布有效的可选服务。

7.2.6　设备管理

设备管理功能都是通过网络服务实现的。设备服务是设备提供其他所有服务的入口点。设备管理接口主要包括功能、网络、系统和安全等几大类。
客户端可以通过功能类命令获取设备提供的服务,并且确定哪些是设备通用的服务,哪些是设备供应商特定的服务。功能由不同的设备服务构成并进一步划分出子类功能,主要包括 分析、设备、功能、网络、系统、输入/输出、安全、事件、成像、媒介、PTZ、驱动输入/输出、显示、记录、查找、重放和分析设备等。对于不同类型的功能,它们的服务命令和参数设置只对特定的服务和子类服务有效。

　　网络的规范化管理功能包括读取和设置主机名、读取和配置 DNS、读取和配置 NTP、读取和设置动态的 DNS、读取和配置网络接口、使能/不使能和列出网络协议、读取和配置默认的网关、读取和配置 Zero、读取和设置默认的网关、读取/增加/删除 IP 地址滤波器。

　　系统命令用于管理设备系统设置读取设备信息、进行系统备份、读取和设置系统数据和时间、恢复出厂设置、固件升级、读取系统日志、读取设备信息(支持信息)、重启、读取和设定设备发现参数。

　　系统信息,如系统日志,供应商特定支持信息和配置备份图像,能够通过 MTOM 或 HTTP 恢复检索。MTOM 方式通过 GetSystemLog、GetSystemSupportInformation 和 GetSystemBackup 命令实现。HTTP 方式通过 GetSystemUris 命令实现,文件可以用 HTTP GET 命令从检索的 URIs 中下载。

　　固件升级提供了两种方式:第 1 种是用 MTOM 通过 UpgradeSystemFirmware 命令发送新的固件映像;第 2 种要分为两个阶段进行,第一阶段客户端发送 StartFirmwareUpgrade 命令告知设备准备固件升级,然后通过 HTTP POST 发送固件映像。HTTP 方式用于资源受限设备,该设备在正常工作状态下不能接收新的固件映像。

　　系统还原允许设备从一个备份映像中恢复设备配置信息。系统还原也提供了两种实现方式:第 1 种通过 MTOM 用 RestoreSystem 命令发送备份映像;第 2 种用 StartSystemRestore 命令,然后用 HTTP POST 协议发送备份映像。

　　设备安全管理配置命令主要包括读取和设置使用的安全策略、处理用户凭证和设置、处理 HTTPS 服务证书、使能/不使能 HTTPS 客户身份认证、密钥生成和证书下载功能、处理 IEEE 802.1X 客户端证书、处理 IEEE 802.1X 认证授权和 IEEE 802.1X 配置等。

7.2.7　设备输入/输出

　　设备输入/输出服务提供的指令用于恢复和配置设备的输入/输出。设备输入/输出服务的 WSDL 在 DeviceIOService.wsdl 中有详细说明。设备输入/输出服务支持的设备接口主要包括视频输出、视频源、音频输出、音频源和中继输出。现有接口命令表如下:

```
GetVideoOutputs:读取设备所有的视频输出
GetVideoSources:读取设备所有的视频源
GetAudioOutputs:读取设备所有的音频输出
GetAudioSources:读取设备所有的音频源
GetRelayOutputs:读取设备所有的中继输出
```

视频输出、视频源、音频输出和音频源支持的命令如下:

设置设备名称配置(Set < device name > Configuration):改变某个接口的配置
读取设备名称配置(Get < device name > Configuration):读取某个接口的配置
读取设备名称配置选项(Get < device name > ConfigurationOptions):读取某个接口的属性值

中继输出支持的命令如下:

SetRelayOutputSettings:改变一个中继输出的配置
SetRelayOutputState:设置逻辑状态

7.2.8　图像配置

图像服务提供了图像属性的配置和控制服务,WSDL 作为架构一部分,详见图像
WSDL 文件。图像配置包括以下操作:

(1) 读取和配置成像参数(如曝光时间、增益和白平衡)。

(2) 读取成像配置选项(对于成像参数的范围)。

(3) 变焦。

(4) 停止正在进行的调焦。

(5) 读取位置和焦距状态。

7.2.9　媒体配置

媒体配置通过媒体服务来处理。媒体配置用于决定在规范中定义的流媒体属性,设备
通过媒体服务提供媒体配置。实时视频流和音频
流配置通过媒体配置文件控制,一个媒体配置文
件管理一个音视频源到一个音视频编码器、PTZ
和分析配置,如图 7-21 所示。根据不同的功能,
NVT 会呈现出不同的配置文件(配置文件可以动
态地改变)。

一个具有媒体配置服务的设备在启动后至少
提供一个媒体配置文件。一个设备应该提供一些

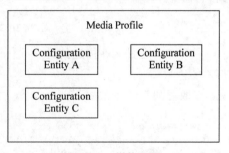

图 7-21　媒体配置

现成的最常见的媒体配置文件以供使用。配置文件含有一个"固定"属性,该属性表示用于
表示配置文件能否被删除,这个属性可以通过 NVT 定义。一个配置文件由一系列相关联
的配置实体构成。通过 NVT 能够创建静态或动态的配置,例如,根据现有编码资源,NVT
能够创建一个动态的配置。一个配置实体是以下配置中的一种:

(1) 视频源配置。

(2) 音频源配置。

(3) 视频编码器配置。

(4) 音频编码器配置。

(5) PTZ 配置。

（6）视频分析配置。

（7）元数据配置。

（8）音频输出配置。

（9）音频解码器配置。

一个配置文件由全部或部分的配置实体组成，NVT 的功能决定了一个特定的配置实体能否成为配置文件的一部分。例如，只有在支持音频的设备中，其配置文件才能包含音频源和音频编码两个配置实体。一个完整的配置文件举例如图 7-22 所示。

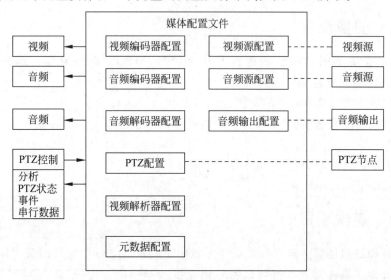

图 7-22　媒体配置文件完整案例

一个媒体配置文件描述的是在媒体流中如何给予和将什么给予客户端，同时怎样处理 PTZ 的输入和分析。

读取源列表的命令如下：

```
//chapter7/onvif.help.txt
GetVideoSources:在设备上读取所有存在的视频源
GetAudioSources:在设备上读取所有存在的音频源
GetAudioOutputs:在设配上读取所有存在的音频输出
```

管理媒体配置文件的命令如下：

```
//chapter7/onvif.help.txt
CreateProfile:创建一个新的媒体配置文件
GetProfiles:读取所有存在的媒体配置文件
GetProfile:读取某个媒体配置文件
DeleteProfile:删除某个媒体配置文件
Add<configuration entity>:将某个配置实体增加到媒体文件
Remove<configuration entity>:从配置文件中删除某个配置实体
```

管理配置实体的命令如下：

```
//chapter7/onvif.help.txt
Get < configuration entity > Options:读取某个配置实体的当前属性值
Set < configuration entity >:设置一个配置实体
Get < configuration entity > s:读取某类的所有配置实体
Get < configuration entity >:读取某个配置实体
GetCompatible < configuration entity > s:读取某个媒体配置文件中所有的配置实体
```

配置实体< configuration entity >是指配置实体的类，例如，一个用于读取一个视频编码器配置的完整命令如下：

```
GetVideoEncoderConfiguration
```

初始化和操作音视频流的命令如下：

```
//chapter7/onvif.help.txt
GetStreamUri:为某个媒体请求一个有效的 RTSP 或 HTTP 流标识符
StartMulticastStreaming:利用某个配置文件开始多路出送
StopMulticastStreaming:停止多路传输
SetSynchronizationPoint:在正在进行的流传输中插入一个同步节点
GetSnapshotUri:为某个能获取 JPEG 快照的配置文件请求一个有效的 HTTP 标识符
```

7.2.10 实时流

ONVIF 标准规定了流媒体的选项和格式。首先要区分媒体平面和控制平面，如图 7-23 所示。为了提供可互操作的媒体流服务，媒体流(音视频、元数据)服务选项都是使用 RTP 进行描述的。元数据流容器格式支持定义良好的实时流分析、PTZ 状态和消息数据。媒体配置是通过 SOAP/HTTP 完成的。媒体控制通过在 RFC2326 中定义的 RTSP 完成，利用 RTP、RTCP 和 RTSP 分析，以及基于 RTP 扩展的 JPEG 和组播控制机制。ONVIF 标准介绍了基于 RTSP 的扩展，用于允许双向的流连接。

流配置支持的视频编解码如下：

(1) JPEG(通过 RTP)。

(2) MPEG-4 简单级(SP)。

(3) MPEG-4 高级简单级(ASP)。

(4) H.264-Baseline。

(5) H.264-Main。

(6) H.264-Extend。

(7) H.264-High。

流配置支持的音频编解码如下：

(1) G.711 [ITU-T G.711]。

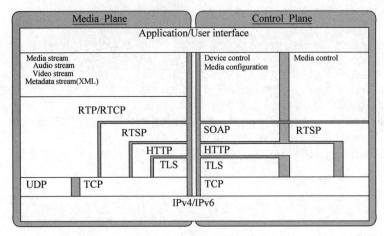

图 7-23　媒体流层级结构

（2）G.726［ITU-T G.726］。

（3）AAC［ISO 14496-3］。

7.2.11　事件处理

事件处理是基于 OASIS WS-BaseNotification 和 WS-Topics 规范的，这些规范可以重用丰富的通知架构，而不需要重新定义处理原则、基本格式和通信方式。按照 WS-BaseNotification 协议，通过 Pullpoint 通知模式可实现防火墙穿越，然而这种模式不支持实时通知，因此，这个规范定义了一个可供选择的 Pullpoint 通知模式和服务接口。这种模式在使用 WS-BaseNotification 架构时，允许客户端在防火墙后接收实时通知。一个完全标准的事件需要规范的通知，然而通知的主题在很大程度上依赖于应用需求，该规范定义了一系列基本的通知主题，建议设备支持这些通知主题。此外，对于一些服务，这个规范扩展了基本的含有强制事件的通知主题。事件及相关扩展服务的 WSDL 在事件 WSDL 文件中进行详细说明。

7.2.12　PTZ 控制

PTZ 服务用于控制视频编码设备的云台全方位（上下、左右）移动及镜头变倍、变焦控制，如图 7-24 所示。PTZ 服务的 WSDL 应用详见 PTZ WSDL 文件。PTZ 控制原则上遵循媒体配置模式，主要由以下 3 部分组成。

（1）PTZ Node：用于管理 PTZ 设备和功能的低级 PTZ 实体。

（2）PTZ Configuration：保存某个 PTZ 节点的 PTZ 配置。

（3）PTZ Control Operation：PTZ 预设和状态操作。

一个具有 PTZ 功能的 NVT 可能有一个或许多个 PTZ 节点，一个 PTZ 节点可以由一个机械 PTZ 设备驱动，也可以由一个上传到视频编码器上的 PTZ 驱动或由一个数字的 PTZ 设备驱动。PTZ 节点是 PTZ 控制中最低级的实体，它用于指定支持的 PTZ 功能。

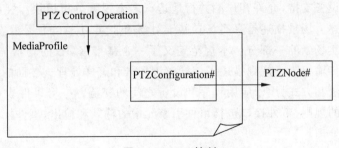

图 7-24 PTZ 控制

PTZ 配置在每个媒体配置文件中设置,并通过以下配置命令实现:

(1) 读取和配置摄像机转动、倾斜和变焦。

(2) 读取摄像机转动、倾斜和变焦配置参数。

该标准定义了以下 PTZ 控制操作:

(1) PTZ 完全的、相对的、连续的动作操作。

(2) 停止操作。

(3) 读取 PTZ 状态信息(如位置、错误和移动状态)。

(4) 读取、设置、删除和移动预设位置。

(5) 读取、设置和移动到中心位置。

7.2.13 视频分析

视频分析应用被分为图像分析和具体应用两部分。这两部分之间的接口产生一个抽象概念,即可根据出现的对象来描述一个场景。视频分析应用可以简化为对场景描述的比较和场景规则(如被禁止通过的虚拟线或定义的一个多边形保护区域),其他的规则可以是表示内部物体的行为,如物体紧跟另一个物体(对追尾的侦测),这些规则也可以用来禁止某些物体行为,如限速。视频分析应用对应的两部分又可简称为视频分析引擎和规则引擎,再加上事件和行为部分,构成了一个视频分析框架,如图 7-25 所示。视频分析架构由元素和接口组成,每个元素提供了一个功能,在一个完整的视频分析解决方案中,对应到一个语义上独特的实体。接口是单向性的,并且是具有特定内容的信息实体。对于规范来讲,只有接口是受支配的。架构的核心能力就是将任何元素或邻近元素组配到网络中的任何设备在规范中定义的接口,主要包括分析配置、场景描述、规则配置和事件接口等。规范定义了一个视频分析引擎的配置框架。这个架构使设备能按照客户端的配置进行分析,这样的模块配置能够通过客户端动态地增加、删

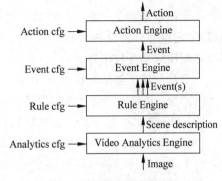

图 7-25 视频分析框架

除或修改。假如设备支持,允许客户端并行地运行多个视频分析模块。视频分析引擎的输出被称作场景描述。场景描述是真实场景基于对象的抽象,不管场景是静态的还是动态的,它们都可看作真实场景的一部分。本规范定义了一个基于 XML 的场景描述接口,它包括数据类型和数据传输机制。规则描述了怎样解读场景和怎样处理这方面的信息。规范定义了标准的规则语法和方式,用于应用程序和设备之间的交流。一个事件表示场景描述分析的状态和相关联的规则,事件接口包括事件引擎元素的输入和输出,事件接口通过一般的通知和主题架构来处理。

7.2.14 分析设备

分析设备服务必须用于独立的分析设备,用于执行对媒体数据流或元数据增强媒体流的评估过程,在同一时间,评估可能包含多个媒体流或元数据增强媒体流。分析设备服务是从现场或存储设备中接收媒体流或元数据增强数据流。假如分析器正在分析未压缩数据,这说明设备具有解码功能。分析设备服务是由客户端操作的,用于配置独立分析设备的属性和功能。独立分析设备不具备反向通道功能。使用事件服务可以获得分析设备服务的输出。此外,分析设备服务还支持 GetStreamUri 命令。

7.2.15 显示

显示服务用于控制客户端和配置显示设备。服务提供了窗格显示功能,也就是每个窗格占用物理显示(实际显示设备屏幕)的一定区域。窗格显示可以配置多个音频输入、输出与视频输出之间的映射关系,同时也引用了一个接收对象,即接收显示数据的对象。除此之外,显示服务还支持显示窗格属性的检索和配置。Layout 定义了窗格在显示器的布局情况(例如单个显示或分成 4 块显示)。服务提供了获取面板显示和改变显示布局命令。和显示布局命令一样,服务还提供了获取视频输出的编解码信息的命令。

7.2.16 接收器

一个接收器就是一个 RTSP 客户终端。接收器被用于其他处理媒体流的设备服务中,如显示、记录和分析设备服务。一个接收器对应一个配置,配置决定了 RTSP 终端连接到哪里和使用哪些连接参数。

一个接收器能够运行在以下 3 种不同的模式下。

(1) 总是连接:接收器尝试保持一个持续的连接,以便连接到设置端点。

(2) 断开连接:接收器不尝试连接。

(3) 自动连接:当媒体流在发出请求连接时连接。

一个单一的接收器可以被多个用户使用。例如,为了录制并分析一个流数据,那么录制工作和分析引擎就要使用同一接收器。假如接收端使用"自动连接"模式,那么只要记录或解析引擎是工作的,接收器都会处于连接状态,只有它们都不工作时才会断开。在接收服务中,通过调用 CreateReceiver 和 DeleteReceiver 操作,可以手动地创建和删除接收器,或在其他服务中,也可自动地创建和删除接收器。假如创建一个带有 AutoCreateReceiver 属性的录制工作,那么它就会自动创建一个接收器,并将录制工作附加到这个接收器上,在删除记录工作的同时也会删除接收器。

7.2.17　存储

标准提供了一系列的接口,用于支持可互操作的网络存储设备,例如网络存储器(NVR)、数字视频接收器(DVR)和嵌入式存储摄像机。存储服务支持记录控制、查找和回放等功能,这些功能通过 3 个相关联的服务来提供。

(1)记录服务使客户端能管理记录和配置数据源到记录器的数据传输。管理记录包括记录的创建和删除。

(2)查找服务是使客户端能查找存储器中的记录信息,例如,首先生成一个可见时间列表方式的记录视图,接着通过搜索包含在元数据跟踪记录中的事件,在一组记录中查找感兴趣的数据。

(3)回放服务使客户端能回放记录的数据,包括音频、视频和元数据。回放服务提供媒体流开始、停止播放,以及改变播放速度和回放方向的功能,也允许客户端从存储设备中下载数据,支持设备数据导出功能。

本标准的存储接口提供了一个数据在存储设备上的逻辑视图,该视图与数据可能在磁盘上的真实存储方式完全无关,如图 7-26 所示。在存储模式中关键的概念是记录(Recording),在规范中术语记录代表一个容器,容器中是一整套相关联的音视频和元数据轨道(Tracks),通常这些数据来自同一数据源,例如摄像机。一条记录可以容纳任何数量的轨道,一条轨道可看作一个可以无限长的时间轴,在某个时间段保存的数据。一条记录最少能够容纳 3 种类型的轨道,分别是音频、视频和元数据。在一些实现的记录服务中,每种类型的轨道又可以包含多条轨道,例如,同一个记录能够容纳两个视频轨道,一个包含低分辨率或低帧率流和一个包含高分辨率或高帧率流。值得注意的是,存储接口不能说明设备的内部存储结构,特别是,一个记录并不代表磁盘上的一个单一的文件,而在很多存储设备中,一个记录存储了一系列的文件。例如,一些摄像机通过创建不同的文件来记录每个发生的警报,尽管每个文件可以作为不同的记录来描述,但是在标准中采用这种模式的目的就是把它们聚合在一条记录中。在一条记录内数据记录的区域用一对事件来表示,每对事件都由记录开始时间的事件和记录结束时间的事件构成。通过查找服务的 FindRecordings 和 FindEvents 方式,客户端可以构建记录的逻辑画面。假如元数据被记录,元数据轨道就能保存所有数据源产生的事件。另外,设备也能够记录 ONVIF 定义的历史事件,这里包括记录数据范围的开始和结束的信息,设备还能够记录关于供应商的一些历史事件。设备产生的事件不会被插入已存在的元数据记录轨道中。查找服务中的 FindEvents 模式能帮助找到所有的记录事件。

记录服务使客户端能管理记录和配置数据源到记录的数据传输。管理记录包括记录和

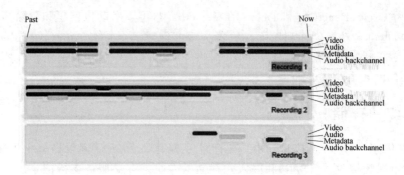

图 7-26　存储模式

轨道的创建和删除。记录工作是从一个记录源将数据传送到一个记录。一个记录源可以是一个接收服务创建的接收对象,也可以是一个在本地设备上编码数据的媒体文件。媒体文件可以用作一个在嵌入式存储摄像机的源。从存储数据到一条记录,一个客户端首先要创建一条记录和确保记录有必要的轨道,然后客户端创建一个记录工作,这个工作能从一个或多个源获取数据并存储到记录的轨道中。客户端可以创建多个记录工作,并把所有工作的数据都记录到同一条记录中,假如多个记录工作都处于活动状态,设备就会根据优先权原理在记录中定义的轨道之间选择。客户端可以在任何时候改变记录工作的模式,因此需要提供实现报警记录或人工记录特征的方法。尽管接收对象由 ReceiverTokens 鉴定,但是为了从其他设备接收数据,记录工作依赖于接收服务。

查找服务使客户端能够查找存储器设备中的记录信息,例如,首先生成一个可见时间列表方式的记录视图,接着通过搜索包含在元数据跟踪记录中的事件,在一组记录中查找感兴趣的数据。查找服务提供以下功能:

(1) 查找每个 Recordings 的记录和信息。

(2) 在元数据和历史数据中查找事件。

(3) 在元数据中查找 PTZ 位置。

(4) 在元数据中查找信息,如从 EPOS(电子销售点)系统中查找。

实际的搜索通过查找和结果获取两个操作实现,并且是异步进行的。每个查找操作都启动一个搜索对话,这样客户端就可以从查找对话中用增量的方式获取搜索结果,或者一次获取所有结果,这依赖于具体的实现和搜索的范围。有 4 对查找操作,分别对应记录、记录事件、PTZ 位置和元数据。

回放服务提供了一种机制,用于对存储的视频、音频和元数据进行回放,这个机制也可以用来从存储设备中下载数据,以便提供导出功能。回放服务是基于 RTSP 的,然而因为RTSP 不能直接地支持所有的回放需求,所以加入了一些协议的扩展。尤其是一个 RTP 头扩展被定义为允许一个绝对的时间戳与每个接入单元(视频帧)相关联,以及传输信息的流连续性。在回放服务中,GetReplayUri 命令返回记录的 RTSPURL 来允许它用 RTSP 来回放。

第8章
CHAPTER 8

ONVIF 框架代码案例应用

6min

ONVIF 接口被划分为不同模块,包括设备发现、设备管理、设备输入/输出服务、图像配置、媒体配置、实时流媒体、接收端配置、显示服务、事件处理、PTZ 控制等。每个模块的接口都由相对应的 WSDL 文档进行描述,可以在 ONVIF 官网(Network Interface Specifications)中查阅,网址为 https://www.onvif.org/profiles/specifications/。应用中经常用到网络摄像头(IPC)主要由当前占据主流视频监控摄像头市场的海康和大华两家企业生产,并且都支持 ONVIF 协议,而 ONVIF 协议框架代码的生成需要依赖开源项目gSOAP。

8.1 Windows 系统下生成 ONVIF 框架代码

使用 gSOAP 生成 ONVIF 框架代码,需要对应的 WSDL 文件及其他一些注意事项。

8.1.1 下载 WSDL 文件

在 ONVIF 官网 https://www.onvif.org/profiles/specifications/下载最新的 WSDL文件。如果想快速浏览 ONVIF 常用模块的接口(不是全部模块),则可通过网址 https://www.onvif.org/onvif/ver20/util/operationIndex.html 获取相关信息,如图 8-1 所示,然后下载 WSDL 文件,根据业务需要,选择相应的 WSDL 文件,右击对应的页面,然后选择"另存为",将文件保存到本地的某个文件夹中,扩展名为.wsdl 即可。例如,PTZ 功能对应的页面链接网址为 https://www.onvif.org/onvif/ver20/ptz/wsdl/ptz.wsdl♯op.GetNode,右击该页面的空白处,选择"另存为",将文件存储到某个文件夹中即可,如图 8-2 所示。

注意:这里仅列出了常用接口,而不是全部接口,每个模块的全部接口需要进入每个模块的WSDL 中查看,单击任意一个接口就会自动跳转到对应的 WSDL 文档链接处。

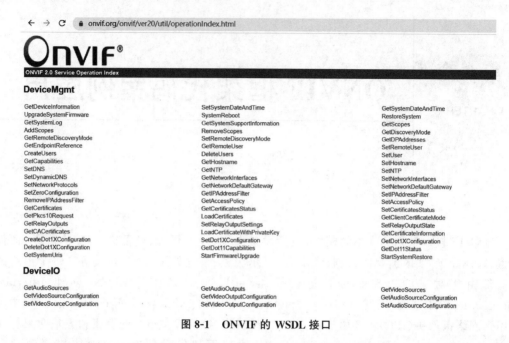

图 8-1　ONVIF 的 WSDL 接口

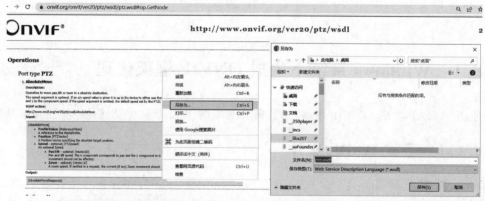

图 8-2　将 ONVIF 的 WSDL 文件下载到本地

8.1.2　新建工作空间

首先下载 gSOAP 源码并解压（笔者下载的版本为 gsoap-2.8.116），跳转到 gSOAP 的源码根目录下，新建一个文件夹，名称为 onvif333，然后将 gsoap_2.8.116\gsoap\bin\win32 下的 wsdl2h.exe 和 soapcpp2.exe 复制到 onvif333 目录下，并将 gsoap_2.8.116\gsoap 目录下的 typemap.dat 也复制到 onvif333 目录下。

将下载的 WSDL 文件放到 onvif333 目录下，与 wsdl2h.exe 路径相同。需要注意的是，下载的 WSDL 文件需要依赖 onvif.xsd、types.xsd、b-2.xsd、bf-2.xsd、r-2.xsd、t-1.xsd、ws-addr.xsd 和 ws-discovery.xsd 等文件，这些文件和 WSDL 文件一样，也需要从官网上下载。

8.1.3　修改 typemap. dat

在生成 ONVIF 头文件前,在 typemap. dat 文件的开头处添加的代码如下:

```
xsd__duration = # import "custom/duration.h" | xsd__duration
xsd__dateTime = # import "custom/struct_timeval.h" | xsd__dateTime
```

8.1.4　生成 onvif. h 文件

打开 Windows 的 CMD 窗口,切换到 onvif333 目录下,然后执行的命令如下:

```
wsdl2h - o onvif. h - c - s - t ./typemap. dat remotediscovery. wsdl devicemgmt. wsdl media. wsdl
```

执行成功后,输出的信息如下:

```
//chapter8/8.1.help.txt
E:\__allcodes\onvif333\> wsdl2h - o onvif. h - c - s - t ./typemap. dat remotediscovery. wsdl
devicemgmt. wsdl media. wsdl
Saving onvif. h
** The gSOAP WSDL/WADL/XSD processor for C and C++, wsdl2h release 2.8.116
** Copyright (C) 2000 - 2021 Robert van Engelen, Genivia Inc.
** All Rights Reserved. This product is provided "as is", without any warranty.
** The wsdl2h tool and its generated software are released under the GPL.
** --------------------------------------------
** A commercial use license is available from Genivia Inc., contact@genivia.com
** --------------------------------------------

Reading type definitions from type map "./typemap. dat"
Reading 'remotediscovery. wsdl'...
Done reading 'remotediscovery. wsdl'
Reading 'devicemgmt. wsdl'...
  Reading schema '../../../ver10/schema/onvif.xsd'...
    Connecting to 'http://docs. oasis - open. org/wsn/b - 2. xsd' to retrieve schema... connected,
receiving...
      Connecting to 'http://docs. oasis - open. org/wsrf/bf - 2. xsd' to retrieve schema...
connected, receiving...
      Done reading 'http://docs. oasis - open. org/wsrf/bf - 2. xsd'
      Connecting to 'http://docs. oasis - open. org/wsn/t - 1. xsd' to retrieve schema...
connected, receiving...
      Done reading 'http://docs. oasis - open. org/wsn/t - 1. xsd'
    Done reading 'http://docs. oasis - open. org/wsn/b - 2. xsd'
    Reading schema '../../../ver10/schema/common. xsd'...
    Done reading '../../../ver10/schema/common. xsd'
  Done reading '../../../ver10/schema/onvif. xsd'
Done reading 'devicemgmt. wsdl'
Reading 'media. wsdl'...
Done reading 'media. wsdl'
```

```
Warning: ignoring type inheritance by default for C, use option - F to generate struct
declarations with simulated inheritance using transient pointer members pointing to derived
types to serialize derived types as elements annotated by xsi:type attributes in XML.

Warning: 2 service bindings found, but collected as one service (use option - Nname to produce
a separate service for each binding)

To finalize code generation, execute:
> soapcpp2 onvif.h
```

根据业务需求可以选择 WSDL 文件,如果对文件不熟悉,则可以全部包含进去,以防止出现找不到函数的情况,但弊端是导致代码量过大,编译时间过长。笔者这里使用了 4 个文件,如下所示。

(1) remotediscovery. wsdl:用于发现设备。

(2) devicemgmt. wsdl:用于获取设备参数。

(3) media. wsdl:用于获取视频流地址。

(4) ptz. wsdl:用于设备的 PTZ 控制。

然后可以重新生成框架头文件,命令如下:

```
wsdl2h - o onvif.h - c - s - t ./typemap.dat remotediscovery.wsdl devicemgmt.wsdl media.wsdl
ptz.wsdl
```

执行该命令后会在当前目录下生成 onvif. h 文件,该文件是接下来生成 ONVIF 框架代码的前提。

8.1.5 鉴权(认证)

如果有鉴权(认证)的需求,就需要修改 onvif. h 头文件。因为有些 ONVIF 接口在调用时需要携带认证信息,所以需要使用 soap_wsse_add_UsernameTokenDigest() 函数进行授权,此时需要在 onvif. h 头文件的开头处添加的代码如下:

```
# import "wsse.h"
```

如果 onvif. h 不导入 wsse. h 头文件,则使用 soap_wsse_add_UsernameTokenDigest() 函数会导致编译出错,信息如下:

```
wsse2api.c(183): error C2039: "wsse__Security": 不是"SOAP_ENV__Header"的成员
```

8.1.6 正式生成框架代码

在项目的开发过程中,往往需要使用"鉴权(认证)"功能(访问或修改设备参数,需要用户名和密码,在数据传输过程中,密码被加密处理了),所以在正式生成代码之前需要在

onvif.h 文件中加上下面的代码：

```
# import "wsse.h"
```

这样，在接下来生成的框架代码中才有相应的加密函数接口（注意在 Linux 环境下，一定要安装 OpenSSL 库）。将 import 和 custom 两个文件夹复制到 onvif333 文件夹中；将 gsoap_2.8.116\gsoap\下的 stdsoap2.h、stdsoap2.c 和 dom.c 这 3 个文件也复制到 onvif333 文件夹中，然后执行的命令如下：

```
soapcpp2 - 2 - c onvif.h - I.\custom - I.\import
```

生成过程中会出现一个错误，信息如下：

```
wsa5.h(290)： ** ERROR ** ： service operation name clash: struct/class 'SOAP_ENV__Fault' already declared at wsa.h:278
```

修复的办法是打开 wsa5.h 文件，将 SOAP_ENV__Fault 重命名为 SOAP_ENV__Fault_xxaabcc，如图 8-3 所示。

```
276
277  // Added
278  //gsoap SOAP_ENV service method-action: Fault http:/
279  int SOAP_ENV__Fault__abccxxa
280  (      _QName        faultcode,     // SOAP 1.1
281         char        *faultstring,    // SOAP 1.1
282         char        *faultactor,     // SOAP 1.1
283         struct SOAP_ENV__Detail *detail,    // SOAP
284         struct SOAP_ENV__Code *SOAP_ENV__Code,   // S
285         struct SOAP_ENV__Reason *SOAP_ENV__Reason,
286         char        *SOAP_ENV__Node,  // SOAP 1.2
```

图 8-3　修改 wsa5.h 文件中的 SOAP_ENV__Fault

gsoapcpp2.exe 的工具选项如下。

（1）-c：生成 C 风格的代码，因为默认为 C++ 风格的代码。

（2）-2：采用 SOAP 1.2 和 SOAP 1.0 版本不同会导致搜索工具搜索不到。

（3）-I：指定路径。

（4）-x：不产生 XML 文件（不建议使用该选项，XML 在开发中具有参考意义）。

执行完以上命令后，可以看见当前文件夹下出现了很多.h、.c、.nsmap 和 .xml 文件，如图 8-4 所示，具体的输出信息如下：

```
//chapter8/8.1.help.txt
Saving soapClient.c client call stub functions
Saving soapClientLib.c client stubs with serializers (use only for libs)
Saving soapServer.c server request dispatcher
Saving soapServerLib.c server request dispatcher with serializers (use only for libs)
Saving soapC.c serialization functions

Compilation successful (2 warnings)
```

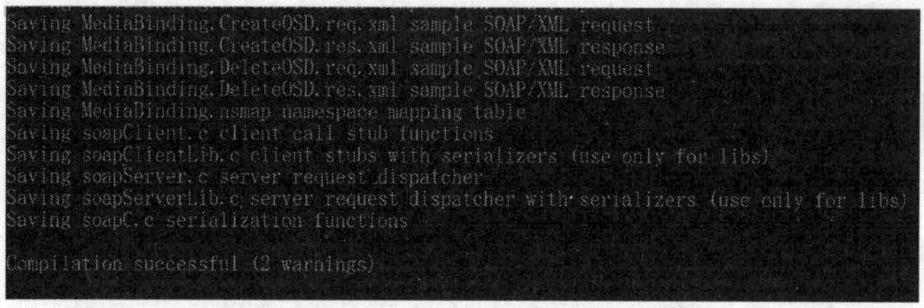

图 8-4　生成的 ONVIF 框架代码

8.1.7　关联自己的命名空间

当关联自己的命名空间时需要修改 stdsoap2.c 文件。在 stdsoap2.h 文件中有命名空间 namespaces 变量的定义声明,代码如下:

```
extern SOAP_NMAC struct Namespace namespaces[];
```

但 namespaces 变量的定义是在 wsdd.nsmap 文件中实现的,为了后续应用程序顺利编译,需要修改 stdsoap2.c 文件,在开头处添加的代码如下:

```
#include "wsdd.nsmap"
```

8.1.8　提取需要的文件

将 soapC.c、soapH.h、soapClient.c、soapClientLib.c、soapServer.c(用于服务器端/设备端的开发)、soapServerLib.c(用于服务器端/设备端的开发)、soapStub.h 和 onvif.h 等文件复制到一个单独的文件夹 ONVIF 中,然后将如下文件也复制到 ONVIF 文件夹中,具体内容如下:

```
//chapter8/8.1.help.txt
    将文件 gsoap-2.8\gsoap\dom.c 复制到 ONVIF 中
    将文件 gsoap-2.8\gsoap\custom\duration.c 复制到 ONVIF 中
    将文件 gsoap-2.8\gsoap\custom\duration.h 复制到 ONVIF 中
    将文件 gsoap-2.8\gsoap\plugin\mecevp.c 复制到 ONVIF 中
    将文件 gsoap-2.8\gsoap\plugin\mecevp.h 复制到 ONVIF 中
    将文件 gsoap-2.8\gsoap\plugin\smdevp.c 复制到 ONVIF 中
    将文件 gsoap-2.8\gsoap\plugin\smdevp.h 复制到 ONVIF 中
    将文件 gsoap-2.8\gsoap\stdsoap2.h 复制到 ONVIF 中
    将文件 gsoap-2.8\gsoap\stdsoap2.c 复制到 ONVIF 中
    将文件 gsoap-2.8\gsoap\plugin\threads.c 复制到 ONVIF 中
    将文件 gsoap-2.8\gsoap\plugin\threads.h 复制到 ONVIF 中
    将文件 gsoap-2.8\gsoap\plugin\wsaapi.c 复制到 ONVIF 中
    将文件 gsoap-2.8\gsoap\plugin\wsaapi.h 复制到 ONVIF 中
    将文件 gsoap-2.8\gsoap\plugin\wsseapi.h 复制到 ONVIF 中
```

> 将文件 gsoap-2.8\gsoap\plugin\wsseapi.c 复制到 ONVIF 中
> 将生成的.nsmap 文件中的任意一个(因为生成的.nsmap 文件中的内容都是一样的)复制到 ONVIF 中

具体的命令如下:

```
//chapter8/8.1.help.txt
cp -f stdsoap2.c stdsoap2.h dom.c custom/struct_timeval.h custom/struct_timeval.c plugin/
wsaapi.c plugin/threads.h plugin/threads.c plugin/wsaapi.h plugin/smdevp.c plugin/smdevp.h
plugin/mecevp.c plugin/mecevp.h plugin/wsseapi.c plugin/wsseapi.h custom/duration.c custom/
duration.h xxxxxx/ONVIF/
```

利用以上生成的框架代码,新建 main.c 文件就可以开始项目开发了。

8.2 ONVIF 设备搜索

传统的服务调用的模式是预先已经知道服务器端的地址,客户端在设计时已经知道了目标服务的地址,然后基于这个目标服务地址对服务进行调用,但在预先不知道目标服务的情况下,可以动态地探测可用的服务并调用,就像无线网卡可以动态地获取周围可用的WiFi 网络一样。"服务发现"(WS-Discovery)解决了客户端和服务器端之间的强依赖问题,它允许服务提供者动态地改变它的地址,新的服务也可以很容易被注册并被调用。

8.2.1 WS-Discovery 原理

WS-Discovery(Web Services Dynamic Discovery)是由结构化信息标准组织制定的。WS-Discovery 1.0 第 1 个正式版本发布于 2005 年,2009 年 OASIS 发布了 WS-Discovery 1.1,到目前来看这是最新的版本。WS-Discovery 定义了两种基本的实现服务发现机制操作模式,即 Ad-Hoc 和 Managed。在 Ad-Hoc 模式下,客户端在一定的网络范围内以广播的形式发送探测(Probe)消息以搜寻目标服务。在该探测消息中,包含相应的搜寻条件。符合该条件的目标服务在接收探测消息之后将自身的相关的信息(包括地址)回复给作为广播消息发送源的客户端。客户端获取到服务信息,选择合适的服务进行调用。对于采用广播形式的 Ad-Hoc 服务发现模式,可用的目标服务的范围往往只局限于一个较小的网络,例如对于基于 UDP 的广播的服务探测,能够被探测且只能维护在本地子网中。为了解决这个问题,可以采用 Managed 模式。在 Managed 模式下,一个维护所有可用的目标服务的中心发现代理(Discover Proxy)被建立起来,客户端只需将被探测信息发送到代理就可以得到相应的目标服务信息。由于在 Ad-Hoc 模式下的广播探测机制在 Managed 模式下被转变成单播模式,所以带来的好处就是极大地减轻了网络的负载(Network Traffic)。实际上,发现代理不仅使用在 Managed 模式下,在 Ad-Hoc 模式下也可以用到它。除了上述的这种客户端驱动(客户端主动探测可用的目标服务)模式之外,还可以采用目标服务驱动的模式。在该模式下,客户端开启一个监听程序,用于监听上线和离线服务,而且目标服务在上线和离线时向监听者发送相应的通知。

WS-Discovery(Web 服务发现)的技术规范可以参考官方的在线技术文档,网址为 http://docs.oasis-open.org/ws-dd/discovery/1.1/os/wsdd-discovery-1.1-spec-os.html。传统的 Web Service 服务调用的模式是客户端在设计时就预先知道目标服务的地址(IP 地址或者域名),然后客户端基于这个地址进行服务调用,但如果客户端预先不知道目标服务地址,就需要用到 WS-Discovery。遵循该标准,在客户端预先不知道目标服务地址的情况下,可以动态地探测到可用的目标服务,然后进行服务调用,这就是设备发现的过程。WS-Discovery 定义了两种模式,即 Ad-Hoc 模式和 Managed 模式。

1. Ad-Hoc 模式

在 Ad-Hoc 模式下,客户端以多播(Multicast)的形式向多播组(Multicast Group)发送一个探测消息(Probe Message)以搜寻目标服务,在该探测消息中,包含相应的搜寻条件。如果目标服务满足该条件,则直接将响应探测匹配消息(Probe Match)回复给客户端。客户端和目标服务之间的信息交换过程如图 8-5 所示,目标服务在上线和离线时以广播的形式分别发送一个 Hello 和 Bye 消息,而客户端是该消息的一个接收者。

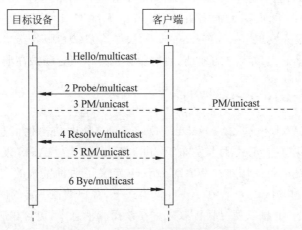

图 8-5 Ad-Hoc 模式的服务发现流程

如果客户端需要获取当前可用的目标服务,则需要以广播的形式发送一个 Probe 消息,该消息包含用于探测的目标服务所满足的条件。对于接收该广播的目标服务,如果自身满足包含 Probe 消息中的条件,则可以用单播的形式回复给客户端一个 Probe Match(简称 PM)消息。

如果客户端从 PM 消息中获取的关于目标服务的相关信息足以对其进行调用,则不需要进行后续的信息交换,否则(例如,获取的 PM 消息中没有包含目标服务的地址)还需要进行一次旨在实现最终服务调用的服务解析(Resolution)的信息交换。具体来讲,客户端以广播的形式发送 Resolve 请求,该请求中包含与某个目标服务相关的信息,Resolve 和 Probe 广播具有相同的范围。真正的目标服务(包含在 Resolve 消息中用以解析的服务)将包含自身地址在内的信息以 Resolve Match(简称 RM)消息的形式回复给客户端。

　　上面讲过,Managed 模式需要一个发现代理对目标进行统一管理,但是发现代理本身既可以用 Managed 模式,也可以用 Ad-Hoc 模式。在 Ad-Hoc 模式下,发现代理对于客户端来讲扮演着目标服务的角色,而对真正的目标服务来讲,则扮演着客户端的角色,相当于一个信息的中介者。在发现代理存在的 Ad-Hoc 模式下,客户端、目标服务器和发现代理之间进行的信息交互过程如图 8-6 所示。

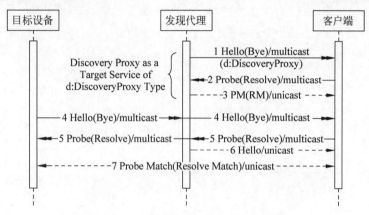

图 8-6　Ad-Hoc 模式下的发现代理流程

　　在发现代理存在的情况下,客户端和目标服务之间还是按照上面介绍的方式进行消息交换,例如 Hello/Bye、Probe/PM 和 Resolve/RM,而发现代理上线和下线时会像真正的目标服务一样发出 Hello/Bye 广播。当接收到客户端发出的 Probe/Resolve 广播时,它会像真正的目标服务一样回复 PM/RM 消息,该回复消息中包含它自身维护的与 Probe/Resolve 请求匹配的目标服务。发现代理同样会接收到真正的目标上下线发出的 Hello/Bye 广播,它可以借此来更新维护的可用目标服务列表。

　　对于发现代理参与下的 Ad-Hoc 模式,发现代理还提供了一种转换成 Managed 模式的机制。具体的实现流程是,当发现代理接收到客户端发出的 Probe/Resolve 广播后会回复给客户端一个 Hello 消息,表明发现代理的存在并可以从 Ad-Hoc 模式转换到 Managed 模式。客户端在接收到该 Hello 消息后,就会将原来以广播的形式发送的 Probe/Resolve 请求转换成指向发现代理的单播形式发送。

2. Managed 模式

　　Ad-Hoc 模式存在局限性,即只能局限于一个较小的网络,而 Managed 模式(代理模式)就是为了解决这个问题的。在 Managed 模式下,一个维护所有可用目标服务的中心发现代理被建立起来,客户端只需将探测消息发送到该发现代理就可以得到相应的目标服务信息。在该模式下,由于可用的服务都被注册到发现代理中,客户端只需和发现代理交互就可以进行可用服务的探测和解析,而目标服务只需直接和发现代理交换就能实现自身的注册。在该模式下,发现代理是真正的核心,而且所有的消息交互的方式都是以单播的方式进行的。

这样的好处是,可以解除广播对网络限制,扩大可用服务的范围,而且可以避免广播引起的网络拥堵。在该模式下,客户端、发现代理和目标服务之间进行的消息交互流程如图 8-7 所示,目标服务上/下线时只需向代理服务发送 Hello/Bye 通知,而客户端可以进行的服务探测和服务解析发送的 Probe、Resolve 也只需单独地发送给发现代理。作为回复,发现代理将 PM 返回客户端。

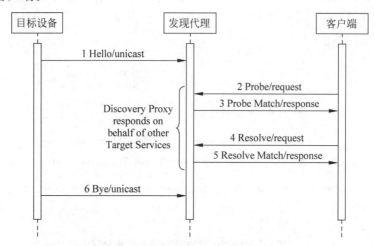

图 8-7　Managed 模式下的设备发现流程

8.2.2　单播、多播(组播)和广播

WS-Discovery 协议用到了多播和广播等,TCP/IP 有 3 种传输方式,即单播(Unicast)、多播和广播(Broadcast)。在 IPv6 领域还有另一种方式,即任播(Anycast)。

单播即一对一、双向通信,目的地址是对方主机地址,网络上的绝大部分数据是以单播的形式传输的,如收发邮件、浏览网页等。广播(Broadcast)即一对所有、单向通信,目的地址是广播地址,整个网络中的所有主机均可以收到(不管是否需要),如 ARP 地址解析、GARP 数据包等;广播会被限制在局域网范围内,禁止广播数据穿过路由器,防止广播数据影响大面积的主机。多播也叫组播,一对多、单向通信,目的地址是多播地址,主机可以通过 IGMP 请求加入或退出某个多播组,数据只会转发给有需要(已加入组)的主机,不影响其他不需要(未加入组)的主机,如网上视频会议、网上视频点播、IPTV 等。

多播地址(Multicast Address)有很多,各个行业都不一样,IPC 摄像头用的是 239.255.255.250(端口 3702)。多播组的地址是 D 类 IP,规定范围是〔224.0.0.0,239.255.255.255〕。多播的数据最终还是要先通过数据链路层进行 MAC 地址绑定,然后进行发送,所以一个以太网卡在绑定了一个多播 IP 地址之后,必定还要绑定一个多播的MAC 地址,这样才能使其可以像单播那样工作。多播的 IP 和多播的 MAC 地址有一个对应的算法,这个对应不是一一对应的,主机还是要对多播数据进行过滤。广播和多播的性质一样,路由器会把数据放到局域网里面,然后网卡对数据进行过滤,只获得自己需要的数据,例如自己感兴趣的多播数据；当一个主机处理某个多播 IP 进程时，这个进程会给网卡绑定一个虚拟的多播 MAC 地址，并做出来一个多播 IP。这样，网卡就会让带有这个多播 MAC 地址的数据进来，从而实现通信，而那些没有监听这些数据的主机就会把这些数据过滤掉。

为了减少在广播中涉及的不必要的开销，可以只向特定的一部分接收方（可以是域内也可以是域间）发送流量，被称为组播。组播状态必须由主机和路由器来保持，以此来分清楚哪些接收方对哪类流量感兴趣。这个信息作为主机和路由器中的软状态来维持，这意味着它必须定期更新（当这种情况发生时，组播流量的交付要目和停止要目被恢复为广播）。如果正确地使用组播，则只有那些在通信中参与或感兴趣的主机需要处理相关的分组，流量只会被承载于它将被使用的链路上，并且只有任意组播数据报的一个副本被承载于这样的链路上。

8.2.3　设备搜索

从 ONVIF 的官方文档中可以了解到，客户端在 UDP 下，向网段内的组播地址239.255.255.250（端口 3702），不断地向四周发送 Probe 消息探针，而网段内的 ONVIF 服务器在接收到 Probe 这个探测消息后，通过回复 Probe Match 消息让客户端接收，从而让客户端识别到服务器。所以，服务器端就需要创建一个 UDP 的套接字（socket），去监听239.255.255.250:3702 地址，接收到客户端的 Probe 探针后，进行响应，从而让客户端识别到 ONVIF 服务器。通过以下两种方式可以实现设备发现：

（1）写代码实现 socket 编程（UDP），调用 sendto() 函数向多播地址发送探测消息（Probe），然后调用 recvfrom() 函数接收 IPC 的应答消息（Probe Match）。

（2）根据 ONVIF 标准的 remotediscovery.wsdl 文档，使用 gSOAP 工具快速生成框架代码，直接调用其生成的函数接口来搜索 IPC。

从原理上来讲，这两种方式归根结底是一样的，即都是 WS-Discovery 协议，方式一属于自己造轮子（自己编写代码），方式二是利用 gSOAP 快速生成代码，在项目中建议使用第 2 种方式。通过方式一，读者可以对搜索 IPC 的原理及流程有更加深刻的认识。

1. 自己写代码搜索 IPC

从技术层面来讲，通过单播、多播、广播这 3 种方式都能探测到 IPC，但多播最具实用性。单播方式需要预先知道 IPC 的地址，那设备探索就没有任何意义了。多播是 ONVIF 规定的方式，能搜索到多播组内的所有 IPC。广播能搜索到局域网内的所有 IPC，但涉及广播风暴的问题，所以不推荐使用广播方式。设备发现的多播地址为 239.255.255.250、端口为 3702。

在 C/C++代码中需要构造 Probe 消息，可以定义为 C 字符串类型的变量，如 const char * probe，而探测消息的内容是 ONVIF Device Test Tool 15.06 工具在搜索 IPC 时通过 Wireshark 抓包工具抓包到的。从实际执行结果来看，探测到的应答信息都是与 SOAP 相关的数据包,XML 内容要自己解析,实用性极差,所以这种方式不要在项目中使用,但确实可以更加透彻地理解设备发现的原理和流程。新建一个文件 MyDeviceProbeDemo. cpp,将下面的代码复制进来,然后使用 GCC 或 VC 编译即可,该代码在 Windows 和 Linux 平台下是通用的,代码如下:

```c
//chapter8/8.2.SearchIPCByMyself.c
#include <stdio.h>
#include <stdlib.h>
#include <string.h>

#ifdef WIN32
#include <winsock2.h>
#pragma comment(lib, "ws2_32.lib")

#else
#include <sys/socket.h>
#include <netinet/in.h>
#include <netdb.h>
#include <arpa/inet.h>
#include <unistd.h>
#endif

/* 从技术层面来讲,通过单播、多播、广播方式都能探测到 IPC,但多播最具实用性 */
#define COMM_TYPE_UNICAST          1    //单播
#define COMM_TYPE_MULTICAST        2    //多播
#define COMM_TYPE_BROADCAST        3    //广播
#define COMM_TYPE             COMM_TYPE_MULTICAST

/* 发送探测消息(Probe)的目标地址、端口号 */
#if COMM_TYPE == COMM_TYPE_UNICAST
#define CAST_ADDR "100.100.100.15"     //单播地址,预先知道的 IPC 地址
#elif COMM_TYPE == COMM_TYPE_MULTICAST
#define CAST_ADDR "239.255.255.250"    //多播地址,固定的 239.255.255.250
#elif COMM_TYPE == COMM_TYPE_BROADCAST
#defineCAST_ADDR"100.100.100.255"      //广播地址
#endif

#define CAST_PORT 3702                 //多播端口号

/* 以下几个宏是为了 socket 编程能够跨平台,这几个宏是从 gSOAP 中复制来的 */
#ifndef SOAP_SOCKET
#ifdef WIN32
#define SOAP_SOCKET SOCKET
#define soap_closesocket(n) closesocket(n)
#else
#define SOAP_SOCKET int
#define soap_closesocket(n) close(n)
```

```
# endif
# endif

# if defined(_AIX) || defined(AIX)
# if defined(_AIX43)
# define SOAP_SOCKLEN_T socklen_t
# else
# define SOAP_SOCKLEN_T int
# endif
# elif defined(SOCKLEN_T)
# define SOAP_SOCKLEN_T SOCKLEN_T
# elif defined(__socklen_t_defined) || defined(_SOCKLEN_T) || defined(CYGWIN) || defined
(FREEBSD) || defined(__FreeBSD__) || defined(OPENBSD) || defined(__QNX__) || defined(QNX) ||
defined(OS390) || defined(__ANDROID__) || defined(_XOPEN_SOURCE)
# define SOAP_SOCKLEN_T socklen_t
# elif defined(IRIX) || defined(WIN32) || defined(__APPLE__) || defined(SUN_OS) || defined
(OPENSERVER) || defined(TRU64) || defined(VXWORKS) || defined(HP_UX)
# define SOAP_SOCKLEN_T int
# elif !defined(SOAP_SOCKLEN_T)
# define SOAP_SOCKLEN_T size_t
# endif

# ifdef WIN32
# define SLEEP(n) Sleep(1000 * (n))
# else
# define SLEEP(n) sleep((n))
# endif
```

/* 探测消息(Probe),这些内容是 ONVIF Device Test Tool 15.06 工具搜索 IPC 时的 Probe 消息,是通过 Wireshark 抓包工具抓包到的 */

```
const char * probe = "<?xml version = \"1.0\" encoding = \"utf - 8\"?> < Envelope xmlns:dn =
\"http://www.onvif.org/ver10/network/wsdl\" xmlns = \" http://www.w3.org/2003/05/soap -
envelope\"> < Header > < wsa:MessageID xmlns:wsa = \"http://schemas.xmlsoap.org/ws/2004/08/
addressing\"> uuid:fc0bad56 - 5f5a - 47f3 - 8ae2 - c94a4e907d70 </wsa:MessageID > < wsa:To
xmlns:wsa = \"http://schemas.xmlsoap.org/ws/2004/08/addressing\"> urn:schemas - xmlsoap -
org:ws:2005:04:discovery </wsa:To> < wsa:Action xmlns:wsa = \"http://schemas.xmlsoap.org/ws/
2004/08/addressing\"> http://schemas.xmlsoap.org/ws/2005/04/discovery/Probe </wsa:Action >
</Header > < Body > < Probe xmlns:xsi = \"http://www.w3.org/2001/XMLSchema - instance\" xmlns:
xsd = \"http://www.w3.org/2001/XMLSchema\" xmlns = \"http://schemas.xmlsoap.org/ws/2005/04/
discovery\"> < Types > dn:NetworkVideoTransmitter </Types > < Scopes /> </Probe > </Body > </
Envelope >";

int main(int argc, char ** argv)
{
    int ret;
    int optval;
    SOAP_SOCKET s;
    SOAP_SOCKLEN_T len;
    char recv_buff[4096] = {0};
```

```
        struct sockaddr_in multi_addr;
        struct sockaddr_in client_addr;

#ifdef WIN32
        WSADATA wsaData;
        if(WSAStartup(MAKEWORD(2,2),&wsaData)!= 0 ) {//初始化 Windows Sockets
            printf("Could not open Windows connection.\n");
            return 0;
        }
        if ( LOBYTE(wsaData.wVersion) != 2 || HIBYTE(wsaData.wVersion) != 2 ) {
            printf("the version of WinSock DLL is not 2.2.\n");
            return 0;
        }
#endif

        s = socket(AF_INET, SOCK_DGRAM, 0);        //建立数据报套接字
        if (s < 0) {
            perror("socket error");
            return -1;
        }

#if COMM_TYPE == COMM_TYPE_BROADCAST
        optval = 1;
        ret = setsockopt(s, SOL_SOCKET, SO_BROADCAST, (const char * )&optval, sizeof(int));
#endif

        multi_addr.sin_family = AF_INET;        //搜索 IPC:使用 UDP 向指定地址发送 Probe 消息
        multi_addr.sin_port = htons(CAST_PORT);
        multi_addr.sin_addr.s_addr = inet_addr(CAST_ADDR);
        ret = sendto(s, probe, strlen(probe), 0, (struct sockaddr * )&multi_addr, sizeof(multi_
addr));
        if (ret < 0) {
            soap_closesocket(s);
            perror("sendto error");
            return -1;
        }
        printf("Send Probe message to [ %s:%d]\n\n", CAST_ADDR, CAST_PORT);
        SLEEP(1);

        for (;;) {                              //接收 IPC 的应答消息(ProbeMatch)
            len = sizeof(client_addr);
            memset(recv_buff, 0, sizeof(recv_buff));
            memset(&client_addr, 0, sizeof(struct sockaddr));
            ret = recvfrom(s, recv_buff, sizeof(recv_buff) - 1, 0, (struct sockaddr * )&client_
addr, &len);
            printf(" === Recv ProbeMatch from [ %s:%d] === \n%s\n\n", inet_ntoa(client_addr.
sin_addr), ntohs(client_addr.sin_port), recv_buff);
            SLEEP(1);
        }
```

```
        soap_closesocket(s);

# ifdef WIN32
WSACleanup();
# endif
        return 0;
}
```

2. 利用 ONVIF 搜索 IPC

在项目开发中常用的设备探索方式为 gSOAP，并根据 ONVIF 标准的 remotediscovery.
wsdl 文档来生成 ONVIF 框架代码。搜索时必须将设备类型指定为 dn：NetworkVideo-
Transmitter，否则搜索不到 IPC，该值的来源可参考 ONVIF Profile S Specification，网址为
https：//www．onvif．org/profiles/profile-s/，具体的代码如下：

```
//chapter8/8.2.SearchIPCByONVIF.c
# include < stdio. h>
# include < stdlib. h>
# include < assert. h>
# include "soapH. h"
# include "wsaapi. h"
# include "onvif_dump. h"

# define SOAP_ASSERT assert
# define SOAP_DBGLOG printf
# define SOAP_DBGERR printf

# define SOAP_TO "urn:schemas - xmlsoap - org:ws:2005:04:discovery"
# define SOAP_ACTION "http://schemas.xmlsoap.org/ws/2005/04/discovery/Probe"

# define SOAP_MCAST_ADDR "soap.udp://239.255.255.250:3702"
//ONVIF 规定的组播地址

# define SOAP_ITEM                                    ""          //寻找的设备范围
# define SOAP_TYPES "dn:NetworkVideoTransmitter"                  //寻找的设备类型

# define SOAP_SOCK_TIMEOUT (10)                                   //socket 超时时间(单位为秒)

void soap_perror(struct soap * soap, const char * str){
    if (NULL == str) {
        SOAP_DBGERR("[soap] error: % d, % s, % s\n", soap -> error, * soap_faultcode(soap), *
soap_faultstring(soap));
    } else {
        SOAP_DBGERR("[soap] % s error: % d, % s, % s\n", str, soap -> error, * soap_faultcode
(soap), * soap_faultstring(soap));
    }
    return;
```

```
    }

void * ONVIF_soap_malloc(struct soap * soap, unsigned int n){
    void * p = NULL;

    if (n > 0) {
        p = soap_malloc(soap, n);
        SOAP_ASSERT(NULL != p);
        memset(p, 0x00 ,n);
    }
    return p;
}

struct soap * ONVIF_soap_new(int timeout){
    struct soap * soap = NULL;                    //soap 环境变量

    SOAP_ASSERT(NULL != (soap = soap_new()));

    soap_set_namespaces(soap,namespaces);         //设置 soap 的 namespaces
    soap->recv_timeout = timeout;                 //设置超时(如果超过指定时间没有数据就退出)
    soap->send_timeout = timeout;
    soap->connect_timeout = timeout;

#if defined(__linux__) || defined(__linux)
soap->socket_flags = MSG_NOSIGNAL;
#endif
    //设置为 UTF-8 编码,否则叠加中文 OSD 时会出现乱码
    soap_set_mode(soap,SOAP_C_UTFSTRING);
    return soap;
}

void ONVIF_soap_delete(struct soap * soap){
    soap_destroy(soap);                  //remove deserialized class instances (C++only)
    soap_end(soap);                      //Clean up deserialized data and temporary data
    soap_done(soap);                     //Reset, close communications, and remove callbacks
    soap_free(soap);                     //Reset and deallocate the context created
}

/ *************************
** 函数:ONVIF_init_header
** 功能:初始化 soap 描述消息头
** 参数:[in] soap - soap 环境变量
** 返回:无
** 在本函数内部通过 ONVIF_soap_malloc 分配的内存将在 ONVIF_soap_delete 中被释放
************************* /
void ONVIF_init_header(struct soap * soap)
{
    struct SOAP_ENV__Header * header = NULL;
```

```
    SOAP_ASSERT(NULL != soap);

    header = (struct SOAP_ENV__Header * )ONVIF_soap_malloc(soap, sizeof(struct SOAP_ENV__
Header));
    soap_default_SOAP_ENV__Header(soap, header);
    header -> wsa__MessageID = (char * )soap_wsa_rand_uuid(soap);
    header -> wsa__To = (char * )ONVIF_soap_malloc(soap, strlen(SOAP_TO) + 1);
    header -> wsa__Action = (char * )ONVIF_soap_malloc(soap, strlen(SOAP_ACTION) + 1);
    strcpy(header -> wsa__To, SOAP_TO);
    strcpy(header -> wsa__Action, SOAP_ACTION);
    soap -> header = header;

    return;
}


/ * * * * * * * * * * * * * * * * * * * * * * * * * * * * * * * *
 * * 函数:ONVIF_init_ProbeType
 * * 功能:初始化探测设备的范围和类型
 * * 参数:[in] soap - soap 环境变量
        [out] probe - 填充要探测的设备范围和类型
 * * 返回:0 表示探测到,非 0 表示未探测到
 * * 在本函数内部通过 ONVIF_soap_malloc 分配的内存将在 ONVIF_soap_delete 中被释放
 * * * * * * * * * * * * * * * * * * * * * * * * * * * * * * * * /
void ONVIF_init_ProbeType(struct soap * soap, struct wsdd__ProbeType * probe)
{
    struct wsdd__ScopesType * scope = NULL;//用于描述查找哪类的 Web 服务

    SOAP_ASSERT(NULL != soap);
    SOAP_ASSERT(NULL != probe);

    scope = (struct wsdd__ScopesType * )ONVIF_soap_malloc(soap, sizeof(struct wsdd__
ScopesType));
    soap_default_wsdd__ScopesType(soap,scope); //设置寻找设备的范围
    scope -> __item = (char * )ONVIF_soap_malloc(soap, strlen(SOAP_ITEM) + 1);
    strcpy(scope -> __item, SOAP_ITEM);

    memset(probe, 0x00, sizeof(struct wsdd__ProbeType));
    soap_default_wsdd__ProbeType(soap, probe);
    probe -> Scopes = scope;
    //设置寻找设备的类型
    probe -> Types = (char * )ONVIF_soap_malloc(soap, strlen(SOAP_TYPES) + 1);
    strcpy(probe -> Types, SOAP_TYPES);

    return;
}

void ONVIF_DetectDevice(void ( * cb)(char * DeviceXAddr)){
    int i;
    int result = 0;
```

```
        unsigned int count = 0;            //搜索到的设备个数
        struct soap * soap = NULL;          //soap 环境变量
        struct wsdd__ProbeType req;         //用于发送 Probe 消息
        struct __wsdd__ProbeMatches rep;    //用于接收 Probe 应答
        struct wsdd__ProbeMatchType * probeMatch;

        SOAP_ASSERT(NULL != (soap = ONVIF_soap_new(SOAP_SOCK_TIMEOUT)));

        ONVIF_init_header(soap);            //设置消息头描述
        ONVIF_init_ProbeType(soap, &req);   //设置寻找的设备的范围和类型
        result = soap_send___wsdd__Probe(soap, SOAP_MCAST_ADDR, NULL, &req);
        //向组播地址广播 Probe 消息
        while (SOAP_OK == result){          //开始循环接收设备发送过来的消息
            memset(&rep, 0x00, sizeof(rep));
            result = soap_recv___wsdd__ProbeMatches(soap, &rep);
            if (SOAP_OK == result) {
                if (soap->error) {
                    soap_perror(soap, "ProbeMatches");
                } else {//成功接收到设备的应答消息
                    dump__wsdd__ProbeMatches(&rep);

                    if (NULL != rep.wsdd__ProbeMatches) {
                        count += rep.wsdd__ProbeMatches->__sizeProbeMatch;
                    for(i = 0; i < rep.wsdd__ProbeMatches->__sizeProbeMatch; i++){
                            probeMatch = rep.wsdd__ProbeMatches->ProbeMatch + i;
                            if (NULL != cb) {
                                    cb(probeMatch->XAddrs);   //使用设备服务地址执行函数回调
                            }
                        }
                    }
                }
            } else if (soap->error) {
                break;
            }
        }
        SOAP_DBGLOG("\ndetect end! It has detected % d devices!\n", count);

        if (NULL != soap) {
            ONVIF_soap_delete(soap);
        }

        return ;
    }

    int main(int argc, char ** argv)
    {
        ONVIF_DetectDevice(NULL);           //设备探测

        return 0;
    }
```

8.3 获取设备基本信息

8.2 节介绍了搜索 IPC 摄像头的原理和代码,搜索出 IPC 后就知道了该 IPC 的 Web Service 地址,接下来就能通过一系列的 ONVIF 接口访问该 IPC,例如要获取 IPC 摄像头的基本信息,即可调用 GetDeviceInformation 接口。有关 GetDeviceInformation 接口的描述可以参阅 devicemgmt. wsdl 在线技术文档,如图 8-8 所示,具体的官方网址为 https://www.onvif.org/onvif/ver10/device/wsdl/devicemgmt. wsdl。

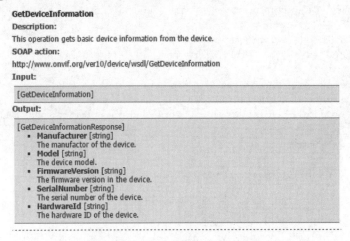

GetDeviceInformation
Description:
This operation gets basic device information from the device.
SOAP action:
http://www.onvif.org/ver10/device/wsdl/GetDeviceInformation
Input:

[GetDeviceInformation]

Output:

[GetDeviceInformationResponse]
- **Manufacturer** [string]
  The manufactor of the device.
- **Model** [string]
  The device model.
- **FirmwareVersion** [string]
  The firmware version in the device.
- **SerialNumber** [string]
  The serial number of the device.
- **HardwareId** [string]
  The hardware ID of the device.

图 8-8 ONVIF 获取设备基本信息

获取设备基本信息的示例代码比较简单,直接调用 ONVIF 框架代码的 soap_call___tds__GetDeviceInformation()函数即可,但该函数需要放到设备搜索的回调函数中,代码如下:

```
//chapter8/8.3.GetDeviceInformation.c
/* socket 超时时间(单位为秒) */
#define SOAP_SOCK_TIMEOUT (10)

#define SOAP_CHECK_ERROR(result, soap, str) \
    do { \
        if (SOAP_OK != (result) || SOAP_OK != (soap)->error) { \
            soap_perror((soap), (str)); \
            if (SOAP_OK == (result)) { \
                (result) = (soap)->error; \
            } \
            goto EXIT; \
        } \
    } while (0)
```

```
/ *************************************************
** 函数:ONVIF_GetDeviceInformation
** 功能:获取设备基本信息
** 参数:[in] DeviceXAddr - 设备服务地址
** 返回:0 表示成功,非 0 表示失败
************************************************* /
int ONVIF_GetDeviceInformation(const char * DeviceXAddr)
{
    int result = 0;
    struct soap * soap = NULL;
    struct _tds__GetDeviceInformation   devinfo_req;
    struct _tds__GetDeviceInformationResponse   devinfo_resp;

    SOAP_ASSERT(NULL != DeviceXAddr);
    SOAP_ASSERT(NULL != (soap = ONVIF_soap_new(SOAP_SOCK_TIMEOUT)));

    memset(&devinfo_req, 0x00, sizeof(devinfo_req));
    memset(&devinfo_resp, 0x00, sizeof(devinfo_resp));
    result = soap_call___tds__GetDeviceInformation(soap, DeviceXAddr, NULL, &devinfo_req,
&devinfo_resp);
    SOAP_CHECK_ERROR(result, soap, "GetDeviceInformation");

    dump_tds__GetDeviceInformationResponse(&devinfo_resp);

EXIT:
    if (NULL != soap) {
        ONVIF_soap_delete(soap);
    }
    return result;
}

void cb_discovery(char * DeviceXAddr)//回调函数
{
    ONVIF_GetDeviceInformation(DeviceXAddr);
}

int main(int argc, char ** argv)
{
    ONVIF_DetectDevice(cb_discovery);//在设备发现的回调函数中获取设备信息
    return 0;
}
```

8.4 鉴权(认证)

在 ONVIF 中规定有些接口需要鉴权,而有些接口不需要鉴权,例如 ONVIF 规定
GetDeviceInformation 接口是需要鉴权的。市面上的 IPC 摄像头,特别是山寨版,并没有严

格按 ONVIF 规范执行,从而造成对于有的 IPC 客户端不携带鉴权信息也能成功调用 GetDeviceInformation 接口。鉴权认证需要携带用户名和密码,调用 ONVIF 框架代码的 soap_wsse_add_UsernameTokenDigest()函数即可,代码如下:

```
//chapter8/8.4.auth.c
/************************************************
** 函数:ONVIF_SetAuthInfo
** 功能:设置认证信息
** 参数:[in] soap - soap 环境变量
        [in] username - 用户名
        [in] password - 密码
** 返回:0 表示成功,非 0 表示失败
************************************************ /
int ONVIF_SetAuthInfo(struct soap * soap, const char * username, const char * pwd){
    int result = 0;
    SOAP_ASSERT(NULL != username);
    SOAP_ASSERT(NULL != password);
    result = soap_wsse_add_UsernameTokenDigest(soap,NULL,username,pwd);
    SOAP_CHECK_ERROR(result, soap, "add_UsernameTokenDigest");

EXIT:
    return result;
}
```

ONVIF 接口是否需要鉴权可以参考官网的 ONVIF Core Specification 文档,具体的官方网址为 https://www.onvif.org/specs/core/ONVIF-Core-Specification.pdf(为了方便读者查阅,笔者将该文档放到了本书的课件资料中)。在该文档的 Access classes for service requests 章节中有接口访问权限的相关规定,如图 8-9 所示,例如,PRE_AUTH 的规定是 The service shall not require user authentication,即该服务不需要用户认证。

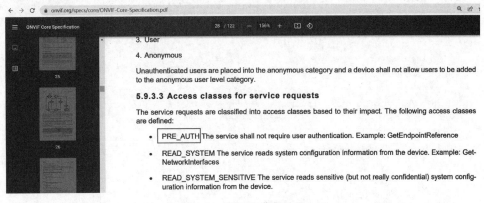

图 8-9 ONVIF 鉴权认证

这里的鉴权信息包括用户名、密码,因为在 HTTP 传输过程中不能是明文,所以有一定的加密算法。如果不清楚这个加密算法,则推荐利用 gSOAP 源码中的 soap_wsse_add_

UsernameTokenDigest()函数,这样便可以轻松地实现鉴权。如果使用该函数进行授权,则在 soapcpp2.exe 生成 ONVIF 代码框架之前要在 onvif.h 头文件开头处添加的代码如下:

```
# import "wsse.h"
```

它依赖 gSOAP 中的源码文件包括 wsseapi.c、wsseapi.h、mecevp.c、mecevp.h、smdevp.c、smdevp.h、threads.c、threads.h 和 dom.c,这些文件在 gSOAP 目录和 gsoap/plugin 目录下,将这些文件复制到项目中,以便参与编译。在加入上面提到的.c 和.h 文件后,有可能编译依然失败,提示找不到 openssl/evp.h 文件,提示信息如下:

```
smdevp.h(54): fatal error C1083: 无法打开包括文件:"openssl/evp.h": No such file or directory
```

究其原因,wsse 系列的函数需要依赖 OpenSSL 库,所以需要提前安装 OpenSSL,里面有对应的库文件和头文件。

下面的 ONVIF_SetAuthInfo()函数是对 soap_wsse_add_UsernameTokenDigest()的二次封装,这次在 ONVIF_GetDeviceInformation 函数的内部增加了设置鉴权信息,在调用 soap_call___tds__GetDeviceInformation()函数之前,需要先调用 ONVIF_SetAuthInfo()函数设置鉴权信息。读者可以用一个需要鉴权的 IPC 来测试,通过开启、关闭 ONVIF_SetAuthInfo 语句来观察效果。注意,如果是一个本就不需要鉴权的 IPC,则达不到预期效果。代码如下:

```
//chapter8/8.4.auth.c
# define USERNAME "admin"
# define PASSWORD "admin"

/ *******************************************
** 函数:ONVIF_SetAuthInfo
** 功能:设置认证信息
** 参数:[in] soap - soap 环境变量
        [in] username - 用户名
        [in] password - 密码
** 返回:0 表示成功,非 0 表示失败
*********************************************** /
static int ONVIF_SetAuthInfo(struct soap * soap, const char * username, const char * pwd){
    int result = 0;
    SOAP_ASSERT(NULL != username);
    SOAP_ASSERT(NULL != password);

    result = soap_wsse_add_UsernameTokenDigest(soap, NULL, username, pwd);
    SOAP_CHECK_ERROR(result, soap, "add_UsernameTokenDigest");

EXIT:
    return result;
}
```

```
/***********************************************
** 函数:ONVIF_GetDeviceInformation
** 功能:获取设备基本信息,需要鉴权认证
** 参数:[in] DeviceXAddr - 设备服务地址
** 返回:0 表示成功,非 0 表示失败
*********************************************** /
int ONVIF_GetDeviceInformation(const char * DeviceXAddr){
    int result = 0;
    struct soap * soap = NULL;
    struct _tds__GetDeviceInformation         devinfo_req;
    struct _tds__GetDeviceInformationResponse     devinfo_resp;

    SOAP_ASSERT(NULL != DeviceXAddr);
    SOAP_ASSERT(NULL != (soap = ONVIF_soap_new(SOAP_SOCK_TIMEOUT)));

    ONVIF_SetAuthInfo(soap, USERNAME, PASSWORD);

    memset(&devinfo_req, 0x00, sizeof(devinfo_req));
    memset(&devinfo_resp, 0x00, sizeof(devinfo_resp));
    result = soap_call___tds__GetDeviceInformation(soap, DeviceXAddr, NULL, &devinfo_req,
&devinfo_resp);
    SOAP_CHECK_ERROR(result, soap, "GetDeviceInformation");
    dump_tds__GetDeviceInformationResponse(&devinfo_resp);

EXIT:
    if (NULL != soap) {
        ONVIF_soap_delete(soap);
    }
    return result;
}
```

　　需要注意的是,ONVIF 规定要鉴权的接口,每次调用之前都要重新设置一次鉴权信息(调用 ONVIF_SetAuthInfo()函数),即使之前已经设置过鉴权信息了,否则后续调用 ONVIF 接口依然会报错。下面来做个测试,连续两次调用 soap_call___tds__GetDeviceInformation()接口,第 1 次调用之前已设置鉴权信息,第 2 次调用之前没有设置鉴权信息,代码如下:

```
//chapter8/8.4.auth.c
int ONVIF_GetDeviceInformation2(const char * DeviceXAddr){
    int result = 0;
    struct soap * soap = NULL;
    struct _tds__GetDeviceInformation         devinfo_req;
    struct _tds__GetDeviceInformationResponse     devinfo_resp;

    SOAP_ASSERT(NULL != DeviceXAddr);
    SOAP_ASSERT(NULL != (soap = ONVIF_soap_new(SOAP_SOCK_TIMEOUT)));

    /* 第 1 次调用 soap_call___tds__GetDeviceInformation 之前已设置鉴权信息 */
```

```
    ONVIF_SetAuthInfo(soap, USERNAME, PASSWORD);

    memset(&devinfo_req, 0x00, sizeof(devinfo_req));
    memset(&devinfo_resp, 0x00, sizeof(devinfo_resp));
    result = soap_call___tds__GetDeviceInformation(soap, DeviceXAddr, NULL, &devinfo_req,
&devinfo_resp);
    SOAP_CHECK_ERROR(result, soap, "GetDeviceInformation");
    dump_tds__GetDeviceInformationResponse(&devinfo_resp);


    /* 第 2 次调用 soap_call___tds__GetDeviceInformation 之前没有设置鉴权信息,从而导致调用
        失败 */
    memset(&devinfo_req, 0x00, sizeof(devinfo_req));
    memset(&devinfo_resp, 0x00, sizeof(devinfo_resp));
    result = soap_call___tds__GetDeviceInformation(soap, DeviceXAddr, NULL, &devinfo_req,
&devinfo_resp);
    SOAP_CHECK_ERROR(result, soap, "GetDeviceInformation");
    dump_tds__GetDeviceInformationResponse(&devinfo_resp);

EXIT:

    if (NULL != soap) {
        ONVIF_soap_delete(soap);
    }
    return result;
}
```

8.5   读取音视频流

ONVIF 规范中设备管理和控制部分所定义的接口均以 Web Service 的形式提供,而音视频流则通过 RTP/RTSP 进行。可以简单地理解为 IPC 的各种参数的获取/配置都是通过 ONVIF 协议接口实现的,而音视频流多媒体传输采用的是 RTP/RTSP。要读取 IPC 的音视频流,通常先通过 ONVIF 接口获取 IPC 主/辅码流的 RTSP 地址,再利用 FFmpeg 接口(或其他开源方案)读取音视频流数据。具体流程如下:

(1) 通过设备发现流程,得到设备服务地址。

(2) 使用设备服务地址调用 GetCapabilities 接口,得到媒体服务地址。

(3) 使用媒体服务地址调用 GetProfiles 接口,得到主次码流的媒体配置信息,其中包含 ProfileToken。

(4) 使用 ProfileToken 调用 GetStreamUri 接口,得到主次码流的流媒体 RTSP 地址。

(5) 使用 RTSP 地址,调用 FFmpeg 接口,读取音视频流数据。

RTSP 是很成熟的多媒体传输协议,用于传输音视频流数据,其实不需要自己编写代码实现 RTSP,有很多现成的开源方案可供使用,例如强大的 FFmpeg。为了让读者对 RTSP

有更好的认识,下面演示如何使用 VLC media player 播放 RTSP 视频流。打开 VLC Media Player 播放器,选择菜单项"媒体→打开网络串流",输入 RTSP 地址,单击"播放"按钮,即可实时播放视频流媒体,如图 8-10 所示。如果 VLC 提示认证失败,就需要在 URL 中加上用户名和密码,具体的格式为 rtsp://username:password@100.100.100.5:554/av0_0。

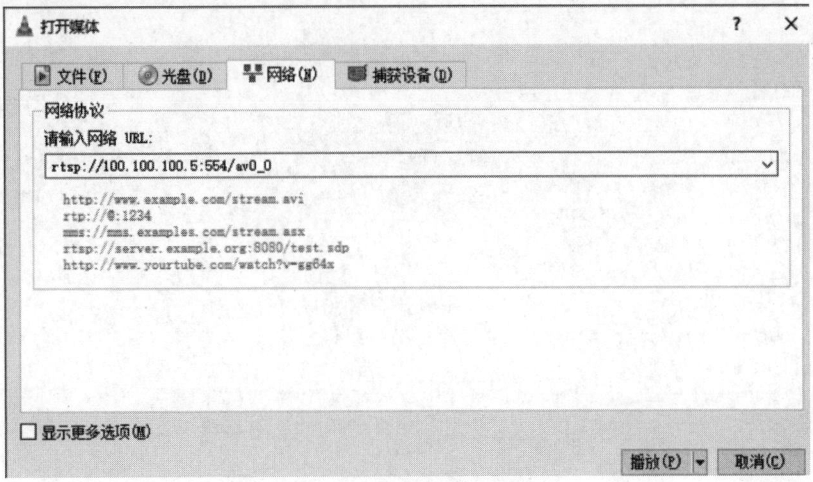

图 8-10　VLC 播放 RTSP 流

FFmpeg 库的官网网址为 http://ffmpeg.org/或 https://github.com/FFmpeg/FFmpeg。对于 Windows 平台下的 FFmpeg,官网上有编译好的动态库供直接使用,其中 Dev 版本里面包含了 FFmpeg 的.h 头文件及.lib 库文件,Shared 版本里面包含了 FFmpeg 的.dll 和.exe 文件。Linux 平台下的 FFmpeg 就要自己下载源码并编译安装了。使用 ONVIF 框架代码获取设备的 RTSP 流地址并使用 FFmpeg 读取音视频流的代码如下:

```
//chapter8/8.5.getAV.c
# include < stdio.h >
# include < stdlib.h >
# include < assert.h >
# include "onvif_comm.h"
# include "onvif_dump.h"

# include "libavcodec/avcodec.h"
# include "libavdevice/avdevice.h"
# include "libavformat/avformat.h"
# include "libavfilter/avfilter.h"
# include "libavutil/avutil.h"
# include "libswscale/swscale.h"
# include "libavutil/pixdesc.h"

/*********************************************
** 函数:open_rtsp
```

```
** 功能:使用 FFmpeg,从 RTSP 流地址中获取音视频流数据
** 参数:[in] rtsp - RTSP 地址
** 返回:无
********************************************** /
void open_rtsp(char * rtsp)
{
    unsigned int    i;
    int             ret;
    int             video_st_index = -1;
    int             audio_st_index = -1;
    AVFormatContext * ifmt_ctx = NULL;
    AVPacket        pkt;
    AVStream        * st = NULL;
    char            errbuf[64];

    av_register_all();              //注册编解码和格式
    avformat_network_init();        //初始化网络组件
    //打开文件
    if ((ret = avformat_open_input(&ifmt_ctx, rtsp, 0, NULL)) < 0) {
        printf("Could not open input file '% s'(error '% s')\n", rtsp, av_make_error_string
(errbuf, sizeof(errbuf), ret));
        goto EXIT;
    }
    //获取音视频流信息
    if ((ret = avformat_find_stream_info(ifmt_ctx, NULL)) < 0) {
        printf("Could not open find stream info (error '% s')\n", av_make_error_string(errbuf,
sizeof(errbuf), ret));
        goto EXIT;
    }

    for (i = 0; i < ifmt_ctx -> nb_streams; i++) {          //输出信息
        av_dump_format(ifmt_ctx, i, rtsp, 0);
    }

    for (i = 0; i < ifmt_ctx -> nb_streams; i++) {          //视频流的索引
        st = ifmt_ctx -> streams[i];
        switch(st -> codec -> codec_type) {
        case AVMEDIA_TYPE_AUDIO: audio_st_index = i; break;
        case AVMEDIA_TYPE_VIDEO: video_st_index = i; break;
        default: break;
        }
    }
    if (-1 == video_st_index) {
        printf("No H.264 video stream in the input file\n");
        goto EXIT;
    }

    av_init_packet(&pkt);                               //初始化数据包
    pkt.data = NULL;
```

```
        pkt.size = 0;

    while (1){
        do {
            ret = av_read_frame(ifmt_ctx, &pkt);            //读音视频包
        } while (ret == AVERROR(EAGAIN));

        if (ret < 0) {
            printf("Could not read frame (error '%s')\n", av_make_error_string(errbuf, sizeof
(errbuf), ret));
            break;
        }
//注意:这里获取了音视频包 AVPacket,然后可以进一步解码并显示或存储等
        if (pkt.stream_index == video_st_index) {          //视频
            printf("Video Packet size = %d\n", pkt.size);
        } else if(pkt.stream_index == audio_st_index) {    //音频
            printf("Audio Packet size = %d\n", pkt.size);
        } else {
            printf("Unknow Packet size = %d\n", pkt.size);
        }

        av_packet_unref(&pkt);
    }

EXIT:
    if (NULL != ifmt_ctx) {
        avformat_close_input(&ifmt_ctx);
        ifmt_ctx = NULL;
    }
    return ;
}


/****************************
** 函数:ONVIF_GetStreamUri
** 功能:获取设备码流地址(RTSP)
** 参数:[in] MediaXAddr                         -  媒体服务地址
      [in] ProfileToken                        -  媒体标识
      [out] uri                                -  返回的地址
      [in] sizeuri                             -  地址缓存大小
** 返回:0 表示成功,非 0 表示失败
**************************** /
int ONVIF_GetStreamUri(const char * MediaXAddr, char * ProfileToken, char * uri, unsigned int
sizeuri){
    int result = 0;
    struct soap * soap = NULL;
    struct tt__StreamSetup                        ttStreamSetup;
    struct tt__Transport                          ttTransport;
    struct _trt__GetStreamUri                     req;
    struct _trt__GetStreamUriResponse             rep;
```

```
        SOAP_ASSERT(NULL != MediaXAddr);
        SOAP_ASSERT(NULL != uri);
        memset(uri, 0x00, sizeuri);

        SOAP_ASSERT(NULL != (soap = ONVIF_soap_new(SOAP_SOCK_TIMEOUT)));

        memset(&req, 0x00, sizeof(req));
        memset(&rep, 0x00, sizeof(rep));
        memset(&ttStreamSetup, 0x00, sizeof(ttStreamSetup));
        memset(&ttTransport, 0x00, sizeof(ttTransport));
        ttStreamSetup.Stream = tt__StreamType__RTP_Unicast;
        ttStreamSetup.Transport = &ttTransport;
        ttStreamSetup.Transport->Protocol = tt__TransportProtocol__RTSP;
        ttStreamSetup.Transport->Tunnel = NULL;
        req.StreamSetup = &ttStreamSetup;
        req.ProfileToken = ProfileToken;

        ONVIF_SetAuthInfo(soap, USERNAME, PASSWORD);
        result = soap_call___trt__GetStreamUri(soap, MediaXAddr, NULL, &req, &rep);
        SOAP_CHECK_ERROR(result, soap, "GetServices");

        dump_trt__GetStreamUriResponse(&rep);

        result = -1;
        if (NULL != rep.MediaUri) {
            if (NULL != rep.MediaUri->Uri) {
                if (sizeuri > strlen(rep.MediaUri->Uri)) {
                    strcpy(uri, rep.MediaUri->Uri);      //IPC 返回的 RTSP 流地址
                    result = 0;
                } else {
                    SOAP_DBGERR("Not enough cache!\n");
                }
            }
        }

EXIT:
    if (NULL != soap) {
        ONVIF_soap_delete(soap);
    }

    return result;
}

void cb_discovery(char * DeviceXAddr)
{
    int stmno = 0;                           //码流序号,0 为主码流,1 为辅码流
    int profile_cnt = 0;                     //设备配置文件个数
    struct tagProfile * profiles = NULL;     //设备配置文件列表
    struct tagCapabilities capa;             //设备能力信息
```

```
    char uri[ONVIF_ADDRESS_SIZE] = {0};            //不带认证信息的 URI 地址
    char uri_auth[ONVIF_ADDRESS_SIZE + 50] = {0};  //带有认证信息的 URI 地址
    //获取设备能力信息(获取媒体服务地址)
    ONVIF_GetCapabilities(DeviceXAddr, &capa);

    //获取媒体配置信息(主/辅码流配置信息)
    profile_cnt = ONVIF_GetProfiles(capa.MediaXAddr, &profiles);

    if (profile_cnt > stmno) {
        ONVIF_GetStreamUri(capa.MediaXAddr, profiles[stmno].token, uri, sizeof(uri));
                                                            //获取 RTSP 地址

        make_uri_withauth(uri, USERNAME, PASSWORD, uri_auth, sizeof(uri_auth));
                                            //生成带认证信息的 URI(有的 IPC 要求认证)

        open_rtsp(uri_auth);                        //读取主码流的音视频数据
    }

    if (NULL != profiles) {
        free(profiles);
        profiles = NULL;
    }
}

int main(int argc, char ** argv)
{
    ONVIF_DetectDevice(cb_discovery);
    return 0;
}
```

8.6　图像抓拍

IPC 图像抓拍有两种方法,第 1 种是对 RTSP 视频流进行视频截图;第 2 种是使用 HTTP 的 GET 方式获取图片。第 1 种方法比较麻烦,需要借助于 FFmpeg 对视频流进行抓取。第 2 种方法比较通用,ONVIF 协议除了提供 RTSP 的 URL 外,其实也给出了抓拍的 URL,使用 Media 模块的 GetSnapshotUri 接口可获取图像抓拍的 URL。例如,笔者从 IPC 获得的抓拍 URL 为 http://100.100.100.160/onvifsnapshot/media_service/snapshot? channel=1&subtype=0,通过这个地址就可以抓拍图片,其实在 media.wsdl 文档中对该接口的函数功能说明进行了具体的描述,也就是通过 HTTP 的 GET 方式获得 JPEG 格式的图片,原文如下:

The URI can be used for acquiring a JPEG image through a HTTP GET operation

在浏览器地址栏输入抓拍的 URL,就会显示出图片。不断地按 F5 键进行刷新,图片会

变化,对于需要验证的 IPC 会要求输入用户名和密码进行 HTTP 用户认证。使用 ONVIF 图像抓拍的流程如下:

(1) 通过设备发现流程,得到设备服务地址。

(2) 使用设备服务地址调用 GetCapabilities 接口,得到媒体服务地址。

(3) 使用媒体服务地址调用 GetProfiles 接口,得到主次码流的媒体配置信息,其中包含 ProfileToken。

(4) 使用 ProfileToken 调用 GetSnapshotUri 接口,得到主次码图像抓拍的 URI 地址。

(5) 根据 URI 地址,使用 HTTP 的 GET 方式获取图片。

Windows 的 MFC 类库里有 CInternetSession、CHttpConnection 和 CHttpFile 类,这些类提供了通过 HTTP 获得图像数据的方法。

手工安装 wget,在 Linux 系统下可以使用很多开源方案,甚至可以直接使用 Shell 命令 wget 下载图像,简单高效。先安装 wget 下载工具,命令如下:

```
apt-get install wget #Ubuntu
```

通过 wget 可以获取抓拍的图片,命令如下:

```
wget -O out1.jpeg 'http://100.100.100.5:80/capture/webCapture.jpg?channel=1&FTpsend=0&checkinfo=0'
```

如果需要带认证信息,则命令如下:

```
wget -O out.jpeg 'http://username:password@100.100.100.5:80/capture/webCapture.jpg?channel=1&FTpsend=0&checkinfo=0'
```

下面的 C/C++代码就是使用 wget 将抓拍的图像存储到本地的,代码如下:

```
//chapter8/8.6.snapshot.c
/*******************************************************
** 函数:make_uri_withauth
** 功能:构造带有认证信息的 URI 地址
** 参数:[in] src_uri          - 未带认证信息的 URI 地址
        [in] username         - 用户名
        [in] password         - 密码
        [out] dest_uri        - 返回的带认证信息的 URI 地址
        [in] size_dest_uri    - 目标路径的缓存大小
** 返回:0 表示成功,非 0 表示失败
** 备注:
    (1) 例子:
    无认证信息的 URI:rtsp://100.100.100.140:554/av0_0
    带认证信息的 URI:rtsp://username:password@100.100.100.140:554/av0_0
*******************************************************/
static int make_uri_withauth(char * src_uri, char * username, char * password, char * dest_uri, unsigned int size_dest_uri){
```

```
    int result = 0;
    unsigned int needBufSize = 0;

    SOAP_ASSERT(NULL != src_uri);
    SOAP_ASSERT(NULL != username);
    SOAP_ASSERT(NULL != password);
    SOAP_ASSERT(NULL != dest_uri);
    memset(dest_uri, 0x00, size_dest_uri);

    needBufSize = strlen(src_uri) + strlen(username) + strlen(password) + 3;
                        //检查缓存是否足够,包括':'和'@',以及字符串结束符
    if (size_dest_uri < needBufSize) {
        SOAP_DBGERR("dest uri buf size is not enough.\n");
        result = -1;
        goto EXIT;
    }

    if (0 == strlen(username) && 0 == strlen(password)) {//生成新的 uri 地址
        strcpy(dest_uri, src_uri);
    } else {
        char * p = strstr(src_uri, "//");
        if (NULL == p) {
            SOAP_DBGERR("can't found '//', src uri is: % s.\n", src_uri);
            result = -1;
            goto EXIT;
        }
        p += 2;

        memcpy(dest_uri, src_uri, p - src_uri);
        sprintf(dest_uri + strlen(dest_uri), "% s:% s@", username, password);
        strcat(dest_uri, p);
    }

EXIT:
    return result;
}


/***********************************************
** 函数:ONVIF_GetSnapshotUri
** 功能:获取设备图像抓拍地址(HTTP)
** 参数:[in] MediaXAddr - 媒体服务地址
       [in] ProfileToken - 媒体标识
       [out] uri - 返回的地址
       [in] sizeuri - 地址缓存大小
** 返回:0 表示成功,非 0 表示失败
** 备注:
    (2) 并非所有的 ProfileToken 都支持图像抓拍地址. 举例:XXX 品牌的 IPC 有以下 3 个配置
profile0、profile1、TestMediaProfile,其中 TestMediaProfile 返回的图像抓拍地址就是空指针.
    ***********************************************/
```

```
int ONVIF_GetSnapshotUri(const char * MediaXAddr, char * ProfileToken, char * uri, unsigned
int sizeuri){
    int result = 0;
    struct soap * soap = NULL;
    struct _trt__GetSnapshotUri         req;
    struct _trt__GetSnapshotUriResponse rep;

    SOAP_ASSERT(NULL != MediaXAddr);
    SOAP_ASSERT(NULL != uri);
    memset(uri, 0x00, sizeuri);
    SOAP_ASSERT(NULL != (soap = ONVIF_soap_new(SOAP_SOCK_TIMEOUT)));

    ONVIF_SetAuthInfo(soap, USERNAME, PASSWORD);

    memset(&req, 0x00, sizeof(req));
    memset(&rep, 0x00, sizeof(rep));
    req.ProfileToken = ProfileToken;
    result = soap_call__trt__GetSnapshotUri(soap, MediaXAddr, NULL, &req, &rep);
    SOAP_CHECK_ERROR(result, soap, "GetSnapshotUri");

    dump_trt__GetSnapshotUriResponse(&rep);

    result = -1;
    if (NULL != rep.MediaUri) {
        if (NULL != rep.MediaUri->Uri) {
            if (sizeuri > strlen(rep.MediaUri->Uri)) {
                strcpy(uri, rep.MediaUri->Uri);
                result = 0;
            } else {
                SOAP_DBGERR("Not enough cache!\n");
            }
        }
    }

EXIT:
    if (NULL != soap) {
        ONVIF_soap_delete(soap);
    }

    return result;
}

void cb_discovery(char * DeviceXAddr)
{
    int stmno = 0;                              //码流序号,0 为主码流,1 为辅码流
    int profile_cnt = 0;                        //设备配置文件个数
    struct tagProfile * profiles = NULL;        //设备配置文件列表
    struct tagCapabilities capa;                //设备能力信息
```

```
    char cmd[256];
    char uri[ONVIF_ADDRESS_SIZE] = {0};                    //不带认证信息的 URI 地址
    char uri_auth[ONVIF_ADDRESS_SIZE + 50] = {0};          //带有认证信息的 URI 地址

    ONVIF_GetCapabilities(DeviceXAddr, &capa);             //获取媒体服务地址

    //获取媒体配置信息(主/辅码流配置信息)
    profile_cnt = ONVIF_GetProfiles(capa.MediaXAddr, &profiles);

    if (profile_cnt > stmno) {
        ONVIF_GetSnapshotUri(capa.MediaXAddr, profiles[stmno].token, uri, sizeof(uri));
                                                           //获取图像抓拍 URI

        make_uri_withauth(uri, USERNAME, PASSWORD, uri_auth, sizeof(uri_auth));
                                           //生成带认证信息的 URI(有的 IPC 要求认证)

        sprintf(cmd, "wget - O out.jpeg '%s'", uri_auth);  //使用 wget 下载图片
        system(cmd);
    }

    if (NULL != profiles) {
        free(profiles);
        profiles = NULL;
    }
}

int main(int argc, char ** argv)
{
    ONVIF_DetectDevice(cb_discovery);                      //在回调函数中进行图片抓拍
    return 0;
}
```

8.7　修改分辨率

　　IPC 有关多媒体的参数都由媒体配置文件(Media Profile)来管理。媒体配置文件是用于管理音视频流相关的一系列配置的集合,一个配置文件由一系列相关联的配置类实体构成。配置类包括以下几种。

　　(1) Video Source Configuration:视频源配置。

　　(2) Audio Source Configuration:音频源配置。

　　(3) Video Encoder Configuration:视频编码器配置。

　　(4) Audio Encoder Configuration:音频编码器配置。

　　(5) PTZ Configuration:PTZ 配置。

　　(6) Video Analytics Configuration:视频分析配置。

（7）Metadata Configuration：元数据配置。

（8）Audio Output Configuration：音频输出配置。

（9）Audio Decoder Configuration：音频解码器配置。

媒体配置文件对应的结构体代码如下：

```
//chapter8/8.7.profile.c
struct tt__Profile {
    char * Name;
    struct tt__VideoSourceConfiguration * VideoSourceConfiguration;
    struct tt__AudioSourceConfiguration * AudioSourceConfiguration;
    struct tt__VideoEncoderConfiguration * VideoEncoderConfiguration;
    struct tt__AudioEncoderConfiguration * AudioEncoderConfiguration;
    struct tt__VideoAnalyticsConfiguration * VideoAnalyticsConfiguration;
    struct tt__PTZConfiguration * PTZConfiguration;
    struct tt__MetadataConfiguration * MetadataConfiguration;
    struct tt__ProfileExtension * Extension;
    char * token;
    enum xsd__boolean * fixed;
};
```

一个 tt__Profile 结构体就是一个媒体配置文件，一个配置文件由全部或部分的配置类实体组成，"部分"的意思是，对于不支持的功能（如 PTZ），允许其配置信息为空（如 PTZConfiguration 为 NULL）。配置类和实体是两个不同的概念。就某个配置类而言，一个设备可以有多个实体，如视频编码器配置类，一个 IPC 设备至少包含两个视频编码器配置实体，分别关联主码流和辅码流，这两个视频编码器配置实体参数有所区别，如分辨率不同、码率不同等。

一个媒体配置文件由不同配置类的实体组成，同一配置类的不同实体，只能有一个实体跟媒体配置文件关联。一个设备可以有多个媒体配置文件，如主码流、辅码流就是两个不同的媒体配置文件。

为了唯一标识某个配置实体，每个配置实体都有对应的唯一标识符 Token，很多 ONVIF 媒体接口也是通过 Token 访问（修改）这些配置的。例如，视频源配置 Token、音频源配置 Token、视频编码器配置 Token，甚至连媒体配置文件本身都有 Token，如图 8-11 所示，矩形框所示为 GetProfiles 接口。

对于某个具体的配置类，ONVIF 都提供了一套完整的函数接口，伪代码如下：

```
//chapter8/8.7.profile.c
AddXXXConfiguration:新增 XXX 配置
RemoveXXXConfiguration:删除指定的 XXX 配置
GetXXXConfigurations:获取所有的 XXX 配置
GetXXXConfiguration:获取指定的 XXX 配置
GetXXXConfigurationOptions:获取 XXX 配置选项集
GetCompatibleXXXConfigurations:获取所有兼容的 XXX 配置
SetXXXConfiguration:修改指定的 XXX 配置
```

44. GetProfiles

Description:

Any endpoint can ask for the existing media profiles of a device using the GetProfiles command. Pre-configured or dynamically configured profiles can be retrieved using this command. This command lists all configured profiles in a device. The client does not need to know the media profile in order to use the command.

SOAP action:

http://www.onvif.org/ver10/media/wsdl/GetProfiles

Input:

[GetProfiles]

Output:

[GetProfilesResponse]
- **Profiles** - optional, unbounded; [Profile]
  lists all profiles that exist in the media service
    - token - required; [ReferenceToken]
      Unique identifier of the profile.
    - **fixed** [boolean]
      A value of true signals that the profile cannot be deleted. Default is false.
  - **Name** [Name]
    User readable name of the profile.
  - **VideoSourceConfiguration** - optional; [VideoSourceConfiguration]
    Optional configuration of the Video input.
    - token - required; [ReferenceToken]
      Token that uniquely refernces this configuration. Length up to 64 characters.
  - **Name** [Name]
    User readable name. Length up to 64 characters.
  - **UseCount** [int]
    Number of internal references currently using this configuration.
    This informational parameter is read-only. Deprecated for Media2 Service.
  - **SourceToken** [ReferenceToken]
    Reference to the physical input.
  - **Bounds** [IntRectangle]
    Rectangle specifying the Video capturing area. The capturing area shall not be larger than the whole Video source area.
    - **x** - required; [int]
    - **y** - required; [int]
    - **width** - required; [int]
    - **height** - required; [int]

图 8-11　ONVIF 媒体接口的 Token

将上述的 XXX 替换成 VideoEncoder,就得到了与视频编码器配置类相关的 ONVIF 接口,代码如下:

```
//chapter8/8.7.profile.c
AddVideoEncoderConfiguration:新增视频编码器配置
RemoveVideoEncoderConfiguration:删除指定的视频编码器配置
GetVideoEncoderConfigurations:获取所有的视频编码器配置
GetVideoEncoderConfiguration:获取指定的视频编码器配置
GetVideoEncoderConfigurationOptions:获取视频编码器配置选项集
GetCompatibleVideoEncoderConfigurations:获取所有兼容的视频编码器配置
SetVideoEncoderConfiguration:修改指定的视频编码器配置
```

IPC 客户端通过 ONVIF 修改分辨率的步骤如下:

(1) 通过 GetProfiles 获取所有媒体配置文件,便可得知主/辅码流的视频编码器配置 Token。

(2) 由视频编码器配置 Token 通过 SetVideoEncoderConfiguration 修改视频编码器配置(如修改分辨率、帧率、码率等)。

(3) 修改的参数必须在 GetVideoEncoderConfigurationOptions 中的选项集范围内(IPC 出厂时预设定好的选项集),不能随意设置,否则 SetVideoEncoderConfiguration 会返回失败。

(4) 每个视频编码器配置的分辨率可选集只能自己使用,不能用于其他视频编码器配置中。例如,主码流的 1080P 分辨率,不能配置到辅码流中,否则 SetVideoEncoderConfiguration 会调用失败。

通过 ONVIF 接口修改分辨率的示例代码如下:

```c
//chapter8/8.7.profile.c
# include < stdio.h>
# include < stdlib.h>
# include < assert.h>
# include "onvif_comm.h"
# include "onvif_dump.h"


/***********************************************
** 函数:ONVIF_GetVideoEncoderConfigurationOptions
** 功能:获取指定视频编码器配置的参数选项集
** 参数:[in] MediaXAddr - 媒体服务地址
        [in] ConfigurationToken - 视频编码器配置的令牌字符串,如果为 NULL,则获取所有视频
编码器配置的选项集(会杂在一起,无法区分选项集归属于哪个视频编码配置器)
** 返回:0 表示成功,非 0 表示失败
** 备注:
    (1) 有两种方式可以获取指定视频编码器配置的参数选项集:一种是根据 ConfigurationToken,
另一种是根据 ProfileToken
********************************************* /
int ONVIF_GetVideoEncoderConfigurationOptions(const char * MediaXAddr, char * ConfigurationToken){
    int result = 0;
    struct soap * soap = NULL;
    struct _trt__GetVideoEncoderConfigurationOptions            req;
    struct _trt__GetVideoEncoderConfigurationOptionsResponse    rep;

    SOAP_ASSERT(NULL != MediaXAddr);
    SOAP_ASSERT(NULL != (soap = ONVIF_soap_new(SOAP_SOCK_TIMEOUT)));

    memset(&req, 0x00, sizeof(req));
    memset(&rep, 0x00, sizeof(rep));
    req.ConfigurationToken = ConfigurationToken;

    ONVIF_SetAuthInfo(soap, USERNAME, PASSWORD);
    result = soap_call___trt__GetVideoEncoderConfigurationOptions(soap, MediaXAddr, NULL,
&req, &rep);
    SOAP_CHECK_ERROR(result, soap, "GetVideoEncoderConfigurationOptions");

    dump_trt__GetVideoEncoderConfigurationOptionsResponse(&rep);

EXIT:
    if (NULL != soap) {
        ONVIF_soap_delete(soap);
    }

    return result;
```

```
}

/ *****************************************
** 函数:ONVIF_GetVideoEncoderConfiguration
** 功能:获取设备上指定的视频编码器配置信息
** 参数:[in] MediaXAddr - 媒体服务地址
        [in] ConfigurationToken - 视频编码器配置的令牌字符串
** 返回:0 表示成功,非 0 表示失败
** 备注:
***************************************** /
int ONVIF_GetVideoEncoderConfiguration(const char * MediaXAddr, char * ConfigurationToken){
    int result = 0;
    struct soap * soap = NULL;
    struct _trt__GetVideoEncoderConfiguration          req;
    struct _trt__GetVideoEncoderConfigurationResponse  rep;

    SOAP_ASSERT(NULL != MediaXAddr);
    SOAP_ASSERT(NULL != (soap = ONVIF_soap_new(SOAP_SOCK_TIMEOUT)));

    ONVIF_SetAuthInfo(soap, USERNAME, PASSWORD);

    memset(&req, 0x00, sizeof(req));
    memset(&rep, 0x00, sizeof(rep));
    req.ConfigurationToken = ConfigurationToken;
    result = soap_call___trt__GetVideoEncoderConfiguration(soap, MediaXAddr, NULL, &req,
&rep);
    SOAP_CHECK_ERROR(result, soap, "GetVideoEncoderConfiguration");

    dump_trt__GetVideoEncoderConfigurationResponse(&rep);

EXIT:
    if (NULL != soap) {
        ONVIF_soap_delete(soap);
    }

    return result;
}


/ *********************************
** 函数:ONVIF_SetVideoEncoderConfiguration
** 功能:修改指定的视频编码器配置信息
** 参数:[in] MediaXAddr - 媒体服务地址
        [in] venc - 视频编码器配置信息
** 返回:0 表示成功,非 0 表示失败
** 备注:
    (2) 所设置的分辨率必须是 GetVideoEncoderConfigurationOptions 返回的"分辨率选项集"中的
一种,否则调用 SetVideoEncoderConfiguration 会失败.
********************************* /
```

```
int ONVIF_SetVideoEncoderConfiguration(const char * MediaXAddr, struct tagVideoEncoderConfiguration
* venc){
    int result = 0;
    struct soap * soap = NULL;

    struct _trt__GetVideoEncoderConfiguration          gVECfg_req;
    struct _trt__GetVideoEncoderConfigurationResponse  gVECfg_rep;

    struct _trt__SetVideoEncoderConfiguration          sVECfg_req;
    struct _trt__SetVideoEncoderConfigurationResponse  sVECfg_rep;

    SOAP_ASSERT(NULL != MediaXAddr);
    SOAP_ASSERT(NULL != venc);
    SOAP_ASSERT(NULL != (soap = ONVIF_soap_new(SOAP_SOCK_TIMEOUT)));

    memset(&gVECfg_req, 0x00, sizeof(gVECfg_req));
    memset(&gVECfg_rep, 0x00, sizeof(gVECfg_rep));
    gVECfg_req.ConfigurationToken = venc->token;

    ONVIF_SetAuthInfo(soap, USERNAME, PASSWORD);
    result = soap_call___trt__GetVideoEncoderConfiguration(soap, MediaXAddr, NULL, &gVECfg_
req, &gVECfg_rep);
    SOAP_CHECK_ERROR(result, soap, "GetVideoEncoderConfiguration");

    if (NULL == gVECfg_rep.Configuration) {
        SOAP_DBGERR("video encoder configuration is NULL.\n");
        goto EXIT;
    }

    memset(&sVECfg_req, 0x00, sizeof(sVECfg_req));
    memset(&sVECfg_rep, 0x00, sizeof(sVECfg_rep));

    sVECfg_req.ForcePersistence = xsd__boolean__true_;
    sVECfg_req.Configuration = gVECfg_rep.Configuration;

    if (NULL != sVECfg_req.Configuration->Resolution) {
        sVECfg_req.Configuration->Resolution->Width = venc->Width;
        sVECfg_req.Configuration->Resolution->Height = venc->Height;
    }

    ONVIF_SetAuthInfo(soap, USERNAME, PASSWORD);
    result = soap_call___trt__SetVideoEncoderConfiguration(soap, MediaXAddr, NULL, &sVECfg_
req, &sVECfg_rep);
    SOAP_CHECK_ERROR(result, soap, "SetVideoEncoderConfiguration");

EXIT:

    if (SOAP_OK == result) {
        SOAP_DBGLOG("\nSetVideoEncoderConfiguration success!!!\n");
```

```
    }

    if (NULL != soap) {
        ONVIF_soap_delete(soap);
    }

    return result;
}

void cb_discovery(char * DeviceXAddr){
    int stmno = 0;                              //码流序号,0 为主码流,1 为辅码流
    int profile_cnt = 0;                        //设备配置文件个数
    struct tagProfile * profiles = NULL;        //设备配置文件列表
    struct tagCapabilities capa;                //设备能力信息

    ONVIF_GetCapabilities(DeviceXAddr,&capa);   //获取媒体服务地址

    //获取媒体配置信息(主/辅码流配置信息)
    profile_cnt = ONVIF_GetProfiles(capa.MediaXAddr, &profiles);
    if (profile_cnt > stmno) {
        struct tagVideoEncoderConfiguration venc;
        char * vencToken = profiles[stmno].venc.token;

        ONVIF_GetVideoEncoderConfigurationOptions(capa.MediaXAddr, vencToken);
                                    //获取该码流支持的视频编码器参数选项集

        //获取该码流当前的视频编码器参数
        ONVIF_GetVideoEncoderConfiguration(capa.MediaXAddr, vencToken);

        venc = profiles[stmno].venc;
        venc.Height = 960;
        venc.Width = 1280;
        //设置该码流当前的视频编码器参数
        ONVIF_SetVideoEncoderConfiguration(capa.MediaXAddr, &venc);
        //观察是否修改成功
        ONVIF_GetVideoEncoderConfiguration(capa.MediaXAddr, vencToken);
    }

    if (NULL != profiles) {
        free(profiles);
        profiles = NULL;
    }
}

int main(int argc, char ** argv)
{
    ONVIF_DetectDevice(cb_discovery);
    return 0;
}
```

8.8　Linux 下生成 ONVIF 框架代码

这里以 Ubuntu 18.04 为例讲解使用 gSOAP 配置并生成 ONVIF 框架代码的具体步骤（与 Windows 系统下几乎一致）。

8.8.1　安装依赖项

为了提高速度，可以更新系统的默认源，这里以阿里巴巴的源为例讲解修改 Ubuntu 18.04 里面默认源的办法，先备份 /etc/apt/sources.list 文件，命令如下：

```
mv /etc/apt/sources.list /etc/apt/sources.list.bak
```

然后编辑 /etc/apt/sources.list 文件，添加阿里巴巴源，内容如下：

```
//chapter8/8.8.help.txt
#阿里巴巴源
deb http://mirrors.aliyun.com/ubuntu/ bionic main restricted universe multiverse
deb-src http://mirrors.aliyun.com/ubuntu/ bionic main restricted universe multiverse
deb http://mirrors.aliyun.com/ubuntu/ bionic-security main restricted universe multiverse
deb-src http://mirrors.aliyun.com/ubuntu/ bionic-security main restricted universe multiverse
deb http://mirrors.aliyun.com/ubuntu/ bionic-updates main restricted universe multiverse
deb-src http://mirrors.aliyun.com/ubuntu/ bionic-updates main restricted universe multiverse
deb http://mirrors.aliyun.com/ubuntu/ bionic-backports main restricted universe multiverse
deb-src http://mirrors.aliyun.com/ubuntu/ bionic-backports main restricted universe multiverse
deb http://mirrors.aliyun.com/ubuntu/ bionic-proposed main restricted universe multiverse
deb-src http://mirrors.aliyun.com/ubuntu/ bionic-proposed main restricted universe multiverse
```

保存该文件后需要更新一下系统，命令如下：

```
sudo apt-get update
sudo apt-get upgrade
```

最后需要添加依赖项，命令如下：

```
//chapter8/8.8.help.txt
sudo apt install gcc make python p7zip-full pkg-config texi2html zlib1g-dev autoconf automake build-essential cmake wget -y
sudo apt-get install vim nasm yasm flex bison unzip byacc -y
sudo apt-get install openssl libssl-dev -y #openssl
```

8.8.2　下载 gSOAP-2.8.116 的源码

gSOAP 的下载网址为 https://sourceforge.net/projects/gsoap2/，笔者选择的版本是 2.8.116，下载完成后解压即可。

8.8.3　编译 gSOAP-2.8.116

执行 Linux 的编译三部曲，即配置、编译和安装，具体命令如下：

```
//chapter8/8.8.help.txt
./configure -- with- openssl
make - j4
make install
```

查看 wsdl2h 和 soapcpp2 的安装路径，命令如下：

```
which wsdl2h soapcpp2
```

输出内容如下：

```
/usr/local/bin/wsdl2h
/usr/local/bin/soapcpp2
```

可以看出，笔者本地的默认安装路径为/usr/local/bin/，然后将/usr/local/bin/添加到环境变量 PATH 中，命令如下：

```
export PATH = $ PATH:/usr/local/bin/
```

注意配置 gSOAP 时需要启用 OpenSSL，命令为./configure --with-openssl，输出信息如下：

```
//chapter8/8.8.help.txt
checking for a BSD - compatible install... /usr/bin/install - c
checking whether build environment is sane... yes
checking for a race - free mkdir - p... /bin/mkdir - p
checking for gawk... no
checking for mawk... mawk
checking whether make sets $ (MAKE)... yes
checking whether make supports nested variables... yes
checking build system type... x86_64 - unknown - linux - gnu
checking host system type... x86_64 - unknown - linux - gnu
...
checking that generated files are newer than configure... done
configure: creating ./config.status
config.status: creating Makefile
```

```
config.status: creating gsoap.pc
config.status: creating gsoap++.pc
config.status: creating gsoapck.pc
config.status: creating gsoapck++.pc
config.status: creating gsoapssl.pc
config.status: creating gsoapssl++.pc
config.status: creating gsoap/Makefile
config.status: creating gsoap/src/Makefile
config.status: creating gsoap/wsdl/Makefile
config.status: creating gsoap/samples/Makefile
config.status: creating gsoap/samples/autotest/Makefile
config.status: creating gsoap/samples/aws/Makefile
config.status: creating gsoap/samples/calc/Makefile
config.status: creating gsoap/samples/calc++/Makefile
config.status: creating gsoap/samples/chaining/Makefile
config.status: creating gsoap/samples/chaining++/Makefile
config.status: creating gsoap/samples/databinding/Makefile
config.status: creating gsoap/samples/dime/Makefile
config.status: creating gsoap/samples/dom/Makefile
config.status: creating gsoap/samples/oneway/Makefile
config.status: creating gsoap/samples/oneway++/Makefile
config.status: creating gsoap/samples/factory/Makefile
config.status: creating gsoap/samples/factorytest/Makefile
config.status: creating gsoap/samples/gmt/Makefile
config.status: creating gsoap/samples/googleapi/Makefile
config.status: creating gsoap/samples/hello/Makefile
config.status: creating gsoap/samples/httpCookies/Makefile
config.status: creating gsoap/samples/lu/Makefile
config.status: creating gsoap/samples/magic/Makefile
config.status: creating gsoap/samples/mashup/Makefile
config.status: creating gsoap/samples/mashup++/Makefile
config.status: creating gsoap/samples/mtom/Makefile
config.status: creating gsoap/samples/mtom-stream/Makefile
config.status: creating gsoap/samples/polytest/Makefile
config.status: creating gsoap/samples/primes/Makefile
config.status: creating gsoap/samples/roll/Makefile
config.status: creating gsoap/samples/router/Makefile
config.status: creating gsoap/samples/atom/Makefile
config.status: creating gsoap/samples/rss/Makefile
config.status: creating gsoap/samples/ssl/Makefile
config.status: creating gsoap/samples/template/Makefile
config.status: creating gsoap/samples/udp/Makefile
config.status: creating gsoap/samples/varparam/Makefile
config.status: creating gsoap/samples/wsa/Makefile
config.status: creating gsoap/samples/wsrm/Makefile
config.status: creating gsoap/samples/wsse/Makefile
config.status: creating gsoap/samples/wst/Makefile
config.status: creating gsoap/samples/xml-rpc-json/Makefile
config.status: creating gsoap/samples/rest/Makefile
```

```
config.status: creating gsoap/samples/testmsgr/Makefile
config.status: creating gsoap/samples/async/Makefile
config.status: creating config.h
config.status: executing depfiles commands
```

为了提高编译速度,执行 make 命令时可以指定线程数,命令为 make -j4,输出信息如下:

```
//chapter8/8.8.help.txt
(CDPATH = " $ { ZSH_VERSION + .}:" && cd . && /bin/bash '/root/onvifs/gsoap2.8.116/missing'
autoheader)
aclocal.m4:17: warning: this file was generated for autoconf 2.71.
You have another version of autoconf. It may work, but is not guaranteed to.
If you have problems, you may need to regenerate the build system entirely.
To do so, use the procedure documented by the package, typically 'autoreconf'.
rm − f stamp − h1
touch config.h.in
cd . && /bin/bash ./config.status config.h
config.status: creating config.h
make all − recursive
make[1]: Entering directory '/root/onvifs/gsoap2.8.116'
Making all in .
make[2]: Entering directory '/root/onvifs/gsoap2.8.116'
make[2]: Leaving directory '/root/onvifs/gsoap2.8.116'
Making all in gsoap
make[2]: Entering directory '/root/onvifs/gsoap2.8.116/gsoap'
ln − s − f ../gsoap/stdsoap2.cpp stdsoap2_cpp.cpp
ln − s − f ../gsoap/dom.cpp dom_cpp.cpp
ln − s − f ../gsoap/stdsoap2.cpp stdsoap2_ck.c
ln − s − f ../gsoap/stdsoap2.cpp stdsoap2_ck_cpp.cpp
ln − s − f ../gsoap/stdsoap2.cpp stdsoap2_ssl.c
ln − s − f ../gsoap/stdsoap2.cpp stdsoap2_ssl_cpp.cpp
make all − recursive
make[3]: Entering directory '/root/onvifs/gsoap2.8.116/gsoap'
Making all in .
make[4]: Entering directory '/root/onvifs/gsoap2.8.116/gsoap'
gcc − DHAVE_CONFIG_H − I. − I.. − DLINUX − g − O2 − MT libgsoap_a − stdsoap2.o − MD − MP − MF .
deps/libgsoap_a − stdsoap2.Tpo − c − o libgsoap_a − stdsoap2.o `test − f 'stdsoap2.c' || echo '. /`
'stdsoap2.c
gcc − DHAVE_CONFIG_H − I. − I.. − DLINUX − g − O2 − MT libgsoap_a − dom.o − MD − MP − MF .deps/
libgsoap_a − dom.Tpo − c − o libgsoap_a − dom.o `test − f 'dom.c' || echo '. /`dom.c
g++ − DHAVE_CONFIG_H − I. − I.. − DLINUX − g − O2 − MT libgsoap___a − stdsoap2_cpp.o − MD − MP
− MF .deps/libgsoap___a − stdsoap2_cpp.Tpo − c − o libgsoap___a − stdsoap2_cpp.o `test − f
'stdsoap2_cpp.cpp' || echo '. /`stdsoap2_cpp.cpp
...
Making all in wsdl
make[4]: Entering directory '/root/onvifs/gsoap2.8.116/gsoap/wsdl'
../../gsoap/src/soapcpp2 − SC − pwsdl − I../../gsoap/wsdl − I../../gsoap/import ../../
gsoap/wsdl/wsdl.h
```

```
soapcpp2: using both options - C and - S omits client/server code

** The gSOAP code generator for C and C++, soapcpp2 release 2.8.116
** Copyright (C) 2000 - 2021, Robert van Engelen, Genivia Inc.
** All Rights Reserved. This product is provided "as is", without any warranty.
** The soapcpp2 tool and its generated software are released under the GPL.
** -----------------------------------------------------------------
** A commercial use license is available from Genivia Inc., contact@genivia.com
** -----------------------------------------------------------------

Saving wsdlStub.h annotated copy of the source interface header file
Saving wsdlH.h serialization functions to # include in projects
Saving xmime.nsmap namespace mapping table
Saving wsdlC.cpp serialization functions
Compilation successful
make all - am
make[5]: Entering directory '/root/onvifs/gsoap2.8.116/gsoap/wsdl'
g++ - DHAVE_CONFIG_H - I. - I../.. - I../../gsoap - I../../gsoap/plugin - DLINUX - Iyes/
include - DWITH_OPENSSL - DWITH_GZIP - DWSDL2H_IMPORT_PATH = "\"/usr/local/share/gsoap/WS
\"" - g - O2 - MT wsdl2h - wsdl2h.o - MD - MP - MF .deps/wsdl2h - wsdl2h.Tpo - c - o wsdl2h -
wsdl2h.o 'test - f 'wsdl2h.cpp' || echo './"wsdl2h.cpp
...
g++ - Iyes/include - DWITH_OPENSSL - DWITH_GZIP - DWSDL2H_IMPORT_PATH = "\"/usr/local/share/
gsoap/WS\"" - g - O2 - L../../gsoap/wsdl - I../../gsoap - I../../gsoap/plugin - o wsdl2h
wsdl2h - wsdl2h.o wsdl2h - wsdl.o wsdl2h - wadl.o wsdl2h - schema.o wsdl2h - types.o wsdl2h -
service.o wsdl2h - soap.o wsdl2h - mime.o wsdl2h - wsp.o wsdl2h - bpel.o wsdl2h - wsdlC.o wsdl2h -
httpda.o wsdl2h - smdevp.o ../../gsoap/libgsoapssl++.a - Lyes/lib - lssl - lcrypto - lz
- lpthread
make[5]: Leaving directory '/root/onvifs/gsoap2.8.116/gsoap/wsdl'
make[4]: Leaving directory '/root/onvifs/gsoap2.8.116/gsoap/wsdl'
make[3]: Leaving directory '/root/onvifs/gsoap2.8.116/gsoap'
make[2]: Leaving directory '/root/onvifs/gsoap2.8.116/gsoap'
make[1]: Leaving directory '/root/onvifs/gsoap2.8.116'
```

然后执行 make install 命令,以便安装到默认路径/usr/local/bin/下,输出信息如下:

```
//chapter8/8.8.help.txt
Making install in .
make[1]: Entering directory '/root/onvifs/gsoap2.8.116'
make[2]: Entering directory '/root/onvifs/gsoap2.8.116'
make[2]: Nothing to be done for 'install - exec - am'.
/bin/mkdir - p '/usr/local/lib/pkgconfig'
/usr/bin/install - c - m 644 gsoap.pc gsoap++.pc gsoapck.pc gsoapck++.pc gsoapssl.pc
gsoapssl++.pc '/usr/local/lib/pkgconfig'
make install - data - hook
make[3]: Entering directory '/root/onvifs/gsoap2.8.116'
echo " +-----------------------------------------------------------------+"; \
echo "| You now have successfully built and installed gsoap. |"; \
```

```
echo "|                                                           |"; \
echo "| You can link your programs with - lgsoap++for             |"; \
echo "| C++projects created with soapcpp2 and you can link        |"; \
echo "| with - lgsoap for C projects generated with soapcpp2 - c  |"; \
echo "|                                                           |"; \
echo "| There are also corresponding libraries for SSL and        |"; \
echo "| zlib compression support ( - lgsoapssl and lgsoapssl++)   |"; \
echo "| which require linking - lssl - lcrypto - lz               |"; \
echo "|                                                           |"; \
echo "| Thanks for using gsoap.                                   |"; \
echo "|                                                           |"; \
echo "|             http://sourceforge.net/projects/gsoap2        |"; \
echo " +----------------------------------------------------------+ ";
 +----------------------------------------------------------+
| You now have successfully built and installed gsoap.     |
|                                                          |
| You can link your programs with - lgsoap++for            |
| C++projects created with soapcpp2 and you can link       |
| with - lgsoap for C projects generated with soapcpp2 - c |
|                                                          |
| There are also corresponding libraries for SSL and       |
| zlib compression support ( - lgsoapssl and lgsoapssl++)  |
| which require linking - lssl - lcrypto - lz              |
|                                                          |
| Thanks for using gsoap.                                  |
|                                                          |
|             http://sourceforge.net/projects/gsoap2       |
 +----------------------------------------------------------+
make[3]: Leaving directory '/root/onvifs/gsoap2.8.116'
make[2]: Leaving directory '/root/onvifs/gsoap2.8.116'
make[1]: Leaving directory '/root/onvifs/gsoap2.8.116'
Making install in gsoap
make install - data - hook
make[5]: Entering directory '/root/onvifs/gsoap2.8.116/gsoap'
ln - s - f ../gsoap/src/soapcpp2 ../gsoap/soapcpp2 || echo "ok, link already exists".
ln - s - f ../gsoap/wsdl/wsdl2h ../gsoap/wsdl2h || echo "ok, link already exists".
make[5]: Leaving directory '/root/onvifs/gsoap2.8.116/gsoap'
make[4]: Leaving directory '/root/onvifs/gsoap2.8.116/gsoap'
make[5]: Leaving directory '/root/onvifs/gsoap2.8.116/gsoap/wsdl'
make[4]: Leaving directory '/root/onvifs/gsoap2.8.116/gsoap/wsdl'
make[3]: Leaving directory '/root/onvifs/gsoap2.8.116/gsoap/wsdl'
make[2]: Leaving directory '/root/onvifs/gsoap2.8.116/gsoap'
make[1]: Leaving directory '/root/onvifs/gsoap2.8.116/gsoap'
```

8.8.4 修改 typemap. dat

在生成 ONVIF 头文件前,在 typemap. dat 文件中添加如下信息:

```
xsd__duration = # import "custom/duration.h" | xsd__duration
xsd__dateTime = # import "custom/struct_timeval.h" | xsd__dateTime
```

通过注释信息可以看出，如图 8-12 所示，该指令的作用是将 xsd:duration 类型映射为 LONG64，否则会发生编译错误。另外，如果需要其他类型，则需要对应的类型映射，例如笔者在此处添加了一个 xsd:dateTime 类型的映射。

```
Rescaling of the duration value by may be needed when adding the
duration value to a `time_t` value, because `time_t` may or may not
have a seconds resolution, depending on the platform and possible
changes to `time_t`.

#import this file into your gSOAP .h file

To automate the wsdl2h-mapping of xsd:duration to LONG64, add this
line to the typemap.dat file:

xsd__duration = #import "custom/duration.h" | xsd__duration

The typemap.dat file is used by wsdl2h to map types (wsdl2h option -t).

When using soapcpp2 option -q<name> or -p<name>, you must change
duration.c as follows:

    #include "soapH.h"  ->  #include "nameH.h"

Compile and link your code with custom/duration.c
```

图 8-12　ONVIF 的类型重定义

8.8.5　生成 onvif.h 头文件

首先跳转到 gSOAP 的源码根目录下，新建一个文件夹，名称为 onvif333，命令如下：

```
cd gsoap
mkdir - p samples/onvif333
```

在生成 ONVIF 的头文件时需要依赖很多 WSDL 文件，可以将这些 WSDL 文件下载下来，存储到本地，但是，这些 WSDL 又依赖很多 XSD 文件，然后就会变得非常混乱，所以一个好的办法就是直接使用在线的 WSDL，命令如下：

```
//chapter8/8.8.help.txt
wsdl2h - P - x - c - s - t ./typemap.dat - o samples/onvif333/onvif.h
https://www.onvif.org/ver10/network/wsdl/remotediscovery.wsdl
https://www.onvif.org/ver10/device/wsdl/devicemgmt.wsdl
https://www.onvif.org/ver10/media/wsdl/media.wsdl
```

名称执行成功后，输出信息如下：

注意：笔者生成的头文件的名称为 onvif.h，保存在源码根目录下的 samples/onvif333/ 下；笔者只用到了 3 个 WSDL 文件，包括 remotediscovery.wsdl、devicemgmt.wsdl 和 media.wsdl，读者可以根据自己的实际情况进行修改。

```
//chapter8/8.8.help.txt
------------------------------------------------------------
** The gSOAP WSDL/WADL/XSD processor for C and C++, wsdl2h release 2.8.116
** Copyright (C) 2000 - 2021 Robert van Engelen, Genivia Inc.
** All Rights Reserved. This product is provided "as is", without any warranty.
** The wsdl2h tool and its generated software are released under the GPL.
** -----------------------------------------------------
** A commercial use license is available from Genivia Inc., contact@genivia.com
** -----------------------------------------------------

Reading type definitions from type map "./typemap.dat"
Connecting to 'https://www.onvif.org/ver10/network/wsdl/remotediscovery.wsdl' to retrieve
WSDL/WADL or XSD... connected, receiving...
Done reading 'https://www.onvif.org/ver10/network/wsdl/remotediscovery.wsdl'
Connecting to 'https://www.onvif.org/ver10/device/wsdl/devicemgmt.wsdl' to retrieve WSDL/
WADL or XSD... connected, receiving...
  Connecting to 'https://www.onvif.org/ver10/device/wsdl/../../../ver10/schema/onvif.xsd
' to retrieve schema '../../../ver10/schema/onvif.xsd'... connected, receiving...
    Connecting to 'http://docs.oasis-open.org/wsn/b-2.xsd' to retrieve schema... connected,
receiving...
      Connecting to 'http://docs.oasis-open.org/wsrf/bf-2.xsd' to retrieve schema...
connected, receiving...
      Done reading 'http://docs.oasis-open.org/wsrf/bf-2.xsd'
      Connecting to 'http://docs.oasis-open.org/wsn/t-1.xsd' to retrieve schema...
connected, receiving...
      Done reading 'http://docs.oasis-open.org/wsn/t-1.xsd'
    Done reading 'http://docs.oasis-open.org/wsn/b-2.xsd'
    Connecting to 'https://www.onvif.org/ver10/device/wsdl/../../../ver10/schema/common.
xsd' to retrieve schema... connected, receiving...
    Done reading 'https://www.onvif.org/ver10/device/wsdl/../../../ver10/schema/common.
xsd'
  Done reading '../../../ver10/schema/onvif.xsd'
Done reading 'https://www.onvif.org/ver10/device/wsdl/devicemgmt.wsdl'
Connecting to 'https://www.onvif.org/ver10/media/wsdl/media.wsdl' to retrieve WSDL/WADL or
XSD... connected, receiving...
Done reading 'https://www.onvif.org/ver10/media/wsdl/media.wsdl'

Warning: 2 service bindings found, but collected as one service (use option - Nname to produce a
separate service for each binding)

To finalize code generation, execute:
> soapcpp2 samples/onvif333/onvif.h
```

8.8.6 鉴权(认证)

如果需要鉴权(认证),有些 ONVIF 接口调用时需要携带认证信息,则应该使用 soap_
wsse_add_UsernameTokenDigest()函数进行授权,所以要在 onvif.h 头文件的开头处添加

的信息如下：

```
# import "wsse.h"
```

如果 onvif.h 不导入 # import "wsse.h"，则使用 soap_wsse_add_UsernameTokenDigest() 函数会导致编译出错，错误信息如下：

```
wsse2api.c(183): error C2039: "wsse__Security": 不是"SOAP_ENV__Header"的成员
```

另外需要注意，根据不同的 gSOAP 版本，这个过程可能会遇到这样的错误，内容如下：

```
wsa5.h(288): ** ERROR **: service operation name clash: struct/class 'SOAP_ENV__Fault'
already declared at wsa.h:273
```

之所以会出现这个错误，是因为 onvif.h 头文件中同时包含了两个头文件，内容如下：

```
# import "wsdd10.h"    //wsdd10.h 文件中又包含 # import "wsa.h"
# import "wsa5.h"      //wsa.h 和 wsa5.h 两个文件重复定义了 int SOAP_ENV__Fault
```

解决方法就是修改 import\wsa5.h 文件，将 int SOAP_ENV__Fault 修改为 int SOAP_ENV__Fault_aabbcc，然后再次使用 soapcpp2 工具编译就可以编译成功。

8.8.7 根据头文件产生框架代码

使用 soapcpp2 工具，根据头 onvif.h 头文件来生成 ONVIF 框架代码，命令如下：

```
soapcpp2 - 2 - C - L - c - x - I import:custom - d samples/onvif333/ samples/onvif333/onvif.h
```

该命令中各个选项的含义可以通过 soapcpp2.exe -help 查看。如果命令在执行过程中出现如下错误，则需要修改 import\wsa5.h 文件，将 int SOAP_ENV__Fault 修改为 int SOAP_ENV__Fault_aabbcc，错误提示如下：

```
$ soapcpp2 - 2 - C - L - c - x - I import:custom - d samples/onvif333/ samples/onvif333/
onvif.h
wsa5.h(290): ** ERROR **: service operation name clash: struct/class 'SOAP_ENV__Fault'
already declared at wsa.h:278
```

再次执行 soapcpp2 命令，就可以编译成功，生成了 DeviceBinding.nsmap、soapC.c、soapH.h、wsdd.nsmap、MediaBinding.nsmap、RemoteDiscoveryBinding.nsmap、soapClient.c 和 soapStub.h 等文件，如图 8-13 所示，具体的输出信息如下：

```
//chapter8/8.8.help.txt
** The gSOAP code generator for C and C++, soapcpp2 release 2.8.45
** Copyright (C) 2000 - 2017, Robert van Engelen, Genivia Inc.
```

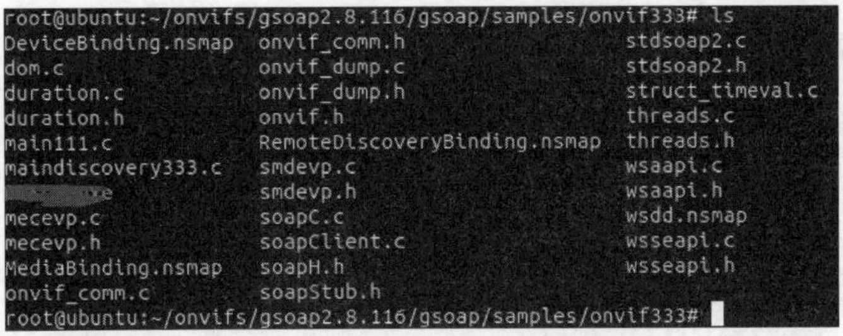

图 8-13　生成的 ONVIF 框架代码

```
**  All Rights Reserved. This product is provided "as is", without any warranty.
**  The soapcpp2 tool and its generated software are released under the GPL.
**  ----------------------------------------------
**  A commercial use license is available from Genivia Inc., contact@genivia.com
**  ----------------------------------------------


soap12.h(54): *WARNING*: option -1 or -2 overrides SOAP-ENV namespace
soap12.h(55): *WARNING*: option -1 or -2 overrides SOAP-ENC namespace


Using project directory path: samples/onvif333/
Saving samples/onvif333/soapStub.h annotated copy of the source interface file
Saving samples/onvif333/soapH.h serialization functions to #include in projects
Using wsdd service name: wsdd
Using wsdd service style: document
Using wsdd service encoding: literal
Using wsdd schema import namespace: http://schemas.xmlsoap.org/ws/2005/04/discovery
Saving samples/onvif333/wsdd.nsmap namespace mapping table
Using tdn service name: RemoteDiscoveryBinding
Using tdn service style: document
Using tdn service encoding: literal
Using tdn schema namespace: http://www.onvif.org/ver10/network/wsdl
Saving samples/onvif333/RemoteDiscoveryBinding.nsmap namespace mapping table
Using tds service name: DeviceBinding
Using tds service style: document
Using tds service encoding: literal
Using tds schema namespace: http://www.onvif.org/ver10/device/wsdl
Saving samples/onvif333/DeviceBinding.nsmap namespace mapping table
Using trt service name: MediaBinding
Using trt service style: document
Using trt service encoding: literal
Using trt schema namespace: http://www.onvif.org/ver10/media/wsdl
Saving samples/onvif333/MediaBinding.nsmap namespace mapping table
Saving samples/onvif333/soapClient.c client call stub functions
Saving samples/onvif333/soapC.c serialization functions


Compilation successful (2 warnings)
```

8.8.8　复制其他文件

生成的这些文件仅仅是 ONVIF 的框架代码,还需要依赖其他几个文件,将这些文件复制到 onvif333 目录下。复制成功后,如图 8-14 所示,具体的命令如下:

```
//chapter8/8.8.help.txt
cp - f stdsoap2.c stdsoap2.h dom.c custom/struct_timeval.h custom/struct_timeval.c plugin/
wsaapi.c plugin/threads.h plugin/threads.c plugin/wsaapi.h plugin/smdevp.c plugin/smdevp.h
plugin/mecevp.c plugin/mecevp.h plugin/wsseapi.c plugin/wsseapi.h custom/duration.c custom/
duration.h samples/onvif333
```

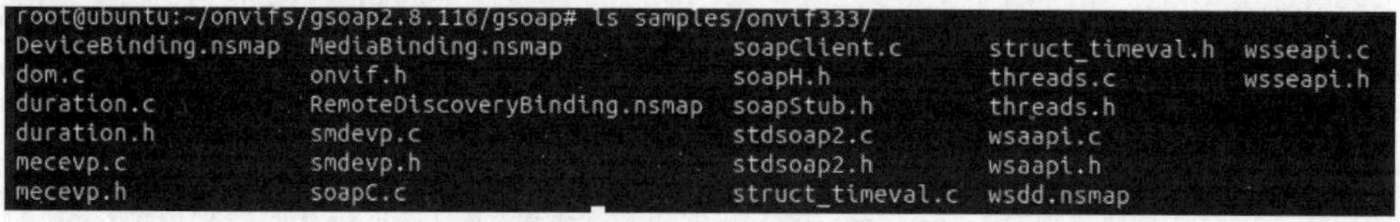

```
root@ubuntu:~/onvifs/gsoap2.8.116/gsoap# ls samples/onvif333/
DeviceBinding.nsmap   MediaBinding.nsmap             soapClient.c   struct_timeval.h  wsseapi.c
dom.c                 onvif.h                        soapH.h        threads.c         wsseapi.h
duration.c            RemoteDiscoveryBinding.nsmap   soapStub.h     threads.h
duration.h            smdevp.c                       stdsoap2.c     wsaapi.c
mecevp.c              smdevp.h                       stdsoap2.h     wsaapi.h
mecevp.h              soapC.c                        struct_timeval.c  wsdd.nsmap
```

图 8-14　复制其他几个 ONVIF 文件

另外需要注意,由于 soapC.c 会调用 soap_in_xsd__duration()函数,所以需要 duration.c 和 duration.h 文件;由于后续示例代码会调用 soap_wsa_rand_uuid 函数(),用于生成 UUID,所以需要 wsaapi.c 和 wsaapi.h 文件。同时,由于 soapC.c 又会调用 soap_in_xsd__dateTime 函数(),所以需要 struct_timeval.c 和 struct_timeval.h 文件。

8.8.9　关联自己的命名空间

关联自己的命名空间,需要修改 stdsoap2.c 文件。在 samples\onvif333\stdsoap2.h 文件中有命名空间 namespaces 变量的定义声明,代码如下:

```
extern SOAP_NMAC struct Namespace namespaces[];
```

但 namespaces 变量的定义是在 samples\onvif333\wsdd.nsmap 文件中实现的,为了后续应用程序可以顺利编译成功,此处需要修改 samples\onvif333\stdsoap2.c 文件,在开头添加的代码如下:

```
# include "wsdd.nsmap"
```

当然,也可以在其他源码中(更上层的应用程序源码)使用 # include 指令将 wsdd.nsmap 包含进来,笔者是直接在 stdsoap2.c 文件中添加的。至此,开发 IPC 客户端程序要用到的 ONVIF 框架代码已经生成。

8.8.10　代码封装

开发调用 ONVIF 接口的应用程序会比较枯燥,而且会有很多重复代码,为了减少冗余,也为了后续更好地展示关键代码,对常用的且会频繁调用的 ONVIF 接口做了二次封装。新建一个 onvif_comm.h 头文件,代码如下:

```
//chapter8/8.8.onvif_comm.h
//onvif_comm.h:封装 ONVIF 的常用接口

#include <stdio.h>
#include <stdlib.h>
#include <assert.h>
#include "soapH.h"
#include "wsaapi.h"

#ifndef __ONVIF_COMM_H__
#define __ONVIF_COMM_H__

#ifdef __cplusplus
extern "C" {
#endif

#ifndef DIM
#define DIM(array) (sizeof(array) / sizeof(array[0]))
#endif

#ifndef max
#define max(a,b) (((a) > (b)) ? (a) : (b))
#endif

#ifndef min
#define min(a,b)     (((a) < (b)) ? (a) : (b))
#endif

#define SOAP_ASSERT        assert
#define SOAP_DBGLOG        printf
#define SOAP_DBGERR        printf

#define USERNAME   "test1"           //认证信息(用户名、密码)
#define PASSWORD   "abc123456"

#define SOAP_TO   "urn:schemas-xmlsoap-org:ws:2005:04:discovery"
#define SOAP_ACTION   "http://schemas.xmlsoap.org/ws/2005/04/discovery/Probe"

//ONVIF 规定的组播地址
#define SOAP_MCAST_ADDR "soap.udp://239.255.255.250:3702"

#define SOAP_ITEM   ""              //寻找的设备范围
#define SOAP_TYPES  "dn:NetworkVideoTransmitter"   //寻找的设备类型

#define SOAP_SOCK_TIMEOUT   (10)                  //socket 超时时间(单位为秒)
```

```
#define ONVIF_ADDRESS_SIZE   (128)                     //URI 地址长度
#define ONVIF_TOKEN_SIZE   (65)                        //token 长度

/* 视频编码器配置信息 */
struct tagVideoEncoderConfiguration
{
    char token[ONVIF_TOKEN_SIZE];                      //唯一标识该视频编码器的令牌字符串
    int Width;                                         //分辨率
    int Height;
};

/* 设备配置信息 */
struct tagProfile {
    char token[ONVIF_TOKEN_SIZE];                      //唯一标识设备配置文件的令牌字符串
    struct tagVideoEncoderConfiguration venc;          //视频编码器配置信息
};

/* 设备能力信息 */
struct tagCapabilities {
    char MediaXAddr[ONVIF_ADDRESS_SIZE];               //媒体服务地址
    char EventXAddr[ONVIF_ADDRESS_SIZE];               //事件服务地址
};

#define SOAP_CHECK_ERROR(result, soap, str) \
    do { \
        if (SOAP_OK != (result) || SOAP_OK != (soap)->error) { \
            soap_perror((soap), (str)); \
            if (SOAP_OK == (result)) { \
                (result) = (soap)->error; \
            } \
            goto EXIT; \
        } \
    } while (0)


void   soap_perror(struct soap * soap, const char * str);
void *   ONVIF_soap_malloc(struct soap * soap, unsigned int n);
struct soap * ONVIF_soap_new(int timeout);
void   ONVIF_soap_delete(struct soap * soap);

int ONVIF_SetAuthInfo(struct soap * soap, const char * username, const char * password);
void   ONVIF_init_header(struct soap * soap);
void   ONVIF_init_ProbeType(struct soap * soap, struct wsdd__ProbeType * probe);
void   ONVIF_DetectDevice(void ( * cb)(char * DeviceXAddr));

int   ONVIF_GetCapabilities(const char * DeviceXAddr, struct tagCapabilities * capa);
int   ONVIF_GetProfiles(const char * MediaXAddr, struct tagProfile ** profiles);
```

```
int make_uri_withauth(char * src_uri, char * username, char * password, char * dest_uri,
unsigned int size_dest_uri);

# ifdef __cplusplus
}
# endif

# endif
```

然后新建一个 onvif_comm.c 文件，代码如下：

```
//chapter8/8.8.onvif_comm.c
# include < stdio.h >
# include < stdlib.h >
# include < assert.h >
# include "wsseapi.h"
# include "onvif_comm.h"
# include "onvif_dump.h"

void soap_perror(struct soap * soap, const char * str){
    if (NULL == str) {
        SOAP_DBGERR("[soap] error: % d, % s, % s\n", soap->error, * soap_faultcode(soap), *
soap_faultstring(soap));
    } else {
        SOAP_DBGERR("[soap] % s error: % d, % s, % s\n", str, soap->error, * soap_faultcode
(soap), * soap_faultstring(soap));
    }
    return;
}

void * ONVIF_soap_malloc(struct soap * soap, unsigned int n){
    void * p = NULL;

    if (n > 0) {
        p = soap_malloc(soap, n);
        SOAP_ASSERT(NULL != p);
        memset(p, 0x00 ,n);
    }
    return p;
}

struct soap * ONVIF_soap_new(int timeout)
{
    struct soap * soap = NULL;              //soap 环境变量

    SOAP_ASSERT(NULL != (soap = soap_new()));

    soap_set_namespaces(soap,namespaces);     //设置 soap 的 namespaces
```

```
    soap -> recv_timeout = timeout;      //设置超时(如果超过指定时间没有数据就退出)
    soap -> send_timeout = timeout;
    soap -> connect_timeout = timeout;

# if defined(__linux__) || defined(__linux)
    soap -> socket_flags = MSG_NOSIGNAL;
# endif
    //设置为UTF-8编码,否则叠加中文时OSD会出现乱码
    soap_set_mode(soap,SOAP_C_UTFSTRING);

    return soap;
}

void ONVIF_soap_delete(struct soap * soap)
{
    soap_destroy(soap);        //remove deserialized class instances (C++ only)
    soap_end(soap);            //Clean up deserialized data and temporary data
    soap_done(soap);           //Reset, close communications, and remove callbacks
    soap_free(soap);           //Reset and deallocate the context created with soap_new
}


/ *********************************************
** 函数:ONVIF_SetAuthInfo
** 功能:设置认证信息
** 参数:
    [in] soap - soap 环境变量
    [in] username - 用户名
    [in] password - 密码
** 返回:
    0 表示成功,非 0 表示失败
** 备注:
********************************************* /
int ONVIF_SetAuthInfo(struct soap * soap, const char * username, const char * password){
    int result = 0;

    SOAP_ASSERT(NULL != username);
    SOAP_ASSERT(NULL != password);

    result = soap_wsse_add_UsernameTokenDigest(soap, NULL, username, password);
    SOAP_CHECK_ERROR(result, soap, "add_UsernameTokenDigest");

EXIT:
    return result;
}


/ *********************************************
** 函数:ONVIF_init_header
** 功能:初始化 soap 描述消息头
** 参数:
```

```
        [in] soap － soap 环境变量
** 返回:无
** 备注:
  (1) 在本函数内部通过 ONVIF_soap_malloc 分配的内存将在 ONVIF_soap_delete 中被释放
***************************************** /
void ONVIF_init_header(struct soap * soap)
{
    struct SOAP_ENV__Header * header = NULL;

    SOAP_ASSERT(NULL != soap);

    header = (struct SOAP_ENV__Header * )ONVIF_soap_malloc(soap, sizeof(struct SOAP_ENV__
Header));
    soap_default_SOAP_ENV__Header(soap, header);
    header->wsa__MessageID = (char * )soap_wsa_rand_uuid(soap);
    header->wsa__To = (char * )ONVIF_soap_malloc(soap, strlen(SOAP_TO) + 1);
    header->wsa__Action = (char * )ONVIF_soap_malloc(soap, strlen(SOAP_ACTION) + 1);
    strcpy(header->wsa__To, SOAP_TO);
    strcpy(header->wsa__Action, SOAP_ACTION);
    soap->header = header;

    return;
}


/ *****************************************
** 函数:ONVIF_init_ProbeType
** 功能:初始化探测设备的范围和类型
** 参数:
        [in] soap － soap 环境变量
        [out] probe － 填充要探测的设备范围和类型
** 返回:
        0 表示探测到,非 0 表示未探测到
** 备注:
  (2) 在本函数内部通过 ONVIF_soap_malloc 分配的内存将在 ONVIF_soap_delete 中被释放
***************************************** /
void ONVIF_init_ProbeType(struct soap * soap, struct wsdd__ProbeType * probe)
{
    struct wsdd__ScopesType * scope = NULL; //用于描述查找哪类的 Web 服务

    SOAP_ASSERT(NULL != soap);
    SOAP_ASSERT(NULL != probe);

    scope = (struct wsdd__ScopesType * )ONVIF_soap_malloc(soap, sizeof(struct wsdd__
ScopesType));
    soap_default_wsdd__ScopesType(soap,scope);//设置寻找设备的范围
    scope->__item = (char * )ONVIF_soap_malloc(soap, strlen(SOAP_ITEM) + 1);
    strcpy(scope->__item, SOAP_ITEM);

    memset(probe, 0x00, sizeof(struct wsdd__ProbeType));
```

```
        soap_default_wsdd__ProbeType(soap, probe);
        probe->Scopes = scope;
        probe->Types = (char *)ONVIF_soap_malloc(soap, strlen(SOAP_TYPES) + 1);
                                                          //设置寻找设备的类型
        strcpy(probe->Types, SOAP_TYPES);

        return;
    }

    void ONVIF_DetectDevice(void ( * cb)(char * DeviceXAddr)){
        int i;
        int result = 0;
        unsigned int count = 0;                     //搜索到的设备个数
        struct soap * soap = NULL;                  //soap 环境变量
        struct wsdd__ProbeType req;                 //用于发送 Probe 消息
        struct __wsdd__ProbeMatches rep;            //用于接收 Probe 应答
        struct wsdd__ProbeMatchType * probeMatch;

        SOAP_ASSERT(NULL != (soap = ONVIF_soap_new(SOAP_SOCK_TIMEOUT)));

        ONVIF_init_header(soap);                    //设置消息头描述
        ONVIF_init_ProbeType(soap,&req);            //设置寻找的设备的范围和类型
        result = soap_send___wsdd__Probe(soap, SOAP_MCAST_ADDR, NULL, &req);
                                                          //向组播地址广播 Probe 消息
        while (SOAP_OK == result)                   //开始循环接收设备发送过来的消息
        {
            memset(&rep, 0x00, sizeof(rep));
            result = soap_recv___wsdd__ProbeMatches(soap, &rep);
            if (SOAP_OK == result) {
                if (soap->error) {
                    soap_perror(soap, "ProbeMatches");
                } else {                            //成功接收到设备的应答消息
                    dump__wsdd__ProbeMatches(&rep);

                    if (NULL != rep.wsdd__ProbeMatches) {
                        count += rep.wsdd__ProbeMatches->__sizeProbeMatch;
                        for(i = 0; i < rep.wsdd__ProbeMatches->__sizeProbeMatch; i++) {
                            probeMatch = rep.wsdd__ProbeMatches->ProbeMatch + i;
                            if (NULL != cb) {
                                cb(probeMatch->XAddrs);  //使用设备服务地址执行函数回调
                            }
                        }
                    }
                }
            } else if (soap->error) {
                break;
            }
        }

        SOAP_DBGLOG("\ndetect end! It has detected % d devices!\n", count);
```

```
        if (NULL != soap) {
            ONVIF_soap_delete(soap);
        }

        return ;
    }


    /*******************************
    ** 函数:ONVIF_GetProfiles
    ** 功能:获取设备的音视频码流配置信息
    ** 参数:
            [in] MediaXAddr - 媒体服务地址
            [out] profiles - 返回的设备音视频码流配置信息列表,调用者有责任使用free释放该缓存
    ** 返回:
            返回设备可支持的码流数量(通常是主/辅码流),即使profiles列表个数
    ** 备注:
            (3) 注意:一个码流(如主码流)可以包含视频和音频数据,也可以仅仅包含视频数据.
    ******************************** /
    int ONVIF_GetProfiles(const char * MediaXAddr, struct tagProfile ** profiles)
    {
        int i = 0;
        int result = 0;
        struct soap * soap = NULL;
        struct _trt__GetProfiles          req;
        struct _trt__GetProfilesResponse  rep;

        SOAP_ASSERT(NULL != MediaXAddr);
        SOAP_ASSERT(NULL != (soap = ONVIF_soap_new(SOAP_SOCK_TIMEOUT)));

        ONVIF_SetAuthInfo(soap, USERNAME, PASSWORD);

        memset(&req, 0x00, sizeof(req));
        memset(&rep, 0x00, sizeof(rep));
        result = soap_call___trt__GetProfiles(soap, MediaXAddr, NULL, &req, &rep);
        SOAP_CHECK_ERROR(result, soap, "GetProfiles");

        dump_trt__GetProfilesResponse(&rep);

        if (rep.__sizeProfiles > 0) {              //分配缓存
            (* profiles) = (struct tagProfile * )malloc(rep.__sizeProfiles * sizeof(struct
    tagProfile));
            SOAP_ASSERT(NULL != (* profiles));
            memset((* profiles), 0x00, rep.__sizeProfiles * sizeof(struct tagProfile));
        }

        for(i = 0; i < rep.__sizeProfiles; i++) {//提取所有配置文件信息
            struct tt__Profile * ttProfile = &rep.Profiles[i];
            struct tagProfile * plst = &(* profiles)[i];
```

```
        if (NULL != ttProfile -> token) {          //配置文件 Token
            strncpy(plst -> token, ttProfile -> token, sizeof(plst -> token) - 1);
        }

        if (NULL != ttProfile -> VideoEncoderConfiguration) {   //视频编码器配置
            if (NULL != ttProfile -> VideoEncoderConfiguration -> token) {
                strncpy(plst -> venc.token, ttProfile -> VideoEncoderConfiguration -> token,
sizeof(plst -> venc.token) - 1);
            }
            if (NULL != ttProfile -> VideoEncoderConfiguration -> Resolution)
                                                            //视频编码器分辨率
                plst -> venc.Width = ttProfile -> VideoEncoderConfiguration -> Resolution ->
Width;
                plst -> venc.Height = ttProfile -> VideoEncoderConfiguration -> Resolution ->
Height;
            }
        }
    }

EXIT:

    if (NULL != soap) {
        ONVIF_soap_delete(soap);
    }

    return rep.__sizeProfiles;
}


/ *****************************************
** 函数:ONVIF_GetCapabilities
** 功能:获取设备能力信息
** 参数:
    [in] DeviceXAddr - 设备服务地址
    [out] capa - 返回设备能力信息
** 返回:
    0 表示成功,非 0 表示失败
** 备注:
    (4) 其中最主要的参数之一是媒体服务地址
********************************************* /
int ONVIF_GetCapabilities(const char * DeviceXAddr, struct tagCapabilities * capa)
{
    int result = 0;
    struct soap * soap = NULL;
    struct _tds__GetCapabilities          req;
    struct _tds__GetCapabilitiesResponse  rep;

    SOAP_ASSERT(NULL != DeviceXAddr);
    SOAP_ASSERT(NULL != capa);
    SOAP_ASSERT(NULL != (soap = ONVIF_soap_new(SOAP_SOCK_TIMEOUT)));
```

```
    ONVIF_SetAuthInfo(soap, USERNAME, PASSWORD);

    memset(&req, 0x00, sizeof(req));
    memset(&rep, 0x00, sizeof(rep));
    result = soap_call___tds__GetCapabilities(soap, DeviceXAddr, NULL, &req, &rep);
    SOAP_CHECK_ERROR(result, soap, "GetCapabilities");

    dump_tds__GetCapabilitiesResponse(&rep);

    memset(capa, 0x00, sizeof(struct tagCapabilities));
    if (NULL != rep.Capabilities) {
        if (NULL != rep.Capabilities->Media) {
            if (NULL != rep.Capabilities->Media->XAddr) {
                strncpy(capa->MediaXAddr, rep.Capabilities->Media->XAddr, sizeof(capa->
MediaXAddr) - 1);
            }
        }
        if (NULL != rep.Capabilities->Events) {
            if (NULL != rep.Capabilities->Events->XAddr) {
                strncpy(capa->EventXAddr, rep.Capabilities->Events->XAddr, sizeof(capa->
EventXAddr) - 1);
            }
        }
    }

EXIT:

    if (NULL != soap) {
        ONVIF_soap_delete(soap);
    }

    return result;
}

/ **************************************************
** 函数:make_uri_withauth
** 功能:构造带有认证信息的 URI 地址
** 参数:
    [in] src_uri - 未带认证信息的 URI 地址
    [in] username - 用户名
    [in] password - 密码
    [out] dest_uri - 返回的带认证信息的 URI 地址
    [in] size_dest_uri - dest_uri 缓存大小
** 返回:
    0 表示成功,非 0 表示失败
** 备注:
    (5) 例子:
    无认证信息的 uri:rtsp://100.100.100.140:554/av0_0
    带认证信息的 uri:rtsp://username:password@100.100.100.140:554/av0_0
```

```
**************************************************** /
int make_uri_withauth(char * src_uri, char * username, char * password, char * dest_uri,
unsigned int size_dest_uri)
{
    int result = 0;
    unsigned int needBufSize = 0;

    SOAP_ASSERT(NULL != src_uri);
    SOAP_ASSERT(NULL != username);
    SOAP_ASSERT(NULL != password);
    SOAP_ASSERT(NULL != dest_uri);
    memset(dest_uri, 0x00, size_dest_uri);

    needBufSize = strlen(src_uri) + strlen(username) + strlen(password) + 3;
                            //检查缓存是否足够,包括':'和'@',以及字符串结束符
    if (size_dest_uri < needBufSize) {
        SOAP_DBGERR("dest uri buf size is not enough. \n");
        result = -1;
        goto EXIT;
    }

    if (0 == strlen(username) && 0 == strlen(password)) {//生成新的 uri 地址
        strcpy(dest_uri, src_uri);
    } else {
        char *p = strstr(src_uri, "//");
        if (NULL == p) {
            SOAP_DBGERR("can't found '//', src uri is: % s.\n", src_uri);
            result = -1;
            goto EXIT;
        }
        p += 2;

        memcpy(dest_uri, src_uri, p - src_uri);
        sprintf(dest_uri + strlen(dest_uri), "% s:% s@", username, password);
        strcat(dest_uri, p);
    }
EXIT:

    return result;
}
```

8.8.11 设备查找的案例代码

新建一个文件 maindiscovery. c,添加的代码如下:

```
//chapter8/8.8.maindiscovery.c
#include <stdio.h>
#include <stdlib.h>
#include <assert.h>
#include "onvif_comm.h"
#include "onvif_dump.h"

int main(int argc, char **argv)
{
    ONVIF_DetectDevice(NULL);

    return 0;
}
```

在该 main() 函数中调用 ONVIF_DetectDevice() 函数,用于查找设备,代码如下:

```
//chapter8/8.8.maindiscovery.c
//设备查找
void ONVIF_DetectDevice(void (*cb)(char * DeviceXAddr)){
    int i;
    int result = 0;
    unsigned int count = 0;               //搜索到的设备个数
    struct soap * soap = NULL;            //soap 环境变量
    struct wsdd__ProbeType req;           //用于发送 Probe 消息
    struct __wsdd__ProbeMatches rep;      //用于接收 Probe 应答
    struct wsdd__ProbeMatchType * probeMatch;

    SOAP_ASSERT(NULL != (soap = ONVIF_soap_new(SOAP_SOCK_TIMEOUT)));

    ONVIF_init_header(soap);              //设置消息头描述
    ONVIF_init_ProbeType(soap, &req);
//设置寻找的设备的范围和类型
    result = soap_send___wsdd__Probe(soap, SOAP_MCAST_ADDR, NULL, &req);
//向组播地址广播 Probe 消息
    while (SOAP_OK == result)             //开始循环接收设备发送过来的消息
    {
        memset(&rep, 0x00, sizeof(rep));
        result = soap_recv___wsdd__ProbeMatches(soap, &rep);
        if (SOAP_OK == result) {
            if (soap->error) {
                soap_perror(soap, "ProbeMatches");
            } else {                      //成功接收到设备的应答消息
                dump__wsdd__ProbeMatches(&rep);

                if (NULL != rep.wsdd__ProbeMatches) {
                    count += rep.wsdd__ProbeMatches->__sizeProbeMatch;
                    for(i = 0; i < rep.wsdd__ProbeMatches->__sizeProbeMatch; i++) {
                        probeMatch = rep.wsdd__ProbeMatches->ProbeMatch + i;
```

```
                    if (NULL != cb) {
                        cb(probeMatch->XAddrs);   //使用设备服务地址执行函数回调
                    }
                }
            }
        }
    } else if (soap->error) {
        break;
    }
}

SOAP_DBGLOG("\ndetect end! It has detected %d devices!\n", count);

if (NULL != soap) {
    ONVIF_soap_delete(soap);
}

return ;
}
```

然后编译该文件,命令如下:

```
//chapter8/8.8.maindiscovery.c
gcc - DWITH_OPENSSL - DWITH_NONAMESPACES - o maindiscovery.exe maindiscovery.c dom.c struct_
timeval.c duration.c mecevp.c smdevp.c soapClient.c stdsoap2.c threads.c wsaapi.c wsseapi.c
soapC.c onvif_comm.c onvif_dump.c - lpthread - lssl - lcrypto
```

编译成功后会生成可执行文件 maindiscovery.exe,然后运行即可。笔者本地配置了一个海康威视的 IPC,可以查找出来(网址为 http://192.168.1.56/onvif/device_service),具体的输出信息如下:

```
//chapter8/8.8.maindiscovery.c
================ + dump__wsdd__ProbeMatches + >>>
wsdd__ProbeMatches: (0x56120b168070)
   |- __sizeProbeMatch: 1
   |- ProbeMatch: (0x56120b168078)
     |- 0
         |- wsa__EndpointReference: (0x56120b168670)
            |- Address: urn:uuid:ca18c000 - 09bb - 11b4 - 8272 - 2428fdb0c51b
            |- ReferenceProperties: (null)
            |- ReferenceParameters: (null)
            |- PortType: (null)
            |- ServiceName: (null)
            |- __size: 0
            |- __any: (null)
            |- __anyAttribute:
         |- Types: tdn:NetworkVideoTransmitter tds:Device
```

```
        |- Scopes: (0x56120b168250)
            |- __item: onvif://www.onvif.org/type/video_encoder onvif://www.onvif.org/
Profile/Streaming onvif://www.onvif.org/Profile/T onvif://www.onvif.org/MAC/24:28:fd:b0:
c5:1b onvif://www.onvif.org/hardware/DS - IPC - B12V2 - I onvif://www.onvif.org/name/
HIKVISION%20DS-IPC-B12V2-I onvif://www.onvif.org/location/city/hangzhou
            |- MatchBy: (null)
        |- XAddrs: http://192.168.1.56/onvif/device_service http://[2409:8a00:18dc:
d190:2628:fdff:feb0:c51b]/onvif/device_service
        |- MetadataVersion: 10
================= - dump__wsdd__ProbeMatches - <<<

detect end! It has detected 1 devices!
```

第 9 章

CHAPTER 9

SIP 及 eXosip 开源库应用

会话初始协议（Session Initiation Protocol，SIP）是一个应用层的控制协议，可以建立、修改和结束多媒体的会话。它是由 IETF 提出并主持研究的一个在 IP 网络上进行多媒体通信的应用层控制协议，它被用来创建、修改和终结一个或多个参加者参加的会话进程。osip2 是一个开放源代码的 SIP 协议栈，是使用 C 语言写的协议栈之一，它具有短小、简洁的特点，专注于 SIP 底层解析，从而使它的效率比较高。eXosip 是 osip2 的一个扩展协议集，它部分封装了 osip2 协议栈，使它更容易被使用。eXosip 增加了 call、dialog、registration、subscription 等过程的解析，使实用性更强。

9.1 SIP 简介

会话初始协议是由因特网工程任务组（Internet Engineering Task Force，IETF）制定的多媒体通信协议。它是一个基于文本的应用层控制协议，用于创建、修改和释放一个或多个参与者的会话。SIP 是一种源于互联网的 IP 语音会话控制协议，具有灵活、易于实现、便于扩展等特点。这些会话可以是因特网多媒体会议、IP 电话或多媒体分发。会话的参与者可以通过组播、单播或两者的混合体进行通信。SIP 与负责语音质量的资源预留协议（RSVP）互操作。它还与若干其他协议进行协作，包括负责定位的轻型目录访问协议（LDAP）、负责身份验证的远程身份验证拨入用户服务（RADIUS）及负责实时传输的 RTP 等多个协议。随着计算机科学技术的进步，基于分组交换技术的 IP 数据网络以其便捷性和廉价性取代了基于电路交换的传统电话网在通信领域的核心地位。

9.1.1 SIP 的功能

SIP 作为应用层信令控制协议，为多种即时通信业务提供完整的会话创建和会话更改服务，由此，SIP 的安全性对于即时通信的安全起着至关重要的作用。SIP 支持会话描述，它允许参与者在一组兼容媒体类型上达成一致。它通过代理和重定向请求到用户的当前位置，以此来支持用户的移动性。

SIP 出现于 20 世纪 90 年代中期，源于哥伦比亚大学计算机系副教授 Henning Schulzrinne 及其研究小组的研究。Schulzrinne 教授除与人共同提出通过因特网传输实时数据的实时传输协议（RTP）外，还与人合作编写了实时流传输协议（RTSP）标准提案，用于控制音频视频内容在 Web 上的流传输。Schulzrinne 本来打算编写多方多媒体会话控制（MMUSIC）标准。1996 年，他向 IETF 提交了一个草案，其中包含了 SIP 的重要内容。1999 年，Shulzrinne 在提交的新标准中删除了有关媒体内容方面的无关内容。随后，IETF 发布了第 1 个 SIP 规范，即 RFC2543。虽然一些供应商表示了担忧，认为 H.323 和 MGCP 协议可能会大大危及他们在 SIP 服务方面的投资，但是 IETF 继续进行了这项工作，于 2001 年发布了 SIP 规范 RFC3261。RFC3261 的发布标志着 SIP 的基础已经确立。从那时起，已发布了几个 RFC 增补版本，充实了安全性和身份验证等领域的内容。例如，RFC3262 对临时响应的可靠性作了规定。RFC3263 确立了 SIP 代理服务器的定位规则。RFC3264 提供了提议/应答模型，RFC3265 确定了具体的事件通知。早在 2001 年，供应商就已开始推出基于 SIP 的服务。今天，人们对该协议的热情不断高涨。Sun Microsystems 的 Java Community Process 等组织正在使用通用的 Java 编程语言定义应用编程接口（API），以便开发商能够为服务提供商和企业构建 SIP 组件和应用程序。最重要的是，越来越多的竞争者正在借助前途光明的新服务进入 SIP 市场。

例如在日常生活中，如果想要找一个人互相聊天，则首先需要找到这个人，以便将声音传递给对方，使对方能听到声音；同时双方还需要去理解所说语言（同一个方言、同一个语种）。帮助定位到对象、通信双方协商使用英语或汉语，使用电话设备，还是使用计算机 Web 等。SIP 所做的是，能够帮助定位到想聊天的对象、检测聊天对象是否可达、管理通话的会话状态，并可以结束聊天进程等。从该例可以看出，SIP 只是负责创建会话，但是会话中的实际业务数据的传输并不是由 SIP 来完成的，而是由 RTP 来完成的。整个会话的实现不仅需要 SIP，还需要其他协议，例如 SDP 和 RTC 等。SIP 正在成为自 HTTP 和 SMTP 以来最为重要的协议之一。SIP 不与任何特定的会议控制协议捆绑。本质上，SIP 提供以下功能。

（1）名字翻译和用户定位：无论被呼叫方在哪里都确保呼叫达到被叫方。执行任何描述信息到定位信息的映射。确保呼叫会话的本质细节被支持。

（2）特征协商：它允许与呼叫有关的组（可以是多方呼叫）在支持的特征上达成一致（不是所有方都能够支持相同级别的特征），例如视频可以或不可以被支持。总之，存在很多需要协商的范围。

（3）呼叫参与者管理：呼叫中参与者能够引入其他用户加入呼叫或取消到其他用户的连接。此外，用户可以被转移或置为呼叫保持。

（4）呼叫特征改变：用户应该能够改变呼叫过程中的呼叫特征。例如，一呼叫可以被设置为 Voice-Only，但是在呼叫过程中，用户可以根据需要开启视频功能。也就是说一个加入呼叫的第三方为了加入该呼叫可以开启不同的特征。

SIP 较为灵活、可扩展，而且是开放的。它激发了因特网及固定和移动 IP 网络推出新一代服务的威力。SIP 能够在多台 PC 和电话上完成网络消息,模拟因特网建立会话,与存在已久的国际电信联盟(ITU)SS7 标准(用于呼叫建立)和 ITU H.323 视频协议组合标准不同,SIP 独立工作于底层网络传输协议和媒体。它规定了一个或多个参与方的终端设备如何能够建立、修改和中断连接,而不论是语音、视频、数据或基于 Web 的内容。

SIP 优于现有的一些协议,如将 PSTN 音频信号转换为 IP 数据包的媒体网关控制协议(MGCP)。因为 MGCP 是封闭的纯语音标准,所以通过信令功能对其进行增强比较复杂,有时会导致消息被破坏或丢弃,从而妨碍提供商增加新的服务,而使用 SIP,编程人员可以在不影响连接的情况下在消息中增加少量新信息。例如,SIP 服务提供商可以建立包含语音、视频和聊天内容的全新媒体。如果使用 MGCP、H.323 或 SS7 标准,则提供商必须等待可以支持这种新媒体协议的新版本,而如果使用 SIP,尽管网关和设备可能无法识别该媒体,但在两个大陆上设有分支机构的公司可以实现媒体传输,而且,因为 SIP 的消息构建方式类似于 HTTP,所以开发人员能够更加方便地使用通用的编程语言(如 Java)来创建应用程序。对于等待了数年希望使用 SS7 和高级智能网络(AIN)部署呼叫等待、主叫号码识别及其他服务的运营商,现在如果使用 SIP,则只需数月时间即可实现高级通信服务的部署。

这种可扩展性已经在越来越多基于 SIP 的服务中取得重大成功。Vonage 是针对用户和小企业用户的服务提供商。它使用 SIP 向用户提供 20 000 多条数字市话、长话及语音邮件线路。Deltathree 为服务提供商提供因特网电话技术产品、服务和基础设施。它提供了基于 SIP 的 PC 至电话解决方案,使 PC 用户能够呼叫全球任何一部电话。Denwa Communications 在全球范围内批发语音服务。它使用 SIP 提供 PC 至 PC 及电话至 PC 的主叫号码识别、语音邮件,以及电话会议、统一通信、客户管理、自配置和基于 Web 的个性化服务。

SIP 类似于 Web 的可扩展开放通信,使用 SIP,服务提供商可以随意选择标准组件,快速驾驭新技术。不论媒体内容和参与方数量,用户都可以查找和联系对方。SIP 对会话进行协商,以便所有参与方都能够就会话功能达成一致及进行修改。它甚至可以添加、删除或转移用户。不过,SIP 不是万能的。它既不是会话描述协议,也不提供会议控制功能。为了描述消息内容的负载情况和特点,SIP 使用因特网的会话描述协议(SDP)来描述终端设备的特点。SIP 自身也不提供服务质量(QoS),它与负责语音质量的资源保留设置协议(RSVP)互操作。它还与若干其他协议进行协作,包括负责定位的轻型目录访问协议(LDAP)、负责身份验证的远程身份验证拨入用户服务(RADIUS)及负责实时传输的 RTP 等多个协议。

SIP 规定的基本通信要求包括用户定位服务、会话建立和会话参与方管理等。SIP 的一个重要特点是它不定义要建立的会话的类型,而只定义应该如何管理会话。有了这种灵活性,也就意味着 SIP 可以用于众多应用和服务中,包括交互式游戏、音乐和视频点播及语音、视频和 Web 会议。

9.1.2 SIP 的实现机制

SIP 是一个分层结构的协议,这意味着它的行为根据一组平等独立的处理阶段来描述,每个阶段之间只是松耦合。对协议进行分层描述是为了表达,从而允许功能的描述可在一部分跨越几个元素。它不指定任何方式的实现。当某元素包含某层时是指它顺从该层定义的规则集。不是协议规定的每个元素都包含各层,而且,由 SIP 规定的元素是逻辑元素,而不是物理元素。一个物理实现可以被选为不同的逻辑元素,甚至可能在一个个事务的基础上。

SIP 不是垂直整合的通信系统。SIP 是可以和其他 IETF 协议结合的组件,从而建立一个复杂的多媒体架构。通常这样的架构会包含 RTP(RFC1889)、RTSP(RFC2326)、MEGACO(RFC3015)和 SDP(RFC2327)等。SIP 不提供服务;相对地,SIP 提供了一些原型(Primitive)用于实现不同的服务。例如将定位和发送功能用于传输会话描述,这样就可以协商对端会话参数。SIP 的逻辑分层从低到高如图 9-1 所示,具体如下所示。

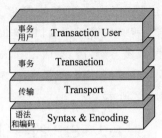

图 9-1 SIP 的逻辑分层

(1) 语法和编码层:编码使用 BNF。

(2) 传输层:规定了客户端如何发请求及如何收响应,服务器端如何收请求及如何发响应。

(3) 事务层:事务是 SIP 的基本组成部分。事务是一个客户端事务层发出的请求,到服务器端事务层返回的所有响应。事务层处理应用层重传、将对应响应匹配给请求和应用层超时。

(4) 事务用户(TU):除了无状态代理(Stateless Proxy),每个 SIP 实体都是一个 TU。

SIP 的第 1 层(最底层)是语法和编码,它的编码使用增强 Backus-Nayr 形式语法(BNF)来规定。

第 2 层是传输层,它定义了网络上一个客户机如何发送请求和接收响应及一个服务器如何接受请求和发送响应。所有的 SIP 元素包含传输层。

第 3 层是事务层,事务是 SIP 的基本元素。一个事务是由客户机事务发送给服务器事务的请求(使用传输层)及对应该请求的从服务器事务发送回客户机的所有响应组成。事务层处理应用层重传,匹配响应到请求,以及应用层超时。任何用户代理客户机(UAC)完成的任务使用一组事务产生。用户代理包含一个事务层,有状态的代理也有。无状态的代理不包含事务层。事务层具有客户机组成部分(称为客户机事务)和服务器组成部分(称为服务器事务),每个代表有限的状态机,它被构造出来,以便处理特定的请求。

第 4 层称为事务用户(Transaction User,TU)。每个 SIP 实体除了无状态代理都是事务用户。当一个 TU 希望发送请求时,它生成一个客户机事务实例并且向它传递请求和 IP 地址、端口,以及用来发送请求的传输机制。一个 TU 生成客户机事务也能够删除它。当客户机取消一个事务时,它请求服务器停止进一步的处理,将状态恢复到事务初始化之前,并且将特定的错误响应生成到该事务。这由 CANCEL 请求完成,它构成自己的事务,但涉及要取消的事务。

SIP 是用于通过因特网协议创建、修改和终止多媒体会话的信令协议。会话只不过是两个端点之间的简单调用。端点可以是智能电话、笔记本电脑或可以通过因特网接收和发送多媒体内容的任何设备。SIP是由IETF标准定义的应用层协议,它在RFC3261中定义。SIP体现了客户端/服务器体系结构,以及使用HTTP和URL的URL和URI及SMTP的文本编码方案和头样式。SIP采用SDP(会话描述协议)的帮助,它描述了用于通过IP网络传送语音和视频的会话和RTP(实时传输协议)。SIP可用于双方(单播)或多方(多播)会话,其他SIP应用包括文件传输、即时通信、视频会议、网络游戏及流多媒体分发。SIP的网络层级结构如图9-2所示。

图 9-2　SIP 的网络层级结构

9.1.3　SIP 的特征及元素

SIP通过Email形式的地址来标明用户地址。每一用户通过一个等级化的URL来标识,它通过诸如用户电话号码或主机名等元素来构造(如SIP:usercompany.com)。因为它与Email地址相似,所以SIP URLs容易与用户的Email地址关联。SIP提供它自己的可靠性机制,从而独立于分组层,并且只需不可靠的数据包服务。SIP可典型地用于UDP或TCP之上。SIP提供必要的协议机制以保证终端系统和代理服务器提供以下业务:

(1) 用户定位。

(2) 用户能力。

(3) 用户可用性。

(4) 呼叫建立。

(5) 呼叫处理。

(6) 呼叫前转,包括等效800类型的呼叫、无应答呼叫前转、遇忙呼叫前转和无条件呼叫前转等。

(7) 呼叫号码传递,该号码可以是任何命名机制。

(8) 个人移动性,例如通过一个单一的且与位置无关的地址来到达被呼叫方,即使被呼叫方改变了终端。

(9) 终端类型的协商和选择:呼叫者可以给出选择如何到达对方,例如通过因特网电话、移动电话或应答业务等。

(10) 终端能力协商。

(11) 呼叫者和被呼叫者鉴权。

(12) 不知情和指导式的呼叫转移。

(13) 多播会议的邀请。

当一用户希望呼叫另一用户时,呼叫者用INVITE请求初始呼叫,请求包含足够的信息,以便被呼叫方参与会话。如果客户机知道另一方的位置,则能够直接将请求发送到另一方的IP地址。如果不知道,则客户机将请求发送到本地配置的SIP网络服务器。如果服务器是代理服务器,则将解析被呼叫用户的位置并且将请求发送给它们。有很多种方法完成上一步,例如搜索 DNS 或访问数据库。服务器也可以是重定向服务器,它可以将被呼叫用户的位置返回到呼叫客户机,以便它直接与用户联系。在定位用户的过程中,SIP 网络服务器当然能够代理或重定向呼叫到其他的服务器,直到到达一个明确的知道被呼叫用户 IP 地址的服务器。

一旦发现用户地址,请求就发送给该用户,此时将产生几种选择。在最简单的情况下,用户电话客户机接受请求,即用户的电话振铃。如果用户接受呼叫,则客户机用客户机软件的指定能力响应请求并且建立连接。如果用户拒绝呼叫,则会话将被重定向到语音邮箱服务器或另一用户。"指定能力"参照用户想启用的功能。例如,客户机软件可以支持视频会议,但用户只想使用音频会议,则只会启用音频功能。

SIP 还具有另外两个有重要意义的特征。第 1 个特征是有状态 SIP 代理服务器具有分割入呼叫或复制入呼叫的能力,从而可以同时运行几个扩展分支。第 1 个应答的分支接受呼叫。该特征在用户工作的两位置之间或者同时对经理和其秘书振铃时是非常便利的。第 2 个特征是 SIP 独特的返回不同媒体类型的能力。举个用户联系公司的例子,当 SIP 服务器接收到客户机的连接请求时,它能够通过 Web 交互式语音响应页面来返回顾客的客户机,该页面具有可获得的部门分支或提供在列表上的用户。单击适当的链接后将这一请求发送到所单击的用户,从而建立起呼叫。

SIP 中有两个要素,即 SIP 用户代理和 SIP 网络服务器。用户代理是呼叫的终端系统元素,而 SIP 服务器是处理与多个呼叫相关联信令的网络设备。用户代理本身具有客户机元素(用户代理客户机 UAC)和服务器元素(用户代理服务器 UAS)。客户机元素初始呼叫,而服务器元素应答呼叫。这允许点到点的呼叫通过客户机-服务器协议来完成。SIP 服务器元素提供多种类型的服务器,有 3 种服务器形式存在于网络中,包括 SIP 有状态代理服务器、SIP 无状态代理服务器和 SIP 重定向服务器。由于呼叫者未必知道被呼叫方的 IP 地址或主机名,所以 SIP 服务器的主要功能是提供名字解析和用户定位。可以获得的是 Email 形式的地址或与被呼叫方关联的电话号码。使用该信息,呼叫者的用户代理能够确定特定服务器,以此来解析地址信息,这可能涉及网络中的很多服务器。

SIP 代理服务器接受请求,决定将这些请求传送到何处,并且将它们传送到下一服务器(使用下一跳路由原理),在网络中可以有多跳。有状态和无状态代理服务器的区别是有状态代理服务器可以记住它接收的入请求,以及回送的响应和它转送的出请求。无状态代理服务器一旦转送请求后就会忘记所有的信息。这允许有状态代理服务器生成请求以并行地尝试多个可能的用户位置并且送回最好的响应。无状态代理服务器可能是最快的,并且是 SIP 结构的骨干。有状态代理服务器可能是离用户代理最近的本地设备,它控制用户域并且应用服务的主要平台。重定向服务器接受请求,但不是将这些请求传递给下一服务器,而是向呼叫者发送响应以指示被呼叫用户的地址。这使呼叫者可以直接联系在下一服务器上的被呼叫方的地址。

9.1.4　SIP 会话构成

SIP 会话使用多达 4 个主要组件，包括 SIP 用户代理、SIP 注册服务器、SIP 代理服务器和 SIP 重定向服务器。这些系统通过传输包括 SDP 协议（用于定义消息的内容和特点）的消息来完成 SIP 会话。下面概括性地介绍各个 SIP 组件及其在此过程中的作用。

（1）用户代理（User Agent，UA）是终用户端设备，如用于创建和管理 SIP 会话的移动电话、多媒体手持设备、PC、PDA 等。用户代理客户机发出消息。用户代理服务器对消息进行响应。

（2）注册服务器是包含域中所有用户代理的位置的数据库。在 SIP 通信中，这些服务器会检索出对方的 IP 地址和其他相关信息，并将其发送到 SIP 代理服务器。

（3）代理服务器接受 SIP UA 的会话请求并查询 SIP 注册服务器，获取收件方 UA 的地址信息，然后它将会话邀请信息直接转发给收件方 UA（如果它位于同一域中）或代理服务器（如果 UA 位于另一域中）。

（4）重定向服务器允许 SIP 代理服务器将 SIP 会话邀请信息定向到外部域。SIP 重定向服务器可以与 SIP 注册服务器和 SIP 代理服务器同在一个硬件上。

SIP 通过以下逻辑功能来完成通信。

（1）用户定位功能：确定参与通信的终用户端位置。

（2）用户通信能力协商功能：确定参与通信的媒体终端类型和具体参数。

（3）用户是否参与交互功能：确定某个终端是否加入某个特定会话中。

（4）建立呼叫和控制呼叫功能：包括向被叫"振铃"、确定主叫和被叫的呼叫参数、呼叫重定向、呼叫转移、终止呼叫等。

SIP 能够连接并使用任何 IP 网络（有线 LAN 和 WAN、公共因特网骨干网、移动 2.5G、3G 和 WiFi）和任何 IP 设备（电话、PC、PDA、移动手持设备）的用户，从而出现了众多利润丰厚的新商机，改进了企业和用户的通信方式。基于 SIP 的应用（如 VoIP、多媒体会议、按键通话、定位服务、在线信息和 IM）即使单独使用，也会为服务提供商、ISV、网络设备供应商和开发商提供许多新的商机。不过，SIP 的根本价值在于它能够将这些功能组合起来，形成各种更大规模的无缝通信服务。

使用 SIP，服务提供商及其合作伙伴可以定制和提供基于 SIP 的组合服务，使用户可以在单个通信会话中使用会议、Web 控制、在线信息、IM 等服务。实际上，服务提供商可以创建一个满足多个最终用户需求的灵活应用程序组合，而不是安装和支持依赖于终端设备有限特定功能或类型的单一分散的应用程序。通过在单一、开放的标准 SIP 应用架构下合并基于 IP 的通信服务，服务提供商可以大大地降低为用户设计和部署基于 IP 的新的创新性托管服务的成本。它是 SIP 可扩展性促进本行业和市场发展的强大动力，是我们所有人的希望所在。

有一些实体帮助 SIP 创建其网络。在 SIP 中，每个网元由 SIPURI（统一资源标识符）来标识，它像一个地址。主要的网络元素包括用户代理、代理服务器、注册服务器、重定向服

器和位置服务器,具体信息如下:

(1) 用户代理是 SIP 网络的端点和最重要的网络元素之一。端点可以启动、修改或终止会话。用户代理是 SIP 网络中最智能的设备或网络元件。它可以是软电话、手机或笔记本电脑。用户代理在逻辑上分为两部分,即用户代理客户端(UAC)和用户代理服务器(UAS)。SIP 基于客户机/服务器架构,其中呼叫者的电话充当发起呼叫的客户端,被叫方的电话充当响应呼叫的服务器。

(2) 代理服务器用于接收来自用户代理的请求并将其转发给另一个用户。基本上代理服务器的作用就像一个路由器;它可以感知 SIP 请求,并在 URI 的帮助下发送它;代理服务器位于两个用户代理之间;源和目的地之间最多可以有 70 个代理服务器。有两种类型的代理服务器,包括无状态代理服务器(只用于转发收到的消息,不存储任何呼叫或交易信息)和有状态代理服务器(可以跟踪收到的每个请求和响应,并且如果需要,则将来可以使用它,如果对方没有响应,则可以重新发送请求)。

(3) 注册服务器用于接受用户代理的注册请求。它可以帮助用户在网络中进行身份验证。它将 URI 和用户的位置存储在数据库中,以帮助同一域内的其他 SIP 服务器。SIP 的注册过程如图 9-3 所示,这里的呼叫者想要向 TMC 域注册,因此,它向 TMC 的 Registrar 服务器发送 REGISTER 请求,并且服务器在授权客户端时返回200 OK 响应。

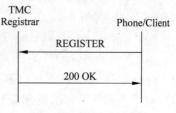

图 9-3　SIP 注册过程

(4) 重定向服务器用于接受请求,并在注册器创建的位置数据库中查找请求的预期收件人。它使用数据库获取位置信息,并以 3xx(重定向响应)响应给用户。

(5) 位置服务器用于将有关呼叫者可能的位置提供到重定向和代理服务器。只有代理服务器或重定向服务器可以联系位置服务器。

这些网络元素在建立 SIP 会话的过程中所扮演的角色如图 9-4 所示。

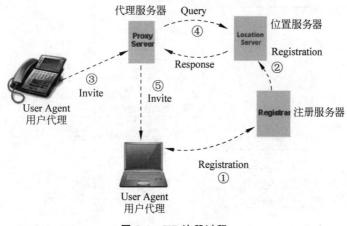

图 9-4　SIP 注册过程

9.1.5　SIP 通信流程及消息

SIP 在通信过程中并不包含业务数据,主要包括以下 3 个基本组件。

(1) 用户代理(User Agent Client,UAC),即终端,例如 SIP 电话。

(2) 代理服务器(User Agent Server,UAS),负责连接用户代理和查询终端定位。

(3) 注册服务器是一个保存了用户代理(终端)信息的服务器,可以理解为一个通讯录。

举例说明,终端 A 拨打终端 B 电话(前提是 A 和 B 都已经注册到可响应的服务器上)的通信流程如图 9-5 所示,具体步骤如下。

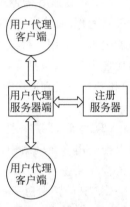

(1) 终端 A 先联系代理服务器(Proxy),把 B 信息传到 Proxy,告诉它想要联系 B。

(2) Proxy 自己不知道,就去翻通讯录(注册服务器),找到 B 对应的 IP 地址,并拨打 B。

(3) B 接听电话后,Proxy 就把 A 和 B 联通了。

SIP 的亮点却不在于它的强大,而是在于它的简单。SIP 是一个 Client/Sever 协议,因此 SIP 消息分两种:请求消息和响应消息。请求消息从客户机发到服务器,响应消息从服务器发到客户

图 9-5　SIP 通信流程

机。SIP 请求消息包含 3 个元素,即请求行、头域、消息体。SIP 响应消息也包含 3 个元素,即状态行、头、消息体。请求行和头域根据业务、地址和协议特征定义了呼叫的本质,消息体独立于 SIP 并且可包含任何内容。SIP 消息基于 10646 文本编码,并且不区分大小写字符,分为请求消息和响应消息。SIP 交互流程如图 9-6 所示,主要定义了下述方法。

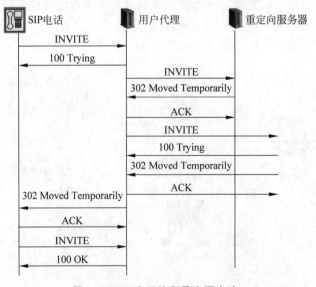

图 9-6　SIP 交互流程及主要方法

（1）INVITE：发起会话请求，邀请用户加入一个会话，会话描述含于消息体中。对于两方呼叫来讲，主叫方在会话描述中指示其能够接受的媒体类型及其参数。被叫方必须在成功响应消息的消息体中指明其希望接受哪些媒体，还可以指示其行将发送的媒体。如果收到的是关于参加会议的邀请，则被叫方可以根据 Call-ID 或者会话描述中的标识确定用户已经加入该会议，并返回成功响应消息。

（2）BYE：终止一呼叫上的两个用户之间的呼叫。

（3）OPTIONS：请求关于服务器能力的信息。

（4）ACK：确认客户机已经接收到对 INVITE 的最终响应。

（5）REGISTER：提供地址解析的映射，让服务器知道其他用户的位置。

（6）INFO：会话中的信令。

（7）CANCEL：在收到对请求的最终响应之前取消该请求，对于已完成的请求则无影响。

（8）PRACK：对 1xx 响应消息的确认请求消息。

SIP 中的响应消息用于对请求消息进行响应，指示呼叫的成功或失败状态。常用的一些响应消息如下。

（1）100：试呼叫（Trying）。

（2）180：振铃（Ringing）。

（3）181：呼叫正在前转（Call is Being Forwarded）。

（4）200：成功响应（OK）。

（5）302：临时迁移（Moved Temporarily）。

（6）400：错误请求（Bad Request）。

（7）401：未授权（Unauthorized）。

（8）403：禁止（Forbidden）。

（9）404：用户不存在（Not Found）。

（10）408：请求超时（Request Timeout）。

（11）480：暂时无人接听（Temporarily Unavailable）。

（12）486：线路忙（Busy Here）。

（13）504：服务器超时（Server Time-out）。

（14）600：全忙（Busy Everywhere）。

SIP 凭借其简单、易于扩展、便于实现等诸多优点越来越得到业界的青睐，它正逐步成为下一代网络（NGN）和多媒体子系统域中的重要协议，并且市场上出现了越来越多的支持SIP 的客户端软件和智能多媒体终端，以及用 SIP 实现的服务器和软交换设备。可以预见，SIP 必定是将来网络多媒体通信中的明星。

SIP 是一个基于文本（Text-Based）的协议，使用 UTF-8 字符集。SIP 消息与 HTTP 消息非常类似，由 3 部分构成，如图 9-7 所示，包括第 1 行的请求行（Request-Line）或状态行（Status-Line）、消息头域（Message Header）和消息体（Message Body），其中消息体通常是会话描述(Session Descriptions),也可能是其他内容。SIP 请求消息的第 1 行是请求行(Request-Line),而 SIP 响应的第 1 行是状态行(Status-Line)。

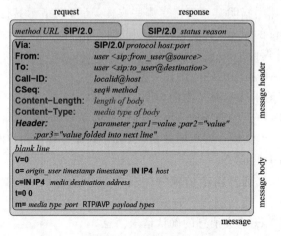

图 9-7 SIP 消息结构

请求消息和响应消息都包括 SIP 头字段和 SIP 消息字段。SIP 请求消息由起始行、消息头和消息体组成,如图 9-8 所示,通过换行符区分消息头中的每条参数行。对于不同的请求消息,有些参数可选。SIP 响应消息由起始行、消息头和消息体组成,如图 9-9 所示。

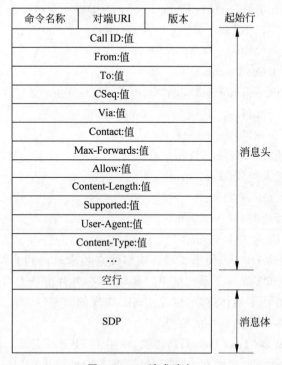

图 9-8 SIP 请求消息

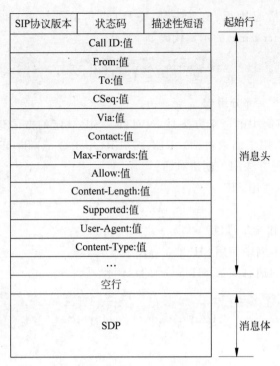

SIP协议版本	状态码	描述性短语	起始行
Call ID:值			
From:值			
To:值			
CSeq:值			
Via:值			
Contact:值			消息头
Max-Forwards:值			
Allow:值			
Content-Length:值			
Supported:值			
User-Agent:值			
Content-Type:值			
…			
空行			
SDP			消息体

图 9-9 SIP 响应消息

INVITE 请求消息实例如下：

```
//chapter9/invite-demo.txt
INVITE sip:some@192.168.1.131:50027 SIP/2.0
Via: SIP/2.0/UDP 192.168.1.131:5197;rport;branch=z9hG4bKiYblddPPX
Max-Forwards: 70
To: <sip:some@192.168.1.131:50027>
From: <sip:null@null>;tag=Prf3c3Xc
Call-ID: cenXTa4i-1423587756904@appletekiAir
CSeq: 1 INVITE
Content-Length: 215
Content-Type: application/sdp
Contact: <sip:null@192.168.1.131:5197;transport=UDP>

v=0
o=user1 685988692 621323255 IN IP4 192.168.1.131
s=-
c=IN IP4 192.168.1.131
t=0 0
m=audio 49432 RTP/AVP 0 8 101
a=rtpmap:0 PCMU/8000
a=rtpmap:8 PCMA/8000
a=rtpmap:101 telephone-event/8000
a=sendrecv
```

请求消息主要包括起始行、消息头部、空行(表示消息结束)和消息体,其中本例中INVITE 的起始行(Start-Line)的示例代码如下:

```
INVITE sip:some@192.168.1.131:50027 SIP/2.0
```

起始行主要由以下 5 部分组成。

(1) 请求方法:本例中的请求方法是 INVITE。SIP 规定的方法有 6 种,包括 INVITE、ACK、CANCEL、BYE(用于结束对话)、REGISTER(用于登记)和 OPTIONS(用于查询服务器能力),其中前 3 种方法用于创建对话。

(2) 协议头:表示使用 SIP。

(3) 连接用户名。

(4) 连接 IP 地址和端口号(IP+Port)。

(5) SIP 版本号,本例中使用 SIP 2.0 协议版本。

本例中 INVITE 的消息头部(Header)的示例代码如下:

```
//chapter9/invite-demo.txt
Via: SIP/2.0/UDP 192.168.1.131:5197;rport;branch = z9hG4bKiYblddPPX
Max-Forwards: 70
To: < sip:some@192.168.1.131:50027 >
From: < sip:null@null >;tag = Prf3c3Xc
Call-ID: cenXTa4i-1423587756904@appletekiAir
CSeq: 1 INVITE
Content-Length: 215
Content-Type: application/sdp
Contact: < sip:null@192.168.1.131:5197;transport = UDP >
```

(1) Via 字段:Via 头表示经过的 SIP 网元的主机名和网络地址。

branch 参数用于标识此请求创建的事务,并且该字段必须存在,该参数必须被分成两部分,其中第一部分符合一般的原则(对于 RFC3261,此例为 z9hG4bK),第二部分(此例为iYblddPPX)被用来实现 loop detection,以便区分 loop 和 spiral。loop 和 spiral 均指 Proxy收到一个请求后转发,然后此转发的请求又重新到达该 Proxy,区别是 loop 中请求的Request-URI 及其他影响 Proxy 处理的头字段均不变,而 Spiral 请求中这些部分必须有某个发生改变,Spiral 发生的典型情况是 Request-URI 发生改变;Proxy 在插入 Via 字段前,其 branch 参数的 loop detection 部分依据以下元素编码:To Tag、From Tag、Call-ID 字段、Request-URI、Topmost Via 字段、CSeq 的序号部分(与 request method 无关),以及 proxy-require 字段和 proxy authorization 字段。Max-Forwards 表示请求到达 UAS 的跳数的限制。

(2) To 字段,本例中为 To: < sip:some@192.168.1.131:50027 >,表示 UAC 发起一个 Dialog 请求,即 out-of-dialog,由于 Dialog 尚未建立,不含 To Tag 参数,所以当 UAS 收到 INVITE 请求时,在其发出的 2xx 或 101-199 响应中设置 To Tag 参数,与 UAC 设置的

From Tag 参数及 Call-ID(呼叫唯一标识)一起作为一个 Dialog ID(对话唯一标识,包含 To tag、From Tag 和 Call-ID)的一部分。RFC3261 规定只有 INVITE 请求与 2xx 或 101-199 响应可以建立 Dialog。

(3) From 字段,本例中为 From:< sip:null@null >;tag=Prf3c3Xc,表示消息的发送者,字段必须包含 Tag 参数作为 ID 的一部分。

(4) Call-ID 字段,本例中为 Call-ID:cenXTa4i-1423587756904@appletekiAir,表示同一个 UAC 用户在所有请求后产生的一组响应的唯一标识,Call-ID 在 UAC 发出请求中设置的 From Tag 字段及 To Tag 字段组成了一个 Dialog-ID。

(5) CSeq 字段,本例中为 CSeq:1 INVITE,用于在同一个 Dialog 中标识及排序事务和区分新的请求及请求的重发,内容包括顺序号和方法,方法必须和对应的请求方法匹配。针对 Dialog 里的每个新的请求(如 BYE、re-INVITE、OPTION),CSeq 序号加 1,但是 CANCEL、ACK 除外,它们的 CSeq 序号必须与所对应的请求方法中的 CSeq 序号相同。

(6) Content-Length 字段,本例中为 Content-Length:215,表示消息体的长度,用十进制数表示。

(7) Content-Type 字段,本例中为 Content-Type:application/sdp,表示发给接收器的消息体的媒体类型。如果消息体不是空的,则 Content-type header field 一定要存在。如果 Content-type header field 存在,而消息体是空的,则表明该类型的媒体流长度是 0。

(8) Contact 字段,本例中为 Contact:< sip:null@192.168.31.131:51971;transport= UDP >,该字段提供了 UAC 或 UAS 直接联系的 SIP 的 URL,UAC 在会话建立时在 Contact 字段提供自己的 SIP 的 URL,UAC 收到请求会绕过 PROXY 把响应发送给直接联系的 SIP 的 URL。针对 REGISTER 事务,字段表示的是地址绑定的 contact address。

消息体的编码协议由头部规定,一般使用 SDP,示例如下:

```
//chapter9/sip-demo.txt
#版本号为 0
v=0
#建立者用户名+会话 ID+版本+网络类型+地址类型+地址
o=user1 685988692 621323255 IN IP4 192.168.1.131
#会话名
s=-
#连接信息:网络类型+地址类型+地址
c=IN IP4 192.168.1.131
#会话活动时间:起始时间+终止时间
t=0 0
#媒体描述:媒体+端口+传送+格式列表
#音频+端口 49432+传输协议 RTP+格式 AVP,有效负荷 0(u 率 PCM 编码)
m=audio 49432 RTP/AVP 0 8 101
#0 或多个会话属性:属性+有效负荷+编码名称+抽样频率
a=rtpmap:0 PCMU/8000
#rtpmap+0 型+PCMU+8kHz
a=rtpmap:8 PCMA/8000
```

```
#a 可以有多个,见 SDP
a = rtpmap:101 telephone - event/8000
a = sendrecv
```

SIP 中的 Ring 消息的示例如下:

```
//chapter9/sip - demo.txt
SIP/2.0 180 Ringing
From: < sip:null@null >;tag = Prf3c3Xc
Call - ID: cenXTa4i - 1423587756904@appletekiAir
CSeq: 1 INVITE
Via: SIP/2.0/UDP 192.168.1.131:5197;rport = 5197;branch = z9hG4bKiYblddPPX
To: < sip:some@192.168.1.131:50027 >;tag = AM1g60xRvq
Contact: < sip:192.168.1.131:50027;transport = UDP >
```

SIP 中的 OK 消息的示例如下:

```
//chapter9/sip - demo.txt
SIP/2.0 200 OK
From: < sip:null@null >;tag = Prf3c3Xc
Call - ID: cenXTa4i - 1423587756904@appletekiAir
CSeq: 1 INVITE
Via: SIP/2.0/UDP 192.168.1.131:5197;rport = 5197;branch = z9hG4bKiYblddPPX
To: < sip:some@192.168.31.131:50027 >;tag = AM1g60xRvq
Content - Length: 214
Content - Type: application/sdp
Contact: < sip:192.168.1.131:50027;transport = UDP >

v = 0
o = user1 77115499 915054303 IN IP4 192.168.1.131
s = -
c = IN IP4 192.168.1.131
t = 0 0
m = audio 49434 RTP/AVP 0 8 101
a = rtpmap:0 PCMU/8000
a = rtpmap:8 PCMA/8000
a = rtpmap:101 telephone - event/8000
a = sendrecv
```

SIP 中的 ACK 消息的示例如下:

```
//chapter9/sip - demo.txt
ACK sip:192.168.1.131:50027;transport = UDP SIP/2.0
Via: SIP/2.0/UDP 192.168.1.131:5197;rport;branch = z9hG4bKEfwYu4LbB
To: < sip:some@192.168.1.131:50027 >;tag = AM1g60xRvq
From: < sip:null@null >;tag = Prf3c3Xc
Call - ID: cenXTa4i - 1423587756904@appletekiAir
CSeq: 3 ACK
Max - Forwards: 70
```

SIP 中的 BYE 消息的示例如下：

```
//chapter9/sip-demo.txt
BYE sip:null@192.168.1.131:5197;transport=UDP SIP/2.0
Via: SIP/2.0/UDP 192.168.1.131:50027;rport;branch=z9hG4bKvtPATOlfO
To: <sip:null@null>;tag=Prf3c3Xc
From: <sip:some@192.168.1.131:50027>;tag=AM1g60xRvq
Call-ID: cenXTa4i-1423587756904@appletekiAir
CSeq: 711793880 BYE
Max-Forwards: 70
```

9.1.6　H.323 协议和 SIP 的比较

H.323 和 SIP 分别是通信领域与因特网两大阵营推出的协议。H.323 企图把 IP 电话当作众所周知的传统电话，只是传输方式发生了改变，由电路交换变成了分组交换，而 SIP 侧重于将 IP 电话作为因特网上的一个应用，较其他应用（如 FTP、Email 等）增加了信令和 QoS 的要求，它们支持的业务基本相同，也都利用 RTP 作为媒体传输的协议，但 H.323 是一个相对复杂的协议。

H.323 采用基于 ASN.1 和压缩编码规则的二进制方法表示其消息。ASN.1 通常需要特殊的代码生成器进行词法和语法分析，而 SIP 是基于文本的协议，类似于 HTTP。基于文本的编码意味着头域的含义是一目了然的，如 From、To、Subject 等域名。这种分布式、几乎不需要复杂的文档说明的标准规范风格，其优越性已在过去的实践中得到了充分证明（如今广为流行的邮件协议 SMTP 就是这样的一个例子）。SIP 的消息体部分采用 SDP 进行描述，SDP 中格式也比较简单。

在支持会议电话方面，H.323 由于由多点控制单元（MCU）集中执行会议控制功能，所有参加会议的终端都向 MCU 发送控制消息，所以 MCU 可能会成为瓶颈，特别是对于具有附加特性的大型会议，并且 H.323 不支持信令的组播功能，其单功能限制了可扩展性，降低了可靠性，而 SIP 设计上就为分布式的呼叫模型，具有分布式的组播功能，其组播功能不仅便于会议控制，而且简化了用户定位、群组邀请等，并且能节约带宽，但是 H.323 的集中控制便于计费，对带宽的管理也比较简单、有效。

H.323 中定义了专门的协议，用于补充业务，如 H.450.1、H.450.2 和 H.450.3 等。SIP 并未专门定义协议用于此目的，但它很方便地支持补充业务或智能业务。只要充分利用 SIP 已定义的头域（如 Contact 头域），并对 SIP 进行简单扩展（如增加几个域），就可以实现这些业务。例如对于呼叫转移，只要在 BYE 请求消息中添加 Contact 头域，加入欲转至的第三方地址就可以实现此业务。对于通过扩展头域较难实现的一些智能业务，可在体系结构中增加业务代理，提供一些补充服务或与智能网设备的接口。

在 H.323 中，呼叫建立过程涉及 3 条信令信道：RAS 信令信道、呼叫信令信道和 H.245 控制信道。通过这 3 条信道的协调才使 H.323 的呼叫得以进行，呼叫建立时间很长。在

SIP 中会话请求过程和媒体协商过程等一起进行。尽管 H.323 v2 已对呼叫建立过程作了改进,但较之 SIP 只需 1.5 个回路时延来建立呼叫,仍是无法相比的。H.323 的呼叫信令通道和 H.245 控制信道需要可靠的传输协议,而 SIP 独立于底层协议,一般使用 UDP 等无法连接的协议,用自己信用层的可靠性机制来保证消息的可靠传输。

总之,H.323 沿用的是传统的实现电话信令模式,比较成熟,已经出现了不少 H.323 产品。H.323 符合通信领域传统的设计思想,进行集中、按层次控制,采用 H.323 协议便于与传统的电话网相连。SIP 借鉴了其他因特网的标准和协议的设计思想,在风格上遵循因特网一贯坚持的简练、开放、兼容和可扩展等原则,比较简单。以下针对它们的应用目标、标准结构、系统组成及系统实现的难易程度等几方面进行简单分析。

(1) 在标准应用目标方面,H.323 标准是 ITU 组织于 1996 年在 H.320/H.324 的基础上建立起来的,其应用目标是,在基于 IP 的网络环境中,实现可靠的面向音视频和数据的实时应用。如今经过多年的技术发展和标准的不断完善,H.323 已经成为被广大的 ITU 成员及客户所接受的一个成熟标准族。SIP 标准是 IETF 组织在 1999 年提出的,其应用目标是基于因特网环境实现数据、音视频实时通信,特别是通过因特网将视频通信这种应用大众化,引入千家万户。由于 SIP 相对于 H.323 而言相对简单、自由,厂商使用相对小的成本就可以构造满足应用的系统。例如,仅仅使用微软基于 SIP 的 MSN 和 RTC 就可以构造一个简单的基于因特网应用环境的视频通信环境。这样网络运营商就可以在尽量低的成本的基础上利用现有的网络资源开展视音频通信业务。

(2) 在标准体系结构方面,H.323 是一个单一标准,而不是一个关于在 IP 环境中实时多媒体应用的完整标准族,对于呼叫的建立、管理及所传输媒体格式等各方面都有完善而严格的规定。一个遵守 H.323 标准建立的多媒体系统,可以保证实现客户稳定完善的多媒体通信应用。SIP 标准严格意义上讲是一个实现实时多媒体应用的信令标准,由于它采用了基于文本的编码方式,使它在应用上,特别是在点到点的应用环境中具有极大的灵活性、扩充性及跨平台使用的兼容性,这一点使运营商可以十分方便地利用现有的网络环境实现大规模的推广应用,但是 SIP 自身不支持多点的会议功能及管理和控制功能,而是要依赖于别的协议实现,影响了系统的完备性,特别是对于需要多点通信的要求,应用单纯的 SIP 系统难以实现。针对这些不足,以 Radvison 公司为首的 ITU-T SG16 小组提出了 SIP 的运用规范,实现了 SIP 和 H.323 之间的互通互联,并成功地解决了 SIP 在多点环境下的应用难题。

(3) 在系统组成结构方面,首先,在系统主要组成成员的功能性方面进行类比,SIP 的 UA 等价于一个 H.323 的终端,实现呼叫的发起和接收,并完成所传输媒体的编解码应用;SIP 代理服务器、重定向服务器及注册服务器的功能则等价于 H.323 的 GateKeeper,实现了终端的注册、呼叫地址的解析及路由,其次,虽然在呼叫信令和控制的具体实现上不同,但一个基于 SIP 的呼叫流程与 H.323 的 Q931 相类似,SIP 所采用的会话描述协议(SDP)则类似于 H.323 中的呼叫控制协议 H.245。

(4) 在实现难易性方面,H.323 标准的信令信息是采用符合 ASN.1 PER 的二进制编码,并且在连接及实现的全过程都要严格标准的定义,系统的自由度小,如要实现大规模应用,则需要对整个网络的各个环节进行规划。SIP 标准的信令信息是基于文本的,采用符合 ISO 10646 的 UTF-8 编码,并且全系统的构造结构相对灵活,终端和服务器的实现也相对容易,成本也较低,从网络运营商的角度考虑,构造一个大规模视频通信网络,采用 SIP 系统的成本要低很多,而且也更具有可实现性。

9.1.7　SIP 与 SDP

　　SDP 的作用就是在媒体会话中传递媒体流信息,允许会话描述的接收者参与会话。SDP 基本在因特网上工作,定义了会话描述的统一格式,但并不定义多播地址的分配和 SDP 消息的传输,也不支持媒体编码方案的协商,这些功能均由下层传送协议完成。典型的会话传送协议包括会话公告协议(Session Announcement Protocol,SAP)、SIP、RTSP、HTTP 和使用 MIME 的 Email。SDP 和 RTP/RTCP 是创建 SIP 媒体会话的最基本的要求,它们和 SIP 之间的关系如图 9-10 所示。

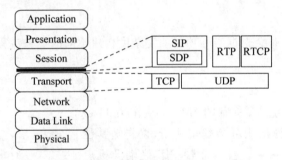

图 9-10　SIP 与 SDP

　　SIP 是一种应用层的协议规范,和其他的前面所提到的协议同属应用层的协议。它的目的是实现网络媒体的创建服务、电话呼叫、电话会议、视频会议和媒体共享等应用。在这些应用服务中,终端需要支持不同的数据形式、语音编码、数据文件和视频编码等。在这些数据交换的过程中,用户之间的通信可能通过 UDP 传输/TCP 传输方式来传输 RTP,也需要 RTCP 来对媒体流传输控制进行处理,因此,SIP 配合其他的协议完成整个通信服务的处理。SIP 的基本网络构成包含几个核心模块,即各种 UA(终端设备)、注册服务器、转发服务器、定位服务器、代理服务器和应用服务器。如果要实现完整的 SIP 媒体通信,则 SIP 至少需要支持以下 5 种功能。

　　(1) 定位服务:决定通信使用的最终终端系统。

　　(2) 用户有效性:决定被呼叫方是否有意愿加入通信环境中。

　　(3) 用户媒体支持能力:决定双方通信所需要的媒体和媒体参数。

　　(4) 会话创建:创建会话,启动 Ring 振铃等。

　　(5) 会话管理:转接,修改会话参数,发起其他服务,结束会话等。

　　通过对以上 5 种功能的支持,SIP 网络中的核心构件才能成功工作,如图 9-11 所示。

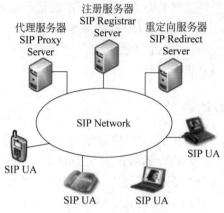

图 9-11　SIP 的核心组件

9.1.8　SIP 工作流程

SIP 在实现 VoIP 时会根据实际项目的复杂度构建不同的业务流程,以下针对几个关键的环境流程进行介绍。

1. 登记注册

在完整的 SIP 系统中,所有的 SIP 终端作为 User Agent(UA)都应该向注册服务器登记注册,以告知其位置、会话能力、呼叫策略等信息。通常,SIP 终端开机启动或者配置管理员执行注册操作时,就向注册服务器发送注册请求消息(REGISTER),该消息中携带了所有需要登记的信息。注册服务器收到注册请求消息后向终端发送回应消息,以告知其请求消息已收到。如果注册成功,则再向终端发送 200 OK 消息,该流程如图 9-12 所示。

图 9-12　SIP 登记注册

2. 建立呼叫

SIP 采用 Client/Server 模型,主要通过 UA 与代理服务器之间的通信来完成用户呼叫的建立过程,如图 9-13 所示。Telephone A 需要呼叫 Telephone B,两台路由器作为 SIP 终端(UA)。当 Telephone A 拨完 Telephone B 的号码后,Router A 向 Proxy Server 发送会话请求消息。Proxy Server 通过查找 Telephone B 的号码所对应的信息,向 Router B 发送会话请求消息。Router B 收到请求后,如果 Telephone B 可用,就向 Proxy Server 发送应答,并使 Telephone B 振铃。Proxy Server 收到应答后,向 Router A 发送应答消息。这里所讲的应答包括两个临时应答(100 Trying 和 180 Ringing)和一个成功应答(200 OK)。这个例子是一种简单的应用,只使用了一个代理服务器。在复杂的应用中,可以有多个代理服务器,以及注册服务器。

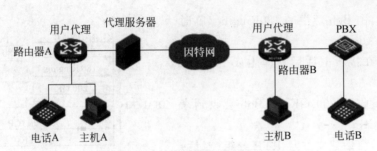

图 9-13 SIP 建立呼叫的流程

3. 重定向呼叫

SIP 重定向服务器收到会话请求消息后,不是转发会话请求消息,而是在回应消息中告知被叫 SIP 终端的地址。主叫终端从而重新直接向被叫终端发送会话请求消息。被叫终端也将直接向主叫终端发送应答消息。呼叫过程的消息交互如图 9-14 所示。这是比较常见的一种应用。从原理上来讲,重定向服务器也可以向主叫终端回复一个代理服务器的地址,接下来的呼叫过程就和使用代理服务器的呼叫过程一样。

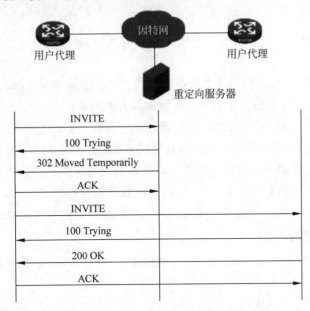

图 9-14 SIP 重定向呼叫的流程

4. SIP 基本呼叫流程

SIP 会话的基本呼叫流程如图 9-15 所示,具体的调用流程如下:

(1)发送到代理服务器的 INVITE 请求负责启动会话。

(2)代理服务器立即向呼叫者(Alice)发送 100 Trying 响应以停止 INVITE 请求的重传。

(3)代理服务器在位置服务器中搜索 Bob 的地址;在获得地址之后,它进一步转发 INVITE 请求。

（4）此后，由 Bob 产生的 180Ringing（临时响应）被返给 Alice。

（5）Bob 在接听电话后立即生成 200 OK 响应。

（6）Alice 收到 200 OK 时，Bob 会收到来自 Alice 的 ACK。

（7）同时，会话建立并且 RTP 分组（对话）开始从两端流动。

（8）在对话之后，任何参与者（Alice 或 Bob）都可以发送 BYE 请求以终止会话。

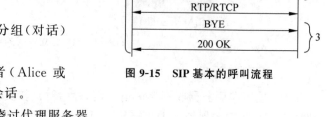

图 9-15　SIP 基本的呼叫流程

（9）BYE 直接从 Alice 到 Bob 绕过代理服务器。

（10）最后，Bob 发送 200 OK 响应以确认 BYE 并且会话终止。

在上述基本呼叫流程中，有 3 个事务（标记为 1、2、3）可用；一个完整的呼叫（从 INVITE 到 200 OK）称为会话或对话（Dialog）。

5．SIP 梯形

需要代理来帮助一个用户与另一个用户建立起连接，如图 9-16 所示，图中所示的拓扑称为 SIP 梯形，该过程如下：

（1）当呼叫者发起呼叫时，向代理服务器发送 INVITE 消息；在接收到 INVITE 时，代理服务器尝试在 DNS 服务器的帮助下解析被调用者的地址。

（2）在获得下一个路由之后，呼叫者的代理服务器（代理 1，也称为出站代理服务器）将 INVITE 请求转发到被叫者的代理服务器，该代理服务器充当被叫者的入站代理服务器（代理 2）。

（3）入站代理服务器与位置服务器联系以获取有关用户注册的被叫方地址的信息。

（4）在从位置服务器获取信息之后，它将呼叫转发到其目的地。

（5）一旦用户代理知道他们的地址，他们可以绕过呼叫，即对话直接传递。

6．SIP 会话流程示例

SIP 发起呼叫流程主要包括发送 INVITE 消息及返回 180 Ringing 响应等，如图 9-17 所示。

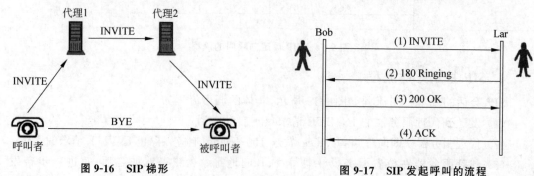

图 9-16　SIP 梯形　　　　　　　图 9-17　SIP 发起呼叫的流程

SIP 结束呼叫流程主要包括发送 BYE 消息及返回 200 响应等,如图 9-18 所示。

SIP 取消呼叫流程主要包括发送 Cancel 消息及返回 200 响应等,如图 9-19 所示。

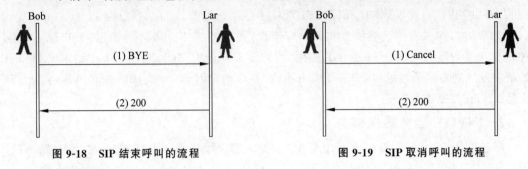

图 9-18　SIP 结束呼叫的流程　　　　图 9-19　SIP 取消呼叫的流程

一个完整的 SIP 会话流程包括用户代理、代理服务器和重定向服务器等角色,通信过程中涉及 INVITE、Ringing、ACK、BYE 等消息,如图 9-20 所示。

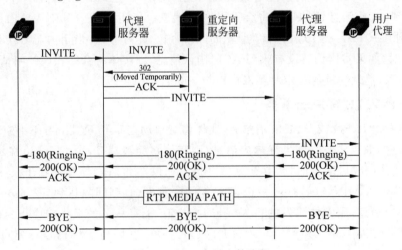

图 9-20　SIP 会话完整流程

9.1.9　SIP 超时机制

SIP 中无论是 Client 端还是 Server 端,在定时器和消息重发的处理上都可分为与 INVITE 相关的 Transaction 和与 INVITE 不相关的 Transaction。RFC3261 中定义了两个基准定时器 T1=500ms 和 T2=4s。无论是可靠传送还是不可靠传送,当实体发送消息(包括请求或响应消息)后都会启动一个 64 倍的 T1 定时器(计时器 B、H、F),当此定时器终结时,如果没有收到相应的响应或确认消息,则实体将会清掉相关的 Transaction。

1. INVITE 客户端事务

当 SIP 实体(包括 UA 和 Proxy)发送 INVITE 消息后,无论是可靠传送还是不可靠传送,实体都会启动定时器 B(Timer B=64 * T1,如果 T1=500ms,则此定时器为 32s)。在不可靠传送的情况下,实体同时会启动定时器 A(初始值为 T1),如果 T1 时间间隔后没有收到任何响应消息,则实体将会重发 INVITE 消息,之后的间隔分别为 2T1、4T1、8T1、16T1、32T1,在此期间,如果收到响应消息,则实体将会终止重发行为。当定时器 B(Timer B=64T1)终结时,如果实体仍然没有收到响应消息,则实体将终止该呼叫请求,客户端不产生ACK。当客户端收到 300~699 的应答时,客户端需要产生 ACK 请求(ACK 请求必须和原始请求发送到相同的地址、端口和 transport),并启动定时器 D(默认值在非可靠通信上至少是 32s,在可靠通信上是 0s)。

2. INVITE 服务器端事务

当被叫用户应答时,被叫侧 UA(UAS)将会向对端发送 200 消息,表示对 INVITE 消息的确认,主叫侧 UA(UAC 收到 200 消息)后,将会发送 ACK 消息,表示收到 200 消息,因此,对 Server 侧来讲,当发送 200 消息后,为了等待 ACK 消息,将会启动定时器 H(Timer H=64T1)。在不可靠传送的情况下,Server 还会启动 T1 定时器(计时器 G),如果 T1 终结,没有收到 ACK 消息,则 UAS 将会重发 200 消息。以后的间隔分别为 2T1、4T1、8T1,当时间达到 T2(T2=8T1)后,后续重发的间隔将一直为 T2。当定时器 H(Timer H=64T1)终了时,如果实体仍然没有收到 ACK 确认消息,则实体将会终止该呼叫请求,其他的最终响应消息、消息的重传和定时器保护也与 200 消息相同。

3. 非 INVITE 客户端事务

当实体发送 INFO 或 BYE 等消息后,实体将会启动定时器 F(Timer F=64T1)。当定时器 F 终了时,如果没有收到最终响应消息,则实体将会清掉 Transaction。在不可靠传送的情况下,实体同时启动定时器 E(初始值 T1)。如果在此期间没有收到 1xx 临时响应消息,则实体将会以 MIN(2(4,8…) * T1,T2)的间隔重发,直到间隔达到 T2(4s)。如果没有收到任何响应消息,则实体重发的行为将与 INVITE 消息相关的最终响应行为(Server)相同。ACK 只有在响应非 200 OK 时才和 INVITE 一样,否则与 INVITE 不为同一事务,只属于同一个对话。

4. 非 INVITE 服务器端事务

当收到一个不是 INVITE 或者 ACK 请求时,服务器端的状态被初始化为 Trying 状态,在此状态下,任何重发的请求都会被忽略。当服务器端发送一个 1xx 的临时应答后,进入 Proceeding 状态;在 Proceeding 状态下收到一个重发的请求,服务器端将发送一个最近的 1xx 临时应答;如果在 Proceeding 状态下,服务器端发送一个终结应答(应答码是 200~699),则服务器端就进入 Completed 状态。当服务器端进入 Completed 状态时,对于不可靠传输来讲,必须设定一个定时器 J=64 * T1s;对于可靠传输来讲,设定为 0s(不设定定时器)。在 Completed 状态下,当收到一个重发的请求时,服务器端需要将上一次的终结应答重新发送。服务器端事务保持 Completed 状态,直到定时器 J 触发,当定时器 J 触发后,服务器端事务必须进入 Terminated 状态。

9.2　eXosip 开源库简介

9.2.1　oSIP 及 eXosip 简介

oSIP 项目启动于 2000 年 7 月，第 1 个发布的版本(0.5.0)是在 2001 年 5 月，目前较新的是第 2 个版本(oSIP2)。oSIP 开发库是第 1 个自由软件项目。在第 3 代网络体系中，越来越多的电信运营商将要使用 IP 电话(Linux 也成为最常用的支撑平台)，发展的一个侧面是在不久的将来，Linux 将更多支持多媒体工具。oSIP 作为 SIP 开发库，将允许建造互操作的注册服务器、用户代理(软件电话)和代理服务器。所有的这些都平添了 Linux 将作为下一代电话产品的机会，但 oSIP 的目标并非仅仅在 PC 应用上。oSIP 具有足够的灵活性和微小性，以便在小的操作系统(如手持设备)满足其特定要求。从 0.7.0 版本发布，线程的支持作为可选项。作为开发者，可以在应用程序设计时进行选择。oSIP 在将来会完美地适用于蜂窝设备和嵌入式系统。oSIP 被众所周知地应用于实时操作系统 VxWorks 当中，并且其他支持将是简单的事情。oSIP 现在支持 UTF-8 和完整的 SIP 语法。它包含一个有很小例外、很好适应性的 SIP 语法分析器。OSIP 中包含一个语法分析器，其能够读写任何在 RFC 中描述的 SIP 消息。早期 oSIP 能够分析很小一部分头部，例如 Via、Call-ID、To、From、Contact、CSeq、Route、Record-Route、Mime-version、Content-Type 和 Content-length。所有其他头部以字符串的格式存储。要深入理解 oSIP，更详细的功能说明可直接查看官方文档对应部分的解释或直接查看功能函数源代码。

eXosip(the eXtended osip Library)是 oSIP2 协议栈的封装和调用，它实现了作为单个 SIP 终端的大部分功能，如 register、call 和 subscription 等。eXosip 是 oSIP2 的一个扩展协议集，它部分封装了 oSIP2 协议栈，使它更容易被使用。使用 SIP 建立多媒体会话是一个复杂的过程，eXosip 库开发的目的在于隐藏这种复杂性。正如它的名称所表示的，它扩展了 oSIP 库，实现了一个简单的高层 API。通过 eXosip，可以避免直接使用 oSIP 带来的困难。需要注意，eXosip 并不是对 oSIP 的简单封装及包裹，而是扩展。oSIP 专注于 SIP 消息的解析，以及事务状态机的实现，而 eXosip 则基于 oSIP 实现了 call、options、register 和 publish 等更倾向于功能性的接口。当然，这些实现都依赖于底层 oSIP 库已有的功能。

eXosip 使用 UDP Socket 套接字实现底层 SIP 的接收/发送，并且封装了 SIP 消息的解释器。eXosip 使用定时轮询的方式调用 oSIP2 的事务(Transaction)处理函数，这部分是协议栈运转的核心。通过添加/读取 Transaction 消息管道的方式，驱动 Transaction 的状态机，使来自远端的 SIP 信令能汇报给调用程序，来自调用程序的反馈能通过 SIP 信令回传给远端。eXosip 增加了对各种类型 Transaction 的超时处理，确保所有资源都能循环使用，不会被耗用殆尽。

eXosip 使用 jevent 消息管道来向上通知调用程序底层发生的事件，调用程序只要读取该消息管道，就能获得感兴趣的事件，以便进行相关处理。eXosip 里比较重要的应用有

j_calls、j_subscribes、j_notifies、j_reg、j_pub、osip_negotiation 和 authinfos,其中 j_calls 对应呼叫链表,用于记录所有当前活动的呼叫;j_reg 对应注册链表,用于记录所有当前活动的注册信息;osip_negotiation 记录本地的能力集,用于能力交换;authinfos 用于记录需要的认证信息。

9.2.2 Windows 系统下编译 oSIP2 和 eXosip2

在 Windows 平台下可以使用 VS 2010(或其他的高版本)编译 oSIP2 和 eXosip2,具体步骤如下。

(1) 下载 oSIP2 和 eXosip2 这两个项目的源码。oSIP 项目的下载网址为 http://ftp. twaren. net/Unix/NonGNU//osip/libosip2-3. 6. 0. tar. gz,eXosip 项目的下载网址为 http://download. savannah. gnu. org/releases/exosip/libeXosip2-3. 6. 0. tar. gz(笔者已将这两个源码包放到了本书的课件资料中)。

(2) 解压 libosip2-3. 6. 0. tar. gz,编译 oSIP 库:首先进入 libosip2-3.6.0\platform\vsnet 目录,双击 osip. sln 文件(默认使用 VS 2010 编辑器),如图 9-21 所示,项目会自动转换,然后更改 libosip2-3.6.0\platform\vsnet\osip2. def 文件,在文件末尾追加的代码如下:

```
osip_transaction_set_naptr_record @138
```

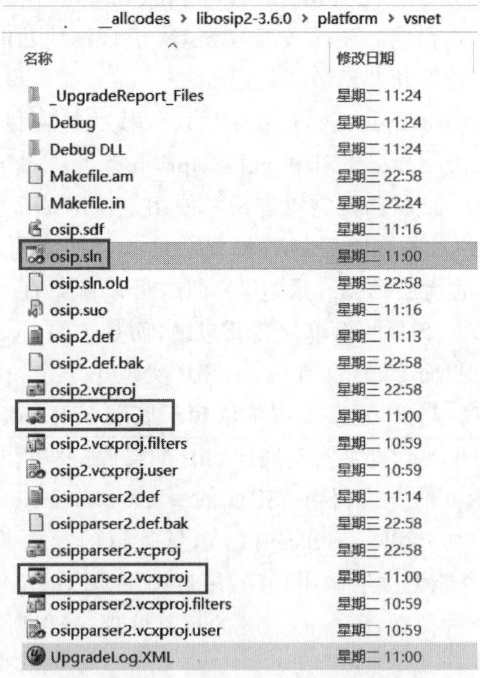

图 9-21　osip. sln 解决方案文件

然后更改 libosip2-3.6.0\platform\vsnet\osipparser2.def 文件,在文件末尾追加的代码如下:

```
osip_realloc @416 osip_strcasestr @417
__osip_uri_escape_userinfo @418
```

需要注意的是,在这个项目中需要先编译 osipparser2,再编译 osip2,如图 9-22 所示;编译成功后会在 libosip2-3.6.0\platform\vsnet\Debug DLL 下生成库文件,如图 9-23 所示,具体的编译输出信息如下:

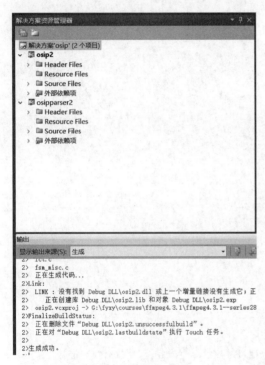

图 9-22　osip2 与 osipparser2

libosip2-3.6.0 › platform › vsnet › Debug DLL	
名称	修改日期
osip_www_authenticate.obj	星期日 11:04
osip2.Build.CppClean.log	星期二 11:14
osip2.dll	星期日 11:04
osip2.dll.intermediate.manifest	星期日 11:04
osip2.exp	星期日 11:04
osip2.idb	星期日 11:04
osip2.ilk	星期日 11:04
osip2.lastbuildstate	星期日 11:04
osip2.lib	星期日 11:04
osip2.log	星期日 11:04
osip2.pdb	星期日 11:04
osip2.write.1.tlog	星期日 11:04
osipparser2.Build.CppClean.log	星期二 11:15
osipparser2.dll	星期日 11:04
osipparser2.dll.intermediate.manifest	星期日 11:04
osipparser2.exp	星期日 11:04
osipparser2.idb	星期日 11:04
osipparser2.ilk	星期日 11:04
osipparser2.lastbuildstate	星期日 11:04
osipparser2.lib	星期日 11:04
osipparser2.log	星期日 11:04
osipparser2.pdb	星期日 11:04
osipparser2.vcxprojResolveAssembl...	星期日 11:04

图 9-23　osip2 项目生成的 lib 和 dll 文件

```
//chapter9/9.1.help.txt
1>------ 已启动生成: 项目: osipparser2, 配置: Debug DLL Win32 ------
1>生成启动时间为 星期日 11:04:48.
1> InitializeBuildStatus:
1> 正在创建"Debug DLL\osipparser2.unsuccessfulbuild",因为已指定"AlwaysCreate".
1>ClCompile:
1> 所有输出均为最新.
1> Link:
1> 所有输出均为最新.
1> osipparser2.vcxproj > ...\__allcodes\libosip2-3.6.0\platform\vsnet\Debug DLL\
osipparser2.dll
```

```
1 > FinalizeBuildStatus:
1 > 正在删除文件"Debug DLL\osipparser2.unsuccessfulbuild".
1 > 正在对"Debug DLL\osipparser2.lastbuildstate"执行 Touch 任务.
1 >
1 >生成成功.
1 >
1 >已用时间 00:00:00.19
2 >------ 已启动生成：项目：osip2, 配置：Debug DLL Win32 ------
2 >生成启动时间为 星期日 11:04:48.
2 > InitializeBuildStatus:
2 > 正在创建"Debug DLL\osip2.unsuccessfulbuild",因为已指定"AlwaysCreate".
2 > ClCompile:
2 > port_thread.c
2 > port_sema.c
2 > port_fifo.c
2 > port_condv.c
2 > osip_transaction.c
2 > osip_time.c
2 > osip_event.c
2 > osip_dialog.c
2 > osip.c
2 > nist_fsm.c
2 > nist.c
2 > nict_fsm.c
2 > nict.c
2 > ist_fsm.c
2 > ist.c
2 > ict_fsm.c
2 > ict.c
2 > fsm_misc.c
2 > 正在生成代码...
2 > Link:
2 > LINK :没有找到 Debug DLL\osip2.dll 或上一个增量链接没有生成它;正在执行完全链接
2 > 正在创建库 Debug DLL\osip2.lib 和对象 Debug DLL\osip2.exp
2 > osip2.vcxproj ->...\__allcodes\libosip2 - 3.6.0\platform\vsnet\Debug DLL\osip2.dll
2 > FinalizeBuildStatus:
2 > 正在删除文件"Debug DLL\osip2.unsuccessfulbuild".
2 > 正在对"Debug DLL\osip2.lastbuildstate"执行 Touch 任务.
2 >
2 >生成成功.
2 >
2 >已用时间 00:00:06.78
========= 生成：成功 2 个,失败 0 个,最新 0 个,跳过 0 个 =========
```

（3）解压并编译 eXosip2：进入 libeXosip2-3.6.0\platform\vsnet 目录,用 VS 2010 直接打开 eXosip.sln 文件,如图 9-24 所示,项目会自动转换,然后将上述生成的 osip2.lib、 osip2.dll、osipparser2.lib 和 osipparser2.dll 复制到 Debug 目录下；右击项目属性，选择 "C/C++→ 预处理器 → 预处理器定义"命令，删除 HAVE_OPENSSL_SSL_H 这个宏，如图 9-25 所示，然后选择"C/C++ → 常规 → 附加包含目录"命令将 osip2 的头文件目录 (libosip2-3.6.0\include)包含进来，如图 9-26 所示；最后编译并生成 eXosip.lib，如图 9-27 所示。

图 9-24 eXosip.sln 解决方案文件

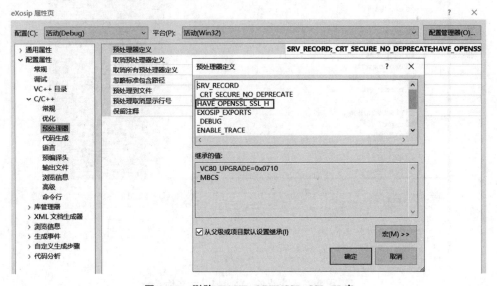

图 9-25 删除 HAVE_OPENSSL_SSL_H 宏

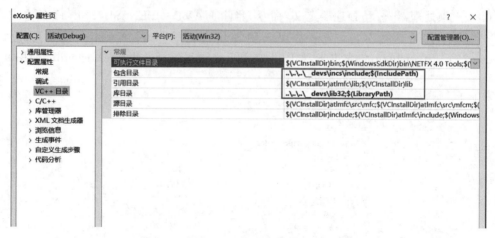

图 9-26　添加 oSIP 的头文件和库文件路径

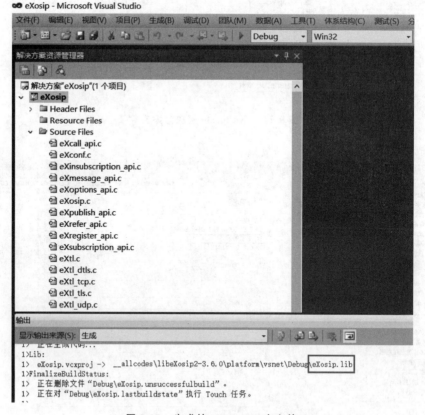

图 9-27　生成的 eXosip.lib 库文件

9.2.3　Ubuntu 下编译 oSIP2 和 eXosip2

Ubuntu 18.04(x86_64)编译 oSIP2 和 eXosip2 相对比较简单,遵循 Linux 经典的编译安装三部曲,以及 configure、make 和 make install,具体步骤如下。

(1) 安装包准备,oSIP 项目源码的下载网址为 http://ftp.gnu.org/gnu/osip/,exosip 项目源码的下载网址为 http://download.savannah.nongnu.org/releases/exosip/,安装需要的软件,命令如下:

```
sudo apt – get install make gcc g++
```

(2) 下载并安装包,命令如下:

```
wget http://ftp.gnu.org/gnu/osip/libosip2 – 3.6.0.tar.gz
wget http://download.savannah.nongnu.org/releases/exosip/libeXosip2 – 3.6.0.tar.gz
```

(3) 解压安装包,命令如下:

```
tar – zxf libosip2 – 3.6.0.tar.gz
tar – zxf libeXosip2 – 3.6.0.tar.gz
```

(4) 首先编译 osip,命令如下:

```
cd libosip2 – 3.6.0/
./configure
make – j8
make install
```

(5) 编译 exosip,命令如下:

```
cd libeXosip2 – 3.6.0/
```

这里需要修改文件(include/eXosip2/eX_call.h),添加 IP 和端口,代码如下:

```
//chapter9/gb28181 – master/third/exosip/include/eXosip2/eX_call.h
//函数声明
int eXosip_call_send_ack(struct eXosip_t * excontext, int tid, osip_message_t * ack, char *
host, int port);
//src/eXcall_api.c
int eXosip_call_send_ack(struct eXosip_t * excontext, int tid, osip_message_t * ack, char *
host, int port) {
    eXosip_dialog_t * jd = NULL;
    eXosip_call_t * jc = NULL;
    osip_transaction_t * tr = NULL;
    int i;
```

```
    if (tid <= 0) {
      if (ack != NULL)
        osip_message_free(ack);

      return OSIP_BADPARAMETER;
    }

    if (tid > 0) {
      _eXosip_call_transaction_find(excontext, tid, &jc, &jd, &tr);
    }

    if (jc == NULL) {
      _eXosip_call_dialog_find(excontext, tid, &jc, &jd);
    }

    if (jc == NULL) {
      OSIP_TRACE(osip_trace(__FILE__, __LINE__, OSIP_ERROR, NULL, "[eXosip] no call here\n"));

      if (ack != NULL)
        osip_message_free(ack);

      return OSIP_NOTFOUND;
    }

    if (ack == NULL) {
      i = eXosip_call_build_ack(excontext, tid, &ack);

      if (i != 0) {
        return i;
      }
    }

    i = _eXosip_snd_message(excontext, NULL, ack, host, port, -1);

    if (jd != NULL) {
      if (jd->d_ack != NULL)
        osip_message_free(jd->d_ack);

      jd->d_ack = ack;
    }

    _eXosip_wakeup(excontext);
    if (i < 0)
      return i;

    return OSIP_SUCCESS;
}
```

（6）编译并安装，命令如下：

```
cd libosip2 - 3.6.0/
./configure
make - j8
make install
```

9.2.4　案例：UAS 和 UAC 入门

编译并安装 oSIP2 和 eXosip2 之后，可以通过体验 UAS 和 UAC 的简单案例来快速入门，其中 UAC（客户端）对应 uac.cpp 文件，代码如下：

```
//chapter9/uacuassln/uac/uac.cpp
# include < eXosip2/eXosip.h >
# include < stdio.h >
# include < stdlib.h >
# include < stdarg.h >
# include < netinet/in.h >
//# include < winsock2.h >                         //Windows 平台专用

int main(int argc,char * argv[])
{
    struct eXosip_t * context_eXosip;

    eXosip_event_t * je;
    osip_message_t * reg = NULL;
    osip_message_t * invite = NULL;
    osip_message_t * ack = NULL;
    osip_message_t * info = NULL;
    osip_message_t * message = NULL;

    int call_id,dialog_id;
    int i,flag;
    int flag1 = 1;

    char * identity = "sip:140@127.0.0.1";          //UAC1,端口是 15060
    char * registar = "sip:133@127.0.0.1:15061";  //UAS,端口是 15061
    char * source_call = "sip:140@127.0.0.1";
    char * dest_call = "sip:133@127.0.0.1:15061";
    //identify 和 register 这一组地址是和 source 和 destination 地址相同的
    //本例中,如果 uac 和 uas 通信,则 source 就是自己的地址,而目的地址就是 uac1 的地址
    char command;
    char tmp[4096];

    printf("r 向服务器注册\n\n");
    printf("c 取消注册\n\n");
    printf("i 发起呼叫请求\n\n");
```

```
printf("h 挂断\n\n");
printf("q 推出程序\n\n");
printf("s 执行方法 INFO\n\n");
printf("m 执行方法 MESSAGE\n\n");

//初始化
i = eXosip_init();

if(i!= 0){
    printf("Couldn't initialize eXosip!\n");
    return - 1;
}
else {
    printf("eXosip_init successfully!\n");
}

//绑定 UAC 自己的端口 15060,并进行端口监听
i = eXosip_listen_addr(IPPROTO_UDP,NULL,15060,AF_INET,0);
if(i!= 0){
    eXosip_quit();
    fprintf(stderr,"Couldn't initialize transport layer!\n");
    return - 1;
}
flag = 1;

while(flag){
    //输入命令
    printf("Please input the command:\n");
    scanf(" % c",&command);
    getchar();

    switch(command){
    case 'r':
        printf("This modal is not completed!\n");
        break;
    case 'i'://INVITE,发起呼叫请求
        i = eXosip_call_build_initial_invite(&invite,dest_call,
          source_call,NULL,"This is a call for conversation");
        if(i != 0) {
            printf("Initial INVITE failed!\n");
            break;
        }
        //符合 SDP 格式,其中属性 a 是自定义格式,也就是说可以存放自己的信息
        //但是只能有两列,例如账号信息
        //但是经过测试,格式 vot 必不可少,原因未知,估计是协议栈在传输时需要检查的
        snprintf(tmp,4096,
                "v = 0\r\n"
                "o = anonymous 0 0 IN IP4 0.0.0.0\r\n"
                "t = 1 10\r\n"
```

```
                    "a = username:rainfish\r\n"
                    "a = password:123\r\n");

        osip_message_set_body(invite,tmp,strlen(tmp));
        osip_message_set_content_type(invite,"application/sdp");

        eXosip_lock();
        //invite SIP INVITE message to send
        i = eXosip_call_send_initial_invite(invite);
        eXosip_unlock();

        //发送了 INVITE 消息,等待应答
        flag1 = 1;
        while(flag1) {
            je = eXosip_event_wait(0,200);          //Wait for an eXosip event
            //(超时时间秒,超时时间毫秒)
            if(je == NULL) {
                printf("No response or the time is over!\n");
                break;
            }
            switch(je->type)                        //可能会到来的事件类型
            {
            case EXOSIP_CALL_INVITE:                //收到一个 INVITE 请求
                printf("a new invite received!\n");
                break;
            case EXOSIP_CALL_PROCEEDING:
        //收到 100 Trying 消息,表示请求正在处理中
                printf("proceeding!\n");
                break;
            case EXOSIP_CALL_RINGING:
        //收到 180 Ringing 应答,表示接收到 INVITE 请求的 UAS 正在向被叫用户振铃
                printf("ringing!\n");
                printf("call_id is %d,dialog_id is %d \n",je->cid,je->did);
                break;
            case EXOSIP_CALL_ANSWERED:
        //收到 200 OK,表示请求已经被成功接受,用户应答
                printf("ok!connected!\n");
                call_id = je->cid;
                dialog_id = je->did;
                printf("call_id is %d,dialog_id is %d \n",je->cid,je->did);
                //回送 ACK 应答消息
                eXosip_call_build_ack(je->did,&ack);
                eXosip_call_send_ack(je->did,ack);
                flag1 = 0;                          //退出 While 循环
                break;
            case EXOSIP_CALL_CLOSED: //a BYE was received for this call
                printf("the other sid closed!\n");
                break;
            case EXOSIP_CALL_ACK: //ACK received for 200ok to INVITE
```

```
                    printf("ACK received!\n");
                    break;
                default:                         //收到其他应答
                    printf("other response!\n");
                    break;
            }
            eXosip_event_free(je);        //Free ressource in an eXosip event
        }
        break;

    case 'h':                                //挂断
        printf("Holded!\n");
        eXosip_lock();
        eXosip_call_terminate(call_id,dialog_id);
        eXosip_unlock();
        break;

    case 'c':
        printf("This modal is not commpleted!\n");
        break;

    case 's':                                //传输 INFO 方法
        eXosip_call_build_info(dialog_id,&info);
        snprintf(tmp,4096,"\nThis is a sip message(Method:INFO)");
        osip_message_set_body(info,tmp,strlen(tmp));
        //格式可以任意设定,text/plain 代表文本信息
        osip_message_set_content_type(info,"text/plain");
        eXosip_call_send_request(dialog_id,info);
        break;

    case 'm':
//传输 MESSAGE 方法,也就是即时消息,和 INFO 方法相比,主要区别是
//MESSAGE 不用建立连接,便可直接传输信息,而 INFO 消息必须在建立 INVITE 的基础上传输
        printf("the method : MESSAGE\n");
        eXosip_message_build_request(&message,"MESSAGE",
            dest_call,source_call,NULL);
        //内容,方法,to,from,route
        snprintf(tmp,4096,"This is a sip message(Method:MESSAGE)");
        osip_message_set_body(message,tmp,strlen(tmp));
        //假设格式是 xml
        osip_message_set_content_type(message,"text/xml");
        eXosip_message_send_request(message);
        break;

    case 'q':
        eXosip_quit();
        printf("Exit the setup!\n");
        flag = 0;
        break;
```

```
            }
        }

        return(0);
    }
```

UAS(服务器端)对应 uas.cpp 文件,代码如下:

```cpp
//chapter9/uacuassln/uas/uas.cpp
# include < eXosip2/eXosip.h >
# include < stdio.h >
# include < stdlib.h >
# include < stdarg.h >
# include < netinet/in.h >
// # include < Winsock2.h >//Windows平台专用

int main (int argc, char * argv[]){
    eXosip_event_t * je = NULL;
    osip_message_t * ack = NULL;
    osip_message_t * invite = NULL;
    osip_message_t * answer = NULL;
    sdp_message_t * remote_sdp = NULL;
    int call_id, dialog_id;
    int i,j;
    int id;
    char * sour_call = "sip:140@127.0.0.1";
    char * dest_call = "sip:133@127.0.0.1:15060";
    char command;
    char tmp[4096];
    char localip[128];
    int pos = 0;
    //初始化 sip
    i = eXosip_init();
    if (i != 0){
        printf ("Can't initialize eXosip!\n");
        return -1;
    }
    else {
        printf ("eXosip_init successfully!\n");
    }
    i = eXosip_listen_addr (IPPROTO_UDP, NULL, 15061, AF_INET, 0);
    if (i != 0) {
        eXosip_quit ();
        fprintf (stderr, "eXosip_listen_addr error!\nCouldn't initialize transport layer!\n");
    }
    for(;;) {
        //侦听是否有消息到来
        je = eXosip_event_wait (0,50);
```

```
        //协议栈带有此语句,具体作用未知
        eXosip_lock ();
        eXosip_default_action (je);
        eXosip_automatic_refresh ();
        eXosip_unlock ();
        if (je == NULL)                         //没有接收到消息
            continue;
        //printf ("the cid is %s, did is %s/n", je->did, je->cid);
        switch (je->type){
        case EXOSIP_MESSAGE_NEW:                 //新的消息到来
            printf (" EXOSIP_MESSAGE_NEW!\n");
            if (MSG_IS_MESSAGE (je->request))    //如果接收到的消息类型是 MESSAGE
            {
                {
                    osip_body_t * body;
                    osip_message_get_body (je->request, 0, &body);
                    printf ("I get the msg is: %s\n", body->body);
                    //printf ("the cid is %s, did is %s/n", je->did, je->cid);
                }
                //按照规则,需要回复 OK 信息
                eXosip_message_build_answer (je->tid, 200,&answer);
                eXosip_message_send_answer (je->tid, 200,answer);
            }
            break;
        case EXOSIP_CALL_INVITE:
            //得到所接收的消息的具体信息
printf ("Received a INVITE msg from %s:%s, UserName is %s, password is %s\n",
je->request->req_uri->host, je->request->req_uri->port, je->request->req_uri->
username, je->request->req_uri->password);
            //得到消息体,该消息就是 SDP 格式
            remote_sdp = eXosip_get_remote_sdp(je->did);
            call_id = je->cid;
            dialog_id = je->did;

            eXosip_lock();
            eXosip_call_send_answer (je->tid, 180, NULL);
            i = eXosip_call_build_answer (je->tid, 200, &answer);
            if (i != 0){
                printf ("This request msg is invalid! Cann't response!\n");
                eXosip_call_send_answer (je->tid, 400, NULL);
            }
            else{
                snprintf (tmp, 4096,
                        "v = 0\r\n"
                        "o = anonymous 0 0 IN IP4 0.0.0.0\r\n"
                        "t = 1 10\r\n"
                        "a = username:rainfish\r\n"
                        "a = password:123\r\n");
```

```
            //设置回复的 SDP 消息体,下一步计划分析消息体
            //没有分析消息体,直接回复原来的消息,这一块做得不好
            osip_message_set_body (answer, tmp, strlen(tmp));
            osip_message_set_content_type (answer, "application/sdp");

            eXosip_call_send_answer (je->tid, 200, answer);
            printf ("send 200 over!\n");
        }
        eXosip_unlock ();

        //显示出在 SDP 消息体中的 attribute 的内容,里面计划存放我们的信息
        printf ("the INFO is :\n");
        while (!osip_list_eol ( &(remote_sdp->a_attributes), pos)){
sdp_attribute_t * at;
at = (sdp_attribute_t *) osip_list_get(&remote_sdp->a_attributes, pos);
printf ("%s : %s\n", at->a_att_field, at->a_att_value);
//在 SDP 消息体的属性 a 里面存放消息必须是两列
pos ++;
        }
        break;
    case EXOSIP_CALL_ACK:
        printf ("ACK recieved!\n");
        break;
    case EXOSIP_CALL_CLOSED:
        printf ("the remote hold the session!\n");
        i = eXosip_call_build_answer (je->tid, 200, &answer);
        if (i != 0){
            printf ("This request msg is invalid! Cann't response!\n");
            eXosip_call_send_answer (je->tid, 400, NULL);

        }
        else{
            eXosip_call_send_answer (je->tid, 200, answer);
            printf ("bye send 200 over!\n");
        }
        break;
    case EXOSIP_CALL_MESSAGE_NEW:
        printf(" EXOSIP_CALL_MESSAGE_NEW\n");
        if (MSG_IS_INFO(je->request) ) {//如果传输的是 INFO 方法
            eXosip_lock();
            i = eXosip_call_build_answer (je->tid, 200, &answer);
            if (i == 0){
                eXosip_call_send_answer (je->tid, 200, answer);
            }
            eXosip_unlock ();
            {
                osip_body_t * body;
                osip_message_get_body (je->request, 0, &body);
```

```
                printf ("the body is % s\n", body - > body);
            }
        }
        break;
    default:
        printf ("Could not parse the msg!\n");
    }
    }
}
```

　　打开 VS 2010 以创建一个空的解决方案(uacuassln. sln),然后添加两个 C++ 的 Win32 控制台工程,分别是 uac 和 uas。将 uac. c 文件添加到 uas 工程中,将 uas. c 文件添加到 uac 工程中,如图 9-28 所示,然后需要在这两个工程中添加 osip 和 eXosip 的"包含目录"和"库目录",根据相对路径添加进来即可,例如笔者本地的相对路径如图 9-29 所示。编译成功后会生成 uas. exe 和 uac. exe,运行时需要将相关的 DLL 复制到同路径下,如图 9-30 所示。先启动 uas. exe,再启动 uac. exe,可以观察 UAC 和 UAS 的模拟流程,运行效果如图 9-31 所示。

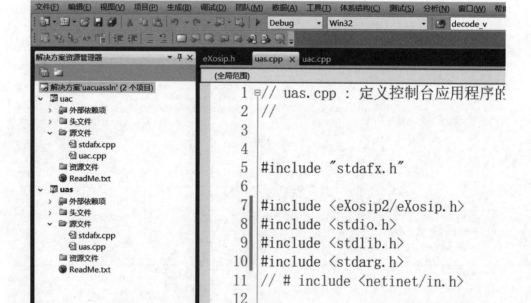

图 9-28　新建 uacuassln 解决方案

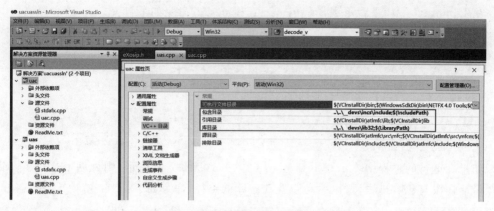

图 9-29　设置工程的包含目录和库目录

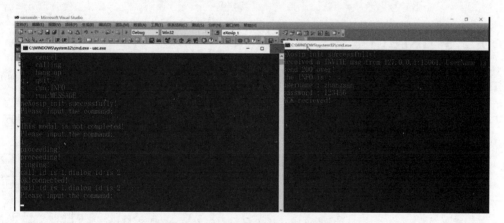

图 9-30　UAC 和 UAS 的运行效果

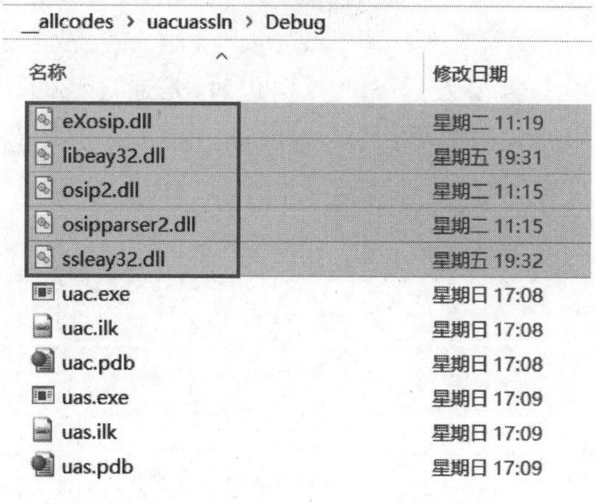

__allcodes > uacuassln > Debug

名称	修改日期
eXosip.dll	星期二 11:19
libeay32.dll	星期五 19:31
osip2.dll	星期二 11:15
osipparser2.dll	星期二 11:15
ssleay32.dll	星期五 19:32
uac.exe	星期日 17:08
uac.ilk	星期日 17:08
uac.pdb	星期日 17:08
uas.exe	星期日 17:09
uas.ilk	星期日 17:09
uas.pdb	星期日 17:09

图 9-31　运行 UAC 和 UAS 所依赖的 DLL

在 Ubuntu 18.04 平台下编译代码 uac.c 和 uas.c,命令如下:

```
#gcc uac.c - o uac - losip2 - leXosip2 - lpthread
#gcc uas.c - o uas - losip2 - leXosip2 - lpthread
```

然后开启两个 Shell 来运行 uas 和 uac,命令如下:

```
#./uas
#./uac
```

如果在运行的过程中提示找不到 libosip2.so.6 等的类似提示,则说明 oSIP 动态库的路径可能还没有包含进去,可以手动包含动态库的路径,命令如下:

```
# export LD_LIBRARY_PATH = $ LD_LIBRARY_PATH:/usr/local/lib
```

9.2.5 oSIP 的重要数据结构

oSIP 中比较重要的几个结构体包括 osip_t、osip_message_t、osip_dialog_t 和 osip_transaction_t 等,具体说明如下。

(1) osip_t 是一个全局变量,所有要使用 oSIP 协议栈的事务处理能力的程序都要第 1 步就初始化它,它内部主要是定义了 oSIP 协议栈的 4 个主要事务链表、消息实际发送函数及状态机各状态事件下的回调函数等。该结构体主要由两部分构成,如图 9-32 所示,第一部分是事务链表,各种状态的事务的事件都挂载在该链表上;第二部分是回调函数,回调函数中前 3 个供内部使用,也就是 oSIP 库在处理消息的过程中,如果匹配某种状态,就执行对应的回调函数。用户可以使用这些回调函数显示一些状态,以及处理一些错误等。最后一个是消息发送回调函数,也就是当 oSIP 需要发送 SIP 数据包时,是通过该回调函数完成的。该结构体的声明代码如下:

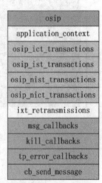

图 9-32 oSIP 结构体

```
//chapter9/osip - help.txt
struct osip {
void * application_context;          /**< 用户自定义参数的指针 */

/* 事务列表,包括 ict、ist,nict、nist */
osip_list_t osip_ict_transactions;   /**< ict 事务列表 */
osip_list_t osip_ist_transactions;   /**< ist 事务列表 */
osip_list_t osip_nict_transactions;  /**< nict 事务列表 */
osip_list_t osip_nist_transactions;  /**< nist 事务列表 */


# if defined(HAVE_DICT_DICT_H)
```

```
dict * osip_ict_hastable; /**< ict 事务哈希表 */
dict * osip_ist_hastable; /**< ist 事务哈希表 */
dict * osip_nict_hastable; /**< nict 事务哈希表 */
dict * osip_nist_hastable; /**< nist 事务哈希表 */
#endif
};
```

（2）osip_message_t 是 SIP 消息的 C 语言结构体存储空间，收到 SIP 消息解析后存在该结构中以方便程序使用接收的消息中的指定的字段，发送消息前为了方便设置要发送的字段值，将要发送的内容存在该结构中等发送时转换为字符串。这是一个非常大的结构体，如图 9-33 所示。该结构体用来保存与 SIP 消息相关的大部分信息。一般一条消息头对应其中的一项。例如，SIP 头数据中的 call_id、from、to 和 via 等都能在该结构体中找到。在程序中，接收的 SIP 消息都是以紧凑的方式放在 buffer 中的，解析器模块的功能就是对其进行解析分类，放到这个结构体的具体对应项上，这样便于在程序中使用。同时，如果需要发送数据，则解析器会根据该结构体中的信息重新将 SIP 信息以紧凑方式放到 buffer 中以供发送模块使用。简单来讲，SIP 中定义的各个头，在接收发送处理中都是一个接一个地在内存中存放的，而在 oSIP 中对它的使用是按照上面的结构体来的，在程序中不再需要移动指针，以便从 buffer 中寻找各个 SIP 头数据。该结构体的声明代码如下：

图 9-33　osip_message 结构体

```
//chapter9/osip-help.txt
/**
* SIP 消息结构体
*/
typedef struct osip_message osip_message_t;

struct osip_message {
    char * sip_version;                    /**< SIP 版本 */
    osip_uri_t * req_uri;                  /**< 请求路径 */
    char * sip_method;                     /**< 方法 */

    int status_code;                       /**< 状态码 */
    char * reason_phrase;                  /**< 短语原因 */

#ifndef MINISIZE
    osip_list_t accepts;                   /**< 接受的头 */
    osip_list_t accept_encodings;          /**< 编码头结构 */
```

```
    osip_list_t accept_languages;                    /**< 语言头结构 */
    osip_list_t alert_infos;                         /**< 警告信息头结构 */
    osip_list_t allows;                              /**< 允许的头 */
    osip_list_t authentication_infos;                /**< 认证头 */
# endif
    osip_list_t authorizations;                      /**< 认证头 */
    osip_call_id_t * call_id;
# ifndef MINISIZE
    osip_list_t call_infos;
# endif
    osip_list_t contacts;
# ifndef MINISIZE
    osip_list_t content_encodings;
# endif
    osip_content_length_t * content_length;          /**< 内容长度 */
    osip_content_type_t * content_type;              /**< 内容类型 */
    osip_cseq_t * cseq;                              /**< 序列头 */
# ifndef MINISIZE
    osip_list_t error_infos;                         /**< 错误信息头结构 */
# endif
    osip_from_t * from;                              /**< 来源 */
    osip_mime_version_t * mime_version;              /**< 版本 */
    osip_list_t proxy_authenticates;                 /**< 代理 */
# ifndef MINISIZE
    osip_list_t proxy_authentication_infos;
# endif
    osip_list_t proxy_authorizations;
    osip_list_t record_routes;
    osip_list_t routes;
    osip_to_t * to;
    osip_list_t vias;
    osip_list_t www_authenticates;

    osip_list_t headers;

    osip_list_t bodies;

    /* 消息缓冲区 */
    int message_property;
    char * message;
    size_t message_length;

    void * application_data;
};
```

（3）transition_t 结构体定义了事务，如图 9-34 所示，其中 state 为事务的状态；type 是事务对应事件的类型；method 为函数指针，定义了当前状态收到 type 类型事件后应该执行的动作；next 和 parent 为构成链表和队列时的前向和后向指针。这是一个通用的结构

体,即 ICT、IST、NICT 和 NIST 都是用该结构体表示事务的。该结构体的声明代码如下:

```
//chapter9/osip-help.txt
typedef struct _transition_t transition_t;

struct _transition_t {
    state_t state;
    type_t type;
    void (*method) (void *, void *);
    struct _transition_t *next;
    struct _transition_t *parent;
};
```

(4) osip_dialog 结构体的主要字段如图 9-35 所示,包含的主要信息是与对话相关的 SIP 头中的信息,这些信息可以区分不同的对话,例如 call_id、local_tag、remote_tag 等。另外,还指出了对话的类型是 caller 还是 callee。osip_dialog_t 则是 SIP RFC 中的 Dialog 的定义,它标识了 UAC 和 UAS 的一对关系,并一直保持到会话(Session)结束,一个完整的 Dialog 主要包括 from、to、callid、fromtag、totag 和 state 等,其中 fromtag、totag 和 callid 在一个 Dialog 成功建立后才完整,体现在 SIP 消息中就是 from、to 的 tag;当 callid 字段的值相同时,这些消息是属于它们对应的一个 Dialog 的,例如将要发起 INVITE 时,只有 fromtag、callid 填充有值,在收到 to 远端的响应时,收到 totag 填充到 Dialog 中,建立成功一个 Dialog,后继的逻辑均是使用这个 Dialog 进行处理(如 Transaction 事务处理)的;state 表示本 Dialog 的状态,与 transaction 的 state 有很大的关联,由枚举结构 state_t 来定义。该结构体的声明代码如下:

osip_dialog
call_id
local_tag
remote_tag
route_set
local_cseq
remote_cseq
remote_uri
local_uri
remote_contact_uri
secure
type
state
your_instance

_transition_t
state
type
method
next
parent

图 9-34 _transition_t 结构体   图 9-35 osip_dialog 结构体

```
//chapter9/osip-help.txt
/**
 * Structure for referencing a dialog.
 * @var osip_dialog_t
 */
typedef struct osip_dialog osip_dialog_t;
```

```
/**
 * Structure for referencing a dialog.
 * @struct osip_dialog
 */
struct osip_dialog {
    char  * call_id;              /**< 呼叫标识 */
    char  * local_tag;           /**< 本地标志 */
    char  * remote_tag;          /**< 远端标志 */
    char  * line_param;          /**< 行参数 */
    osip_list_t route_set;       /**< 路由设置 */
    int local_cseq;              /**< 本地序列号 */
    int remote_cseq;             /**< 远端序列号 */
    osip_to_t * remote_uri;      /**< 远端请求路径 */
    osip_from_t * local_uri;     /**< 本地请求路径 */
    osip_contact_t * remote_contact_uri;
    int secure;

    osip_dialog_type_t type;
    state_t state;
    void * your_instance;
};
```

（5）osip_transaction_t 则是 RFC 中的事务的定义，它表示的是一个会话的某个 Dialog 之间的某一次消息发送及其完整的响应，例如 invite-100-180-200-ack，这是一个完整的事务，bye-200 也是一个完整的事务，体现在 SIP 消息中就是 Via 中的 branch 的值相同，表示属于一个事务的消息，事务对于 UAC 和 UAS 的终端类型不同及消息的不同，共分为 4 类：第 1 类，前面说的 INVITE 的事务；第 2 类，主叫 UAS 中会关联一个 ICT 事务；第 3 类，被叫 UAS 会关联一个 IST 事务；第 4 类，除了 INVITE 之外都归类定义主叫 NICT、被叫 NIST。在 oSIP 中，它是靠有限状态机实现上述 4 类事务的，它的主要属性值有 callid、transactionid，分别来标识 Dialog 和 Transaction，其中还有一个时间戳 birth_time，用于标识事务创建时间，可由超时处理函数用来判断和决定超时情况下的事务的进行和销毁，而它的 state 属性是非常重要的，根据上述事务类型的不同，其值也不同，它是前面提到的状态机的"状态"，在实际状态机的逻辑执行中是一个关键值。该结构体的主要字段如图 9-36 所示，声明代码如下：

图 9-36   osip_transaction 结构体

```
//chapter9/osip - help.txt
/** 事务处理的结构体 */
typedef struct osip_transaction osip_transaction_t;
struct osip_transaction {
```

```
    void * your_instance;              /**< 用户自定义参数 */
    int transactionid;                 /**< 内部的事务 ID */
    osip_fifo_t * transactionff;       /**< 事件队列 */

    osip_via_t * topvia;               /**< CALL - LEG 定义:顶部源 */
    osip_from_t * from;                /**< CALL - LEG 定义:(来源) */
    osip_to_t * to;                    /**< CALL - LEG 定义:(目的地) */
    osip_call_id_t * callid;           /**< CALL - LEG 定义:(呼叫标识) */
    osip_cseq_t * cseq;                /**< CALL - LEG 定义:(序列号) */

    osip_message_t * orig_request;     /**< 请求参数 */
    osip_message_t * last_response;    /**< 应答参数 */
    osip_message_t * ack;              /**< 请求响应 */

    state_t state;                     /**< 事务状态 */

    time_t birth_time;                 /**< 事务日期 */
    time_t completed_time;             /**< 完成日期 */

    int in_socket;                     /**< 即将到达的消息套接字 */
    int out_socket;                    /**< 已经过往的消息套接字 */
    void * config;
    osip_fsm_type_t ctx_type;          /**< 事务类型 */
    osip_ict_t * ict_context;
    osip_ist_t * ist_context;
    osip_nict_t * nict_context;
    osip_nist_t * nist_context;

    osip_srv_record_t record;
    osip_naptr_t * naptr_record;
};
```

（6）osip_event 结构体用于表示事务上的事件，主要字段如图 9-37 所示，其中 type 字段用于指出事件的类型；transactionid 字段用于指出事务的 id；sip 字段用于指向上面介绍的 osip_message 结构体，也就是事件对应的 SIP 消息。该结构体的声明代码如下：

图 9-37 osip_event 结构体

```
//chapter9/osip - help. txt
/** 事件处理结构体 */
typedef struct osip_event osip_event_t;
struct osip_event {
    type_t type;                /**< 事件类型 */
    int transactionid;          /**< 事务标识 */
    osip_message_t * sip;       /**< SIP 消息 */
};
```

9.2.6 oSIP 的初始化工作

使用 oSIP 库之前,需要先进行初始化,这是通过调用 osip_init()函数来完成的。在该函数中主要完成两项工作,第一项工作是创建多任务相关的互斥信号量,第二项工作是创建 oSIP 结构体,并初始化事务队列,该函数的定义代码如下:

```
//chapter9/osip - help.txt
int osip_init(osip_t ** osip){
    int i;
    i = increase_ref_count();
    if (i != 0)
        return i;

    * osip = (osip_t * ) osip_malloc(sizeof(osip_t));
    if ( * osip == NULL)
        return OSIP_NOMEM;

    memset( * osip, 0, sizeof(osip_t));

    osip_list_init(&( * osip) - > osip_ict_transactions);
    osip_list_init(&( * osip) - > osip_ist_transactions);
    osip_list_init(&( * osip) - > osip_nict_transactions);
    osip_list_init(&( * osip) - > osip_nist_transactions);
    osip_list_init(&( * osip) - > ixt_retransmissions);

# if defined(HAVE_DICT_DICT_H)
    ( * osip) - > osip_ict_hastable = hashtable_dict_new((dict_cmp_func) strcmp,(dict_hsh_
func) s_hash,NULL, NULL, HSIZE);
    ( * osip) - > osip_ist_hastable = hashtable_dict_new((dict_cmp_func) strcmp,(dict_hsh_
func) s_hash,NULL, NULL, HSIZE);
    ( * osip) - > osip_nict_hastable = hashtable_dict_new((dict_cmp_func) strcmp,(dict_hsh_
func) s_hash,NULL, NULL, HSIZE);
    ( * osip) - > osip_nist_hastable = hashtable_dict_new((dict_cmp_func) strcmp,(dict_hsh_
func) s_hash,NULL, NULL, HSIZE);
# elif defined(HAVE_DICT_DICT_H_HASHTABLE)
    ( * osip) - > osip_ict_hastable = rb_tree_new((dict_cmp_func) strcmp, NULL, NULL);
    ( * osip) - > osip_ist_hastable = rb_tree_new((dict_cmp_func) strcmp, NULL, NULL);
    ( * osip) - > osip_nict_hastable = rb_tree_new((dict_cmp_func) strcmp, NULL, NULL);
    ( * osip) - > osip_nist_hastable = rb_tree_new((dict_cmp_func) strcmp, NULL, NULL);
# endif

    return OSIP_SUCCESS;
}
```

(1) 创建多任务相关的互斥信号量。如果是第 1 次初始化,则创建全局状态机,否则只是简单地增加引用计数。这一步通过调用__osip_global_init()函数完成。在__osip_global_init()函数中,首先加载状态机,并为相关变量指针分配内存,如图 9-38 所示。每当有新的事务到来时,就在其对应的事务链上进行检查,以便匹配状态和类型,然后执行 method 指向的执行体,并将事务的状态按照状态机跳转到新的状态。接着调用 parse_init()函数初始化解析模块,完成后的内存状态如图 9-39 所示。pconfig 为 __osip_message_config_t 类型的静态数组,对于 SIP 消息中不同的头域,通过 pconfig 数组即可找到处理函数。最后为事务队列的处理定义多任务环境下使用的互斥信号量。

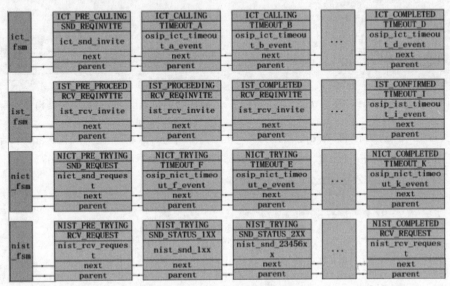

图 9-38　__osip_global_init()函数

(2) 创建 osip 结构体,并初始化事务队列,完成后的内存状态如图 9-40 所示。在这里,由于回调函数还没有被设置,所以整个数组都是空的。另外,osip 指针指向刚创建的结构体,这个指针会作为参数返给调用 osip_init 的函数。综合来看,osip 初始化后,内存中就存在 4 种状态机、pconfig 及 osip 这 3 部分了。如果仅仅使用 osip 进行 SIP 信令的解析和生成工作,则初始化到这里就算完成了。如果要使用状态机进行事务的管理,则需要设置一些回调函数,在 SIP 事务状态发生变化时,这些回调函数会被调用,用来通知用户。Callback 函数有很多,但是主要可以分为以下 4 类:

- 用于发送 SIP 消息的网络接口,通过 osip 结构体的 cb_send_message 函数指针指向。
- 当一个 SIP 事务被 terminate 时调用的回调函数。这由 osip 结构体的 kill_callbacks 数组保存。
- 当消息通过网络接口发送失败时调用的回调函数,由 osip 结构体的 tp_error_callbacks 数组保存。
- SIP 事务处理过程中需要通知用户的回调函数。这部分由 osip 结构体的 msg_callbacks 数组保存。

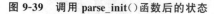

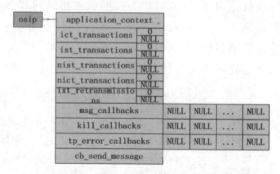

Pconfig	函数	值
Pconfig [0]	ACCEPT osip_message_set_accept	1
Pconfig [1]	ACCEPT_ENCODING osip_message_set_accept_encoding	1
...	...	...
Pconfig [i]	FROM osip_message_set_from	0
...	...	...
Pconfig [n-1]	VIA osip_message_set_via	0
Pconfig [n]	WWW_AUTHENTICATE osip_message_set_www_authenticate	0

图 9-39　调用 parse_init() 函数后的状态　　　　图 9-40　初始化完成后的 osip 结构体

其实 oSIP 的初始化首先就是调用 osip_init(&osip) 函数初始化全局的 osip_t 结构体，然后对它的回调函数进行设置。osip_t 结构体中有一个 cb_send_message 函数指针，它是 oSIP 最终与外界网络交互的接口，它的参数如下：

```
//chapter9/osip-help.txt
(osip_transaction_t * trn,          /*本消息所属的事务*/
    osip_message_t * sipmsg,        /*待发送的消息结构体*/
    char * dest_socket_str,         /*目标地址*/
    int32_t dest_port,              /*目标端口*/
    int32_t send_sock)              /*用来发送消息的 socket*/
```

其中 trn 传入主要是为了方便获取事务的上下文数据，它有一个 void 指针 your_instance，可以用来传入更多数据以方便发送消息时参考，例如将该事务所属的 dialog 指针传入，而 sipmsg 则是要发送的 SIP 消息的 C 结构体，使用 osip_message_to_str 将其按 RFC 文档格式转换为一个字符串(osip 中 的 parser 模块的主要功能)，再通过任意网络数据发送函数发送给 dest_socket_str 和 dest_port 指定的目标，当然，要记得使用 osip_free() 函数释放刚才发送出去的字符串所占用的内存，oSIP 中很多 osipparser 提供的消息解析处理函数都是动态地分配内存的，使用完毕后需要及时释放；使用 osip_set_cb_send_message 成功地设置回调函数后，SIP 消息就有出口了。

而回调函数分为三类，分别是普通事务消息(在 osip_message_callback_type_t 中定义)的处理回调函数、事务销毁事件(在 osip_kill_callback_type_t 中定义)的清理回调函数及事务在执行过程中的错误事件(在 osip_transport_error_callback_type_t 中定义)处理回调函数。

对于事务销毁事件，事务正常结束(成功完成状态机流程)或由超时处理函数强制终结等情况下均调用了这些回调函数，一般是释放事务结构体，为 ICT、NICT、IST 和 NIST 各设置或共用一个回调函数均可，只要正确释放不再使用的内存即可。错误处理函数则是整种状态机在执行过程中发生的任何错误的出口，一般用来安插 log 函数以方便调试，也可以直接设为空函数,而最关键的就是正常消息的处理回调函数了,其量是非常大的,也和上面的回调函数一样,分为 4 类,可以根据实际程序的需要进行设置,例如,SIP 电话机就不需要处理 OSIP_NIST_REGISTER_RECEIVED 这个 SIP 注册服务器才需要处理的 Register 消息事件了,精简一下,如果只是要做一个只需实现主叫功能且不考虑错误情况的 UAC 的 Demo 软电话程序,则只需设置如下几个事件的回调函数:

```
//chapter9/osip-help.txt
    OSIP_ICT_INVITE_SENT;            /* 发出 INVITE 开始呼叫 */
    OSIP_ICT_STATUS_1XX_RECEIVED;    /* 收到 180 */
    OSIP_ICT_STATUS_2XX_RECEIVED;    /* 收到 200 */
    OSIP_ICT_ACK_SENT;               /* 发出 ACK 确定呼叫 */
    OSIP_NICT_BYE_SENT;              /* 发出 BYE 结束呼叫 */
    OSIP_NICT_STATUS_2XX_RECEIVED;   /* 收到 200 确认结束呼叫 */
    OSIP_NIST_BYE_RECEIVED;          /* 收到 BYE 结束呼叫 */
    OSIP_NIST_STATUS_2XX_SENT;       /* 发出 200 确定结束呼叫而要增加接受呼叫的被叫 UAS 功
                                        能,则只需增加如下事件 */
    OSIP_IST_INVITE_RECEIVED;        /* 收到 INVITE 开始呼叫 */
    OSIP_IST_STATUS_1XX_SENT;        /* 发出 180 */
    OSIP_IST_STATUS_2XX_SENT;        /* 发出 200 */
    OSIP_IST_ACK_RECEIVED;           /* 收到 ACK 确认呼叫 */
```

具体的函数定义,则可直接参考 osip_message_cb_t、osip_kill_transaction_cb_t 和 osip_transport_error_cb_t,回调函数可以手动设置,也可以使用 oSIP 提供的对应的 osip_set_xxx_callback()函数进行设置。

9.2.7 oSIP 收发消息机制

发送 SIP 消息,需要用到 3 个主要的数据结构,包括 osip_message_t(保存待发送消息)、osip_dialog_t(保存 dialog 信息)和 osip_transaction_t(保存事务信息)。

首先,调用 osip_malloc()函数分配一个 dialog 类型的结构体,使用 osip_to_init()、osip_to_parse()和 osip_to_free()这类解析函数按 RFC 设置 call-id、from、to 和 local_cseq 等必要字段(只要后面生成实际 SIP 消息结构体要用到的字段就需要设置)。接着,使用 osip_message_init()函数初始化一个 SIP 消息,并根据 dialog 来填充该结构体(不同的消息填充的数据不同,实际应该填充的信息可参考 RFC 中的描述)。如果要给 SIP 消息添加消息体,则需要使用 osip_message_set_body()和 osip_message_set_content_type()函数,设置的值是纯文本。另外如果是 SDP,则由 oSIP 提供简单的辅助函数,例如 sdp_message_to_str()和 sdp_message_a_attribute_add()等函数,但只是简单的字符操作,要填充合法的字段就需要自己参考 SDP 的 RFC 文档。最后,需要对事务进行创建和触发,这是通过调用 osip_transaction_init()函数来完成的。osip_transaction_init 的原型声明的代码如下:

```
//chapter9/osip-help.txt
int osip_transaction_init(
```

```
        osip_transaction_t ** transaction,        /* 返回的事务结构体指针 */
        osip_fsm_type_t ctx_type,                  /* 事务类型 ICT/NICT/IST/NIST */
        osip_t * osip,                             /* 前文说的全局变量 */
        osip_message_t * request);                 /* 前面生成的 sip msg */
```

该函数创建了一个新的事务,并自动根据事务类型、dialog 和 sip msg 进行初始化,最重要的是它使用了__osip_add_ict()等函数,将本事务插入全局的 osip_t 结构体的全局 FIFO 链表中,不同的事务类型对应不同的 FIFO。由前面关于 osip 结构体的描述可知,有 4 个 FIFO,分别对应 ICT、NICT、IST 和 NIST。事务创建好后,就可以按照状态机的设置,进行状态转换处理。这一步需要事件来触发。可以调用 osip_new_outgoing_sipmessage() 函数对 SIP 消息进行处理,产生事件,并且保存到结构体 osip_event_t 中。另外,还调用 evt _set_type_outgoing_sipmessage()函数设置事件的 type_t,并将 SIP 消息挂到事件结构体的 SIP 属性值上。有了根据消息分析出的事件后,使用 osip_fifo_add(trn->transactionff, ev) 函数将事件插入事务的事件 FIFO 中。实际上,SIP 消息的发送和响应是一个事务,不能单独隔离开来,所以消息的发送需要事务状态机来控制。上面设置了状态机的状态和事件,要触发它,就要执行状态机,函数的声明代码如下:

```
//chapter9/osip - help.txt
osip_ict_execute(osip_t * osip);
osip_nict_execute(osip_t * osip);
osip_ist_execute(osip_t * osip);
osip_nist_execute(osip_t * osip);
```

上面这 4 个函数分别用来遍历前面提到的 osip 全局结构体上的 4 个事务 FIFO。首先取出事务,再依次取出事务内的事件 FIFO 上的事件,使用 osip_transaction_execute()函数依次执行。最终会调用 osip 结构体的 cb_send_message()回调函数。在 oSIP 初始化时,为这个函数指针指定了具体的处理函数,此时就会调用该处理函数以发送数据。一般在实现这个回调函数时,也是按照网络 socket 编程,用 send()等系统 API 实现的。如果某个事务不能正常终结,例如发出了 INVITE 没有收到任何响应,按 RFC 定义,不同的事务有不同的超时时间,osip_timers_ict[nict|ist|nist]_execute()这些函数就是用来根据取出的事务的时间戳与当前时间取差后与规定的超时时间比对,如果超时,就自动设置超时"事件",并将事务"状态"设为终结,使用初始化时设定的消息超时事件回调函数处理即可(如果设置了); 如果网络不稳定,经常丢失消息,则需要使用 osip_retransmissions_execute()函数来自动重发消息而不是等待超时。为了即时响应 SIP 消息的处理,并推动状态机,上述的 9 个函数需要不停地执行,可以将它放入单独线程中。

当有消息到来时,oSIP 首先调用解析器,完成对消息包的解析。之后,消息就从 buffer 中的紧凑模式转变到 osip_message 结构中,同时,普通信令消息也被分解成 osoSIPip 自己可以理解的消息事件并将其归类,确定其应该属于上述 4 类中的哪一类。接着,查看对应的事务队列,确定是否有现成的事务可以匹配。如果有,就根据当前的 SIP 消息提取出一个事件并放到该事务的事件队列上；如果没有，则创建一个新的事务，放到事务队列中，同样提取出事件并放到事件队列上。

　　有了前面的发送 SIP 消息的理解，接收消息的处理就方便理解了，当收到 SIP 消息时使用 osip_parse()函数进行解析，得到一个 osip_message_t 的 SIP 消息(sip msg)，使用 evt_set_type_incoming_sipmessage()函数得到事务的"事件"，同上，将 sip msg 挂到事件结构体的 sip 字段，随后立即使用 osip_find_transaction_and_add_event()函数来根据"事件"查找事务，否则新建事务，然后推动状态机执行。

9.2.8　oSIP 管理事务及会话

1. oSIP 解析 URI

　　对于 SIP 消息每部分(如头、sip messages 和 uri)的解析，通常使用如下类似的函数接口，伪代码如下：

```
//chapter9/osip-help.txt
    //allocation/release of memory.
    xxxx_init(osip_xxx_t ** el);
    xxxx_free(osip_xxx_t * el);
    xxxx_parse(osip_xxx_t * el, char * source);
    xxxx_to_str(osip_xxx_t * el, char ** dest);
```

　　如果缓冲区(buffer)中包含 SIP uri，则下面的示例用于解析 uri，伪代码如下：

```
//chapter9/osip-help.txt
osip_uri_t * uri;
int i;
i = osip_uri_init(&uri);
if (i!= 0) { fprintf(stderr, "cannot allocate\n"); return -1; }
i = osip_uri_parse(uri, buffer);
if (i!= 0) { fprintf(stderr, "cannot parse uri\n"); }
osip_uri_free(uri);
```

　　反之，需要将 osip_uri 结构体中的信息转换到 buffer 中，伪代码如下：

```
//chapter9/osip-help.txt
char * dest;
i = osip_uri_to_str(uri, &dest);
if (i!= 0) { fprintf(stderr, "cannot get printable URI\n"); return -1; }
fprintf(stdout, "URI: % s\n", dest);
osip_free(dest);
```

　　需要注意的是，dest 所指向的内存是在接口中动态分配的，所以使用后需要调用 osip_free()函数进行释放，以免造成内存泄漏。

2. oSIP 解析 SIP 消息

如果缓冲区(buffer)中包含 SIP 请求或者响应消息,则下面的示例展示了将其解析到 osip_message 结构体中的过程,伪代码如下:

```
//chapter9/osip - help.txt
osip_message_t * sip;
int i;
i = osip_message_init(&sip);
if (i!= 0) { fprintf(stderr, "cannot allocate\n"); return -1; }
i = osip_message_parse(sip, buffer, length_of_buffer);
if (i!= 0) { fprintf(stderr, "cannot parse sip message\n"); }
osip_message_free(sip);
```

因为 SIP 消息中可能包含二进制数据,所以 buffer 的长度在调用时必须给出。相反的过程,代码如下:

```
//chapter9/osip - help.txt
char * dest = NULL;
int length = 0;
i = osip_message_to_str(sip, &dest, &length);
if (i!= 0) { fprintf(stderr, "cannot get printable message\n"); return -1; }
fprintf(stdout, "message:\n%s\n", dest);
osip_free(dest);
```

类似于上面所介绍的,dest 指向的内存在使用后需要释放。当使用 oSIP 库的事务管理特性时,通常需要创建一个合适的事件。对于收到的 SIP 消息,可以使用下面的接口完成该项工作,代码如下:

```
//chapter9/osip - help.txt
osip_event_t * evt;
int length = size_of_buffer;
evt = osip_parse(buffer, i);
```

需要注意的是,oSIP 的解析器不会对 SIP 消息进行完全检查,应用层需要对此做出处理。例如,下面的字符串显示一个 request-uri 中包含一个奇怪的端口,代码如下:

```
INVITE sip:jack@atosc.org:abcd SIP/2.0
```

但是,oSIP 的解析器并不会检测到这个错误,它将被提交给应用层去确认。

3. oSIP 管理事务

要去"执行"状态机,需要建立事件(events),并将它提交给正确的事务上下文,如果事件在当前状态中被允许,则事务的状态将会被更新。事件可以分为三大类,包括 SIP messages、Timers 和 transport errors。假设要实现一个用户端代理,并且开始一个注册事务。首先,必须使用 oSIP 库构建一个 SIP 消息(oSIP 作为一个底层的库,提供构建 SIP

Message 的接口,但是需要手动去填充相关必要的域)。一旦构建好 SIP Message,就可以使用下面的代码开始一个新的事务(使用相似的代码,可以将其他事件添加到状态机中),伪代码如下:

```
//chapter9/osip-help.txt
osip_t * osip = your_global_osip_context;
osip_transaction_t * transaction;
osip_message_t * sip_register_message;
osip_event_t * sipevent;
application_build_register(&sip_register_message);
osip_transaction_init(&transaction,
NICT,
osip,
sip_register_message);

//有一个特殊的上下文,如果想与之关联事务,则可以使用一种特殊方法将上下文与事务上下文关
//联起来。此时,事务上下文存在于 oSIP 中,但仍然必须将 SIP 消息提供给有限状态机
sipevent = osip_new_outgoing_sipmessage (msg);
sipevent->transactionid = transaction->transactionid;
osip_transaction_add_event (transaction, sipevent);
```

上述步骤展示了创建一个事务的过程,并且提供了一种添加新事件的可行方式(注意,一些事件,例如超时事件,是由 oSIP 库来添加的,而不是由应用程序完成的)。下面的代码展示了 oSIP 消费这个事件的过程。实际上,在任何时间消费一个事件并不总是被允许的。状态机必须按顺序地消费一个事务上的事件。这也就意味着,当调用 osip_transaction_execute()函数时,在同一个事务上下文中再次调用该函数将是被禁止的,直到之前的调用返回。在一个多线程的应用中,如果一个线程捕获一个事务,则代码如下:

```
//chapter9/osip-help.txt
while (1)
{
    se = (osip_event_t *) osip_fifo_get (transaction->transactionff);
    if (se == NULL)
      osip_thread_exit ();
    if (osip_transaction_execute (transaction,se)< 1)
      osip_thread_exit ();
}
```

如果一个事件看起来对状态机是有用的,就意味着在该事务的上下文中需要完成从一种状态到另一种状态的转变。如果事件是 SND_REQUEST,则之前注册的用于宣布该行为的回调函数将被调用。当在这步没有其他动作必须被执行时,这个回调函数对应用程序而言就没有什么用。如果关联与 2xx message 的回调被调用,则表明事务已被成功处理。在该回调函数中,可能需要通知用户,注册已经成功完成,可以去完成相关的其他动作了。如果最终响应不是 2xx,或者 network 回调被调用了,则可能需要采取一些动作。例如,如

果收到的是302,则可能需要往新的位置重新尝试注册。所有的这些都由用户自己来决定。当事务抵达 Terminate 状态时,kill 回调会被调用,在这里需要将事务从事务列表中移除,代码如下:

```
//chapter9/osip - help.txt
static void cb_ict_kill_transaction(int type, osip_transaction_t * tr)
{
   int i;
   fprintf(stdout, "testosip: transaction is over\n");
   i = osip_remove_transaction (_osip, tr);
   if (i!=0) fprintf(stderr, "testosip: cannot remove transaction\n");
}
```

有限状态机又称有限状态自动机,简称状态机,是表示有限种状态及在这些状态之间的转移和动作等行为的数学计算模型,用英文缩写被简称为 FSM。FSM 会响应"事件"而改变状态,当事件发生时,就会调用一个函数,而且 FSM 会执行动作以产生输出,所执行的动作会因为当前系统的状态和输入事件的不同而不同。为了更好地描述状态机的应用,这里用一个地铁站的闸机为背景,简单叙述一下闸机的工作流程:通常闸机默认为关闭的,当闸机检测到有效的卡片信息后,打开闸机,当乘客通过后,关闭闸机;如果有人非法通过,则闸机就会产生报警,如果闸机已经打开,而乘客仍然在刷卡,则闸机将会显示票价和余额,并在屏幕上输出"请通过,谢谢"。使用嵌套的 switch 语句是最为直接的方法,也是最容易的方法,第 1 层 switch 用于状态管理,第 2 层 switch 用于管理各种状态下的各个事件,伪代码如下:

```
//chapter9/osip - help.txt
switch(当前状态)
{
case LOCKED 状态:
    switch(事件):
    {
    case card 事件:
        切换至 UNLOCKED 状态;
        执行 unlock 动作;
        break;
     case pass 事件:
        执行 alarm 动作;
        break;
    }
    break;
case UNLOCKED 状态:
    switch(事件):
    {
        case card 事件:
            执行 thankyou 动作;
```

```
            break;
        case pass 事件:
            切换至 LOCKED 状态;
            执行 lock 动作;
            break;
        }
        break;
    }
```

上述代码虽然很直观,但是状态和事件都出现在一个处理函数中,对于一个大型的 FSM 来讲,可能存在大量的状态和事件,那么代码将是非常冗长的。为了解决这个问题,可以采用状态转移表的方法来处理。为了减少代码的长度,可以使用查表法,将各个信息存放于一张表中,根据事件和状态查找表项,找到需要执行的动作及即将转换的状态,伪代码如下:

```
//chapter9/osip - help.txt
typedef struct _transition_t
{
    状态;
    事件;
    转换为新的状态;
    执行的动作;
}transition_t;

transition_t transitions[] = {
    {LOCKED 状态, card 事件, 状态转换为 UNLOCKED, unlock 动作},
    {LOCKED 状态, pass 事件, 状态保持为 LOCKED, alarm 动作},
    {UNLOCKED 状态, card 事件, 状态转换为 UNLOCKED, thankyou 动作},
    {UNLOCKED 状态, pass 事件, 状态转换为 LOCKED, lock 动作}
};

for (int i = 0; i < sizeof(transition)/sizeof(transition[0]); i++)
{
    if (当前状态 == transition[i].状态 && 事件 == transition[i].事件)
    {
        切换状态为:transition[i].转换为新的状态;
        执行动作:transition[i].执行的动作;
        break;
    }
}
```

从上述代码可以看到如果要往状态机中添加新的流程,则只需往状态表中添加相关信息就可以了,也就是说整个状态机的维护及管理只需把重心放到状态转移表的维护中就可以了,从代码量也可以看出来,采用状态转移表的方法相比于第 1 种方法也缩减了代码量,而且也更容易维护,但是对于状态转移表来讲,缺点也是显而易见的,对于大型的 FSM 来讲,遍历状态转移表需要花费大量的时间,从而影响代码的执行效率。

4. oSIP 管理会话

会话管理是 oSIP 提供的一个强大功能。这一特性会被 SIP 终端用到,这些终端具有响应 call(呼叫)的能力。一个对话是 oSIP 中已经建立的一个 call 的上下文,一个邀请请求可以导致多个呼叫建立,这不是没有用的。如果呼叫被代理转接,并且同时联系并回复了多个用户代理,则可能会发生这种情况,但这种情况在一个月内也不会发生几次……官方描述如下:

> It's not useless to say that ONE invite request can lead to several call establishment. This can happen if your call has been forked by a proxy and several user agent was contacted and replied at the same time. It is true that this case won't probably happen several times a month...

有两种情况需要创建一个对话,一种是作为 caller(呼叫方),另一种是作为 callee(被呼叫方)。

(1) 作为呼叫方创建一个会话,在这种情况下,每当接收到一个 Code 在 101～299 的应答后,就必须创建一个对话。在 oSIP 中,创建一个对话最好的地方自然就是在该 SIP 消息的回调函数中。当然了,每当接收到一个响应时,需要检查是否已经存在一个对话,这个对话由这个客户代理之前的应答来创建,并且也关联于当前的 INVITE 请求。回调函数中的执行逻辑的伪代码如下:

```
//chapter9/osip-help.txt
void cb_rcv1xx(osip_transaction_t * tr,osip_message_t * sip){
  osip_dialog_t * dialog;
  if (MSG_IS_RESPONSEFOR(sip, "INVITE")&&!MSG_TEST_CODE(sip, 100)){
    dialog = my_application_search_existing_dialog(sip);
    if (dialog == NULL) {//NO EXISTING DIALOG
      i = osip_dialog_init_as_uac(&dialog, sip);
      my_application_add_existing_dialog(dialog);
    }
  }
  else{
    //没有其他会话
  }
}
```

(2) 作为被呼叫方创建一个会话,作为一个被呼叫方,当接收到第 1 个 INVITE 请求的传输时就需要创建对话。做这项工作正确的地方自然也是在回调函数中,此时的回调函数的位置应该是此前注册的用于通告新的 INVITE 请求的回调。首先创建一个 180 或者 200 的应答,然后创建一个对话,伪代码如下:

```
osip_dialog_t * dialog;
osip_dialog_init_as_uas(&dialog, original_invite, response_that_you_build);
```

要让这一切都工作起来,必须保证应答是有效的,例如需要生成一个新的标志(Tag),

并将它放到应答的头部的 to 域。对话管理对此有非常大的依赖。

5. oSIP 处理 SDP 协商

SDP 的 offer/answer 模型几乎是所有 SIP 互操作性问题的来源。RFC 文档中定义的 SDP 通常没有按照预期的那样实现。例如,绝大多数的 SIP 应用没有将强制的 's'域添加到 SDP 包中。另外一个错误是认为 SDP 包不需要一个'p'和'e'域,虽然它们都是可选的,但是, 它们都是强制的。由于这些原因,所以协商过程是比较烦琐的。使用 oSIP 初始化 SDP 协 商(SDP Negotiator)的代码如下:

```
//chapter9/osip - help.txt
struct osip_rfc3264 * cnf;
int i;
i = osip_rfc3264_init(&cnf);
if (i!= 0){
  fprintf(stderr, "Cannot Initialize Negotiator feature. \n");
  return - 1;
}
```

然后需要添加一组已知的编解码器。为了简化实现,可以添加 sdp_media_t 元素。例 如添加对 G729 编码器的支持,代码如下:

```
//chapter9/osip - help.txt
sdp_media_t * med;
sdp_attribute_t * attr;
i = sdp_media_init(&med);
med - > m_proto = osip_strdup("RTP/AVP");
med - > m_media = osip_strdup("audio");
osip_list_add(med - > m_payloads, osip_strdup("18"), - 1);
i = sdp_attribute_init (&attr);
attr - > a_att_field = osip_strdup("rtpmap");
attr - > a_att_value = osip_strdup("G729/8000");
osip_list_add (med - > a_attributes, attr, - 1);
osip_rfc3264_add_audio_media(cnf, med, - 1);
```

执行协商是复杂的调用序列。这是因为为了给开发者提供足够的灵活性来适应各种环 境。这使 Negotiator 使用起来变得复杂。当针对所有媒体行的协商完成后,仍然必须手动 修改 SDP message 中缺失的一些元素。例如,必须针对当前的环境配置来填写 IP 地址和 端口号。

9.2.9　eXosip 协议栈简介

使用 SIP 建立多媒体会话是一个复杂的过程,eXosip(the eXtended osip Library)库开 发的目的在于隐藏这种复杂性。它扩展了 oSIP 库,实现了一个简单的高层 API。通过 eXosip 库,程序员可以避免直接使用 oSIP 带来的困难。oSIP 专注于 SIP 消息的解析和事务状态机的实现,而 eXosip 则基于 oSIP 实现了 call、options、register 和 publish 等更倾向于功能性的接口。当然,这些实现都依赖于底层 oSIP 库已有的功能。

1. eXosip 的模块构成

eXosip 库由以下几个常用的模块组成。

(1) 底层连接管理,主要包括 extl. c、extl_udp. c、extl_tcp. c、extl_dtls. c、extl_tls. c 等文件,它们是与网络连接有关的,实现了连接的建立、数据的接收及发送等相关的接口,其中,extl_udp. c 为使用 UDP 连接的实现,extl_tcp. c 为使用 TCP 连接的实现。Extl_dtls. c 及 extl_tls. c 都是使用安全 Socket 连接的实现。

(2) 内部功能模块实现,主要包括 Jauth. c、jcall. c、jdialog. c、jevents. c、jnotify. c、jpublish. c、jreg. c、jrequest. c、jresponse. c、jsubscribe. c 等文件,实现了内部对一些模块的管理,这些模块的含义正如其文件名所表示的,例如,jauth. c 主要用于认证,jcall. c 则用于通话等。

(3) 上层 API 封装实现,主要包括 Excall_api. c、exinsubsription_api. c、exmessag_api. c、exoptions_api. c、expublish_api. c、exrefer_api. c、exregister_api. c、exsubsribtion_api. c 这几个以 api 为后缀的文件,实现各个子模块的管理。应用程序可以调用这里提供的接口,以方便地构造或者发送 SIP 消息。

(4) 操作系统移植接口,Jpipe. c 利用管道实现进程间通信机制。对于 Windows 平台,这是通过模拟建立 Socket 连接实现的,也就是在本机的内部建立两个连接(使用本机地址),实现进程间通信。因为使用 Socket 建立连接,本质上就是实现两个进程间的通信,只不过在大部分情况下,这被用在网络上的两台设备之间。

(5) 其他功能接口,例如,Inet_ntop. c 文件实现了 IP 地址的点分十进制与十六进制表示之间的转换;Jcallback. c 文件实现了一堆回调函数,这些回调函数就是用来注册到 oSIP 库的。使用 eXosip 库,就是为了避免直接使用 oSIP 库,因为一些工作 eXosip 已经做好了,所以这样一来,可以简化上层的实现;Udp. c 文件主要用来对通过 UDP 连接接收的消息进行分类处理;Exutilis. c 文件实现了一些杂项的函数,如由 IP 地址到字符串之间的转换、域名的解析等一些辅助的功能函数;Exconf. c 文件实现了 eXosip 的初始化相关的接口,包括后台任务的实现;Exosip. c 文件实现了与 exconf. c 文件相似的功能,例如管道的使用,以及 eXosip 事务的创建和查找、register 和 subscribe 的更新和认证信息的处理等。

图 9-41 eXtl_protocol 结构体

2. eXosip 的数据结构

eXosip 库的关键数据结构说明如下:

(1) eXtl_protocol 是为实现网络通信专门定义的一个数据结构,主要字段如图 9-41 所示,包括变量和方法两部分,其中,变量包括建立网络连接过程中使用的 IP 地址、端口等;方法部

分封装了网络 Socket 编程常用的系统调用接口。代码中定义了 4 个该数据结构体的全局
变量，包括 eXtl_udp、eXtl_tcp、eXtl_tls 及 eXtl_dtls，分别针对使用 UDP、TCP 及安全加密
连接进行了实现。该结构体的声明代码如下：

```
//chapter9/exosip - help.txt
struct eXtl_protocol {
    int enabled;

    int proto_port;
    char proto_name[10];
    char proto_ifs[20];
    int proto_num;
    int proto_family;
    int proto_secure;
    int proto_reliable;

    int ( * tl_init) (void);
    int ( * tl_free) (void);
    int ( * tl_open) (void);
    int ( * tl_set_fdset) (fd_set * osip_fdset, fd_set * osip_wrset, int * fd_max);
    int ( * tl_read_message) (fd_set * osip_fdset, fd_set * osip_wrset);
    int ( * tl_send_message) (osip_transaction_t * tr, osip_message_t * sip,
                              char * host, int port, int out_socket);
    int ( * tl_keepalive) (void);
    int ( * tl_set_socket) (int socket);
    int ( * tl_masquerade_contact) (const char * ip, int port);
    int ( * tl_get_masquerade_contact) (char * ip, int ip_size, char * port,
                                        int port_size);
};
```

（2）eXosip_call_t 的主要字段如图 9-42 所示，定义了呼叫
（Call）相关的信息，包括呼叫的 ID、dialogs、incoming 的事务和
outgoing 的事务。另外，还包括了前向和后向指针，所以所有
的呼叫都可以通过该结构体串接起来。该结构体的声明代码
如下：

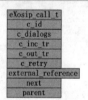

图 9-42　eXosip_call_t 结构体

```
//chapter9/exosip - help.txt
typedef struct eXosip_call_t eXosip_call_t;

struct eXosip_call_t {
    int c_id;
    eXosip_dialog_t * c_dialogs;
    osip_transaction_t * c_inc_tr;
    osip_transaction_t * c_out_tr;
    int c_retry;
    void * external_reference;
```

```
    time_t expire_time;

    eXosip_call_t * next;
    eXosip_call_t * parent;
};
```

（3）eXosip_dialog_t 的主要字段如图 9-43 所示，包含了会话（Dialog）相关的信息。该结构体的声明代码如下：

```
//chapter9/exosip - help.txt
typedef struct eXosip_dialog_t eXosip_dialog_t;

struct eXosip_dialog_t {
    int d_id;
    int d_STATE;
    osip_dialog_t * d_dialog;              /* 活动的对话 */

    time_t d_session_timer_start;          /* 会话事件处理器 */
    int d_session_timer_length;
    int d_refresher;

    time_t d_timer;
    int d_count;
    osip_message_t * d_2000k;
    osip_message_t * d_ack;

    osip_list_t * d_inc_trs;
    osip_list_t * d_out_trs;
    int d_retry;
    int d_mincseq;

    eXosip_dialog_t * next;
    eXosip_dialog_t * parent;
};
```

（4）eXosip_reg_t 的主要字段如图 9-44 所示，用来管理 Register 模块。该结构体的声明代码如下：

```
//chapter9/exosip - help.txt
typedef struct eXosip_reg_t eXosip_reg_t;

struct eXosip_reg_t {
    int r_id;

    int r_reg_period;           /* 延迟 */
    char * r_aor;               /* 标识 */
    char * r_registrar;         /* 注册 */
    char * r_contact;           /* 关联 */
```

```
        char r_line[16];
        char r_qvalue[16];

        osip_transaction_t * r_last_tr;
        int r_retry;

        struct __eXosip_sockaddr addr;
        int len;

        eXosip_reg_t * next;
        eXosip_reg_t * parent;
};
```

图 9-43　eXosip_dialog_t 结构体

图 9-44　eXosip_reg_t 结构体

（5）eXosip_subscribe_t 的主要字段如图 9-45 所示，用于管理 subscribe 模块。该结构体的声明代码如下：

```
//chapter9/exosip-help.txt
typedef struct eXosip_subscribe_t eXosip_subscribe_t;

struct eXosip_subscribe_t {
    int s_id;
    int s_ss_status;
    int s_ss_reason;
    int s_reg_period;
    eXosip_dialog_t * s_dialogs;

    int s_retry;
    osip_transaction_t * s_inc_tr;
    osip_transaction_t * s_out_tr;

    eXosip_subscribe_t * next;
    eXosip_subscribe_t * parent;
};
```

（6）eXosip_pub_t 的主要字段如图 9-46 所示，用于管理 publish 模块。该结构体的声明代码如下：

```
//chapter9/exosip - help.txt
typedef struct eXosip_pub_t eXosip_pub_t;

struct eXosip_pub_t {
    int p_id;

    int p_period;
    char p_aor[256];
    char p_sip_etag[64];

    osip_transaction_t * p_last_tr;
    int p_retry;
    eXosip_pub_t * next;
    eXosip_pub_t * parent;
};
```

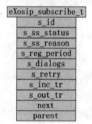

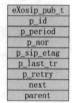

图 9-45   eXosip_subscribe_t 结构体   图 9-46   eXosip_pub_t 结构体

（7）eXosip_notify_t 的主要字段如图 9-47 所示，用于管理 notify 模块。该结构体的声明代码如下：

```
//chapter9/exosip - help.txt
typedef struct eXosip_notify_t eXosip_notify_t;

struct eXosip_notify_t {
    int n_id;
    int n_online_status;

    int n_ss_status;
    int n_ss_reason;
    time_t n_ss_expires;
    eXosip_dialog_t * n_dialogs;

    osip_transaction_t * n_inc_tr;
    osip_transaction_t * n_out_tr;
```

```
    eXosip_notify_t  * next;
    eXosip_notify_t  * parent;
};
```

（8）jinfo_t 的主要字段如图 9-48 所示，这个结构体关联了 dialog、call、subscribe 及 notify 结构体。该结构体的声明代码如下：

```
//chapter9/exosip－help.txt
typedef struct jinfo_t jinfo_t;

struct jinfo_t {
    eXosip_dialog_t * jd;
    eXosip_call_t * jc;
# ifndef MINISIZE
    eXosip_subscribe_t * js;
    eXosip_notify_t * jn;
# endif
};
```

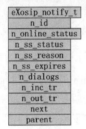

图 9-47　eXosip_notify_t 结构体　　　　　图 9-48　jinfo_t 结构体

（9）eXosip_event_t 的主要字段如图 9-49 所示，即与事件（event）有关的结构体。这个结构体主要用来在应用层和 eXosip 之间通信。eXosip 在处理事务的过程中，如果需要将结果反馈给上层应用，则会生成如上结构类型的事件，并将其放到 eXosip 的事件队列中。应用层会不断地以循环的方式从事件队列中读取事件，然后进行应用层的处理。该结构体的声明代码如下：

```
//chapter9/exosip－help.txt
/ * *
 * Structure for event description.
 * @var eXosip_event_t
 * /
typedef struct eXosip_event eXosip_event_t;

/ * *
 * Structure for event description.
 * @struct eXosip_event
```

```
 */
struct eXosip_event
{
  eXosip_event_type_t type;              /**< 事件类型 */
  char textinfo[256];                    /**< 描述信息 */
  void * external_reference;             /**< 额外引用 */

  osip_message_t * request;              /**< 请求信息 */
  osip_message_t * response;             /**< 响应信息 */
  osip_message_t * ack;                  /**< 应答 */

  int tid;                               /**< 事务 ID */
  int did;                               /**< 会话 ID */

  int rid;                               /**< 注册 ID */
  int cid;                               /**< 呼叫 ID */
  int sid;                               /**< 过往的订阅 ID */
  int nid;                               /**< 即将到来的订阅 ID */

  int ss_status;
  int ss_reason;
};
```

（10）eXosip_t 的主要字段如图 9-50 所示，是 eXosip 中最重要的结构体之一。可以看出，这个结构体比较大，其中包含了 eXosip 中用到的各个子模块的结构，例如 call、reg 和 pub 等。代码中定义了一个该结构类型的全局变量，通过该全局变量可以对 eXosip 当前的状态进行掌控。eXtl 是 eXtl_protocol 类型的指针，保存了网络接口类。J_osip 保存了 oSIP 初始化时返回的 oSIP 结构体。J_transactions 一般用于等待释放的事务；在事务经过 oSIP 处理完后，当不再需要时，eXosip 会将其放在 j_transactions 上，等待释放。该结构体的声明代码如下：

```
//chapter9/exosip-help.txt
typedef struct eXosip_t eXosip_t;

struct eXosip_t {
    struct eXtl_protocol * eXtl;
    char transport[10];
    char * user_agent;

    eXosip_call_t * j_calls;
#ifndef MINISIZE
    eXosip_subscribe_t * j_subscribes;
    eXosip_notify_t * j_notifies;
#endif
    osip_list_t j_transactions;
```

```
      eXosip_reg_t * j_reg;
# ifndef MINISIZE
      eXosip_pub_t * j_pub;
# endif

# ifdef OSIP_MT
    void * j_cond;
    void * j_mutexlock;
# endif

    osip_t * j_osip;
    int j_stop_ua;
# ifdef OSIP_MT
    void * j_thread;
    jpipe_t * j_socketctl;
    jpipe_t * j_socketctl_event;
# endif

    osip_fifo_t * j_events;

    jauthinfo_t * authinfos;

    int keep_alive;
    int keep_alive_options;
    int learn_port;
# ifndef MINISIZE
    int http_port;
    char http_proxy[256];
    char http_outbound_proxy[256];
    int dontsend_101;
# endif
    int use_rport;
    int dns_capabilities;
    int dscp;
    char ipv4_for_gateway[256];
    char ipv6_for_gateway[256];
# ifndef MINISIZE
    char event_package[256];
# endif
    struct eXosip_dns_cache dns_entries[MAX_EXOSIP_DNS_ENTRY];
    struct eXosip_account_info account_entries[MAX_EXOSIP_ACCOUNT_INFO];
    struct eXosip_http_auth http_auths[MAX_EXOSIP_HTTP_AUTH];

    CbSipCallback cbsipCallback;
};
```

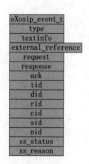

图 9-49 eXosip_event_t 结构体   图 9-50 eXosip_t 结构体

3. eXosip 的初始化

从使用 eXosip 的角度看,其初始化由两部分组成。首先对 eXosip 全局结构体变量进行配置,然后监听 Socket 接口。第一部分,通过调用接口 eXosip_init()函数来完成全局变量的初始化,主要工作如下:

(1) 初始化条件变量和互斥信号量。

(2) 调用 osip_init()函数初始化 oSIP 库,并将生成的 oSIP 结构体给 eXosip,同时也让 oSIP 的 application_contexgt 指针指向 eXosip,也就是二者相互指向。

(3) 调用 eXosip_set_callbacks()函数设置 oSIP 的回调函数,所以回调函数都是由 eXosip 自己实现的。

(4) 调用 jpipe 创建通信用的 pipe,对于 Windows 平台,是通过 Socket 接口模拟实现的。

(5) 初始化其上的事务和事件队列。这不同于 oSIP 的事务和事件队列。

(6) 调用 extl 指向的结构体的 init 函数指针,以初始化网络接口。

初始化完后,全局 eXosip 结构在内存中的状态基本如图 9-51 所示。

第二部分,在套接字(Socket)接口上进行监听,这是通过调用 eXosip_listen_addr()函数完成的,主要工作如下:

(1) 将 eXosip 全局变量的 eXtl 指针指向 eXtl_udp 全局变量。

(2) 根据参数,配置 extl_protocol 和 exosip 上有关 IP 端口地址等信息。另外,调用 extl_udp 的 tl_open 函数指针,完成在本机指定的端口上监听连接的工作。需要注意的是,虽然是监听,但是使用 UDP 来建立连接,所以消息的 recv 和发送在同一个 Socket 上完成。在 oSIP 中设置的 out_socket 并不会起作用。

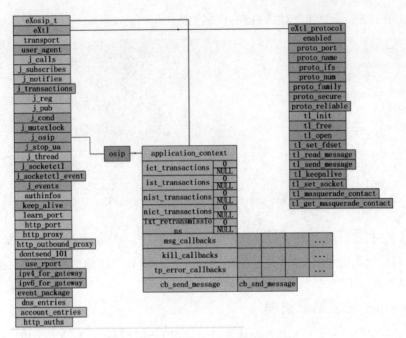

图 9-51   eXosip 初始化后的内存状态

（3）调用 osip_thread_create()函数创建 eXosip 后台任务，用于驱动 oSIP 的状态机。这部分工作完成后，内存状态如图 9-52 所示。

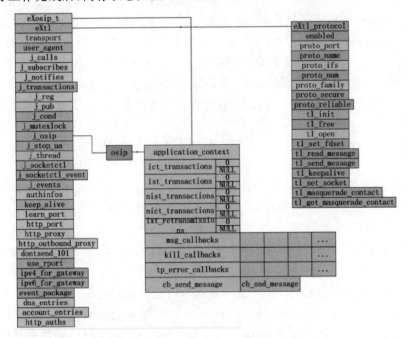

图 9-52   eXosip 监听套接字后的内存状态

下面展示了 eXosip2 初始化的过程,代码如下:

```
//chapter9/exosip2 - demo. txt
include < eXosip2/eXosip. h >
int i;
TRACE_INITIALIZE (6, stdout);
i = eXosip_init();
if (i!= 0)
  return - 1;
i = eXosip_listen_addr (IPPROTO_UDP, NULL, port, AF_INET, 0);
if (i!= 0){
    eXosip_quit();
    fprintf (stderr, "could not initialize transport layer\n");
    return - 1;
}
```

这样,在初始化完成后,基本就完成了对内存中所用数据结构的配置,同时启动了一个后台任务以负责 oSIP 状态机的驱动。

4. eXosip 的收发消息机制

在初始化过程中创建了一个后台任务,该任务的执行函数为_eXosip_thread,在该接口中,以循环的方式不断地调用 eXosip_execute()函数。在每次的 eXosip_execute 执行中,完成如下工作:

(1) 首先计算出底层 oSIP 离当前时间最近的超时时间,即查看底层所有的超时事件,找出其中的最小值,然后将其与当前时间做差,其结果就是最小的超时间隔了。这步是通过调用 osip_timers_gettimeout()函数完成的。主要检查 oSIP 全局结构体上的 ICT、IST、NICT、NIST 及 IXT 上所有事务的事件超时时间。如果 ICT 事务队列上没有事件,则说明没有有效的数据交互,返回值为默认的一年,实际上就是让后面的接收接口死等。如果有事务队列上的事件的超时时间小于当前值,则说明已经超时了,需要马上处理,此时将超时时间清 0,并返回。

(2) 调用 eXosip_read_message()函数从底层接收消息并处理。如果返回-2,则任务退出。

(3) 执行 oSIP 的状态机。具体为执行 osip_timers_ict(ist|nict|nist)_execute()和 osip_ict(ist|nict|nist)_execute()这几个函数。最后还检查释放已经终结的 call、registrations 及 publications。

(4) 如果设置了 keep_alive,则调用_eXosip_keep_alive()函数检查发送 keep_alive 消息。

这样,当远端的终端代理将 SIP 消息发送过来时会被之前创建的监听端口捕获(SIP 默认的端口为 5060)。在调用 eXosip_read_message()函数时会将其接收上来。接收上来的数据存放在 buffer 中交给接口_eXosip_handle_incoming_message()函数来处理。在其中首先调用 osip_parse()函数进行消息解析,这是 oSIP 的核心功能之一。数据解析后会生成一个 osip_event 类型的事件。接着调用 osip_message_fix_last_via_header()函数将接收到该消息的 IP 地址和端口根据需要设置到数据头的 via 域中。这在消息返回时有可能发挥作用。为了能够让消息正确地被处理，调用 osip_find_transaction_and_add_event()函数将其添加到 oSIP 的事务队列上。处理在这之后发生了分叉，如果 oSIP 接纳了该事件，则接口会直接返回，因为这说明该事件在 oSIP 上已经有匹配的事务了，或者说该事件是某个事务过程的一部分。这样在后面执行状态机的接口时，该事件会被正确地处理。如果 oSIP 没有接纳该事件，则说明针对该事件还没有事务与之对应。此时，首先检查其类型，如果是请求（Request），则说明很可能是一个新的事件到来（这将触发服务器端的状态机的建立），调用 eXosip_process_newrequest()函数进行处理。如果是响应（Response），则调用接口 eXosip_process_response_out_of_transaction()函数进行处理。在 eXosip_process_newrequest()函数中，如果是合法的事件，则会为其创建一个新的事务，也就是说这是新事务的第 1 个事件。经过一系列处理后，该事件可能就被 oSIP 消化了，或者被 eXosip 消化了。如果需要上报给应用，则由应用对一些信息进行存储或者进行图形显示之类，然后会将该事件添加到 eXosip 的事件队列上，如图 9-53 所示。应用程序在 eXosip 初始化完之后需要不断地从事件队列上读取事件，并进行处理，读到事件后，判断其类型以进行对应处理。这样整个接收流程就完成了，伪代码如下：

```
//chapter9/exosip2 - demo.txt
eXosip_event_t * je;

for (;;) {
    je = eXosip_event_wait (0, 50);
    eXosip_lock();
    eXosip_automatic_action ();
    eXosip_unlock();

    if (je == NULL)
        break;

    if (je -> type == EXOSIP_CALL_NEW)
    {
        ...
    }
    else if (je -> type == EXOSIP_CALL_ACK)
    {
        ...
    }
    else if (je -> type == EXOSIP_CALL_ANSWERED)
    {
        ...
    }
    else
```

```
    {
        …
    }

    eXosip_event_free(je);

}
```

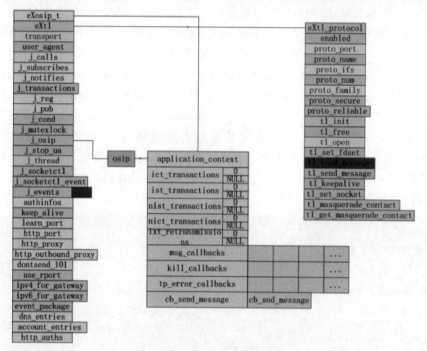

图 9-53   eXosip 的事件队列状态

　　发送数据时,需要根据消息类型,调用 eXosip 对应模块的 API 函数来完成。如果要发送的 SIP 消息不属于当前已有的任何事务,则类似接收过程,调用 oSIP 的相关接口创建一个新的事务,同时根据消息生成一个事件,加到事务的事件队列上。最后,唤醒 eXosip 后台进程,使其驱动 oSIP 状态机,执行刚添加的事件,从而完成数据的状态处理和发送。当然,也有一些消息并不通过 oSIP 状态机,而是由 eXosip 直接调用回调函数 cb_snd_message 完成发送。

## 第 10 章

GB/T 28181 协议原理

国标 GB/T 28181(简称为 GB 28181)协议的全称为《安全防范视频监控联网系统信息传输、交换、控制技术要求》,这是一个定义视频联网传输和设备控制标准的白皮书,由公安部科技信息化局提出,该标准规定了城市监控报警联网系统中信息传输、交换、控制的互联结构、通信协议结构,传输、交换、控制的基本要求和安全性要求,以及控制、传输流程和协议接口等技术要求。解决了视频间互联互通,数据共享,以及设备控制等问题,这从顶层解决了视频信息各自为战的问题,打通了视频联网的信息孤岛。

10.1 协议简介

近年来,国内视频监控应用发展迅猛,系统接入规模不断扩大,涌现了大量平台提供商,平台提供商的接入协议各不相同,终端制造商需要给每款终端维护及提供各种不同平台的软件版本,造成了极大的资源浪费。各地视频大规模建设后,省级、国家级集中调阅,对重特大事件通过视频掌握现场并进行指挥调度的需求逐步涌现,然而不同平台间缺乏统一的互通协议。在这样的产业背景下,基于终端标准化、平台互联互通的需求,GB/T 28181 应运而生。GB/T 28181 标准规定了公共安全视频监控联网系统(以下简称联网系统)的互联结构,传输、交换、控制的基本要求和安全性要求,以及控制、传输流程和协议接口等技术要求。主要包括 2011、2016 和 2022 版本,早期的版本为 GB/T 28181-2011,是由公安部科技信息化局提出的,由全国安全防范报警系统标准化技术委员会(SAC/TC100)归口,并由公安部一所等多家单位共同起草的一部国家标准。该版本于 2016 年 07 月 12 日已经被 GB/T 28181-2016 所取代。该标准在全国范围内的平安城市项目建设中被普遍推广应用,自发布以来,得到了各大视频监控厂商的积极响应。它的英文名称为 Technical Requirements for Information Transport, Switch and Control in Video Surveillance Network System for Public Security。

新版国家标准 GB/T 28181-2022《公共安全视频监控联网系统信息传输、交换、控制技术要求》已于 2022 年 12 月 30 日发布,并于 2023 年 7 月 1 日正式实施,将代替 GB/T 28181-

2016《公共安全视频监控联网系统信息传输、交换、控制技术要求》。

GB/T 28181 协议实现分为两部分,一部分是信令部分,另一部分是流媒体数据传输。GB/T 28181 相对 RTMP,支持 TCP 和 UDP 模式,信令流负责会话(Session)交互,数据流负责数据传输,适合标准协议规范的平台级产品对接。Android 终端除支持常规的音视频数据接入外,还可以支持订阅(Subscribe)实时位置(MobilePosition)、实时目录查询等,支持标准 28181 服务对接。此外,在产品设计部分,媒体流支持最新 GB/T 28181-2022 的UDP 和 TCP 被动模式,参数配置支持注册有效期、心跳间隔、心跳间隔次数和 TCP/UDP信令设置,支持 RTP Sender IP 地址类型、RTP Socket 本地端口、SSRC、RTP Socket 发送Buffer 大小和 RTP 时间戳时钟频率设置,支持注册成功、注册超时、INVIT、ACK 和 BYE状态回调等。GB/T 28181 协议的主要内容包括互联结构、传输基本要求、交换基本要求、控制基本要求、传输交换控制安全性要求、控制传输流程和协议接口等,如图 10-1 所示。

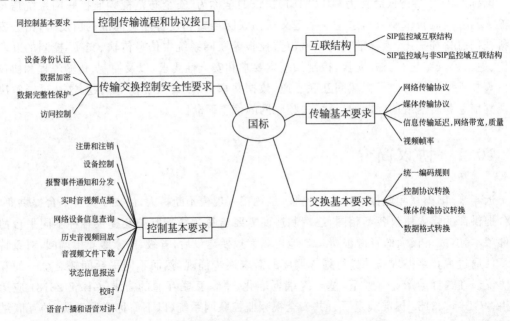

图 10-1 GB/T 28181 的主要内容

为了解决平台之间的互通问题,例如 A 平台(北京交警系统)需要查看 B 平台(郑州交警系统)的视频,需要对接过实现视频的调度,此时需要知道各个平台的取流协议。国家就因此制定了这个 GB/T 28181 国标以实现 A 与 B 平台的相互取流。它是一个应用层协议,不是基础的通信协议,GB/T 28181 协议信令层面使用的是 SIP,而媒体流使用的是 RTP。GB/T 28181的通信流程如图 10-2 所示。

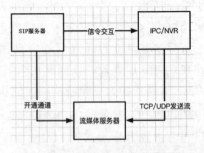

图 10-2 GB/T 28181 的通信流程

其中,SIP 服务器和流媒体服务器可以是同一个设备。在 GB/T 28181 协议中,联网系统在进行音视频传输及控制时应建立两个传输通道,即会话通道和媒体流通道。会话通道用于在设备之间建立会话并传输系统控制命令,媒体通道用于传输音视频数据。例如在会话通道中,注册和实时音视频点播等应用的会话控制采用 SIP 中的 REGISTER 和 INVITE 等请求和响应方法实现。平台上下级是指 A 平台想从 B 平台取流,A 平台就是上级,B 平台就是下级,视频流从下级流向上级。视频流向主要包括推和拉模式,拉模式是指播放器通过某个地址拉流并进行播放,而推模式是指流媒体服务器取流时通过 SIP 告诉 IPC 设备端,要往哪个 IP Port 上进行推流,然后 IPC 设备端就会一直往对应的 IP Port 上发送视频流。

10.2　术语、定义和缩略语

10.2.1　术语和定义

GB/T 28181 协议相关的术语和定义如下。

1. 公共安全视频监控联网系统

公共安全视频监控联网系统(Video Surveillance Network System for Public Security)是指以维护国家安全和社会稳定、预防和打击违法犯罪活动为目的,综合应用视音频监控、通信、计算机、网络、系统集成等技术,构建的具有信息采集、传输、交换、控制、显示、存储、处理等功能的能够实现不同设备及系统间互联、互通、互控的综合网络系统。

2. 联网系统信息

联网系统信息(Data of Network System)是指联网系统内传输、交换、控制的信息,主要包括报警信息(模拟开关量报警和数据协议型报警)、视频信息(模拟视频信号和数字视频信号)、音频信息(模拟音频信号和数字音频信号)、设备控制信息(串口数据和 IP 网络数据)、设备管理信息(串口数据和 IP 网络数据)等。

3. 前端设备

前端设备(Front-End Device)是指联网系统中安装于监控现场的信息采集、编码/处理、存储、传输、安全控制等设备。

4. 监控点

监控点(Surveillance Site)是指前端设备安装或监控的地点或场所。

5. 监控中心

监控中心(Surveillance Center)是指联网系统内特定的信息汇集、处理、共享节点。

注意:监控管理人员在此对联网系统进行集中管理、控制,对监控信息进行使用、处置。

6. 用户终端

用户终端(User Terminal)是指经联网系统注册并授权的对系统内的数据和/或设备有操作需求的客户端设备。

7. 数字接入

数字接入(Digital Access)是指前端设备或区域监控报警系统通过数字传输通道将数字视音频信号传送到监控中心的接入方式。

注意：包括前端模拟摄像机的模拟视音频信号通过 DVR、DVS 等转码设备转换为数字视音频信号后通过数字传输通道传送到监控中心的接入方式。

8. 模拟接入

模拟接入(Analog Access)是指前端设备或区域监控报警系统通过模拟传输通道将模拟视音频信号传送到监控中心的接入方式。

9. 模数混合型监控系统

模数混合型监控系统(Analog and Digital Surveillance System)是指同时存在模拟、数字两种信号控制和处理方式的监控系统。

10. 数字型监控系统

数字型监控系统(Digital Surveillance System)是指只存在数字信号控制和处理方式的监控系统。

11. 会话初始协议

会话初始协议(Session Initiation Protocol,SIP)是指由互联网工程任务组制定的用于多方多媒体通信的框架协议。

注意：它是一个基于文本的应用层控制协议,独立于底层传输协议,用于建立、修改和终止 IP 网络上的双方或多方多媒体会话。互联网工程任务组,即(Internet Engineering Task Force,IETF)。

12. 会话控制

会话控制(Session Control)是指建立、修改或结束一个或多个参与者之间通信的过程。

13. SIP 监控域

SIP 监控域(SIP Surveillance Realm)是指支持本标准规定的通信协议的监控网络,通常由 SIP 服务器和注册在 SIP 服务器上的监控资源、用户终端、网络等组成。

14. 非 SIP 监控域

非 SIP 监控域(non-SIP Surveillance Realm)是指不支持本标准规定的通信协议的监控资源、用户终端、网络等构成的监控网络。非 SIP 监控域包括模拟接入设备、不支持本标准规定的通信协议的数字接入设备、模数混合型监控系统、不支持本标准规定的 SIP 的数字型监控系统。

15．第三方控制者

第三方控制者(Third Party Controller)是指一个 SIP 用户代理(UA)，它能够在另外两个用户代理之间创建会话。第三方控制者一般采用背靠背用户代理(B2BUA)实现。

16．第三方呼叫控制

第三方呼叫控制(Third Party Call Control)是指第三方控制者在另外两方或者更多方之间发起、建立会话及释放会话的操作，负责会话方之间的媒体协商。

17．用户代理

用户代理(User Agent)是指 IETF RFC3261 规定的 SIP 逻辑终端实体，由用户代理客户端(UAC)和用户代理服务器(UAS)组成，UAC 负责发起呼叫，UAS 负责接收呼叫并作出响应。

18．代理服务器

代理服务器(Proxy Server)是指 IETF RFC3261 规定的 SIP 逻辑实体，通过它把来自 UAC 的请求转发到 UAS，并把 UAS 的响应消息转发回 UAC。一个请求消息有可能通过若干代理服务器来传送，每个代理服务器独立地确定路由；响应消息沿着请求消息相反的方向传递。

19．注册服务器

注册服务器(Register Server)是指 IETF RFC3261 规定的 SIP 逻辑实体，是具有接收注册请求、将请求中携带的信息进行保存并提供本域内位置服务的功能服务器。

20．重定向服务器

重定向服务器(Redirect Server)是指 IETF RFC3261 规定的 SIP 逻辑实体，负责规划 SIP 呼叫路由。它将获得的呼叫下一跳地址信息告诉呼叫方，以使呼叫方根据此地址直接向下一跳发出请求，此后重定向服务器退出呼叫过程。

21．背靠背用户代理

背靠背用户代理(Back-to-Back User Agent)是指 IETF RFC3261 规定的 SIP 逻辑实体，它作为 UAS 接受请求消息并处理该消息，同时，为了判决该请求消息如何应答，它也作为 UAC 发送请求消息。

注意：背靠背用户代理(B2B UA)和代理服务器不同的是，B2B UA 需要维护一个它所创建的对话状态。

22．功能实体

功能实体(Functional Entity)是指实现一些特定功能的逻辑单元的集合。

注意：一个物理设备可以由多个功能实体组成，一个功能实体也可以由多个物理设备组成。

23. 源设备/目标设备

源设备/目标设备（Source Device/Target Device）中的源设备代表主动发起会话的一方，而目标设备代表最终响应会话的一方。

24. SIP 客户端

SIP 客户端（SIP Client）是指具有注册登记、建立/终止会话连接、接收和播放视音频流等功能，主要包括用户界面、用户代理（UA）、媒体解码模块和媒体通信模块。用户代理应符合 IETF RFC3261 的规定，用来建立、修改、终止会话连接，是进行会话控制的主要模块，媒体通信模块应能用来实现媒体传输和媒体回放控制。

25. SIP 设备

SIP 设备（SIP Device）是指具有注册、建立、终止会话连接和控制、采集、编解码及传送视音频流等的功能实体，主要包括用户代理（UA）、媒体采集/编解码模块和媒体通信模块。用户代理应符合 IETF RFC3261 规定，用来建立、修改、终止会话连接，是进行会话控制的主要模块，媒体通信模块主要用来实现媒体传输和媒体回放控制。

注意：联网系统中 SIP 设备的实现形式主要有支持 SIP 协议的网络摄像机、视频编/解码设备、数字硬盘录像机（DVR）和报警设备等。若 SIP 设备具有多路视音频编解码通道，则每个通道宜成为一个 SIP 逻辑 UA，具有唯一的 SIP URI，并向 SIP 服务器注册。

---

26. 中心信令控制服务器

中心信令控制服务器（Center Control Server）是指具有向 SIP 客户端、SIP 设备、媒体服务器和网关提供注册、路由选择及逻辑控制功能，并且可提供接口与应用服务器通信。组成中心信令控制的逻辑实体包括代理服务器、注册服务器、重定向服务器、背靠背用户代理等的一种或者几种，是负责核心 SIP 信令应用处理的 SIP 服务器。

27. 媒体服务器

媒体服务器（Media Server）可提供实时媒体流的转发服务，可提供媒体的存储、历史媒体信息的检索和点播服务。媒体服务器接收来自 SIP 设备、网关或其他媒体服务器等设备的媒体数据，并根据指令，将这些数据转发到其他单个或者多个 SIP 客户端和媒体服务器。

28. 信令安全路由网关

信令安全路由网关（Secure Signal Routing Gateway）是指具有接收或转发域内外 SIP 信令功能，并且完成信令安全路由网关间路由信息的传递及路由信令、信令身份标识的添加和鉴别等功能，是一种具有安全功能的 SIP 服务器。

29. 级联

级联（Cascaded Networking）是指两个信令安全路由网关之间按照上下级关系连接，上级中心信令控制服务器通过信令安全路由网关可调用下级中心信令控制服务器所管辖的监控资源，下级中心信令控制服务器通过信令安全路由网关向上级中心信令控制服务器上传本级中心信令控制服务器所管辖的监控资源或共享上级资源。

30．互联

互联(Peer-to-Peer Networking)是指两个信令安全路由网关之间按照平级关系连接,中心信令控制服务器之间经授权可相互调用对方中心信令控制服务器的监控资源。

10.2.2　缩略语

GB/T 28181协议相关的缩略语如下。

AES:高级加密标准(Advanced Encryption Standard)。

B2BUA:背靠背用户代理(Back to Back User Agent)。

CIF:通用中间格式(Common Intermediate Format)。

DES:数据加密标准(Data Encryption Standard)。

DNS:域名系统(Domain Name System)。

DVR:数字硬盘录像机(Digital Video Recorder)。

ID:标识编码(Identification)。

IP:因特网协议(Internet Protocol)。

IPC:网络摄像机(Internet Protocol Camera)。

IPSec:因特网安全协议(Internet Protocol Security)。

MANSCDP:监控报警联网系统控制描述协议(Monitoring and Alarming Network System Control Description Protocol)。

MANSRTSP:监控报警联网系统实时流协议(Monitoring and Alarming Network System RealTime Streaming Protocol)。

MD5:信息摘要算法第5版(Message Digest Algorithm 5)。

MPEG-4:动态图像专家组 (Moving Picture Experts Group)。

NAT/FW:网络地址翻译/防火墙(Network Address Translator and FireWall)。

NTP:网络时间协议(Network Time Protocol)。

NVR:网络硬盘录像机(Network Video Recorder)。

PS:节目流(Program Stream)。

RTCP:实时传输控制协议(Real-time Transport Control Protocol)。

RTP:实时传输协议(Real-time Transport Protocol)。

RTSP:实时流化协议(Real-Time Streaming Protocol)。

SDP:会话描述协议(Session Description Protocol)。

SHA:安全哈希算法(Secure Hash Algorithm)。

SIP:会话初始协议(Session Initiation Protocol)。

SVAC:安全防范监控数字视音频编码(Surveillance Video and Audio Coding)。

S/MIME:安全多用途网际邮件扩充协议(Secure Multipurpose Internet Mail Extensions)。

TCP：传输控制协议（Transmission Control Protocol）。

TLS：传输层安全（Transport Layer Security）。

UA：用户代理（User Agent）。

UAC：用户代理客户端（User Agent Client）。

UAS：用户代理服务器端（User Agent Server）。

UDP：用户数据报协议（User Datagram Protocol）。

URI：全局资源标识符（Universal Resource Identifier）。

XML：可扩展标记语言（EXtensible Markup Language）。

10.3　互联结构

GB/T 28181 协议联网系统的互联结构包括 SIP 监控域互联结构、SIP 监控域与非 SIP 监控域互联结构和联网系统通信协议结构。

10.3.1　SIP 监控域互联结构

联网系统的信息传输、交换、控制方面的 SIP 监控域互联结构如图 10-3 所示，该结构描述了在单个 SIP 监控域内、不同 SIP 监控域间两种情况下，功能实体之间的连接关系。功能实体之间的通道互联协议分为会话通道协议和媒体流通道协议两种类型。

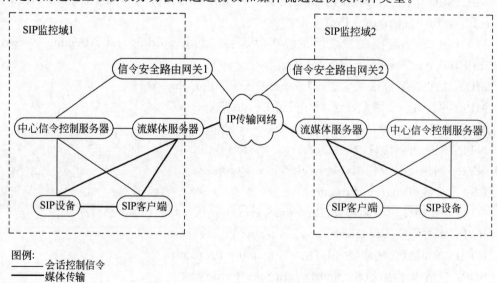

图 10-3　SIP 监控域互联结构

1. 区域内联网

区域内联网是指区域内的 SIP 监控域由 SIP 客户端、SIP 设备、中心信令控制服务器、流媒体服务器和信令安全路由网关等功能实体组成。各功能实体以传输网络为基础,实现SIP 监控域内联网系统的信息传输、交换和控制。

2. 跨区域联网

跨区域联网是指若干相对独立的 SIP 或非 SIP 监控域以信令安全路由网关和流媒体服务器为核心,通过 IP 传输网络,实现跨区域监控域之间的信息传输、交换和控制。

3. 联网方式

联网方式包括级联和互联两种方式。

1)级联

级联是指两个信令安全路由网关之间是上下级关系,下级信令安全路由网关主动向上级信令安全路由网关发起注册,经上级信令安全路由网关鉴权认证后才能进行上下级系统间通信。级联方式的多级联网结构示意图有两种,其中信令级联结构如图 10-4 所示,媒体级联结构如图 10-5 所示;信令流都应逐级转发,媒体流宜采用图 10-5 所示的方式传送,也可跨媒体服务器传送。

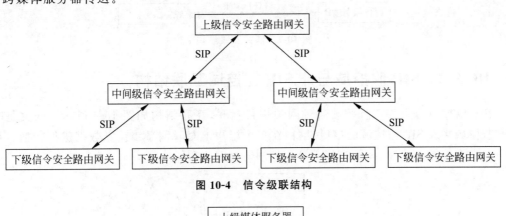

图 10-4 信令级联结构

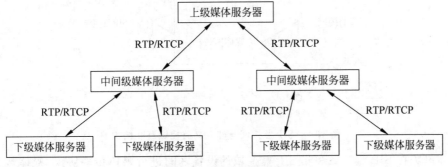

图 10-5 媒体级联结构

2)互联

互联是指信令安全路由网关之间是平级关系,当需要共享对方 SIP 监控域的监控资源时,由信令安全路由网关向目的信令安全路由网关发起,经目的信令安全路由网关鉴权认证后方可进行平级系统间通信。互联方式的联网结构示意图有两种,其中信令互联结构如

图 10-6 所示,媒体互联结构如图 10-7 所示;信令流应通过信令安全路由网关传送,媒体流宜通过媒体服务器传送。

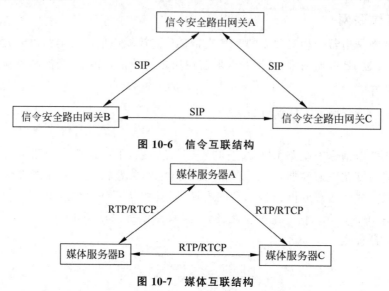

图 10-6　信令互联结构

图 10-7　媒体互联结构

10.3.2　SIP 监控域与非 SIP 监控域互联结构

SIP 监控域与非 SIP 监控域通过网关进行互联,互联结构如图 10-8 所示。网关是非 SIP 监控域接入 SIP 监控域的接口设备,在多个层次上对联网系统信息数据进行转换。根据转换的信息数据类型,网关逻辑上分为控制协议网关和媒体网关。

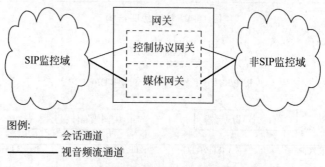

图 10-8　SIP 监控域与非 SIP 监控域互联结构

媒体网关在 SIP 监控域和非 SIP 监控域的设备之间进行媒体传输协议、媒体数据编码格式的转换,具体功能应包括以下的一种或者几种:

(1) 对非 SIP 监控域的媒体传输协议和数据封装格式 GB/T 28181 协议规定的媒体传输协议和数据封装格式进行双向协议转换。

(2) 对非 SIP 监控域的媒体数据与 GB/T 28181 协议规定的媒体数据压缩编码进行双向转码。

10.3.3 联网系统通信协议结构

当联网系统内部进行视频、音频、数据等信息传输、交换、控制时,应遵循 GB/T 28181 所规定的通信协议,通信协议的结构如图 10-9 所示。联网系统在进行视音频传输及控制时应建立两个传输通道,即会话通道和媒体流通道。会话通道用于在设备之间建立会话并传输系统控制命令;媒体流通道用于传输视音频数据,经过压缩编码的视音频流采用流媒体协议 RTP/RTCP 传输。

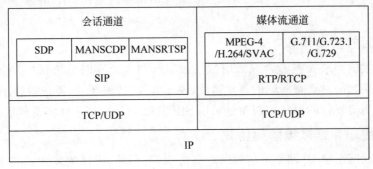

图 10-9 通信结构

1. 控制协议网关

控制协议网关在 SIP 监控域和非 SIP 监控域的设备之间进行网络传输协议、控制协议、设备地址的转换,具体功能应包括以下的一种或几种:

(1) 代理非 SIP 监控域设备在 SIP 监控域的 SIP 服务器上进行注册。

(2) 对非 SIP 监控域的网络传输协议与 GB/T 28181 协议规定的网络传输协议进行双向协议转换。

(3) 对非 SIP 监控域的设备控制协议与会话初始协议、会话描述协议、控制描述协议和媒体回放控制协议进行双向协议转换。

(4) 对非 SIP 监控域的设备地址与符合统一编码规则的设备地址进行双向地址转换。

2. 会话初始协议

会话初始协议用于安全注册、实时视音频点播、历史视音频的回放等应用的会话控制,采用 IETF RFC3261 规定的 Register、Invite 等请求和响应方法实现,历史视音频回放控制采用 SIP 扩展协议 IETF RFC2976 规定的 INFO 方法实现,前端设备控制、信息查询、报警事件通知和分发等应用的会话控制采用 SIP 扩展协议 IETF RFC3428 规定的 Message 方法实现。

SIP 消息应支持基于 UDP 和 TCP 的传输。互联的系统平台及设备不应向对方的 SIP 端口发送与应用无关的消息,避免应用无关消息占用系统平台及设备的 SIP 消息处理资源。本标准基于 IETF RFC3261 等基础性协议,进行监控联网各项业务功能的规定,本标准中各项功能如有特殊规定应遵循本标准,否则应遵循 IETF RFC3261 等引用协议。

3. 会话描述协议

联网系统有关设备之间会话建立过程的会话协商和媒体协商应采用 IETF RFC4566 协议描述，主要内容包括会话描述、媒体信息描述、时间信息描述。会话协商和媒体协商信息应采用 SIP 消息的消息体携带传输。

4. 控制描述协议

联网系统有关前端设备控制、报警信息、设备目录信息等控制命令应采用监控报警联网系统控制描述协议（MANSCDP）描述，联网系统控制命令应采用 SIP 消息 Message 的消息体携带传输。

5. 媒体回放控制协议

历史视音频的回放控制命令应采用监控报警联网系统实时流协议（MANSRTSP），实现设备在端到端之间对视音频流的正常播放、快速播放、暂停播放、停止播放、随机拖动播放等远程控制。历史媒体的回放控制命令采用 SIP 消息 Info 的消息体携带传输。

6. 媒体传输和媒体编解码协议

媒体流在联网系统 IP 网络上传输时应支持 RTP 传输，媒体流发送源端应支持控制媒体流发送峰值功能。RTP 的负载应采用两种格式之一：基于 PS 封装的视音频数据或视音频基本流数据。媒体流的传输应采用 IETF RFC3550 规定的 RTP，提供实时数据传输中的时间戳信息及各数据流的同步；应采用 IETF RFC3550 规定的 RTCP，为按序传输数据包提供可靠保证，提供流量控制和拥塞控制。

10.4 传输要求

GB/T 28181 协议的传输要求包括以下几点。

1. 网络传输协议要求

联网系统网络层应支持 IP，传输层应支持 TCP 和 UDP。

2. 媒体传输协议要求

视音频流在基于 IP 的网络上传输时应支持 RTP/RTCP；视音频流的数据封装格式应支持 PS 格式；视音频流在基于 IP 的网络上传输时宜扩展支持 TCP。

3. 信息传输延迟时间

当信息（包括视音频信息、控制信息及报警信息等）经由 IP 网络传输时，端到端的信息延迟时间（包括发送端信息采集、编码、网络传输、信息接收端解码、显示等过程所经历的时间）应满足下列要求：

（1）前端设备与信号直接接入的监控中心相应设备间端到端的信息延迟时间应不大于 2s。

（2）前端设备与用户终端设备间端到端的信息延迟时间应不大于 4s。

4. 网络传输带宽

联网系统网络带宽设计应能满足前端设备接入监控中心、监控中心互联、用户终端接入监控中心的带宽要求,并留有余量。前端设备接入监控中心单路的网络传输带宽应不低于512Kb/s,重要场所的前端设备接入监控中心单路的网络传输带宽应不低于2Mb/s,各级监控中心间网络单路的网络传输带宽应不低于2.5Mb/s。

5. 网络传输质量

联网系统 IP 网络的传输质量(如传输时延、包丢失率、包误差率、虚假包率等)应符合以下要求:

(1) 网络时延上限值为 400ms。

(2) 时延抖动上限值为 50ms。

(3) 丢包率上限值为 1×10^{-3}。

(4) 包误差率上限值为 1×10^{-4}。

6. 视频帧率

本地录像时可支持的视频帧率应不低于 25 帧/s;当图像格式为 CIF 时,网络传输的视频帧率应不低于 25 帧/s;当图像格式为 4CIF 以上时,网络传输的视频帧率应不低于 15 帧/s,重要图像信息宜 25 帧/s。

10.5　交换要求

GB/T 28181 协议的交换要求包括以下几点。

10.5.1　统一编码规则

1. ID 统一编码规则

ID 统一编码规则是指联网系统应对前端设备、监控中心设备、用户终端 ID 进行统一编码,该编码具有全局唯一性。编码应采用编码规则 A(20 位十进制数字字符编码);局部应用系统也可用编码规则 B(18 位十进制数字字符编码)。联网系统管理平台之间的通信、管理平台与其他系统之间的通信应采用本章规定的统一编码标识联网系统的设备和用户。

编码规则 A 由中心编码(8 位)、行业编码(2 位)、类型编码(3 位)和序号(7 位)4 个码段共 20 位十进制数字字符构成,即系统编码=中心编码+行业编码+类型编码+序号。编码规则 A 的详细说明如表 10-1 所示,其中,中心编码指用户或设备所归属的监控中心的编码,按照监控中心所在地的行政区划代码确定,当不是基层单位时空余位为 0。行政区划代码采用 GB/T 2260—2007 规定的行政区划代码表示。行业编码是指用户或设备所归属的行业,行业编码对照的详细说明如表 10-2 所示。类型编码指定了设备或用户的具体类型,其中前端设备包含公安系统和非公安系统的前端设备,终用户端包含公安系统和非公安系统的终用户端。

表 10-1　编码规则 A 的详细规则

码　段	码　位	含　义	取 值 说 明
中心编码	1、2	省级编号	由监控中心所在地的行政区划代码确定,符合 GB/T 2260—2007 的要求
	3、4	市级编号	
	5、6	区级编号	
	7、8	基层接入单位编号	
行业编码	9、10	行业编码	行业编码对照表见表 10-2
类型编码	11、12、13	111～130 表示类型为前端主设备	111　DVR 编码
			112　视频服务器编码
			113　编码器编码
			114　解码器编码
			115　视频切换矩阵编码
			116　音频切换矩阵编码
			117　报警控制器编码
			118　网络视频录像机(NVR)编码
			130　混合硬盘录像机(HVR)编码
			119～130　扩展的前端主设备类型
		131～199 表示类型为前端外围设备	131　摄像机编码
			132　网络摄像机(IPC)编码
			133　显示器编码
			134　报警输入设备编码(如红外、烟感、门禁等报警设备)
			135　报警输出设备编码(如警灯、警铃等设备)
			136　语音输入设备编码
			137　语音输出设备
			138　移动传输设备编码
			139　其他外围设备编码
			140～199　扩展的前端外围设备类型
		200～299 表示类型为平台设备	200　中心信令控制服务器编码
			201　Web 应用服务器编码
			202　媒体分发服务器编码
			203　代理服务器编码
			204　安全服务器编码
			205　报警服务器编码
			206　数据库服务器编码
			207　GIS 服务器编码
			208　管理服务器编码
			209　接入网关编码

续表

码　段	码　位	含　义	取　值　说　明	
类型编码	11、12、13	200～299 表示类型为平台设备	210	媒体存储服务器编码
			211	信令安全路由网关编码
			215	业务分组编码
			216	虚拟组织编码
			212～214,217～299	扩展的平台设备类型
		300～399 表示类型为中心用户	300	中心用户
			301～343	行业角色用户
			344～399	扩展的中心用户类型
		400～499 表示类型为终用户端	400	终用户端
			401～443	行业角色用户
			444～499	扩展的终用户端类型
		500～599 表示类型为平台外接服务器	500	视频图像信息综合应用平台信令服务器
			501	视频图像信息运维管理平台信令服务器
			502～599	扩展的平台外接服务器类型
		600～999 为扩展类型	600～999	扩展类型
网络标识	14	网络标识编码	0、1、2、3、4 为监控报警专网,5 为公安信息网,6 为政务网,7 为因特网,8 为社会资源接入网,9 预留	
序号	15～20	设备、用户序号		

表 10-2　行业编码对照表

接入类型码	名　称	建设主体	备　注
00	社会治安路面接入	政府机关	包括城市路面、商业街、公共区域、重点区域等
01	社会治安社区接入		包括社区、楼宇、网吧等
02	社会治安内部接入		包括公安办公楼、留置室等
03	社会治安其他接入		包括城市主要干道、国道、高速交通状况监视
04	交通路面接入		包括交叉路口、"电子警察"、关口、收费站等
05	交通卡口接入		包括交管办公楼等
06	交通内部接入		
07	交通其他接入		
08	城市管理接入		
09	卫生环保接入		
10	商检海关接入		
11	教育部门接入		
12～39			预留

续表

接入类型码	名　称	建设主体	备　注
40	农林牧渔业接入		
41	采矿企业接入		
42	制造企业接入		
43	冶金企业接入		
44	电力企业接入		
45	燃气企业接入		
46	建筑企业接入		
47	物流企业接入		
48	邮政企业接入	企业/事业单位	
49	信息企业接入		
50	住宿和餐饮业接入		
51	金融企业接入		
52	房地产业接入		
53	服务业接入		
54	水利企业接入		
55	娱乐企业接入		
56～79			预留2
80～89		居民自建	预留3
90～99		其他主体	预留4

　　编码规则B由中心编码(8位)、行业编码(2位)、序号(4位)和类型编码(2位)4个码段构成,即系统编码＝中心编码＋行业编码＋序号＋类型编码。编码规则B的详细说明如表10-3所示。

表 10-3　编码规则 B 的详细规则

码　段	码　位	含　义	取值说明	
中心编码	1、2	省级编号	由监控中心所在地的行政区划代码确定,符合 GB/T 2260—2007 的要求	
	3、4	市级编号		
	5、6	区级编号		
	7、8	基层接入单位编号		
行业编码	9、10	行业编码	行业编码对照表见表 10-2	
序号	11～16	设备、用户序号		
类型编码	17、18	数字视音频设备类型码为 00～19	00	数字视频编码设备(不带本地存储)
			01	数字视频录像设备(带本地存储)
			02	数字视频解码设备
			03～19	预留1(数字视音频设备)

续表

码　段	码　位	含　义	取　值　说　明	
类型编码	17、18	服务器设备类型码为 20～39	20	监控联网管理服务器
			21	视频代理服务器
			22	Web 接入服务器
			23	录像管理服务器
			24～39	预留 2(服务器设备)
		其他数字设备类型码为 40～59	40	网络数字矩阵
			41	网络控制器
			42	网络报警主机
			43～59	预留 3(其他数字设备)
		模拟视音频设备类型码为 60～74	60	模拟摄像机
			61	视频模拟矩阵
			62～74	预留 4(模拟视音频设备)
		其他模拟设备类型码为 75～89	75	模拟控制器
			76	模拟报警主机
			77～89	预留 4(其他模拟设备)
		90～99 表示用户类型	90	系统管理员
			91	子系统管理员
			92	高级用户
			93	普通用户
			94	浏览用户
			95	权限组用户
			96～99	预留

2. SIP URL 编码规则

SIP URI 编码规则参照 IETF RFC3261,规定联网系统中 SIP 消息的 From、To 头域中的 SIPURI 格式如下:

```
sip[s]:username@domain;uri-parameters
```

其中,用户名 username 的命名应保证在同一个 SIP 监控域内具有唯一性,宜采用 ID 统一编码规则;domain 宜采用 ID 统一编码的前十位编码,扩展支持十位编码加 .spvmn.cn 扩展名格式,或采用 IP:port 格式,port 宜采用 5060;uri-parameters 可用于携带扩展参数。

SIP 消息中其他头域的 SIP URI 取值符合 IETF RFC3261 信令通信规定即可。

10.5.2　媒体压缩编解码

在联网系统中,对视音频编/解码的技术要求包括编/解码的档次和级别、工具选项、码流语法的规定及比特流和解码器的一致性测试等,具体要求如下:

(1) 视频编码应支持 H.264、SVAC 或 MPEG-4 视频编码标准,视频解码应同时支持

H. 264、SVAC 和 MPEG-4 视频解码标准。

（2）音频编码应支持 G. 711、G. 723. 1、G. 729 或 SVAC 音频编码标准，音频解码应同时支持 G. 711、G. 723. 1、G. 729 和 SVAC 音频解码标准。

10.5.3　媒体存储封装格式

在联网系统中，视音频等媒体数据的存储封装格式应为 PS 格式，详细格式可参考 ISO/IEC 13818-1:2000。

10.5.4　SDP 定义

在联网系统中，SIP 消息体中携带的 SDP 内容应符合 IETF RFC2327 的相关要求。

10.5.5　网络传输协议的转换

联网系统网络层应支持 IP，传输层应支持 TCP 和 UDP。应支持对非 SIP 监控域的网络传输协议与 IP 进行双向协议转换。

10.5.6　控制协议的转换

应支持对非 SIP 监控域的设备控制协议与会话初始协议、会话描述协议、控制描述协议和媒体回放控制协议进行双向协议转换。

10.5.7　媒体传输协议的转换

媒体流在联网系统 IP 网络上传输时应支持 RTP 传输，媒体流发送源端应支持控制媒体流发送峰值功能。RTP 的负载应采用两种格式之一：基于 PS 封装的视音频数据或视音频基本流数据。媒体流的传输应采用 IETF RFC3550 规定的 RTP，提供实时数据传输中的时间戳信息及各数据流的同步；应采用 IETF RFC3550 规定的 RTCP，为按序传输数据包提供可靠保证，提供流量控制和拥塞控制。应支持对非 SIP 监控域的媒体传输协议和 PS 数据封装格式与 RTP 媒体传输协议和数据封装格式进行双向协议转换。

10.5.8　媒体数据格式的转换

应支持将非 SIP 监控域的媒体数据转换为符合媒体编码格式的数据。

10.5.9　与其他系统的数据交换

联网系统通过接入网关提供与综合接处警系统、卡口系统等其他应用系统的接口。

10.5.10　信令字符集

联网系统与设备的 SIP 信令字符集宜采用 GB 2312 编码格式。

10.6　控制要求

GB/T 28181 协议的控制要求包括以下几点。

1. 注册

应支持设备或系统进入联网系统时向 SIP 服务器进行注册登记的工作模式。如果设备或系统注册不成功,则宜延迟一定的随机时间后重新注册。

2. 实时视音频点播

应支持按照指定设备、指定通道进行图像实时点播,支持多用户对同一图像资源的同时点播。

3. 设备控制

应支持向指定设备发送控制信息,如球机/云台控制、录像控制、报警设备的布防/撤防等,实现对设备的各种动作进行遥控。

4. 报警事件通知和分发

应能实时接收报警源发送来的报警信息,根据报警处置预案将报警信息及时分发给相应的用户终端或系统、设备。

5. 设备信息查询

应支持分级查询并获取联网系统中注册设备或系统的目录信息、状态信息等,其中设备目录信息包括设备 ID、设备名、设备厂家名称、设备型号、设备地址、设备口令、设备类型、设备状态、设备安装地址、设备归属单位、父设备 ID 等信息。应支持查询设备的基本信息,如设备厂商、设备型号、版本、支持协议类型等信息。

6. 状态信息报送

应支持以主动报送的方式搜集、检测网络内的监控设备、报警设备、相关服务器及连接的联网系统的运行情况。

7. 历史视音频文件检索

应支持对指定设备上指定时间段的历史视音频文件进行检索。

8. 历史视音频回放

应支持对指定设备或系统上指定时间的历史视音频数据进行远程回放,回放过程应支持正常播放、快速播放、慢速播放、画面暂停、随机拖放等媒体回放控制。

9. 历史视音频文件下载

应支持对指定设备指定时间段的历史视音频文件进行下载。

10. 网络校时

联网系统内的 IP 网络服务器设备宜支持 NTP(见 IETF RFC2030)协议的网络统一校时服务。网络校时设备分为时钟源和客户端,支持客户/服务器的工作模式;时钟源应支持 TCP/IP、UDP 及 NTP,能将输入的或自身产生的时间信号以标准的 NTP 信息包格式输出。联网系统内的 IP 网络接入设备应支持 SIP 信令的统一校时,接入设备应在注册时接受来自 SIP 服务器通过消息头 Date 域携带的授时。

11. 订阅和通知

宜支持订阅和通知机制,支持事件及目录订阅和通知。

12. 语音广播和语音对讲

宜支持语音广播、语音对讲机制。

10.7 传输、交换、控制安全性要求

GB/T 28181 协议的传输、交换和控制的安全性要求包括以下几点。

1. 设备身份认证

应对接入系统的所有设备进行统一编码。接入设备认证应根据不同情况采用不同的认证方式。对于非标准 SIP 设备,宜通过网关进行认证。在低安全级别应用情况下,应采用基于口令的数字摘要认证方式对设备进行身份认证;在高安全级别应用情况下,应采用基于数字证书的认证方式对设备进行身份认证。

2. 数据加密

在高安全级别应用情况下,宜在网络层采用 IPSec 或在传输层采用 TLS 对 SIP 消息实现逐跳安全加密;宜在应用层采用 S/MIME 机制的端到端加密(见 IETF RFC3261—2002),传输过程中宜采用 RSA(1024 位或 2048 位)对会话密钥进行加密,传输内容宜采用 DES、3DES、AES(128 位)等算法加密。在高安全级别应用情况下,数据存储宜采用 3DES、AES(128 位)、SM1 等算法进行加密。

3. SIP 信令认证

应对 SIP 信令做数字摘要认证,宜支持 MD5、SHA-1、SHA-256 等数字摘要算法。在 SIP 消息头域中启用 Date 域,增加 Note 域。Note = (Digestnonce = "", algorithm =), nonce 的值为数字摘要经过 BASE64 编码后的值,algorithm 的值为数字摘要的算法名称。当跨域访问时,若该信令由本域的用户发起,则信令安全路由网关宜向发送到外域的信令添加 Monitor-User-Identity 头域,其取值为信令安全路由网关 ID 和用户的身份信息;若该信

令不是由本域的用户发起的,则只在原有 Monitor-User-Identity 域值前添加信令安全路由网关 ID;各段分隔符为"-"。用户的身份为用户 ID 及用户身份属性信息(用户身份属性信息包括用户隶属机构属性、用户类别属性和用户职级属性)。

4. 数据完整性保护

联网系统宜采用数字摘要、数字时间戳及数字水印等技术防止信息的完整性被破坏,即防止恶意篡改系统数据。数字摘要宜采用信息摘要 5(MD5)、安全哈希算法 1(SHA-1)、安全哈希算法 256(SHA-256)等算法。

5. 访问控制

联网系统应实现统一的用户管理和授权,在身份鉴别的基础上,系统宜采用基于属性或基于角色的访问控制模型对用户进行访问控制。当跨域访问时,宜采用信令 Monitor-User-Identity 携带的用户身份信息进行访问控制。

10.8　控制、传输流程和协议接口

10.8.1　注册和注销

1. 基本要求

SIP 客户端、网关、SIP 设备、联网系统等 SIP 代理(SIP UA)使用 IETF RFC3261 中定义的方法 Register 进行注册和注销。注册和注销时应进行认证,认证方式应支持数字摘要认证方式,高安全级别的宜支持数字证书的认证方式。SIP 代理在注册过期时间到来之前,应向注册服务器进行刷新注册,并遵循 IETF RFC3261 对刷新注册的规定。若注册失败,则 SIP 代理应间隔一定时间后继续发起注册,与上一次注册时间间隔应可调,一般情况下不应短于 60s。系统、设备注册过期时间应可配置,默认值为 86 400s,应在注册过期时间到来之前发送刷新注册消息,为 SIP 服务器预留适当刷新注册处理时间,注册过期时间不应短于 3600s。如果 SIP 代理注册成功,则认为 SIP 服务器为在线状态,如果注册失败,则认为 SIP 服务器为离线状态;如果 SIP 服务器在 SIP 代理注册成功,则认为其为在线状态,如果 SIP 代理注册过期,则认为其为离线状态。

2. 信令流程

1)基本注册

基本注册即采用 IETF RFC3261 规定的基于数字摘要的挑战应答式安全技术进行注册,具体注册流程如图 10-10 所示。

注册流程描述如下:

(1) SIP 代理向 SIP 服务器发送 Register 请求。

(2) SIP 服务器向 SIP 代理发送响应 401,并在响应的消息头 WWW_Authenticate 字段中给出适合 SIP 代理的认证体制和参数。

（3）SIP 代理重新向 SIP 服务器发送 Register 请求，在请求的 Authorization 字段给出信任书，包含认证信息。

（4）SIP 服务器对请求进行验证，如果检查出 SIP 代理身份合法，则向 SIP 代理发送成功响应 200 OK，如果身份不合法，则发送拒绝服务应答。

2）基于数字证书的双向认证注册

SIP 代理和 SIP 服务器进行双向认证。对 IETF RFC3261 中定义的方法 Register 进行如下头域扩展：

图 10-10　基本注册流程示意图

（1）Authorization 的值增加 Capability 项用来描述编码器的安全能力。当 Authorization 的值为 Capability 时，只携带一个参数 algorithm，其值分为 3 部分，中间以逗号分隔。第一部分为非对称算法描述，取值为 RSA；第二部分为摘要算法描述，取值为 MD5/SHA-1/SHA-256 中的一个或者多个；第三部分为对称算法的描述，取值为 DES/3DES/SM1 中的一个或者多个。

（2）WWW-Authenticate 的值增加 Asymmetric 项用来携带验证 SIP 服务器身份的数据。当 WWW-Authenticate 的值为 Asymmetric 时，只携带参数 nonce 和 algorithm。algorithm 的值取安全能力中指明的算法。

（3）Authorization 的值增加 Asymmetric 项用来携带验证编码器的数据。当 Authorization 的值为 Asymmetric 时，携带 nonce、response 和 algorithm 共 3 个参数。

基于数字证书的双向认证注册流程如图 10-11 所示。

信令流程描述如下：

（1）SIP UA 向 SIP 服务器发送 Register 请求，消息头域中携带 SIP UA 安全能力。增加 Authorization 头字段，Authorization 的值为 Capability，参数 algorithm 的值分为 3 部分，中间以逗号分隔。第一部分为非对称算法描述，取值为 RSA；第二部分为摘要算法描述，取值为 MD5/SHA-1/SHA-256 中的一个或者多个；第三部分为对称算法的描述，取值为 DES/3DES/SM1 中的一个或者多个。

（2）SIP 服务器向 SIPUA 发送一个挑战响应 401，响应的消息头域 WWW-Authenticate 取值为 Asymmetric，参数 nonce 分为 a 和 b 两部分，algorithm 的值取 SIP UA 安全能力中的算法。

（3）SIPUA 收到 401 响应后，得到 nonce 中的 a 和 b 两部分。首先用 SIPUA 私钥解密 b，得到结果 c，对结果 c 用 401 响应中 algorithm 指定的算法做摘要，得到结果 d，用 SIP 服务器公钥解密 a，得到结果 d'，与结果 d 进行匹配，如果相匹配，则信任该结果，否则丢弃。SIP UA 重新向 SIP 服务器发送 Register 请求，Authorization 取值为 Asymmetric，参数 nonce 的值与上面第（2）步中的相同；response 的值为用本消息中 algorithm 指明的算法对 [c＋nonce] 做摘要的结果。

（4）SIP 服务器对请求进行验证，如果检查 SIPUA 身份合法，则向 SIP UA 发送成功响应 200 OK,如果身份不合法,则发送拒绝服务应答。

3）注销流程

注销流程如图 10-12 所示。

图 10-11 基于数字证书的双向认证   图 10-12 注销流程示意图
注册流程示意图

注销流程示意图的注销流程描述如下：

（1）SIP 代理向 SIP 服务器发送 Register 请求,Expires 字段的值为 0,表示 SIP 代理要注销。

（2）SIP 服务器向 SIP 代理发送响应 401,并在响应的消息头 WWW_Authenticate 字段中给出适合 SIP 代理的认证体制和参数。

（3）SIP 代理重新向 SIP 服务器发送 Register 请求,在请求的 Authorization 字段给出信任书,包含认证信息,Expires 字段的值为 0。

（4）SIP 服务器对请求进行验证,如果检查出 SIP 代理身份合法,则向 SIP 代理发送成功响应 200 OK,如果身份不合法,则发送拒绝服务应答。

10.8.2 实时视音频点播

1. 基本要求

实时视音频点播的 SIP 消息应通过本域或其他域的 SIP 服务器进行路由、转发,目标设备的实时视音频流宜通过本域内的媒体服务器进行转发。实时视音频点播采用 SIP(IETF RFC3261)中的 Invite 方法实现会话连接,采用 RTP/RTCP(IETF RFC3550)实现媒体传输。实时视音频点播的信令流程分为客户端主动发起和第三方呼叫控制两种方式,联网系统可选择其中一种或两种结合的实现方式。第三方呼叫控制的第三方控制者宜采用背靠背用户代理实现,有关第三方呼叫控制见 IETF RFC3725。实时视音频点播宜支持媒体流保活机制。

2. 命令流程

1）客户端主动发起

客户端主动发起的实时视音频点播流程如图 10-13 所示。

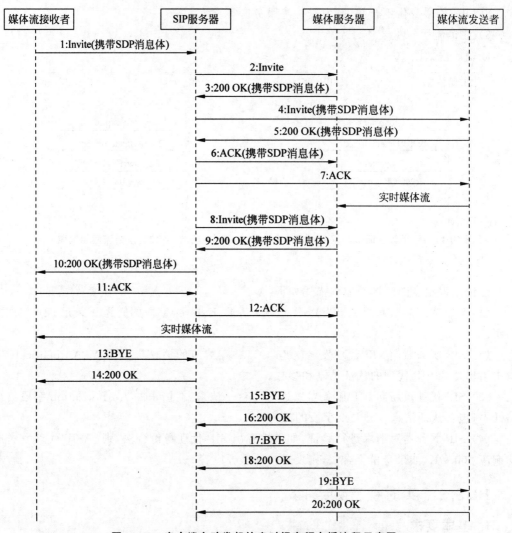

图 10-13　客户端主动发起的实时视音频点播流程示意图

其中,信令 1、8、9、10、11、12 为 SIP 服务器接收到客户端的呼叫请求后通过 B2BUA 代理方式建立媒体流接收者与媒体服务器之间的媒体流信令过程,信令 2~7 为 SIP 服务器通过第三方呼叫控制建立媒体服务器与媒体流发送者之间的媒体流信令过程,信令 13~16 为媒体流接收者断开与媒体服务器之间的媒体流信令过程,信令 17~20 为 SIP 服务器断开媒体服务器与媒体流发送者之间的媒体流信令过程。

命令流程描述如下:

(1)媒体流接收者向 SIP 服务器发送 Invite 消息,消息头域中携带 Subject 字段,表明点播的视频源 ID、发送方媒体流序列号、媒体流接收者 ID、接收端媒体流序列号等参数,SDP 消息体中 s 字段为 Play,代表实时点播。

(2)SIP 服务器收到 Invite 请求后,通过第三方呼叫控制建立媒体服务器和媒体流发送者之间的媒体连接。向媒体服务器发送 Invite 消息,此消息不携带 SDP 消息体。

(3) 媒体服务器收到 SIP 服务器的 Invite 请求后,回复 200 OK 响应,携带 SDP 消息体,消息体中描述了媒体服务器接收媒体流的 IP、端口、媒体格式等内容。

(4) SIP 服务器收到媒体服务器返回的 200 OK 响应后,向媒体流发送者发送 Invite 请求,请求中携带消息 3 中媒体服务器回复的 200 OK 响应消息体,s 字段为 Play,代表实时点播,增加 y 字段,用于描述 SSRC 值,f 字段用于描述媒体参数。

(5) 媒体流发送者收到 SIP 服务器的 Invite 请求后,回复 200 OK 响应,携带 SDP 消息体,消息体中描述了媒体流发送者发送媒体流的 IP、端口、媒体格式、SSRC 字段等内容。

(6) SIP 服务器收到媒体流发送者返回的 200 OK 响应后,向媒体服务器发送 ACK 请求,请求中携带消息 5 中媒体流发送者回复的 200 OK 响应消息体,完成与媒体服务器的 Invite 会话建立过程。

(7) SIP 服务器收到媒体流发送者返回的 200 OK 响应后,向媒体流发送者发送 ACK 请求,请求中不携带消息体,完成与媒体流发送者的 Invite 会话建立过程。

(8) 完成第三方呼叫控制后,SIP 服务器通过 B2BUA 代理方式建立媒体流接收者和媒体服务器之间的媒体连接。在消息 1 中增加 SSRC 值,转发给媒体服务器。

(9) 媒体服务器收到 Invite 请求,回复 200 OK 响应,携带 SDP 消息体,消息体中描述了媒体服务器发送媒体流的 IP、端口、媒体格式、SSRC 值等内容。

(10) SIP 服务器将消息 9 转发给媒体流接收者。

(11) 媒体流接收者收到 200 OK 响应后,回复 ACK 消息,完成与 SIP 服务器的 Invite 会话建立过程。

(12) SIP 服务器将消息 11 转发给媒体服务器,完成与媒体服务器的 Invite 会话建立过程。

(13) 媒体流接收者向 SIP 服务器发送 BYE 消息,断开消息 1、10、11 建立的同媒体流接收者的 Invite 会话。

(14) SIP 服务器收到 BYE 消息后回复 200 OK 响应会话断开。

(15) SIP 服务器收到 BYE 消息后向媒体服务器发送 BYE 消息,断开消息 8、9、12 建立的同媒体服务器的 Invite 会话。

(16) 媒体服务器收到 BYE 消息后回复 200 OK 响应,然后使会话断开。

(17) SIP 服务器向媒体服务器发送 BYE 消息,断开消息 2、3、6 建立的同媒体服务器的 Invite 会话。

(18) 媒体服务器收到 BYE 消息后回复 200 OK 响应,然后使会话断开。

(19) SIP 服务器向媒体流发送者发送 BYE 消息,断开消息 4、5、7 建立的同媒体流发送者的 Invite 会话。

(20) 媒体流发送者收到 BYE 消息后回复 200 OK 响应,然后使会话断开。

2) 第三方呼叫控制

第三方呼叫控制的实时视音频点播流程如图 10-14 所示。

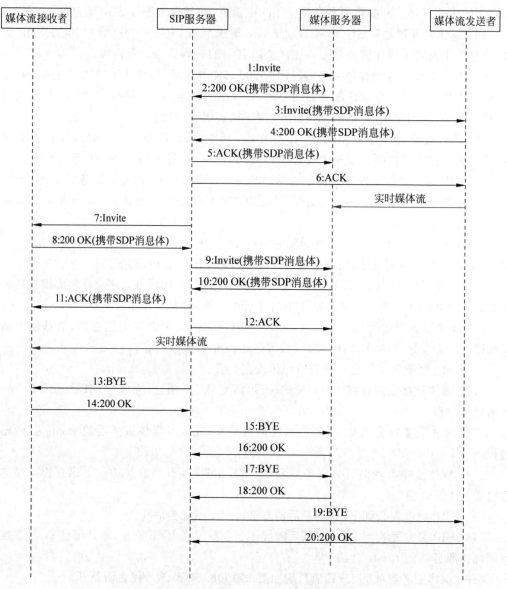

图 10-14　第三方呼叫控制的实时视音频点播流程示意图

其中,信令 1～6 为 SIP 服务器通过第三方呼叫控制建立媒体服务器与媒体流发送者之间的媒体链接信令过程,信令 7～12 为 SIP 服务器通过第三方呼叫控制建立媒体流接收者与媒体服务器之间的媒体链接信令过程,信令 13～16 为断开媒体流接收者与媒体服务器之间的媒体链接信令过程,信令 17～20 为断开媒体服务器与媒体流发送者之间的媒体链接信令过程。

命令流程描述如下:

(1) SIP 服务器向媒体服务器发送 Invite 消息,此消息不携带 SDP 消息体。

(2) 媒体服务器收到 SIP 服务器的 Invite 请求后,回复 200 OK 响应,携带 SDP 消息体,消息体中描述了媒体服务器接收媒体流的 IP、端口、媒体格式等内容。

(3) SIP 服务器收到媒体服务器返回的 200 OK 响应后,向媒体流发送者发送 Invite 请求,请求中携带消息 2 中媒体服务器回复的 200 OK 响应消息体,s 字段为 Play,代表实时点播,增加 y 字段,用于描述 SSRC 值,f 字段用于描述媒体参数。

(4) 媒体流发送者收到 SIP 服务器的 Invite 请求后,回复 200 OK 响应,携带 SDP 消息体,消息体中描述了媒体流发送者发送媒体流的 IP、端口、媒体格式、SSRC 字段等内容。

(5) SIP 服务器收到媒体流发送者返回的 200 OK 响应后,向媒体服务器发送 ACK 请求,请求中携带消息 4 中媒体流发送者回复的 200 OK 响应消息体,完成与媒体服务器的 Invite 会话建立过程。

(6) SIP 服务器收到媒体流发送者返回的 200 OK 响应后,向媒体流发送者发送 ACK 请求,请求中不携带消息体,完成与媒体流发送者的 Invite 会话建立过程。

(7) SIP 服务器向媒体流接收者发送 Invite 消息,此消息不携带 SDP 消息体。

(8) 媒体流接收者收到 SIP 服务器的 Invite 请求后,回复 200 OK 响应,携带 SDP 消息体,消息体中描述了媒体流接收者接收媒体流的 IP、端口、媒体格式等内容。

(9) SIP 服务器收到媒体流接收者返回的 200 OK 响应后,向媒体服务器发送 Invite 请求,请求中携带消息 8 中媒体流接收者回复的 200 OK 响应消息体,s 字段为 Play,代表实时点播,增加 y 字段,用于描述 SSRC 值。

(10) 媒体服务器收到 SIP 服务器的 Invite 请求后,回复 200 OK 响应,携带 SDP 消息体,消息体中描述了媒体服务器发送媒体流的 IP、端口、媒体格式、SSRC 字段等内容。

(11) SIP 服务器收到媒体服务器返回的 200 OK 响应后,向媒体流接收者发送 ACK 请求,请求中携带消息 10 中媒体服务器回复的 200 OK 响应消息体,完成与媒体流接收者的 Invite 会话建立过程。

(12) SIP 服务器收到媒体服务器返回的 200 OK 响应后,向媒体服务器发送 ACK 请求,请求中不携带消息体,完成与媒体服务器的 Invite 会话建立过程。

(13) SIP 服务器向媒体流接收者发送 BYE 消息,断开消息 7、8、11 建立的同媒体流接收者的 Invite 会话。

(14) 媒体流接收者收到 BYE 消息后回复 200 OK 响应会话断开。

(15) SIP 服务器向媒体服务器发送 BYE 消息,断开消息 9、10、12 建立的同媒体服务器的 Invite 会话。

(16) 媒体服务器收到 BYE 消息后回复 200 OK 响应,然后使会话断开。

(17) SIP 服务器向媒体服务器发送 BYE 消息,断开消息 1、2、5 建立的同媒体服务器的 Invite 会话。

(18) 媒体服务器收到 BYE 消息后回复 200 OK 响应,然后使会话断开。

(19) SIP 服务器向媒体流发送者发送 BYE 消息,断开消息 3、4、6 建立的同媒体流发送者的 Invite 会话。

（20）媒体流发送者收到 BYE 消息后回复 200 OK 响应，然后使会话断开。

3. 协议接口

SIP 消息头域（如 TO、FROM、CSeq、Call-ID、Max-Forwards 和 Via 等）的详细定义符合相关 SIP 消息的 RFC 文档的规定。消息头域 Allow 字段应支持 Invite、ACK、Info、CANCEL、BYE、OPTIONS 和 Message 方法，不排除支持其他 SIP 和 SIP 扩展方法。消息头 Content-type 字段应表示消息体采用 SDP 格式，定义如下：

```
Content-type:application/sdp.
```

源设备应在 SDP 格式的消息体中包括 t 行（见 IETF RFC4566—2006 中的 5.9），t 行的开始时间和结束时间均设置成 0，表示实时视音频点播。发送给媒体服务器的消息的消息头应包括 Subject 字段，系统应支持该字段。实时视频图像点播流程中携带的请求和应答消息体采用 SDP 格式定义。有关 SDP 的详细描述见 IETF RFC4566。SDP 文本信息包括会话名称和意图、会话持续时间、构成会话的媒体和有关接收媒体的信息地址等。SDP 格式消息体应包括 o 行（见 IETF RFC4566—2006 中的 5.2），o 行中的 username 应为本设备的设备编号；c 行中应包括设备或系统 IP 地址；m 行中应包括媒体接收端口号。

10.8.3　设备控制

1. 基本要求

源设备向目标设备发送设备控制命令，控制命令的类型包括球机/云台控制、远程启动、录像控制、报警布防/撤防、报警复位、强制关键帧、拉框放大、拉框缩小、看守位控制、设备配置等，设备控制采用 IETF RFC3428 中的 Message 方法实现。源设备包括 SIP 客户端、网关或者联网系统，目标设备包括 SIP 设备、网关或者联网系统。源设备向目标设备发送球机/云台控制命令、远程启动命令、强制关键帧、拉框放大、拉框缩小命令后，目标设备不发送应答命令；源设备向目标设备发送录像控制、报警布防/撤防、报警复位、看守位控制、设备配置命令后，目标设备应发送应答命令表示执行的结果。

2. 命令流程

1）无应答命令流程

无应答设备控制流程如图 10-15 所示。

命令流程描述如下：

（1）源设备向 SIP 服务器发送设备控制命令，设备控制命令采用 Message 方法携带。

（2）SIP 服务器收到命令后返回 200 OK。

（3）SIP 服务器向目标设备发送设备控制命令，设备控制命令采用 Message 方法携带。

（4）目标设备收到命令后返回 200 OK。

2）有应答命令流程

有应答设备控制流程如图 10-16 所示。

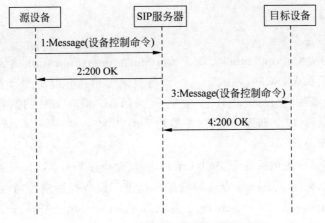

图 10-15　无应答设备控制流程示意图

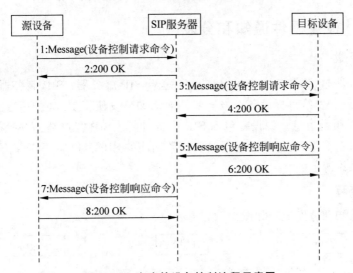

图 10-16　有应答设备控制流程示意图

命令流程描述如下:

(1) 源设备向 SIP 服务器发送设备控制命令,设备控制命令采用 Message 方法携带。

(2) SIP 服务器收到命令后返回 200 OK。

(3) SIP 服务器向目标设备发送设备控制命令,设备控制命令采用 Message 方法携带。

(4) 目标设备收到命令后返回 200 OK。

(5) 目标设备向 SIP 服务器发送设备控制响应命令,设备控制响应命令采用 Message 方法携带。

(6) SIP 服务器收到命令后返回 200 OK。

(7) SIP 服务器向源设备转发设备控制响应命令,设备控制响应命令采用 Message 方法携带。

(8) 源设备收到命令后返回 200 OK。

3. 协议接口

1) 请求命令消息体

Message 消息头 Content-type 头域为 Content-type：Application/MANSCDP＋XML。设备控制命令采用 MANSCDP 格式定义。设备控制命令应包括命令类型（CmdType）、命令序列号（SN）、设备编码（DeviceID）、子命令等，采用 Message 方法的消息体携带。设备在收到 Message 消息后，应立即返回应答，应答均无消息体。

2) 应答命令消息体

设备控制应答命令应包括命令类型（CmdType）、命令序列号（SN）、设备编码（DeviceID）、执行结果（Result），采用 Message 方法的消息体携带。设备控制应答命令采用 MANSCDP 格式定义。Message 消息头 Content-type 头域为 Content-type：Application/MANSCDP＋xml。设备在收到 Message 消息后，应立即返回应答，应答均无消息体。

10.8.4 报警事件通知和分发

1. 基本要求

发生报警事件时，源设备应将报警信息发送给 SIP 服务器；SIP 服务器接收到报警事件后，将报警信息分发给目标设备。报警事件通知和分发使用 IETF RFC3428 中定义的方法 Message 传送报警信息。源设备包括 SIP 设备、网关、SIP 客户端、联网系统或者综合接处警系统及卡口系统等，目标设备包括具有接警功能的 SIP 客户端、联网系统或者综合接处警系统及卡口系统等。

2. 命令流程

报警事件通知和分发流程如图 10-17 所示。

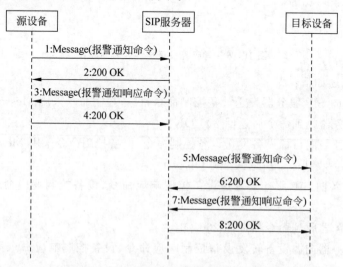

图 10-17　报警事件通知和分发流程示意图

命令流程描述如下：

（1）报警事件产生后,源设备向 SIP 服务器发送报警通知命令,报警通知命令采用 Message 方法携带。

（2）SIP 服务器收到命令后返回 200 OK。

（3）SIP 服务器接收到报警事件后,向源设备发送报警事件通知响应命令,报警通知响应命令采用 Message 方法携带。

（4）源设备收到命令后返回 200 OK。

（5）SIP 服务器接收到报警事件后,确定需要转发的目标设备,SIP 服务器向目标设备发送报警事件通知命令,报警通知命令采用 Message 方法携带。

（6）目标设备收到命令后返回 200 OK。

（7）目标设备接收到报警事件后,向 SIP 服务器发送报警事件通知响应命令,报警通知响应命令采用 Message 方法携带。

（8）SIP 服务器收到命令后返回 200 OK。

3. 协议接口

1）请求命令消息体

消息头 Content-type 字段为 Content-type：Application/MANSCDP＋XML。报警事件通知和分发流程中的请求命令采用 MANSCDP 协议格式定义。源设备向 SIP 服务器通知报警、SIP 服务器向目标设备发送报警的通知命令均采用 Message 方法的消息体携带。报警事件通知命令应包括命令类型（CmdType）、命令序列号（SN）、设备编码（DeviceID）、报警级别（AlarmPriority）等。可选项包括报警时间（AlarmTime）、报警方式（AlarmMethod）、经度（Longitude）、纬度（Latitude）、扩展报警类型（AlarmType）、报警类型参数（AlarmTypeParam）。相关设备在收到 Message 消息后,应立即返回 200 OK 应答,200 OK 应答均无消息体。

2）应答命令消息体

消息头 Content-type 字段为 Content-type：Application/MANSCDP＋XML。报警事件通知和分发流程中的应答命令采用 MANSCDP 格式定义。SIP 服务器向源设备、目标设备向 SIP 服务器发送报警通知应答命令均采用 Message 方法的消息体携带。报警事件通知应答命令应包括命令类型（CmdType）、命令序列号（SN）、设备编码（DeviceID）、执行结果（Result）。相关设备在收到 Message 消息后,应立即返回 200 OK 应答,200 OK 应答均无消息体。

10.8.5 设备信息查询

1. 基本要求

源设备向目标设备发送信息查询命令,目标设备应将结果通过查询应答命令返给源设备。网络设备信息查询命令包括设备目录查询命令、前端设备信息查询命令、前端设备状态信息查询命令、设备配置查询命令、预置位查询命令等,信息查询的范围包括本地 SIP 监控域或者跨 SIP 监控域。网络设备信息查询命令和响应均采用 IETF RFC3428 中定义的方法 Message 实现。源设备包括 SIP 客户端、网关或联网系统,目标设备包括 SIP 设备、网关或联网系统。

2. 命令流程

网络设备信息查询流程如图 10-18 所示。

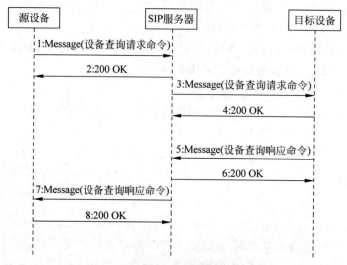

图 10-18 网络设备信息查询流程示意图

命令流程描述如下:

(1) 报警事件产生后,源设备向 SIP 服务器发送报警通知命令,报警通知命令采用 Message 方法携带。

(2) SIP 服务器收到命令后返回 200 OK。

(3) SIP 服务器接收到报警事件后,向源设备发送报警事件通知响应命令,报警通知响应命令采用 Message 方法携带。

(4) 源设备收到命令后返回 200 OK。

(5) SIP 服务器接收到报警事件后,确定需要转发的目标设备,SIP 服务器向目标设备发送报警事件通知命令,报警通知命令采用 Message 方法携带。

(6) 目标设备收到命令后返回 200 OK。

(7) 目标设备接收到报警事件后,向 SIP 服务器发送报警事件通知响应命令,报警通知响应命令采用 Message 方法携带。

(8) SIP 服务器收到命令后返回 200 OK。

3. 协议接口

1) 设备目录查询消息体

(1) 请求命令消息体:Message 消息头 Content-type 头域为 Content-type:Application/ MANSCDP+XML。设备目录查询命令采用 MANSCDP 格式定义。设备目录查询请求命

令应包括命令类型(CmdType)、命令序列号(SN)、设备/区域/系统编码/业务分组/虚拟组织(DeviceID)等,采用 IETF RFC3428 的 Message 方法的消息体携带。下级平台通过业务分组操作可从特定业务角度制定一组虚拟组织,并可将摄像机划分到不同的虚拟组织中,在查询响应中通过业务分组、虚拟组织返回定义好的摄像机所属的业务组织结构。当按照系统编码进行查询时,被查询系统返回本级和下级系统的系统编码、行政区划、业务分组、虚拟组织、设备目录项;当按照行政区域编码进行查询时,返回该行政区域目录项及属于此行政区域下的行政区域、设备目录项;当按照设备编码进行查询时,返回该设备目录项及设备下属的设备目录项;当按照业务分组进行查询时,返回该业务分组目录项及属于此业务分组下的虚拟组织目录项;当按照虚拟组织进行查询时,返回该虚拟组织目录项及属于此虚拟组织下的虚拟组织、设备目录项。相关设备在收到 Message 消息后,应立即返回 200 OK 应答,200 OK 应答均无消息体。

(2) 应答命令消息体:Message 消息头 Content-type 头域为 Content-type:Application/MANSCDP+XML。设备目录查询应答命令采用 MANSCDP 协议格式定义。设备目录查询应答命令应包括命令类型(CmdType)、命令序列号(SN)、设备/区域/系统编码(DeviceID)、设备/区域/系统名称(Name)、设备状态(Status)、经度(Longitude)、纬度(Latitude)等,采用 Message 方法的消息体携带。相关设备在收到 Message 消息后,应立即返回 200 OK 应答,200 OK 应答均无消息体。

2) 设备信息查询消息体

(1) 请求命令消息体:Message 消息头 Content-type 头域为 Content-type:Application/MANSCDP+XML。设备信息查询命令采用 MANSCDP 格式定义。设备信息查询请求命令应包括命令类型(CmdType)、命令序列号(SN)、设备编码(DeviceID),采用 IETF RFC3428 的 Message 方法的消息体携带。相关设备在收到 Message 消息后,应立即返回应答,应答均无消息体。

(2) 应答命令消息体:Message 消息头 Content-type 头域为 Content-type:Application/MANSCDP+XML。设备信息查询应答命令采用 MANSCDP 格式定义。设备信息查询应答命令应包括命令类型(CmdType)、设备编码(DeviceID)、设备名称(DeviceName)、查询结果标志(Result)、厂商信息(Manufacturer)、设备型号(Model)、固件版本(Firmware)、最大支持摄像机个数(Channel)等,采用 Message 方法的消息体携带。相关设备在收到 Message 消息后,应立即返回 200 OK 应答,200 OK 应答均无消息体。

3) 设备状态查询消息体

(1) 请求命令消息体:Message 消息头 Content-type 头域为 Content-type:Application/MANSCDP+XML。设备状态查询命令采用 MANSCDP 格式定义。设备状态查询请求命令应包括命令类型(CmdType)、命令序列号(SN)、设备/区域/系统编码(DeviceID),采用 IETF RFC3428 的 Message 方法的消息体携带。相关设备在收到 Message 消息后,应立即返回 200 OK 应答,200 OK 应答均无消息体。

(2) 应答命令消息体:Message 消息头 Content-type 头域为 Content-type:Application/

MANSCDP+XML。设备信息查询应答命令采用 MANSCDP 协议格式定义。设备状态查询应答命令应包括目标设备/区域/系统编码、命令类型（CmdType）、查询结果标志（Result）、是否在线（Online）、是否正常工作（Status）、不正常原因（Reason）、是否编码（Encode）、是否录像（Record）、设备时间和日期（DeviceTime）、报警设备状态列表（Alarmstatus）等，报警设备状态列表应包括报警设备/区域/系统编码（DeviceID）、报警设备状态（DutyStatus），采用 Message 方法的消息体携带。相关设备在收到 Message 消息后，应立即返回 200 OK 应答，200 OK 应答均无消息体。

4）设备配置查询消息体

（1）请求命令消息体：Message 消息头 Content-type 头域为 Content-type：Application/MANSCDP+XML。设备配置查询请求命令采用 MANSCDP 格式定义，设备配置查询请求命令应包括命令类型（CmdType）、命令序列号（SN）、设备编码（DeviceID）、查询配置参数类型（ConfigType）等，采用 Message 方法的消息体携带。

（2）应答命令消息体：Message 消息头 Content-type 头域为 Content-type：Application/MANSCDP+XML。设备配置查询应答命令应包括命令类型、命令序列号、设备编码、查询结果（Result）、配置参数等，采用 Message 方法的消息体携带。

5）设备预置位查询消息体

（1）请求命令消息体：Message 消息头 Content-type 头域为 Content-type：Application/MANSCDP+XML。设备预置位查询命令采用 MANSCDP 格式定义。用设备预置位查询请求命令应包括命令类型、命令序列号、设备编码，采用 IETF RFC3428 的 Message 方法的消息体携带。相关设备在收到 Message 消息后，应立即返回 200 OK 应答，200 OK 应答均无消息体。

（2）应答命令消息体：Message 消息头 Content-type 头域为 Content-type：Application/MANSCDP+XML。设备预置位查询应答命令采用 MANSCDP 协议格式定义。设备预置位查询应答命令应包括目标设备编码、命令类型、命令序列号、设备预置位列表（PresetList）等，设备预置位列表应包括预置位编码（PresetID）、预置位名称（PresetName），采用 Message 方法的消息体携带。相关设备在收到 Message 消息后，应立即返回 200 OK 应答，200 OK 应答均无消息体。

10.8.6 状态信息报送

1. 基本要求

当源设备（包括网关、SIP 设备、SIP 客户端或联网系统）发现工作异常时，应立即向本 SIP 监控域的 SIP 服务器发送状态信息；当无异常时，应定时向本 SIP 监控域的 SIP 服务器发送状态信息。SIP 设备宜在状态信息中携带故障子设备描述信息。状态信息报送采用 IETF RFC3428 中定义的方法 Message 实现。通过周期性的状态信息报送，实现注册服务器与源设备之间的状态检测，即心跳机制。心跳发送方、接收方需统一配置"心跳间隔"参数,按照"心跳间隔"定时发送心跳消息,默认心跳间隔为60s。心跳发送方、接收方需统一配置"心跳超时次数"参数,如果心跳消息连续超时达到"心跳超时次数",则认为对方下线,默认心跳超时次数为3次。如果心跳接收方在心跳发送方上线状态下检测到心跳消息连续超时达到商定次数,则认为心跳发送方离线;心跳发送方在心跳接收方上线状态下检测到响应消息连续超时达到商定次数,则认为心跳接收方离线。

2. 命令流程

状态信息报送流程如图10-19所示。

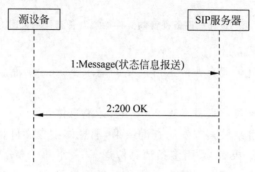

图10-19　状态信息报送流程示意图

命令流程描述如下:

(1) 源设备向SIP服务器发送设备状态信息报送命令。设备状态信息报送命令采用Message方法携带。

(2) SIP服务器收到命令后返回200 OK。

3. 协议接口

Message消息头Content-type头域为Content-type：Application/MANSCDP＋XML。状态信息报送命令采用MANSCDP格式定义。状态信息报送命令应包括命令类型、设备/系统编码、是否正常工作(Status)等,采用Message方法的消息体携带。Message消息的成功和错误应答均无消息体。

10.8.7　历史视音频文件检索

1. 基本要求

文件检索主要以区域、设备、录像时间段、录像地点、录像内容为条件进行查询,用Message消息发送检索请求和返回查询结果,传送结果的Message消息可以发送多条。文件检索请求和应答命令采用MANSCDP格式定义。

2. 命令流程

设备视音频文件检索消息流程如图10-20所示。

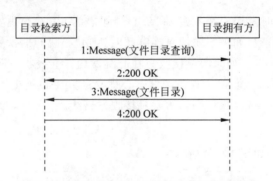

图 10-20　设备视音频文件检索消息流程示意图

信令流程描述如下：

（1）目录检索方向目录拥有方发送目录查询请求 Message 消息，消息体中包含视音频文件检索条件。

（2）目录拥有方向目录检索方发送 200 OK，无消息体。

（3）目录拥有方向目录检索方发送查询结果，消息体中含文件目录，当一条 Message 消息无法传送完所有查询结果时，采用多条消息传送。

（4）目录检索方向目录拥有方发送 200 OK，无消息体。

3. 协议接口

SIP 消息头域（如 TO、FROM、CSeq、Call-ID、Max-Forwards 和 Via 等）按照相关 SIP 消息的 RFC 文档的规定进行详细定义。

10.8.8　历史视音频回放

1. 基本要求

应采用 SIP（IETF RFC3261）中的 Invite 方法实现会话连接，采用 SIP 扩展协议（IETF RFC2976）Info 方法的消息体携带视音频回放控制命令，采用 RTP/RTCP（IETF RFC3550）实现媒体传输。媒体回放控制命令引用 MANSRTSP 中的 Play、Pause、Teardown 的请求消息和应答消息。历史媒体回放的信令流程分为客户端主动发起和第三方呼叫控制两种方式，联网系统可选择其中一种或两种相结合的实现方式。第三方呼叫控制的第三方控制者宜采用背靠背用户代理实现，有关第三方呼叫控制见 IETF RFC3725。媒体流接收者可以是 SIP 客户端、SIP 设备（如视频解码器），媒体流发送者可以是 SIP 设备、网关、媒体服务器。历史视音频的回放宜支持媒体流保活机制。

2. 命令流程

1）客户端主动发起的历史媒体回放流程

客户端主动发起的历史媒体回放流程如图 10-21 所示。

其中，信令 1、8、9、10、11、12 为 SIP 服务器接收到客户端的呼叫请求后通过 B2BUA 代理方式建立媒体流接收者与媒体服务器之间的媒体链接信令过程，信令 2～7 为 SIP 服务器

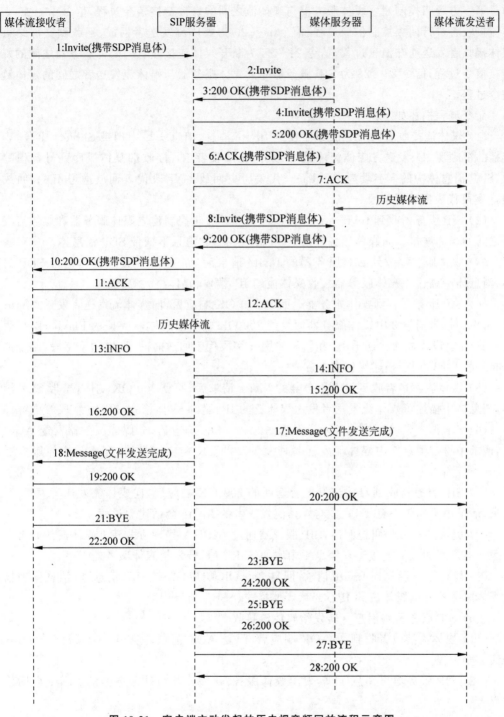

图 10-21 客户端主动发起的历史视音频回放流程示意图

通过第三方呼叫控制建立媒体服务器与媒体流之间的媒体链接信令过程,信令 13～16 为媒体流接收者进行回放控制信令过程,信令 17～20 为媒体流发送者回放、下载到文件结束向媒体接收者发送通知消息过程,信令 21～24 为断开媒体流接收者与媒体服务器之间的媒体链接信令过程,信令 25～28 为 SIP 服务器断开媒体服务器与媒体流发送者之间的媒体链接信令过程。

命令流程描述如下:

(1) 媒体流接收者向 SIP 服务器发送 Invite 消息,消息头域中携带 Subject 字段,表明点播的视频源 ID、发送方媒体流序列号、媒体流接收者 ID、接收端媒体流序列号标识等参数,SDP 消息体中的 s 字段为 Playback,代表历史回放,u 字段代表回放通道 ID 和回放类型,t 字段代表回放时间段。

(2) SIP 服务器收到 Invite 请求后,通过第三方呼叫控制建立媒体服务器和媒体流发送者之间的媒体连接。向媒体服务器发送 Invite 消息,此消息不携带 SDP 消息体。

(3) 媒体服务器收到 SIP 服务器的 Invite 请求后,回复 200 OK 响应,携带 SDP 消息体,消息体中描述了媒体服务器接收媒体流的 IP、端口、媒体格式等内容。

(4) SIP 服务器收到媒体服务器返回的 200 OK 响应后,向媒体流发送者发送 Invite 请求,请求中携带消息 3 中媒体服务器回复的 200 OK 响应消息体,s 字段为 Playback,代表历史回放,u 字段代表回放通道 ID 和回放类型,t 字段代表回放时间段,增加 y 字段,用于描述 SSRC 值,f 字段用于描述媒体参数。

(5) 媒体流发送者收到 SIP 服务器的 Invite 请求后,回复 200 OK 响应,携带 SDP 消息体,消息体中描述了媒体流发送者发送媒体流的 IP、端口、媒体格式、SSRC 字段等内容。

(6) SIP 服务器收到媒体流发送者返回的 200 OK 响应后,向媒体服务器发送 ACK 请求,请求中携带消息 5 中媒体流发送者回复的 200 OK 响应消息体,完成与媒体服务器的 Invite 会话建立过程。

(7) SIP 服务器收到媒体流发送者返回的 200 OK 响应后,向媒体流发送者发送 ACK 请求,请求中不携带消息体,完成与媒体流发送者的 Invite 会话建立过程。

(8) 完成第三方呼叫控制后,SIP 服务器通过 B2BUA 代理方式建立媒体流接收者和媒体服务器之间的媒体连接。在消息 1 中增加 SSRC 值,转发给媒体服务器。

(9) 媒体服务器收到 Invite 请求,回复 200 OK 响应,携带 SDP 消息体,消息体中描述了媒体服务器发送媒体流的 IP、端口、媒体格式、SSRC 值等内容。

(10) SIP 服务器将消息 9 转发给媒体流接收者。

(11) 媒体流接收者收到 200 OK 响应后,回复 ACK 消息,完成与 SIP 服务器的 Invite 会话建立过程。

(12) SIP 服务器将消息 11 转发给媒体服务器,完成与媒体服务器的 Invite 会话建立过程。

(13) 在回放过程中,媒体流接收者通过向 SIP 服务器发送会话内 Info 消息进行回放控制,包括视频的暂停、播放、快放、慢放、随机拖放播放等操作。

（14）SIP 服务器收到消息 13 后转发给媒体流发送者。

（15）媒体流发送者收到消息 14 后回复 200 OK 响应。

（16）SIP 服务器将消息 15 转发给媒体流接收者。

（17）媒体流发送者在文件回放结束后发送会话内 Message 消息，通知 SIP 服务器回放已结束。

（18）SIP 服务器收到消息 17 后转发给媒体流接收者。

（19）媒体流接收者收到消息 18 后回复 200 OK 响应，进行链路断开过程。

（20）SIP 服务器将消息 19 转发给媒体流发送者。

（21）媒体流接收者向 SIP 服务器发送 BYE 消息，断开消息 1、10、11 建立的同媒体流接收者的 Invite 会话。

（22）SIP 服务器收到 BYE 消息后回复 200 OK 响应，然后使会话断开。

（23）SIP 服务器收到 BYE 消息后向媒体服务器发送 BYE 消息，断开消息 8、9、12 建立的同媒体服务器的 Invite 会话。

（24）媒体服务器收到 BYE 消息后回复 200 OK 响应，然后使会话断开。

（25）SIP 服务器向媒体服务器发送 BYE 消息，断开消息 2、3、6 建立的同媒体服务器的 Invite 会话。

（26）媒体服务器收到 BYE 消息后回复 200 OK 响应，然后使会话断开。

（27）SIP 服务器向媒体流发送者发送 BYE 消息，断开消息 4、5、7 建立的同媒体流发送者的 Invite 会话。

（28）媒体流发送者收到 BYE 消息后回复 200 OK 响应，然后使会话断开。

2）第三方呼叫控制

第三方呼叫控制的历史视音频回放流程如图 10-22 所示。

其中，信令 1～6 为 SIP 服务器通过第三方呼叫控制建立媒体服务器与媒体流发送者之间的媒体链接信令过程，信令 7～12 为 SIP 服务器通过第三方呼叫控制建立媒体流接收者与媒体服务器之间的媒体链接信令过程，信令 13～14 为回放控制信令过程，信令 15～16 为媒体流发送者回放、下载到文件结束向媒体接收者发送的回放结束通知消息，信令 17～20 为断开媒体流接收者与媒体服务器之间的媒体链接信令过程，信令 21～24 为断开媒体服务器与媒体流发送者之间的媒体链接信令过程。

命令流程描述如下：

（1）SIP 服务器向媒体服务器发送 Invite 消息，此消息不携带 SDP 消息体。

（2）媒体服务器收到 SIP 服务器的 Invite 请求后，回复 200 OK 响应，携带 SDP 消息体，消息体中描述了媒体服务器接收媒体流的 IP、端口、媒体格式等内容。

（3）SIP 服务器收到媒体服务器返回的 200 OK 响应后，向媒体流发送者发送 Invite 请求，请求中携带消息 2 中媒体服务器回复的 200 OK 响应消息体，s 字段为 Playback，代表历史回放，u 字段代表回放通道 ID 和回放类型，t 字段代表回放时间段，增加 y 字段，用于描述 SSRC 值，f 字段用于描述媒体参数。

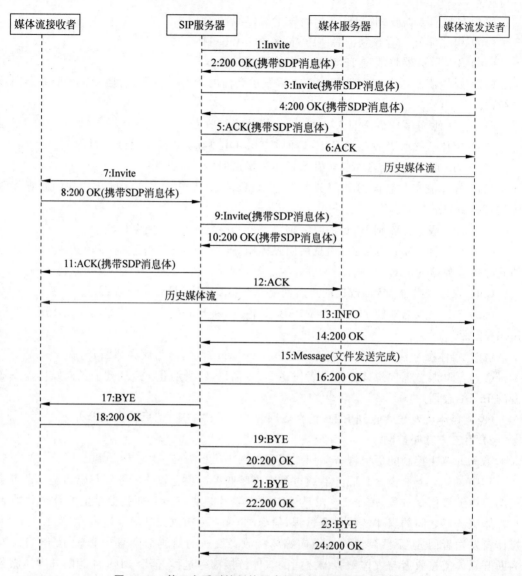

图 10-22 第三方呼叫控制的历史视音频回放流程示意图

（4）媒体流发送者收到 SIP 服务器的 Invite 请求后，回复 200 OK 响应，携带 SDP 消息体，消息体中描述了媒体流发送者发送媒体流的 IP、端口、媒体格式、SSRC 字段等内容。

（5）SIP 服务器收到媒体流发送者返回的 200 OK 响应后，向媒体服务器发送 ACK 请求，请求中携带消息 4 中媒体流发送者回复的 200 OK 响应消息体，完成与媒体服务器的 Invite 会话建立过程。

（6）SIP 服务器收到媒体流发送者返回的 200 OK 响应后，向媒体流发送者发送 ACK 请求，请求中不携带消息体，完成与媒体流发送者的 Invite 会话建立过程。

（7）SIP 服务器向媒体流接收者发送 Invite 消息，此消息不携带 SDP 消息体。

（8）媒体流接收者收到 SIP 服务器的 Invite 请求后,回复 200 OK 响应,携带 SDP 消息体,消息体中描述了媒体流接收者接收媒体流的 IP、端口、媒体格式等内容。

（9）SIP 服务器收到媒体流接收者返回的 200 OK 响应后,向媒体服务器发送 Invite 请求,请求中携带消息 8 中媒体流接收者回复的 200 OK 响应消息体,s 字段为 Playback,代表历史回放,增加 y 字段,用于描述 SSRC 值。

（10）媒体服务器收到 SIP 服务器的 Invite 请求后,回复 200 OK 响应,携带 SDP 消息体,消息体中描述了媒体服务器发送媒体流的 IP、端口、媒体格式、SSRC 字段等内容。

（11）SIP 服务器收到媒体服务器返回的 200 OK 响应后,向媒体流接收者发送 ACK 请求,请求中携带消息 10 中媒体服务器回复的 200 OK 响应消息体,完成与媒体流接收者的 Invite 会话建立过程。

（12）SIP 服务器收到媒体服务器返回的 200 OK 响应后,向媒体服务器发送 ACK 请求,请求中不携带消息体,完成与媒体服务器的 Invite 会话建立过程。

（13）在回放过程中,SIP 服务器通过向媒体流发送者发送 Info 消息进行回放控制,包括视频的暂停、播放、定位、快放、慢放等操作。

（14）媒体流发送者收到 Info 消息后回复 200 OK 响应。

（15）媒体流发送者在文件回放结束后发送会话内 Message 消息,通知 SIP 服务器回放已结束。

（16）SIP 服务器收到 Message 消息后回复 200 OK 响应,进行链路断开过程。

（17）SIP 服务器向媒体流接收者发送 BYE 消息,断开消息 7、8、11 建立的同媒体流接收者的 Invite 会话。

（18）媒体流接收者收到 BYE 消息后回复 200 OK 响应,然后使会话断开。

（19）SIP 服务器向媒体服务器发送 BYE 消息,断开消息 9、10、12 建立的同媒体服务器的 Invite 会话。

（20）媒体服务器收到 BYE 消息后回复 200 OK 响应,然后使会话断开。

（21）SIP 服务器向媒体服务器发送 BYE 消息,断开消息 1、2、5 建立的同媒体服务器的 Invite 会话。

（22）媒体服务器收到 BYE 消息后回复 200 OK 响应,然后使会话断开。

（23）SIP 服务器向媒体流发送者发送 BYE 消息,断开消息 3、4、6 建立的同媒体流发送者的 Invite 会话。

（24）媒体流发送者收到 BYE 消息后回复 200 OK 响应,然后使会话断开。

3. 协议接口

1）会话控制协议

SIP 消息头域(如 TO、FROM、CSeq、Call-ID、Max-Forwards 和 Via 等)的详细定义符合相关 SIP 消息的 RFC 文档的规定。消息头域 Allow 字段应支持 Invite、ACK、Info、CANCEL、BYE、OPTIONS 和 Message 方法,不排除支持其他 SIP 和 SIP 扩展方法。消息头 Content-type 字段为 Content-type:application/sdp。历史视音频回放流程中携带消息体

的请求和响应的消息体应采用 SDP 格式定义。有关 SDP 的详细描述见 IETF RFC4566。SDP 文本信息包括会话名称和意图、会话持续时间、构成会话的媒体和有关接收媒体的信息(地址等)。Invite 请求以时间段方式获取历史图像。定位历史视音频数据的信息在 SDP 格式的消息体中携带,应包含设备名和时间段信息,规定如下:

(1) 媒体流接收者应在 SDP 格式的消息体中包括 u 行,u 行应填写产生历史媒体的媒体源(如某个摄像头)的设备 URI。设备 URI 应包含媒体源设备编码,媒体源设备编码成为检索历史媒体数据的设备名信息。

(2) 媒体流接收者应在 SDP 格式的消息体中包括 t 行,t 行的开始时间和结束时间组成检索历史媒体数据的时间段信息。

2) 视音频回放控制协议

视音频回放控制流程是采用 SIP 消息 Info 实现视音频播放、暂停、进/退和停止等视音频回放控制命令的过程。视音频回放控制请求消息在 Info 方法的消息体中携带,回放控制请求消息应符合 MANSRTSP 的请求消息的部分定义,包括 Play、Pause、Teardown;视音频回放控制应答消息可在 Info 方法的 200 OK 响应消息体中携带,回放控制应答消息应符合 MANSRTSP 的应答消息定义。携带 MANSRTSP 请求和应答命令的 INFO 消息头 Content-type 字段为 Content-type:Application/MANSRTSP。

10.8.9 历史视音频文件下载

1. 基本要求

SIP 服务器接收到媒体接收者发送的视音频文件下载请求后向媒体流发送者发送媒体文件下载命令,媒体流发送者采用 RTP 将视频流传输给媒体流接收者,媒体流接收者直接将视频流保存为媒体文件。媒体流接收者可以是用户客户端或联网系统,媒体流发送者可以是媒体设备或联网系统。媒体流接收者或 SIP 服务器可通过配置查询等方式获取媒体流发送者支持的下载倍速,并在请求的 SDP 消息体中携带指定下载倍速。媒体流发送者可在 Invite 请求对应的 200 OK 响应 SDP 消息体中扩展携带下载文件的大小参数,以便于媒体流接收者计算下载进度,当媒体流发送者不能提供文件大小参数时,媒体流接收者应支持根据码流中取得的时间计算下载进度。视音频文件下载宜支持媒体流保活机制。

2. 命令流程

1) 客户端主动发起

客户端主动发起的媒体文件下载流程如图 10-23 所示。

其中,信令 1、8、9、10、11、12 为 SIP 服务器接收到客户端的呼叫请求后通过 B2BUA 代理方式建立媒体流接收者与媒体服务器之间的媒体链接信令过程,信令 2~7 为 SIP 服务器通过第三方呼叫控制建立媒体服务器与媒体流之间的媒体链接信令过程,信令 13~16 为媒体流发送者回放、下载到文件结束向媒体接收者发送下载完成的通知消息过程,信令 17~20 为媒体流接收者断开与媒体服务器之间的媒体链接信令过程,信令 21~24 为 SIP 服务

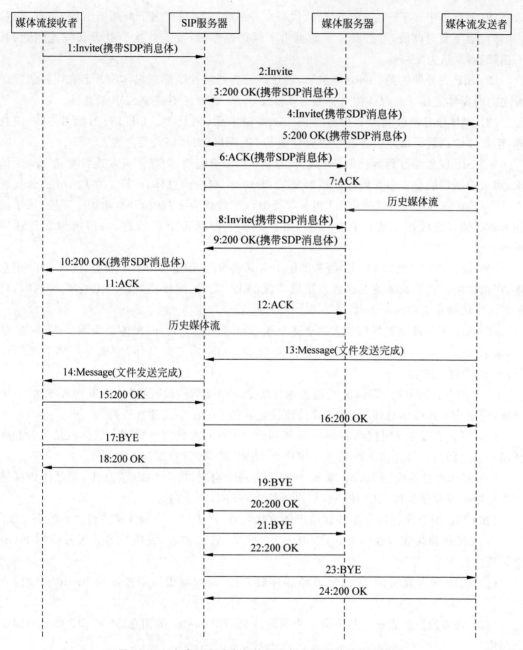

图 10-23　客户端主动发起的视音频文件下载流程示意图

器断开媒体服务器与媒体流发送者之间的媒体链接信令过程。

命令流程描述如下：

（1）媒体流接收者向 SIP 服务器发送 Invite 消息，消息头域中携带 Subject 字段，表明点播的视频源 ID、发送方媒体流序列号、媒体流接收者 ID、接收端媒体流序列号标识等参数,SDP 消息体中 s 字段为 Download,代表文件下载,u 字段代表下载通道 ID 和下载类型,t 字段代表下载时间段,可扩展 a 字段携带下载倍速参数,规定此次下载设备发流倍速,若不携带,则默认为 1 倍速。

（2）SIP 服务器收到 Invite 请求后,通过第三方呼叫控制建立媒体服务器和媒体流发送者之间的媒体连接。向媒体服务器发送 Invite 消息,此消息不携带 SDP 消息体。

（3）媒体服务器收到 SIP 服务器的 Invite 请求后,回复 200 OK 响应,携带 SDP 消息体,消息体中描述了媒体服务器接收媒体流的 IP、端口、媒体格式等内容。

（4）SIP 服务器收到媒体服务器返回的 200 OK 响应后,向媒体流发送者发送 Invite 请求,请求中携带消息 3 中媒体服务器回复的 200 OK 响应消息体,s 字段为 Download,代表文件下载,u 字段代表下载通道 ID 和下载类型,t 字段代表下载时间段,增加 y 字段,用于描述 SSRC 值,f 字段用于描述媒体参数,可扩展 a 字段携带下载倍速,将倍速参数传递给设备。

（5）媒体流发送者收到 SIP 服务器的 Invite 请求后,回复 200 OK 响应,携带 SDP 消息体,消息体中描述了媒体流发送者发送媒体流的 IP、端口、媒体格式、SSRC 字段等内容,可扩展 a 字段携带文件大小参数。

（6）SIP 服务器收到媒体流发送者返回的 200 OK 响应后,向媒体服务器发送 ACK 请求,请求中携带消息 5 中媒体流发送者回复的 200 OK 响应消息体,完成与媒体服务器的 Invite 会话建立过程。

（7）SIP 服务器收到媒体流发送者返回的 200 OK 响应后,向媒体流发送者发送 ACK 请求,请求中不携带消息体,完成与媒体流发送者的 Invite 会话建立过程。

（8）完成第三方呼叫控制后,SIP 服务器通过 B2BUA 代理方式建立媒体流接收者和媒体服务器之间的媒体连接。在消息 1 中增加 SSRC 值,转发给媒体服务器。

（9）媒体服务器收到 Invite 请求,回复 200 OK 响应,携带 SDP 消息体,消息体中描述了媒体服务器发送媒体流的 IP、端口、媒体格式、SSRC 值等内容。

（10）SIP 服务器将消息 9 转发给媒体流接收者,可扩展 a 字段携带文件大小参数。

（11）媒体流接收者收到 200 OK 响应后,回复 ACK 消息,完成与 SIP 服务器的 Invite 会话建立过程。

（12）SIP 服务器将消息 11 转发给媒体服务器,完成与媒体服务器的 Invite 会话建立过程。

（13）媒体流发送者在文件下载结束后发送会话内 Message 消息,通知 SIP 服务器回放已结束。

（14）SIP 服务器收到消息 17 后转发给媒体流接收者。

（15）媒体流接收者收到消息 18 后回复 200 OK 响应,进行链路断开过程。

（16）SIP 服务器将消息 19 转发给媒体流发送者。

（17）媒体流接收者向 SIP 服务器发送 BYE 消息,断开消息 1、10、11 建立的同媒体流接收者的 Invite 会话。

（18）SIP服务器收到BYE消息后回复200 OK响应，然后使会话断开。

（19）SIP服务器收到BYE消息后向媒体服务器发送BYE消息，断开消息8、9、12建立的同媒体服务器的Invite会话。

（20）媒体服务器收到BYE消息后回复200 OK响应，然后使会话断开。

（21）SIP服务器向媒体服务器发送BYE消息，断开消息2、3、6建立的同媒体服务器的Invite会话。

（22）媒体服务器收到BYE消息后回复200 OK响应，然后使会话断开。

（23）SIP服务器向媒体流发送者发送BYE消息，断开消息4、5、7建立的同媒体流发送者的Invite会话。

（24）媒体流发送者收到BYE消息后回复200 OK响应，然后使会话断开。

2）第三方呼叫控制

第三方呼叫控制的媒体文件下载流程如图10-24所示。

其中，信令1～6为SIP服务器通过第三方呼叫控制建立媒体服务器与媒体流发送者之间的媒体链接信令过程，信令7～12为SIP服务器通过第三方呼叫控制建立媒体流接收者与媒体服务器之间的媒体链接信令过程，信令13～14为媒体流发送者回放、下载到文件结束向媒体接收者发送下载完成通知消息，信令15～18为断开媒体流接收者与媒体服务器之间的媒体链接信令过程，信令19～22为断开媒体服务器与媒体流发送者之间的媒体链接信令过程。

命令流程描述如下：

（1）SIP服务器向媒体服务器发送Invite消息，此消息不携带SDP消息体。

（2）媒体服务器收到SIP服务器的Invite请求后，回复200 OK响应，携带SDP消息体，消息体中描述了媒体服务器接收媒体流的IP、端口、媒体格式等内容。

（3）SIP服务器收到媒体服务器返回的200 OK响应后，向媒体流发送者发送Invite请求，请求中携带消息2中媒体服务器回复的200 OK响应消息体，s字段为Download，代表下载，u字段代表下载通道ID和下载视频类型，t字段代表下载时间段，增加y字段，用于描述SSRC值，f字段用于描述媒体参数，可扩展a字段携带下载倍速参数，规定此次下载设备发流倍速，若不携带，则默认为1倍速。

（4）媒体流发送者收到SIP服务器的Invite请求后，回复200 OK响应，携带SDP消息体，消息体中描述了媒体流发送者发送媒体流的IP、端口、媒体格式、SSRC字段等内容，可扩展a字段携带文件大小参数。

（5）SIP服务器收到媒体流发送者返回的200 OK响应后，向媒体服务器发送ACK请求，请求中携带消息4中媒体流发送者回复的200 OK响应消息体，完成与媒体服务器的Invite会话建立过程。

（6）SIP服务器收到媒体流发送者返回的200 OK响应后，向媒体流发送者发送ACK请求，请求中不携带消息体，完成与媒体流发送者的Invite会话建立过程。

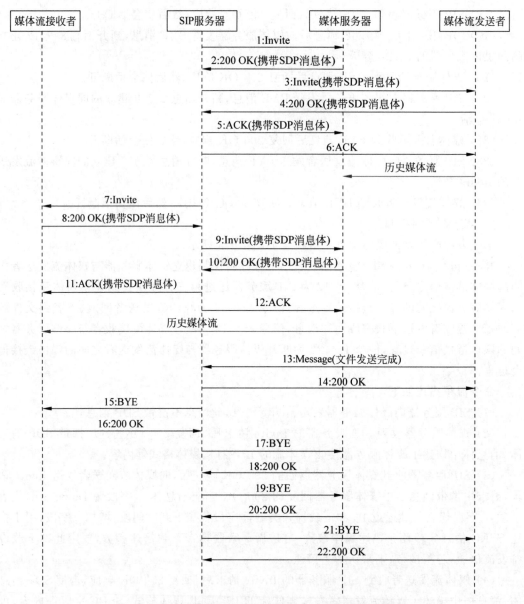

图 10-24   第三方呼叫控制的视音频文件下载流程示意图

（7）SIP 服务器向媒体流接收者发送 Invite 消息,此消息不携带 SDP 消息体。

（8）媒体流接收者收到 SIP 服务器的 Invite 请求后,回复 200 OK 响应,携带 SDP 消息体,消息体中描述了媒体流接收者接收媒体流的 IP、端口、媒体格式等内容。

（9）SIP 服务器收到媒体流接收者返回的 200 OK 响应后,向媒体服务器发送 Invite 请求,请求中携带消息 8 中媒体流接收者回复的 200 OK 响应消息体,s 字段为 Playback,代表历史回放,增加 y 字段,用于描述 SSRC 值。

（10）媒体服务器收到 SIP 服务器的 Invite 请求后，回复 200 OK 响应，携带 SDP 消息体，消息体中描述了媒体服务器发送媒体流的 IP、端口、媒体格式、SSRC 字段等内容。

（11）SIP 服务器收到媒体服务器返回的 200 OK 响应后，向媒体流接收者发送 ACK 请求，请求中携带消息 10 中媒体服务器回复的 200 OK 响应消息体，完成与媒体流接收者的 Invite 会话建立过程，可扩展 a 字段携带文件大小参数。

（12）SIP 服务器收到媒体服务器返回的 200 OK 响应后，向媒体服务器发送 ACK 请求，请求中不携带消息体，完成与媒体服务器的 Invite 会话建立过程。

（13）媒体流发送者在文件下载结束后发送会话内 Message 消息，通知 SIP 服务器下载已结束。

（14）SIP 服务器收到 Message 消息后回复 200 OK 响应，进行链路断开过程。

（15）SIP 服务器向媒体流接收者发送 BYE 消息，断开消息 7、8、11 建立的同媒体流接收者的 Invite 会话。

（16）媒体流接收者收到 BYE 消息后回复 200 OK 响应，然后使会话断开。

（17）SIP 服务器向媒体服务器发送 BYE 消息，断开消息 9、10、12 建立的同媒体服务器的 Invite 会话。

（18）媒体服务器收到 BYE 消息后回复 200 OK 响应，然后使会话断开。

（19）SIP 服务器向媒体服务器发送 BYE 消息，断开消息 1、2、5 建立的同媒体服务器的 Invite 会话。

（20）媒体服务器收到 BYE 消息后回复 200 OK 响应，然后使会话断开。

（21）SIP 服务器向媒体流发送者发送 BYE 消息，断开消息 3、4、6 建立的同媒体流发送者的 Invite 会话。

（22）媒体流发送者收到 BYE 消息后回复 200 OK 响应，然后使会话断开。

3. 协议接口

SIP 消息头域（如 TO、FROM、CSeq、Call-ID、Max-Forwards 和 Via 等）的详细定义符合相关 SIP 消息的 RFC 文档的规定。消息头域 Allow 字段应支持 Invite、ACK、Info、CANCEL、BYE、OPTIONS 和 Message 方法，不排除支持其他 SIP 和 SIP 扩展方法。消息头 Content-type 字段为 Content-type：application/sdp。历史媒体下载流程中携带消息体的请求和响应的消息体应采用 SDP 格式定义。有关 SDP 的详细描述见 IETF RFC4566。SDP 文本信息包括会话名称和意图、会话持续时间、构成会话的媒体和有关接收媒体的信息（地址等）。INVITE 请求以时间段方式获取历史图像。定位历史媒体数据的信息在 SDP 协议格式的消息体中携带，应包含设备名和时间段信息，规定如下：

（1）媒体流接收者应在 SDP 格式的消息体中包括 u 行，u 行表明视音频文件的 URI。

（2）媒体流接收者应在 SDP 格式的消息体中包括 t 行，t 行的开始时间和结束时间组成检索历史媒体数据的时间段信息。

10.8.10　网络校时

1．基本要求

联网内设备支持基于 SIP 方式或 NTP 方式的网络校时功能，标准时间为北京时间。NTP 的网络统一校时服务，网络校时设备分为时钟源和客户端，支持客户/服务器的工作模式，时钟源应支持 TCP/IP、UDP 及 NTP，将输入的或是自身产生的时间信号以标准的 NTP 信息包格式输出。系统运行时可根据配置使用具体校时方式。

2．命令流程

SIP 校时在注册过程中完成，信令流程同注册信令流程。

3．协议接口

在注册成功情况下，注册流程的最后一个 SIP 应答消息 200 OK 中的 Date 头域中携带时间信息。采用的格式为 XML 标准格式：Date：yyyy-MM-dd'T'HH：mm：ss.SSS。若 SIP 代理通过注册方式校时，其注册过期时间宜设置为小于 SIP 代理与 SIP 服务器出现 1s 误差所经过的运行时间。例如，SIP 代理与 SIP 服务器校时后，如果 SIP 代理运行 36 000s 后设备时间与 SIP 服务器时间相差大于 1s，则宜将注册过期时间设置为 36 000s，以保证 SIP 代理与 SIP 服务器之间时间误差小于 1s。

10.8.11　订阅和通知

1．事件订阅

1）基本要求

当事件源接受事件订阅时，事件源向事件观察者发送确认消息。事件订阅使用 IETF RFC3265 中定义的 SUBSCRIBE 方法。事件源可以是联网系统、SIP 服务器、报警设备、移动设备及被集成的卡口系统等可以触发事件的系统或设备，事件观察者也可以是联网系统、SIP 服务器、客户端等可以接收事件的系统或设备。事件包括报警事件、移动设备位置通知事件等。

2）命令流程

事件订阅流程如图 10-25 所示。

事件订阅流程的描述如下：

(1) 事件观察者向事件源发送 SUBSCRIBE 请求，请求消息体携带订阅参数。

(2) 事件源应将订阅成功与否的响应消息返给该事件观察者。

3）协议接口

消息头 Content-type 字段为 Content-type：Application/MANSCDP+XML。报警事件订阅流程中的请求命令、响应命令消息体采用 MANSCDP 格式定义。移动设备位置上报事件订阅流程中的请求命令消息体采用 MANSCDP 格式定义。

2. 事件通知

1）基本要求

事件源接受事件订阅后，在事件触发后要立即通知事件观察者事件的发生，事件观察者要向事件源发送事件收到的确认消息。事件通知使用 IETF RFC3265 中定义的 NOTIFY 方法。事件源可以是联网系统、SIP 服务器、报警设备、移动设备及被集成的卡口系统等可以触发事件的系统或设备，事件观察者也可以是联网系统、SIP 服务器、客户端等可以接收事件的系统或设备。事件包括报警事件、移动设备位置通知事件等。

2）命令流程

事件通知流程如图 10-26 所示。

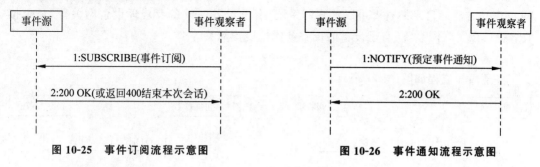

图 10-25　事件订阅流程示意图　　　　　图 10-26　事件通知流程示意图

事件通知流程的描述如下：

（1）在订阅事件触发后事件源向事件观察者发送 NOTIFY 消息，NOTIFY 的消息体应携带通知参数。

（2）事件源应将通知的响应消息返给该事件观察者。

3）协议接口

消息头 Content-type 字段为 Content-type：Application/MANSCDP＋XML。报警事件通知流程中的请求命令、响应命令消息体采用 MANSCDP 格式定义。移动设备位置通知流程中的请求命令消息体采用 MANSCDP 格式定义。

3. 目录订阅

1）基本要求

目录拥有者接受目录订阅后，要向目录订阅者发送请求以确认消息。目录订阅使用 IETF RFC3265 中定义的 SUBSCRIBE 方法。目录拥有者可以是联网系统、有子设备的设备及代理设备网关等，目录接收者也可以是联网系统、有子设备的设备及代理设备网关等。

2）命令流程

目录订阅流程如图 10-27 所示。

目标订阅流程的描述如下：

（1）目录接收者向目录拥有者发送 SUBSCRIBE 请求，SUBSCRIBE 请求的消息体应包括订阅的目录类型、添加设备起始时间等。

（2）目录拥有者应将订阅成功与否的响应消息返给目录接收者；在订阅成功的确认响应消息的消息体中应包含设备信息等。

3）协议接口

消息头 Content-type 字段为 Content-type：Application/MANSCDP＋XML。目录订阅流程中的请求命令采用 MANSCDP 格式定义。

4．目录通知

1）基本要求

目录拥有者接受目录订阅后，当目录发生变化时要立即通知目录接收者，目录接收者要向目录拥有者发送目录收到的确认消息。目录通知使用 IETF RFC3265 中定义的 NOTIFY 方法。目录拥有者可以是联网系统、有子设备的设备及代理设备网关等，目录接收者也可以是联网系统、有子设备的设备及代理设备网关等。

2）命令流程

目录通知流程如图 10-28 所示。

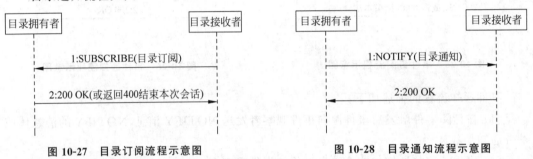

图 10-27　目录订阅流程示意图　　　　图 10-28　目录通知流程示意图

目录通知流程的描述如下：

（1）在目录变化后目录拥有者向目录接收者发送 NOTIFY 请求。

（2）目录接收者应将目录传送成功与否的响应消息返给该目录拥有者。

3）协议接口

消息头 Content-type 字段为 Content-type：Application/MANSCDP＋XML。目录通知流程中的请求命令采用 MANSCDP 格式定义。

10.8.12　语音广播和语音对讲

1．语音广播基本要求

语音广播功能实现用户通过语音输入设备向前端语音输出设备进行语音广播。语音输入设备/语音输入联网系统（以下简称"语音流发送者"）、SIP 服务器向语音输出设备/语音输出视频监控联网系统（以下简称"语音流接收者"）发送通知消息，语音流接收者收到通知消息后进行判断处理。若能够接收广播，则向语音流发送者发起呼叫请求，获取广播媒体流。设备如果具备语音输出能力，则在设备目录查询和订阅时需要上报语音输出设备。如

果不上报语音输出设备,则表示该设备没有语音输出能力。当上报语音输出通道时,
ParentID 填写其父设备的 ID。例如,IPC 具备语音输出能力,在 IPC 上报设备目录时,还需
要上报语音输出设备。该语音输出设备 ID 的类型编码为 137,其父设备为该 IPC;NVR 本
身具备语音输出能力,在 NVR 上报设备目录时,除了上报 NVR 接入的 IPC 及 IPC 自身的
语音输出设备之外,还需要上报语音输出设备。该语音输出设备 ID 的类型编码为 137,其
父设备为该 NVR。监控中心与设备之间进行语音广播,可以直接对语音输出设备发送语
音广播通知,也可以对语音输出设备所属的前端主设备发送语音广播通知。对前端主设备
发送语音广播通知消息中仅需携带前端主设备编码,表示对该设备上所有的语音输出设备
进行语音广播。例如,对 IPC 发送语音广播通知,表示对该 IPC 接入的所有语音输出设备
进行广播;对 NVR 发送语音广播通知,表示对 NVR 下所有 IPC 及自身的语音输出设备进
行广播。语音广播宜支持媒体流保活机制。

2. 语音广播命令流程

SIP 服务器发起广播的命令流程如图 10-29 所示。

其中,信令 1、2、3、4 为语音广播通知、语音广播应答消息流程;信令 5、12、13、14、15、16
为 SIP 服务器接收到客户端的呼叫请求通过 B2BUA 代理方式建立语音流接收者与媒体服
务器之间的媒体流信令过程,信令 6~11 为 SIP 服务器通过第三方呼叫控制建立媒体服务
器与语音流发送者之间的媒体流信令过程,信令 17~20 为 SIP 服务器断开语音流接收者与
媒体服务器之间的媒体流信令过程,信令 21~24 为 SIP 服务器断开媒体服务器与语音流发
送者之间的媒体流信令过程。

命令流程描述如下:

(1) SIP 服务器向语音流接收者发送语音广播通知消息,消息中通过 To 头域标明作为
目的地址的语音流接收者 ID,消息采用 Message 方法携带。

(2) 语音流接收者收到语音广播通知消息后,向 SIP 服务器发送 200 OK 响应。

(3) 语音流接收者向 SIP 服务器发送语音广播应答消息,消息中通过 To 头域标明作为
目的地址的 SIP 服务器 ID,消息采用 Message 方法携带。

(4) SIP 服务器收到语音广播应答消息后,向语音流接收者发送 200 OK 响应。

(5) 语音流接收者向 SIP 服务器发送 Invite 消息,消息中通过 To 头域标明作为目的地
址的语音流发送者 ID,消息头域中携带 Subject 字段,表明请求的语音流发送者 ID、发送方
媒体流序列号、语音流接收者 ID、接收方媒体流序列号等参数,SDP 消息体中 s 字段为
Play,代表实时点播,m 字段中媒体参数标识为 audio,表示请求语音媒体流。

(6) SIP 服务器收到 Invite 请求后,通过第三方呼叫控制建立媒体服务器和语音流发送
者之间的媒体连接。向媒体服务器发送 Invite 消息,此消息不携带 SDP 消息体。

(7) 媒体服务器收到 SIP 服务器的 Invite 请求后,回复 200 OK 响应,携带 SDP 消息
体,消息体中描述了媒体服务器接收媒体流的 IP、端口、媒体格式等内容。

(8) SIP 服务器收到媒体服务器返回的 200 OK 响应后,向语音流发送者发送 Invite 请
求,消息中通过 To 头域标明作为目的地址的语音流发送者 ID,消息头域中携带 Subject 字

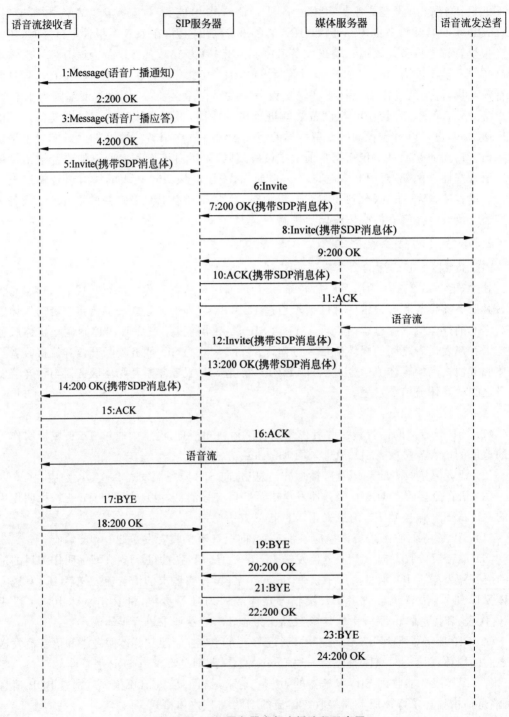

图 10-29   SIP 服务器发起广播流程示意图

段,表明请求的语音流发送者 ID、发送方媒体流序列号、语音流接收者 ID、接收方媒体流序列号等参数,请求中携带消息 7 中媒体服务器回复的 200 OK 响应消息体,s 字段为 Play,代表实时点播,m 字段中媒体参数标识为 audio,表示请求语音媒体流,增加 y 字段,用于描述 SSRC 值,f 字段用于描述媒体参数。

(9) 语音流发送者收到 SIP 服务器的 Invite 请求后,回复 200 OK 响应,携带 SDP 消息体,消息体中描述了媒体流发送者发送媒体流的 IP、端口、媒体格式、SSRC 字段等内容,s 字段为 Play,代表实时点播,m 字段中媒体参数标识为 audio,表示请求语音媒体流。

(10) SIP 服务器收到语音流发送者返回的 200 OK 响应后,向媒体服务器发送 ACK 请求,请求中携带消息 9 中语音流发送者回复的 200 OK 响应消息体,完成与媒体服务器的 Invite 会话建立过程。

(11) SIP 服务器收到语音流发送者返回的 200 OK 响应后,向语音流发送者发送 ACK 请求,请求中不携带消息体,完成与语音流发送者的 Invite 会话建立过程。

(12) 完成第三方呼叫控制后,SIP 服务器通过 B2BUA 代理方式建立语音流接收者和媒体服务器之间的媒体连接。在消息 5 中增加 SSRC 值,转发给媒体服务器。

(13) 媒体服务器收到 Invite 请求,回复 200 OK 响应,携带 SDP 消息体,消息体中描述了媒体服务器发送媒体流的 IP、端口、媒体格式、SSRC 值等内容,s 字段为 Play,代表实时点播,m 字段中媒体参数标识为 audio,表示请求语音媒体流。

(14) SIP 服务器将消息 13 转发给语音流接收者。

(15) 语音流接收者收到 200 OK 响应后,回复 ACK 消息,完成与 SIP 服务器的 Invite 会话建立过程。

(16) SIP 服务器将消息 15 转发给媒体服务器,完成与媒体服务器的 Invite 会话建立过程。

(17) SIP 服务器向语音流接收者发送 BYE 消息,断开消息 5、14、15 建立的 Invite 会话。

(18) 语音流接收者收到 BYE 消息后回复 200 OK 响应,然后使会话断开。

(19) SIP 服务器向媒体服务器发送 BYE 消息,断开消息 12、13、16 建立的同媒体服务器的 Invite 会话。

(20) 媒体服务器收到 BYE 消息后回复 200 OK 响应,然后使会话断开。

(21) SIP 服务器向媒体服务器发送 BYE 消息,断开消息 6、7、10 建立的同媒体服务器的 Invite 会话。

(22) 媒体服务器收到 BYE 消息后回复 200 OK 响应,然后使会话断开。

(23) SIP 服务器向语音流发送者发送 BYE 消息,断开消息 8、9、11 建立的同语音流发送者的 Invite 会话。

(24) 语音流发送者收到 BYE 消息后回复 200 OK 响应,然后使会话断开。

注意:语音广播通知消息除上述流程中通过 SIP 服务器发出外,也可由语音流发送者发出,消息中通过 To 头域标明作为目的地址的语音流接收者 ID,经 SIP 服务器中转后发往语音

流接收者；语音流接收者处理后发送应答消息，消息中通过 To 头域标明作为目的地址的语音流发送者 ID，经 SIP 服务器中转后回复给语音流发送者。后续呼叫流程与上述流程相同。

3. 语音广播协议接口

1) 语音广播通知、语音广播应答命令

消息头 Content-type 字段为 Content-type：Application/MANSCDP＋XML。语音广播通知、语音广播应答命令采用 MANSCDP 格式定义，消息示例如下：

```
//chapter10/10.8.help.txt
＃＃(a) 语音广播通知
MESSAGEsip:31010403001370002272@192.168.0.199:5511SIP/2.0
From:< sip:31010400002000000001 @ 3101040000 >;tag = b05e7e60 − ca00a8c0 − 1587 − 3a3 −
7fb52a44 − 3a3
To:< sip:31010403001370002272@192.168.0.199:5511 >
Call − ID:b05e7e60 − ca00a8c0 − 1587 − 3a3 − 2b297f29 − 3a3@3101040000
CSeq:1761796551MESSAGE
Via:SIP/2.0/UDP192.168.0.202:5511;rport;branch = z9hG4bK − 3a3 − e3849 − 287ef646
Max − Forwards:70
Content − Type:application/MANSCDP + xml
Content − Length:159
<? xmlversion = "1.0" ?>
< Notify >
< CmdType > Broadcast </CmdType >
< SN > 992 </SN >
< SourceID > 31010400001360000001 </SourceID >
< TargetID > 31010403001370002272 </TargetID >
</Notify >

＃＃(b) 语音广播应答
MESSAGEsip:31010400002000000001@3101040000SIP/2.0
From:< sip:31010403001370002272@3101040300 >;tag = b55b4cf8 − c700a8c0 − 1587 − a3 − 1ba9ac5 − a3
To:< sip:31010400002000000000@3101040000 >
Call − ID:b55b4cf8 − c700a8c0 − 1587 − a3 − 5eacf182 − a3@3101040300
CSeq:1856483244MESSAGE
Via:SIP/2.0/UDP192.168.0.199:5511;rport;branch = z9hG4bK − a3 − 27e0b − 71dd2b33
Max − Forwards:70
Content − Type:application/MANSCDP + xml
Content − Length:143
<? xmlversion = "1.0" ?>
< Response >
< CmdType > Broadcast </CmdType >
< SN > 992 </SN >
< DeviceID > 31010403001370002272 </DeviceID >
< Result > OK </Result >
</Response >
```

2）SDP 参数

传输语音流的 SDP 内容应符合 IETF RFC2327 的相关要求,示例如下:

```
//chapter10/10.8.help.txt
v = 0
o = 64010600000202000000100INIP4172.20.16.3
s = Play
c = INIP4172.20.16.3
t = 00
m = audio8000RTP/AVP8 //标识语音媒体流内容
a = sendonly
a = rtpmap:8PCMA/8000 //RTP + 音频流
y = 0100000001
f = v//a/1/8/1 //音频参数描述
```

各个字段的说明如下:

（1）a 字段:启用 IETF RFC4566 中对 a 字段的定义 a = rtpmap:< payloadtype > < encodingname >/< clockrate >[/< encodingparameters >] 中的< encodingname >,利用该属性携带编码器厂商名称(如企业 1 或企业 2 编码名称 DAHUA 或 HIKVISION)。该属性表明该流为某厂商编码器编码且是不符合本标准规定的媒体流,符合本标准规定的媒体流无须该属性。

（2）s 字段:在向 SIP 服务器和媒体流接收者/媒体流发送者之间的 SIP 消息中,使用 s 字段标识请求媒体流的操作类型。Play 代表实时点播;Playback 代表历史回放;Download 代表文件下载;Talk 代表语音对讲。

（3）u 字段:u 行应填写视音频文件的 URI。该 URI 取值有两种方式:简捷方式和普通方式。简捷方式直接采用产生该历史媒体的媒体源(如某个摄像头)的设备 ID 及相关参数,参数用":"分隔;普通方式采用 http://存储设备 ID[/文件夹]* /文件名,[/文件夹]* 为 0-N 级文件夹。

（4）m 字段:m 字段用于描述媒体的媒体类型、端口、传输层协议、负载类型等内容。媒体类型采用 video 标识传输视频或视音频混合内容,采用 audio 标识传输音频内容;传输方式采用 RTP/AVP 将传输层协议标识为 RTPoverUDP,采用 TCP/RTP/AVP 将传输层协议标识为 RTPoverTCP。

（5）t 字段:当回放或下载时,t 行值为开始时间和结束时间,采用 UNIX 时间戳,即从 1970 年 1 月 1 日开始的相对时间。开始时间和结束时间均为要回放或下载的音视频文件录制时间段中的某个时刻。

（6）y 字段:为十进制整数字符串,表示 SSRC 值。格式为 dddddddddd,其中,第 1 位为历史或实时媒体流的标识位,0 为实时,1 为历史;第 2 位至第 6 位取 20 位 SIP 监控域 ID 之中的 4 到 8 位作为域标识,例如 13010000002000000001 中取数字 10000;第 7 位至第 10 位作为域内媒体流标识,是一个与当前域内产生的媒体流 SSRC 值后 4 位不重复的四位十进制整数。

4. 语音对讲

语音对讲功能用于实现中心用户与前用户端之间的一对一语音对讲功能。语音对讲功能由下述两个独立的流程组合实现：

（1）通过实时视音频点播功能，中心用户获得前端设备的实时视音频媒体流。

（2）通过语音广播功能，中心用户向前端对讲设备发送实时音频媒体流，语音流的封装宜采用 RTP 格式。

## 第 11 章

GB/T 28181 国标平台案例应用

5min

新版国家标准 GB/T 28181—2022《公共安全视频监控联网系统信息传输、交换、控制技术要求》(以下简称"新国标")已于 2022 年 12 月 30 日发布,并于 2023 年 7 月 1 日正式实施,将代替 GB/T 28181—2016《公共安全视频监控联网系统信息传输、交换、控制技术要求》(以下简称"旧国标")。

2016 年 7 月 12 日,GB/T 28181—2016《公共安全防范视频监控联网系统信息传输、交换、控制技术要求》正式发布,该标准是 2011 年发布的 GB/T 28181—2011 的升级版,由公安部科技信息化局提出,由全国安全防范报警系统标准化技术委员会(SAC/TC100)归口,公安部一所等多家单位共同起草的一部国家标准。国标 GB/T 28181—2016 定义了 143 个大项,涉及 286 个功能点,对比国标 GB/T 28181—2011 更精确、范围更广、定位更准确、更具体。该标准是公安部明确规定的部、省、市、县四级监控平台必须遵循的国家标准,标准的推出为我国平安城市视频监控系统的建设提供了最新的顶层规划参考。目前,GB/T 28181—2016 已经被广泛使用于雪亮工程、视频监控汇聚、3 类点接入、跨域级联等应用场景。

11.1 国标平台简介

随着国标 GB/T 28181 的出台,为各行政级视频设备的分级互联及视频数据共享提供了新的标准,但是已经实施部署的现有视频设备都不具备该国际协议,为了让这些已经部署的不同厂家及不同协议的视频设备能够融合接入 GB/T 28181 平台进行统一管理,实现了从非标到国标的视频融合和管理统一化。GB/T 28181—2016 标准规定了公共安全视频监控联网系统的互联结构,传输、交换、控制的基本要求和安全性要求,以及控制、传输流程和协议接口等技术要求,是视频监控领域的国家标准。GB/T 28181 协议信令层面使用的是 SIP(Session Initiation Protocol),流媒体传输层面使用的是实时传输协议(Real-time Transport Protocol,RTP),因此可以理解为 GB/T 28181 是在国际通用标准的基础之上进行了私有化定制以满足视频监控联网系统互联传输的标准化需求。通常情况下,GB/T

28181平台包括信令服务器和流媒体服务器两部分,用于远程接入监控摄像头和NVR设备,实现对监控视频的远程调取和管理。接入流媒体服务器的监控视频,通过多种协议进行分发,用于视频预览和集成到其他业务系统中。新国标规定了公共安全视频监控联网系统的互联结构,传输、交换、控制的基本要求和安全性要求,以及控制、传输流程和协议接口等技术要求。适用于公共安全视频监控联网系统的方案设计、系统检测、验收以及与之相关的设备研发、生产。

11.1.1　国标平台的组成

一般来讲,通用的安防管理平台致力于解决实际应用场景中的难题,需要在前端设备利旧、平台弹性扩容、音视频稳定传输、多协议转码、应用快速整合等方面进行深度优化,可促进项目建设快速、稳定、可靠交付,比较方便地进行国标GB/T 28181平台的对接。

GB/T 28181平台是依照GB/T 28181协议实现的软硬件平台,通常包括信令服务器和视频服务器(流媒体服务器)。信令服务器实现平台与监控设备(摄像头、NVR、云台等)之间的控制指令交换,包括设备注册、设备配置管理、云台控制、视频播放控制等指令,双方会话采用的是SIP。视频服务器实现监控视频流的接收和转发,即接收监控设备发送的视频流,然后进行转发,业务平台预览监控视频,也就是从视频服务器上调取转发的视频。监控设备向视频服务器发送视频流采用的是RTP,下层可以通过UDP或TCP传输。

有的国标平台会进行更细致的功能分解,如包括终端设备管理系统等。比较成熟的GB/T 28181平台应该是一个规范、成熟、稳定的监控接入平台,包含信令服务器、流媒体服务器等子系统,流媒体服务器中包含了对终端设备的管理和视频流预览、转发功能,可以对安防、消防、城建、交通、农业等行业领域进行远程监控视频的接入、管理和集成。

在GB/T 28181协议出现之前,要想从外网远程访问局域网内的监控设备是一个比较烦琐的工作,通常要采用网络映射的方式将设备映射出来,或者为设备配置独立的IP地址才能访问,配置起来比较麻烦,稳定性和可操作性也无法保障。GB/T 28181协议推出以后,远程、跨网访问监控设备变得非常容易,将GB/T 28181平台部署到外网后,监控设备只要注册到服务器上,就可以被远程访问、管理和调取视频。当前,主流的监控厂商已经支持GB/T 28181协议,大部分2016年以后出厂的设备可以接入GB/T 28181平台,但也有少数例外,在选用监控设备时可以通过设备参数来查看是否支持。

11.1.2　国标平台的组网及特点

GB/T 28181监控平台和监控设备的组网方式如图11-1所示,图中的GB/T 28181平台包括信令服务器和流媒体服务器两部分,用于远程接入监控摄像头和NVR设备,实现对监控视频的远程调取和管理。接入流媒体服务器的监控视频,通过多种协议进行分发,用于视频预览和集成到其他业务系统中。除了通用的信令交换和视频接入功能,还具有以下特点。

(1)视频远程接入和调取:摄像头和NVR不需要有外网IP,可以直接通过GB/T

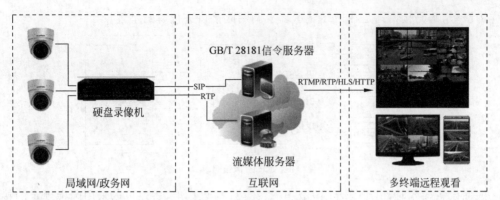

图 11-1　国标平台的组网

28181 协议连接到外网平台上，不需要任何中转和代理。

（2）短延迟、秒开流畅：远程调取摄像头视频，延迟在 1s 以内，视频秒开，流畅不卡顿。

（3）转发和集成：接入的监控视频可以通过 RTMP、RTP、HLS、HTTP 等多种协议进行转发，方便预览和集成。

（4）视频录制和回看：自动录制监控视频，按时间点进行查询和回看，录像保留时长可以自定义。

（5）高性能、大并发：一台设备可以接入数百个摄像头，并提供上千并发观看，并可以进行集群部署，支撑更大数量的接入和观看。

GB/T 28181 协议会话通道实际上使用的是 SIP，并且在 SIP 的基础之上做了些私有化处理。SIP 是一个由 IETF MMUSIC 工作组开发的协议，作为标准被提议用于创建、修改和终止包括视频、语音、即时通信、在线游戏和虚拟现实等多种多媒体元素在内的交互式用户会话。SIP 中一个比较重要的概念是用户代理（User Agent），指的是一个 SIP 逻辑网络端点，用于创建、发送、接收 SIP 消息并管理一个 SIP 会话。SIP 用户代理又可分为用户代理客户端 UAC（User Agent Client）和用户代理服务器端 UAS（User Agent Server）。UAC 创建并发送 SIP 请求，UAS 接收并处理 SIP 请求，发送 SIP 响应。SIP 会与许多其他的协议协同工作，如 SIP 报文内容发送会话描述协议（Session Description Protocol，SDP），SDP 描述了会话所使用的流媒体细节，例如使用哪个 IP 端口，采用哪种编解码器等。SIP 的一个典型用途是：SIP 会话传输一些简单的经过报文的实时传输协议流，RTP 本身才是语音或视频的载体。在 GB/T 28181 协议中，联网系统在进行视音频传输及控制时应建立两个传输通道，即会话通道和媒体流通道。会话通道用于在设备之间建立会话并传输系统控制命令；媒体流通道用于传输视音频数据，经过压缩编码的视音频流采用流媒体协议 RTP/RTCP 传输。

非国标设备端接入时，由于不符合国标、ONVIF 等标准协议，所以一般采用设备 SDK（Software Development Kit，软件开发工具包）开发接口和协议接入，通过调用社会资源设备前端 SDK，实现兼容接入至社会视频接入平台，如图 11-2 所示。SDK 方式接入，要求相关设备厂商提供网络转发和解码的 SDK 接口，接入平台可以通过转发接口把码流转发到其他应用服务,解码接口则是在最终显示端上调用此接口进行解码呈现。

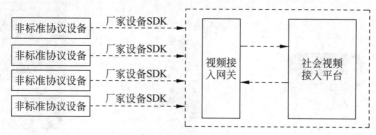

图 11-2   非国标设备接入

国标设备接入时,由于符合国标 GB/T 28181 协议标准,所以可以采用国标规定的接入方式进行接入,并采用标准解码库实现解码显示,如图 11-3 所示。对于社会单位新建的监控设备,应统一采用符合国标 GB/T 28181 要求的社会资源接入终端,通过国标中规定的接入方式接入社会视频监控接入平台。

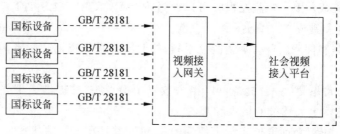

图 11-3   国标设备接入

11.2 LiveGBS 平台简介

LiveGBS 是基于 GB/T 28181 的,为了满足可以集中统一管理和观看所有摄像头、硬盘录像机等设备而设计的,将传统安防摄像头实现 Web 播放。支持设备或平台 GB/T 28181 注册接入、向上级联第三方国标平台,可视化的 Web 页面管理;支持云台控制、设备录像检索、回放,支持语音对讲、用户管理、多种协议流输出,并可以实现浏览器无插件直播等。LiveGBS 国标平台的主要功能如下:

(1) 提供用户管理及 Web 可视化页面管理,开源的前端页面源码。

(2) 提供设备状态管理,可实时查看设备是否掉线等信息。

(3) 提供实时流媒体处理,PS 或 TS 转 ES。

(4) 提供 WebRTC、RTSP、RTMP、HTTP-FLV、Websocket-FLV、HLS 等多种协议流输出。

(5) 提供对外服务器获取状态、信息、控制等 HTTP API 接口。

(6) 支持设备或平台通过 GB/T 28181 协议接入。

(7) 支持多分屏同时多路播放。

（8）支持分屏轮巡播放，智能码流控制。

（9）支持音频、视频同时播放。

（10）支持树形展示，以及自定义虚拟目录。

（11）支持 H. 264、H. 265 等多种视频格式接入。

（12）支持服务器端降码率，指定视频参数输出。

（13）支持向上级联国标平台。

（14）支持 CAS、OAuth 单点登录。

（15）支持语音对讲和级联语音对讲。

（16）支持云端录像存储、查询。

（17）支持设备状态监测、录像检索和回放等。

（18）支持云台控制、预置位巡航。

（19）支持用户管理：添加管理员、操作员、观众，权限关联通道。

（20）支持 UDP、TCP 两种国标信令传输模式。

（21）支持 UDP、TCP 被动和 TCP 主动这 3 种国标流传输模式。

（22）支持 HTTPS 加密。

（23）支持 SQLite 3、MySQL 和 MariaDB 等数据库切换。

（24）支持企业私有云部署，支持 Linux、Windows 等操作系统。

11.2.1 LiveGBS 的服务架构

LiveGBS 的服务架构如图 11-4 所示，LiveGBS 包含信令服务（LiveCMS）和流媒体服务（LiveSMS）两部分，需同时安装并运行这两个服务，官方的下载网址为 https://www.liveqing.com/docs/download/LiveGBS.html，包含 Windows 和 Linux 两个系统的安装包，

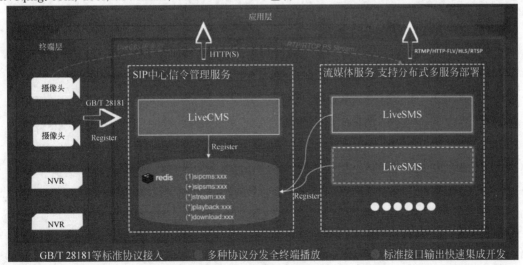

图 11-4 LiveGBS 架构

如图 11-5 所示。Windows 平台的安装包包括 LiveCMS-windows-＊＊＊.zip 和 LiveSMS-windows-＊＊＊.zip；Linux 平台使用的安装包包括 LiveCMS-linux-＊＊＊.tar.gz 和 LiveSMS-linux-＊＊＊.tar.gz。

▣ Windows系统环境安装包			
LiveGBS 信令服务	LiveCMS-windows-3.3.1-23011718.zip		⬇ 单击下载
LiveGBS 流媒体服务	LiveSMS-windows-3.3.1-23011718.zip		⬇ 单击下载
△ Linux系统环境安装包			
LiveGBS 信令服务	LiveCMS-linux-3.3.1-23011718.tar.gz		⬇ 单击下载
LiveGBS 流媒体服务	LiveSMS-linux-3.3.1-23011718.tar.gz		⬇ 单击下载

图 11-5 LiveGBS 的安装包

信令服务(LiveCMS)负责 SIP 中心信令服务(单节点)，自带一个 Redis Server，随 LiveCMS 自启动，不需要手动运行。LiveCMS 端口使用的 TCP 端口为 5060(SIP)、10000 (HTTP)、26379(Redis)；UDP 端口为 5060(SIP)。

流媒体服务(LiveSMS)负责 SIP 流媒体服务，根据需要可部署多套。LiveSMS 服务使用的 TCP 端口为 5070(SIP)、10001(HTTP)、11935(RTMP Live)、30000-40000(RTP over TCP)；UDP 端口为 5070(SIP)、50000-60000(RTP/RTCP over UDP)

11.2.2 LiveCMS 的配置文件

LiveCMS 服务的配置文件为 livecms.ini，将 LiveCMS-windows-＊＊＊.zip 或 LiveCMS-linux-＊＊＊.tar.gz 解压后，livecms.ini 文件就位于根目录下，如图 11-6 所示，该配置文件的内容如下：

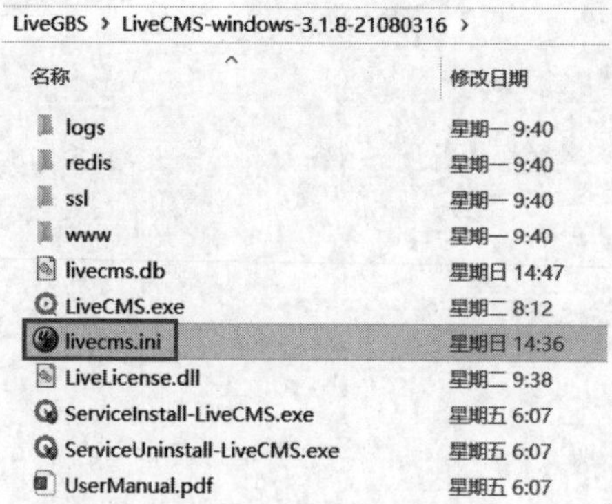

LiveGBS › LiveCMS-windows-3.1.8-21080316 ›

名称 ^	修改日期
📒 logs	星期一 9:40
📒 redis	星期一 9:40
📒 ssl	星期一 9:40
📒 www	星期一 9:40
🗋 livecms.db	星期日 14:47
⚙ LiveCMS.exe	星期二 8:12
⚙ livecms.ini	星期日 14:36
🗋 LiveLicense.dll	星期二 9:38
⚙ ServiceInstall-LiveCMS.exe	星期五 6:07
⚙ ServiceUninstall-LiveCMS.exe	星期五 6:07
🗋 UserManual.pdf	星期五 6:07

图 11-6 livecms.ini 配置文件

```
//chapter11/LiveCMS/livecms.ini
[http]
port = 10000
; 接口鉴权开关(0 - 关闭, 1 - 开启)
api_auth = 1
; 标题配置
logo_text = LiveGBS
; 短标题配置
logo_mini_text = GBS
; 版权配置
copyright_text = Copyright © 2021 < a href = "//www.liveqing.com" target = "_blank"> www.
liveqing.com </a> All rights reserved.


[https]
; 可选配置开启 HTTPS 服务
; port = 10010
; ssl_domain = localhost
; ssl_cert_file = ssl/localhost_cert.pem
; ssl_key_file = ssl/localhost_key.pem
; ssl_min_version = 1.2
[redis]
port = 26379
password = livegbs@2019


[db]
; 可选使用 MariaDB 数据库,建库 SQL -->
; https://www.liveqing.com/docs/faq/LiveGBS.html#上万接入通道 - 文件数据库操作慢
; dialect = mysql
; url = username:password@(ip:port)/livegbs?charset = utf8&parseTime = True&loc = Local


[sip]
; CMS SIP 服务器 IP/域名(必填)
host = 192.168.1.9
port = 15060
serial = 34020000002000000001
realm = 3402000000
; 应答超时(s)
ack_timeout = 15
; 保活超时(s)
keepalive_timeout = 300
; GB/T 28281 设备接入统一密码,如果不配置统一密码,就需要逐个将设备认证信息录入数据库
device_password = 12345678
; 校时源,配置上级国标 ID/NTP(可选)
time_server =
; 禁止接入 IP 列表, 多条可用逗号间隔(可选)
forbid_ip_list =
; 禁止接入 User - Agent 列表, 多条可用逗号间隔(可选)
forbid_ua_list = Conaito, PBX, Phone, Grandstream, eyeBeam
```

```
; 配置正则表达式，只允许符合规则的国标编号注册
; register_serial_reg = ^\d{10,20}$
; 配置正则表达式，只允许符合规则的 User-Agent 注册
; register_ua_reg = ^IP Camera$
; 日志开关(0-关闭，1-开启)
log = 1
; 是否允许直播地址拉流(0-关闭，1-开启)
allow_stream_start_by_url = 1
; 通道默认按需开关(0-关闭，1-开启)
channel_default_ondemand = 1
; 通道默认分享开关(0-关闭，1-开启)
channel_default_shared = 0
; 通道默认音频开关(0-关闭，1-开启)
channel_default_audio_enable = 0
; 通道默认云端录像开关(0-关闭，1-开启)
channel_default_cloud_record = 0
; 报警数据保留(天，0 表示不接收报警)
alarm_reserve_days = 3
; 日志数据保留(天，0 表示永久保留)
log_reserve_days = 3
; 播放鉴权第三方回调地址，HTTP GET，请求参数(透传流地址参数，app, call, name)，响应(200-
; 鉴权通过，其他 - 鉴权不通过)
; 例如 http://demo.liveqing.com:10000/api/v1/check/stream/auth
stream_auth_url =
prefer_stream_fmt = FLV

[service]
name = LiveCMS_Service
display_name = LiveCMS_Service
description = LiveCMS_Service
```

其中[sip]域下的几个重要字段如图 11-7 所示，具体说明如下。

(1) [sip]→host：SIP 中心信令服务器 IP。

(2) [sip]→serial：SIP 中心信令服务器 ID。

(3) [sip]→realm：SIP 中心信令服务器 Realm。

(4) [sip]→device_password：设备接入统一密码。

11.2.3 LiveSMS 的配置文件

LiveSMS 服务的配置文件为 livesms.ini，将 LiveSMS-windows-***.zip 或 LiveSMS-linux-***.tar.gz 解压后，livesms.ini 文件就位于根目录下，如图 11-8 所示，该配置文件的内容如下：

图 11-7　LiveGBS 信令配置

名称	修改日期
nginx	星期一 9:40
ssl	星期一 9:40
www	星期一 9:40
avcodec-58.dll	星期五 11:22
avdevice-58.dll	星期五 11:22
avfilter-7.dll	星期五 11:22
avformat-58.dll	星期五 11:22
avutil-56.dll	星期五 11:22
liblivertmp.dll	星期一 4:49
libLiveSnap.dll	星期五 10:49
LiveLicense.dll	星期二 11:00
livesms.db	星期四 14:47
LiveSMS.exe	星期二 8:14
livesms.ini	星期日 14:36
openh264.dll	星期五 7:38
postproc-55.dll	星期五 11:22
ServiceInstall-LiveSMS.exe	星期四 9:06
ServiceUninstall-LiveSMS.exe	星期四 9:06
swresample-3.dll	星期五 11:22
swscale-5.dll	星期五 11:22

LiveGBS > LiveSMS-windows-3.1.8-21080316 >

图 11-8　livesms.ini 配置文件

```ini
//chapter11/LiveCMS/livesms.ini
[http]
port = 10001

[https]
; 可选配置开启 HTTPS 服务
; port = 10011
; ssl_domain = localhost
; ssl_cert_file = ssl/localhost_cert.pem
; ssl_key_file = ssl/localhost_key.pem
; ssl_min_version = 1.2
[redis]
; 指向 CMS Redis
host = 127.0.0.1
port = 26379
password = livegbs@2019

[sip]
; SMS SIP 服务器 IP/域名(必填)
host = 192.168.1.9
; 配置 SMS 公网 IP(可选)
wan_ip =
serial = 34020000002020000001
realm = 3402000000
port = 15070
; 可选配置 0/1, 指示流媒体服务器使用公网 IP 接收国标下级流数据(可选)
use_wan_ip_recv_stream = 0
; 可选配置 0/1, 用于级联场景, 指示上级使用公网 IP 取流(可选)
use_wan_ip_send_stream = 0
; 可选配置 0/1, 用于级联场景, 指示使用随机空闲端口向上级推流(可选)
use_random_port_send_stream = 0
; 日志开关
log = 1
download_dir = downloads
; 下载文件保存时间(s), 若小于 0, 则永久保存
download_file_reserve_seconds = 86400
ack_timeout = 15
keepalive_timeout = 300
group_id =

[rtp]
; 收流端口区间, 对国标平台/设备开放
tcp_port_range = 30000,30249
udp_port_range = 30000,30249
; 码流空闲超时(s)
```

```
idle_timeout_seconds = 10
; 排序缓存大小
sort_window_size = 100
; 校验 PayloadType 开关(0 - 关闭，1 - 开启)
strict_payload_type = 1

[webrtc]
; 分发端口区间，对浏览器开放
udp_port_range = 30250,30500

[rtsp]
; 配置开启 RTSP 服务(可选)
port = 0

[record]
; 云端录像路径
dir = E:/abwork/___videos/ffmpeg4.3.1/ffmpeg4.3.1 -- series29 -- 28181/LiveGBS/record
; 云端录像清理,剩余磁盘空间百分比阈值(单位为百分比)
clean_freespace_percent_threshold = 5
; 云端录像清理,剩余磁盘空间大小阈值(单位为 MB)
clean_freespace_size_threshold = 5120

; 云端录像清理,录像超过 N 天执行清理(单位为天)
; clean_over_days = 7
[service]
name = LiveSMS_Service
display_name = LiveSMS_Service
description = LiveSMS_Service
```

其中[sip]域下的几个重要字段具体说明如下。

(1)［sip］→host：SIP 流媒体服务器 IP。

(2)［sip］→serial：SIP 流媒体服务器 ID。

(3)［sip］→realm：SIP 流媒体服务器 Realm。

(4)［sip］→wan_ip(可选)：SIP 流媒体服务器公网 IP。

(5)［sip］→use_wan_ip_recv_stream(可选)：可选配置 0/1,指示流媒体服务器使用公网 IP 接收国标下级流数据。

(6)［rtp］→udp_port：RTP over UDP 端口。

(7)［rtp］→tcp_port：RTP over TCP 端口。

11.2.4 LiveSMS 的运行

首先需要注意的是,安装包所在路径不要包含中文,先运行 LiveCMS,再运行 LiveSMS。

1. Windows 平台运行

Windows 平台下包括直接运行和以服务方式运行两种方式,如下所示。

(1) Windows 平台下直接运行,先启动信令服务(LiveCMS),在解压目录中,直接双击 LiveCMS.exe 即可,以 Ctrl+C 组合键停止服务,不可以直接关闭控制台窗口,否则无法停止全部服务,然后启动流媒体服务(LiveSMS),在解压目录中,直接双击 LiveSMS.exe 即可,以 Ctrl+C 组合键停止服务,不可以直接关闭控制台窗口,否则无法停止全部服务。

(2) Windows 平台下以服务启动,先启动信令服务,在解压目录中,直接双击 ServiceInstall-LiveCMS.exe 即可,双击 ServiceUninstall-LiveCMS.exe 卸载 CMS 服务,然后启动流媒体服务,在解压目录中,直接双击 ServiceInstall-LiveSMS.exe 即可,双击 ServiceUninstall-LiveSMS.exe 卸载 SMS 服务。

2. Linux 平台运行

Linux 平台下包括直接运行和以服务方式运行两种方式,如下所示。

(1) Linux 平台下直接运行,先启动信令服务,再启动流媒体服务,命令如下:

```
cd LiveCMS
./livecms
#停止: Ctrl + C

cd LiveSMS
./livesms
#停止:Ctrl + C
```

(2) Linux 平台下以服务方式启动,先启动信令服务,再启动流媒体服务,命令如下:

```
#信令服务(LiveCMS)
cd LiveCMS
./start.sh
#停止: ./stop.sh

#流媒体服务(LiveSMS)
cd LiveSMS
./start.sh
#停止: ./stop.sh
```

11.2.5　配置设备接入

服务运行起来后,参考 LiveCMS 基础配置页面上显示的信息设置到下级设备或平台上,例如海康 GB/T 28181 平台接入配置的页面,如图 11-9 所示。NVR 硬件 GB/T 28181 接入时,如果视频通道编码 ID 为空,则表示不作为通道接入 LiveGBS。只有通道 1 和通道 2 会接入 LiveGBS,如图 11-10 所示。

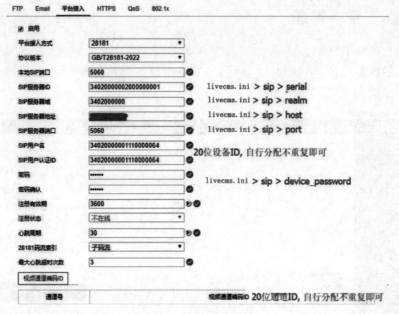

图 11-9　海康平台接入

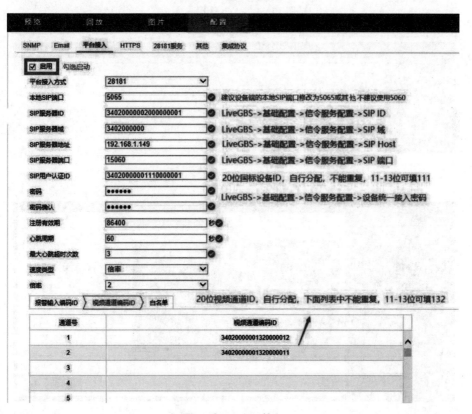

图 11-10　NVR 接入

11.2.6 平台管理

管理平台的网址为 http://localhost:10000,如图 11-11 所示。单击左侧"国标设备"可以看到在线的国标设备,如图 11-12 所示,然后单击设备列表右侧的"播放"按钮,就可以预览 IPC 摄像头画面,如图 11-13 所示。

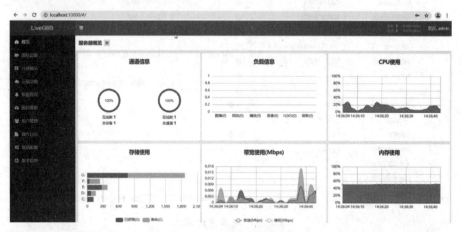

图 11-11　Web 管理界面

图 11-12　设备列表

图 11-13　设备预览

11.3 EasyGBS 平台简介

首先在官网下载 EasyGBS 软件包,下载完成后,更改软件包中的 easygbs.ini 文件,一般情况只需修改 SIP 域,其他内容可根据需要进行具体修改。官方安装包的网址为 https://easynvr-1257312146.cos.ap-shanghai.myqcloud.com/EasyGBS/download.html, 该安装包分为 Windows 和 Linux 两个版本,如图 11-14 所示,下载后直接解压即可。

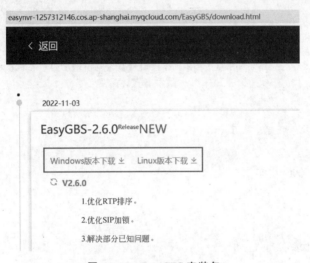

图 11-14 EasyGBS 安装包

修改 easygbs.ini 在配置文件中的[sip]域下的 host、port、serial 和 realm 等字段,如图 11-15 所示,这几个字段的含义如下。

图 11-15 EasyGBS 的配置文件

(1) [sip]→host:SIP 中心信令服务器 IP。

(2) [sip]→serial:SIP 中心信令服务器 ID。

(3) [sip]→realm:SIP 中心信令服务器 Realm。

(4) [sip]→device_password:设备接入统一密码。

(5) [sip]→use_wan_ip_recv_stream:可选配置 0/1,指示流媒体服务器使用公网 IP 接收国标下级流数据。

(6)［rtp］→udp_port_range：RTP over UDP 限制 UDP 端口范围。

(7)［rtp］→tcp_port_range：RTP over TCP 限制 TCP 端口范围。

该配置文件的完整信息如下：

```
//chapter11/easygbs/easygbs.ini
snap_timeout = 5
token_timeout = 604800

[snap]
upload_url =
upload_body =
; upload_url = http://192.168.0.100:80/api/detect_image
; upload_url = http://192.168.0.34:10000/api/v1/device/info
; upload_body = "username":"admin","pwd":"111111","cameraId":"69bbf9685..."

[module]
is_alarm = false
is_advertising = true
; 流量统计
is_traffic_sum = 1
; 日志分割大小,单位为 MB
log_size = 299

[http]
port = 11000
; 接口鉴权开关(0 - 关闭,1 - 开启)
api_auth = true
default_user = easygbs
default_password = easygbs
; 是否开启演示模式
demo = false

[service]
name = EasyGBS_Service
display_name = EasyGBS_Service
description = EasyGBS_Service
EasyGBS_Service = EasyGBS_Service

[https]
; 可选配置开启 HTTPS 服务
ssl_enabel = true
port = 2443
ssl_cert_file = E:/.../easydarwin/EasyGBSGo/ssl/localhost_cert.pem
ssl_key_file = E:/.../easydarwin/EasyGBSGo/ssl/localhost_key.pem

[redis]
port = 26379
; host = 192.168.99.120
```

```
auth = easy@2019

[sms]
port = 10001
; 可选配置 0/1, 指示流媒体服务器使用公网 IP 接收国标下级流数据(可选)
use_wan_ip_recv_stream = 0
; 可选配置开启 HTTPS 服务
https_port = 1443
ssl_cert_file = E:/.../easydarwin/EasyGBSGo/ssl/localhost_cert.pem
ssl_key_file = E:/.../easydarwin/EasyGBSGo/ssl/localhost_key.pem
sip_port = 5070
; 指定播放流 URL 的 IP 地址,优先级:stream_url_ip > wan_ip > host
stream_url_ip =
rtsp_port = 11554
; 是否启用转码,把 H.265 转换成 H.265
use_codec = false

[rtp]
tcp_port_range = 30000,40000
udp_port_range = 50000,60000
; 码流空闲超时
idle_timeout_seconds = 30
dump_rtp = false

[sip]
; SIP 服务器 IP/域名, 必填
host = 192.168.1.9
port = 15060
serial = 34020000002000000001
realm = 3402000000
; 配置公网 IP(可选), 当 HTTPS 开启时, wan_ip 填证书对应的域名
wan_ip =
; 下载文件保存时间(s), 若小于 0,则永久保存
download_file_reserve_seconds = 86400
; 应答超时(s)
ack_timeout = 10
; 保活超时(s)
keepalive_timeout = 300
stream_timeout = 30
; GB/T 28281 设备接入统一密码, 如果不配置统一密码, 就需要逐个将设备认证信息录入数据库
device_password = 12345678
; 禁止接入设备列表
forbid_device_list = 101
; 日志开关(0 - 关闭, 1 - 开启)
log = true
; 快照间隔(s)
snap_interval = -1
; 播放鉴权第三方回调地址, HTTP GET, 请求参数(透传流地址参数, app, call, name), 响应(200 - 鉴权通过, 其他 - 鉴权不通过)
```

```
; 例如 http://demo.easygbs.com:10000/api/v1/check/stream/auth http://127.0.0.1:10000/api/
v1/check/stream/auth
stream_auth_url =
forbid_ip_list = 1,1
; 查询目录间隔
catalog_time = 3000
tcp_head = 461


[nvs]
enable = false
port = 10010
wan_ip = 192.168.99.122
is_wan_ip = true
register_host = 192.168.99.175
register_port = 10811
register_password = 12345678


[license]

[database]
db_name = sqlite3
; mysql sqlite3
db_clint_url = root:123456@tcp(192.168.99.166:3306)/easygbs1?charset = utf8&parseTime
= true


; root:123456@tcp(123.56.99.5:3306)/testegbs?charset = utf8&parseTime = true
[default]
default_user = easygbs
default_password = 75d8568d9ec73b1fe2759f4709021953
default_role_name = admin
default_guest_user = guest2020
default_guest_password = c23604582cdd77c4897ec309808986e1
default__guest_role_name = guest


[alarm]
is_white = false
; 告警间隔时间,单位为秒
interval = 100
; 告警保留时间,单位为天, -1代表不清理
alarm_retention_time = 1


[play_media_type]
; default 默认为哪个
default = 0
; all_media_type 播放协议数组
; index(0:flv 1:rtmp 2:rtsp 3:hls 4:ws_flv 5:webrtc) value (0:关 1:开)
all_media_type = 1,1,1,1,1,1
; 前端播放器类型,auto = 自动选择(根据流类型自动选择播放器)
```

```
; EP = EasyPlayer. js 播放器 EWP = EasyWasmPlayer. js 播放器(支持 H. 265)
default_player_type = EP
; 播放器 logo 是否显示, true = 隐藏, false = 显示
undisplay_player_logo = false

[record]
; 保存天数
save_day = 1
; 阈值, 单位为 GB
save_threshold = 10
; 清理历史录像数据
clear_old_record = true

[bottom]
; 消息通知
is_news = true
title =
copyright =
map_channel =

[rtc]
web_rtc_udp_port_min = 31250
web_rtc_udp_port_max = 31500
rtc_use_stun = 1
rtc_stun_addr =
rtc_username =
rtc_credential =
```

11.3.1 运行软件

安装包所在路径不要包含中文,否则运行时会出现异常。在 Windows 环境下,双击
EasyGBS. exe 文件即可启动,同时按下 Ctrl＋C 组合键可以停止服务,不可以直接关闭控制
台窗口,否则无法停止全部服务。双击 ServiceInstall-EasyGBS. exe 文件会以服务方式启
动,然后双击 ServiceUninstall-EasyGBS. exe 文件可以卸载服务。在 Linux 系统环境下通
过执行命令. /start. sh 可以直接启动 EasyGBS 服务,通过执行命令. /stop. sh 可以停止
服务。

11.3.2 设备接入

以 EasyGBS 海康设备接入为例,GB/T 28181 平台接入配置信息如图 11-16 所示,需要
填写真实的海康设备的 SIP 服务器地址、SIP 服务器端口等信息。

| FTP | Email | 平台接入 | HTTPS | QoS | 802.1x |

☑ 启用

平台接入方式	28181 ▼	
协议版本	GB/T28181-2022 ▼	
本地SIP端口	5060	✓
SIP服务器ID	34020000002000000001	✓ easysipcms.ini > sip > serial
SIP服务器域	3402000000	✓ easysipcms.ini > sip > realm
SIP服务器地址	▆▆▆▆▆	✓ easysipcms.ini > sip > host
SIP服务器端口	5060	✓ easysipcms.ini > sip > port
SIP用户名	34020000001110000064	✓
SIP用户认证ID	34020000001110000064	✓ 20位设备ID,自行分配不重复即可
密码	●●●●●	✓
密码确认	●●●●●	✓ easysipcms.ini > sip > device_password
注册有效期	3600	秒 ✓
注册状态	不在线 ▼	
心跳周期	30	秒 ✓
28181码流索引	子码流 ▼	
最大心跳超时次数	3	✓

视频通道编码ID

| 通道号 | 视频通道编码ID 20位通道ID,自行分配不重复即可 |

图 11-16   EasyGBS 的海康设备接入

11.3.3   平台管理

成功运行后,EasyGBS 平台的 Web 管理网址为 http://localhost:11000,接口文档的网址为 http://localhost:10000/apidoc。打开浏览器,输入 http://localhost:11000,初次打开需要验证用户名和密码,如图 11-17 所示。用户名和密码在配置文件(easygbs.ini)的[http]域下,例如笔者本地的用户名和密码都是 easygbs,如图 11-18 所示。

图 11-17   EasyGBS 的登录页面

```
[module]
is_alarm=false
is_advertising=true
; 流量统计
is_traffic_sum=1
; 日志分割大小,单位为MB
log_size=299

[http]
port=11000
; 接口鉴权开关(0-关闭，1-开启)
api_auth=true
default_user=easygbs
default_password=easygbs
; 是否开启演示模式
demo=false
```

图 11-18　EasyGBS 的用户名和密码

11.3.4　平台应用案例

针对智慧城市管理与治理的需求,可以考虑基于云边端架构,结合 EasyGBS 国标视频云服务与智能终端硬件(智能移动单兵设备),为智慧城管行业提供一站式智能化解决方案。基于 EasyGBS 国标视频云服务,结合前端现场的执法设备,通过 4G、WiFi、加密通道(VPN 专网)或专网,实时将现场状态传输到各指挥中心或移动终端,可以打造一个集成视频高清、通信流畅、移动智能、快速响应、精准指挥、高效协同与管理等多项功能于一体的可视化执法监管综合性平台,为智慧城管行业提供一站式智能化解决方案。

EasyGBS 国标视频云服务是一款专门用于接入国标设备、支持 GB/T 28181 协议的视频流媒体服务平台,如图 11-19 所示,支持无缝、完整接入内网或者公网国标设备;在流媒体输出上,可实现全平台、全终端输出。可视化智能移动单兵是集执法记录仪、数码相机、对讲机、警务通于一体的四合一创新型硬件设备。它具有录像、拍照、定位、对讲、一键报警、可视化指挥调度等特点,适用于城管等执法工作人员外出执勤、现场取证、指挥调度等业务应用场景。

在移动 4G/5G 网络下,通过 EasyGBS 平台建立视频、图片、语音、数据的双向实时传输,实现现场城管执法人员与后端指挥人员实时可视化交互,保障信息准确及时沟通,提升调度指挥的决策能力与工作效率。对于经常出现小贩乱摆、乱插的地段,则可以通过建立可移动的固定监控支点进行监管,方便城管实时监察。基于 4G/5G 移动视频系统和安卓手持式应急指挥 EasyGBS 终端(智能移动单兵设备),解决了城管指挥工作中现场图像可及时清晰回传至指挥中心的需求,实时监控现场执法的一举一动,加强对执法现场的监督,做到文明执法,有效杜绝一线执法人员暴力执法、消极怠工等现象,为后期追责提供强有力的证据。同时也能解决在执法过程中,物品扣押取证等较为烦琐且易出现争端的情况下,能快速实现警力有效指挥调度,保障执法人员的人身安全。

该方案的功能及优势如下。

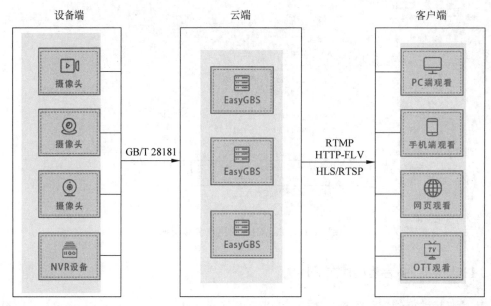

图 11-19　EasyGBS 视频云服务

（1）实时高清视频传输与监控：EasyGBS 计算机网页客户端支持单画面、多画面显示，监控中心的指挥人员可选择任意一路或多路视频观看，视频窗口数量 1、4、9、16 个可选，更加方便观看执法现场监控图像，提高执法透明度和警察执法效能。支持超低带宽下的视频传输，画面清晰流畅，有利于后端的指挥调度人员查看更丰富、更清晰的前方现场执法细节，实时掌握现场情况，有利于指挥人员精准决策和调度。

（2）GPS/北斗定位，灵活调度：智能移动单兵设备自带 GPS/北斗定位功能，可以通过4G/5G 无线网络实时向 EasyGBS 平台上传输设备位置信息，方便时刻定位城管车辆、城管人员的当前位置，杜绝公车私用、擅离职守等现象。此外，当指挥中心管理员通过与前方沟通决定需要向现场执法人员进行支援时，可以结合 GIS 系统查看距离执法人员最近的人员或车辆位置，并根据实际现场需要情况向终端下发调度信息。

（3）无缝对接，播放终端全兼容：无论是 PC 浏览器还是手机 App、手机浏览器、微信客户端等，EasyGBS 均可以支持无缝接入，便于轻量、友好地进行全部视频监控的直播、录像、检索、回放等功能的对接，为监管中心工作人员的日常工作任务执行和监管，以及执法的指挥部署，提供了极其方便和实用的工具，实现一套系统，全终端兼容，真正实现了移动化、智能化执法与监管。

（4）区域级联资源共享：EasyGBS 级联功能支持不同平台之间的互联互通，构建三级平台级联模式，实现区域平台级联。区域级联能有效解决资源共享问题，打破信息孤岛，让城市执法管理等相关部门实现智能协同与高效调度、数据共享，推动国家、省、市多级联动指挥和监督评价体系的建立，让城市管理更加智能化和精细化。EasyGBS 可以作为平台，让下级平台（包含前端设备、支持 GB/T 28181 的视频平台）级联到 EasyGBS 平台。EasyGBS

也可以作为下级平台,通过 GB/T 28181 方式级联到支持 GB/T 28181 的上级平台,进行视频资源的整合。EasyGBS 的区域级联如图 11-20 所示。

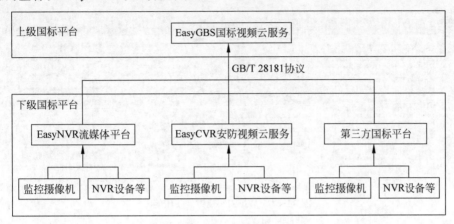

图 11-20　EasyGBS 区域级联

(5) 实时录像,检索与回放:通过 EasyGBS 国标视频云服务,能根据业务场景进行 7×24h 录像,并且支持录像的检索与回放。指挥中心可以查询云端的实时录像,以及查询设备端的历史录像。在发生突发事件、暴力执法、暴力抗法等意外事件时,该功能可帮助执法部门对执法现场的情况进行视频资料追溯、调阅、取证等。

(6) 集中存储:指挥控制系统包括显示与切换系统、集中控制系统及视音频存储系统等部分。切换系统是对计算机信息、视频信号、音频信号进行同步和非同步选择切换输出到显示系统。集中控制系统的主要功能是通过卫星定位信息实现对手持终端进行集中调度管理。音视频存储部分,可将手持终端适配存储至现场指挥服务器中,便于后期的调阅管理。

(7) 语音对讲:通过语音对讲功能实现对执法现场的指挥调度喊话,以及配合现场执法人员的沟通、对讲等,支持平台和设备之间进行直接喊话;支持 GB/T 28181 协议、海康 SDK、Ehome 协议等对接的语音对讲;支持音频降噪回声处理。

(8) 多用户设备管理:对设备进行管理划分,让设备自定义地分配给指定的用户进行绑定,以此达到分配角色、分配用户的作用,更加方便指挥中心及执法工作人员进行设备的管理和应用,满足多用户的监控、管理需求。

(9) 快速实现业务集成与开发:根据用户的需求,将可视化视频监控平台集成至用户已有的业务平台中,打通信息与资源的互通,实现跨平台多系统数据整合应用,构造可集成多个系统的一体化智慧城管监管与指挥调度应用平台。对外提供服务器获取状态、信息、控制等 HTTP API,可快速完成 App 对接开发。

11.4　GB/T 28181 抓包流程分析

使用 Wireshark 对 SIP 流程进行抓包,步骤如下。

(1) 设置过滤条件并开始抓包:打开 Wireshark 抓包软件,先在过滤器中过滤 SIP 包,如图 11-21 所示；找到自己要分析的 IP 的包，右击"追踪流"→UDP(信令一般会采用 UDP，如果是 TCP 就要采用 FOLLOW TCP)，如图 11-22 所示。

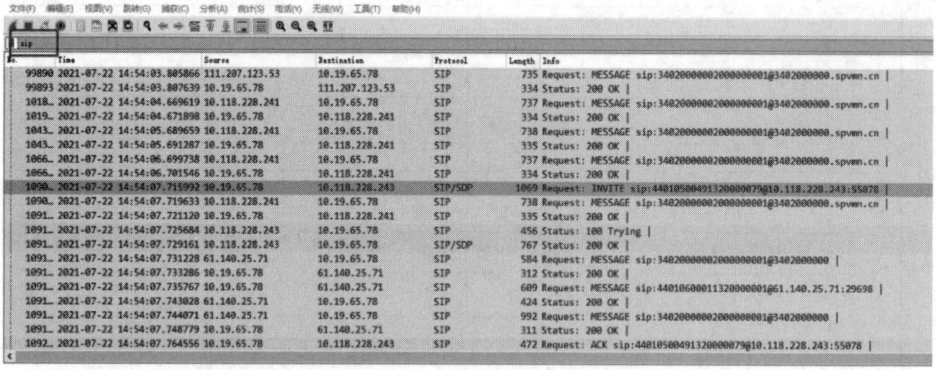

图 11-21　Wireshark 过滤 SIP 包

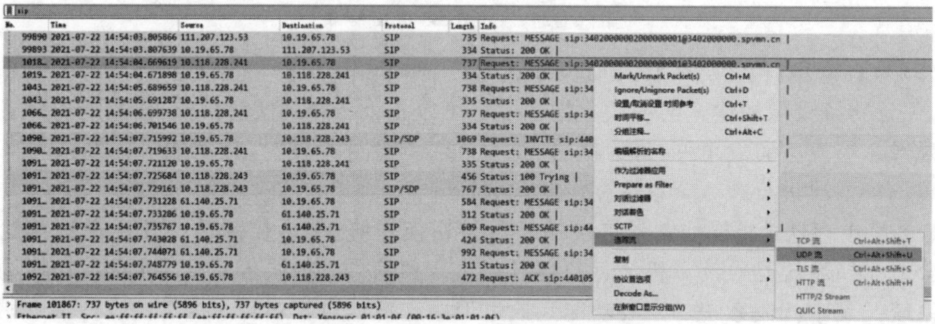

图 11-22　Wireshark 追踪 UDP 包

(2) 在 FOLLOW 的报文中，同时按下 Ctrl+F 组合键搜索需要的关键字。一般抓包会控制干扰项的数量，如一个抓包中只有需要的预览过程等，这里可以过滤国标 ID，如图 11-23 所示。报文中的 m＝video 16116 TCP/RTP/AVP 126 125 99 34 98 97 96，其中 video 后面的 16116 是收流的 TCP 端口。

(3) 抓取注册(REGISTER)消息，如图 11-24 所示。

(4) 抓取心跳保活(Keepalive)消息，如图 11-25 所示。

(5) 过滤 UDP 包：如果找到了端口(FilterPort)，在过滤器中使用 udp. port＝＝FilterPort 则可以过滤 UDP 包，然后任意选一个 UDP 包，在弹出的菜单中选择 Decode As，如图 11-26 所示，然后选择 RTP 格式，如图 11-27 所示，这样这些 UDP 包就被解码为 RTP 了，如图 11-28 所示，接下来可以进行 RTP 分析。

(6) 使用左键单击主菜单下的"电话→RTP→流分析"，如图 11-29 所示，然后可以对 RTP 包进行分析。

(7) 报文中的点播请求(INVITE)，如图 11-30 所示，内容如下：

```
INVITE sip:34020000001320000001@192.168.1.56:5060;transport = udp SIP/2.0
```

```
INVITE sip:44010500491320000079@10.118.228.243:55078 SIP/2.0
Call-ID: 0c486b72e5e0511e325f3d00992362d9@0.0.0.0
CSeq: 2 INVITE
From: <sip:34020000002000000001@3402000000>;tag=7d05dcf1-e554-4e7f-b30c-8a950f1bb9b0
To: <sip:44010500491320000079@3402000000>
Via: SIP/2.0/TCP 10.118.228.243:55078;rport;branch=z9hG4bK-363932-a112f1158ce9b93fdcb2e28d4dfa2dea
Max-Forwards: 70
Contact: <sip:34020000002000000001@0.0.0.0:15060>
Subject: 44010500491320000079:0200001631,34020000002000000001:0
Content-Type: APPLICATION/SDP
Content-Length: 457
                          ┌─── 监控点国标ID
v=0
o=44010500491320000079 0 0 IN IP4 10.117.157.131
s=Play
c=IN IP4 10.117.157.131
t=0 0
m=video 16116 TCP/RTP/AVP 126 125 99 34 98 97 96
a=recvonly
a=fmtp:126 profile-level-1d=42e01e
a=rtpmap:126 H264/90000
a=rtpmap:125 H264S/90000
a=fmtp:125 profile-level-id=42e01e
a=rtpmap:99 MP4V-ES/90000
a=fmtp:99 profile-level-id=3
a=rtpmap:98 H264/90000
a=rtpmap:97 MPEG4/90000
a=rtpmap:96 PS/90000
a=setup:passive
a=connection:new
y=0200001631
SIP/2.0 100 Trying
Via: SIP/2.0/TCP 10.118.228.243:55078;rport=15060;branch=z9hG4bK-363932-a112f1158ce9b93fdcb2e28d4dfa2dea;received=10.117.157.131
From: <sip:34020000002000000001@3402000000>;tag=7d05dcf1-e554-4e7f-b30c-8a950f1bb9b0
To: <sip:44010500491320000079@3402000000>
Call-ID: 0c486b72e5e0511e325f3d00992362d9@0.0.0.0
CSeq: 2 INVITE
User-Agent: IP Camera
Content-Length: 0

SIP/2.0 200 OK
Via: SIP/2.0/TCP 10.118.228.243:55078;rport=15060;branch=z9hG4bK-363932-a112f1158ce9b93fdcb2e28d4dfa2dea;received=10.117.157.131
From: <sip:34020000002000000001@3402000000>;tag=7d05dcf1-e554-4e7f-b30c-8a950f1bb9b0
```

图 11-23　Wireshark 搜索国标 ID

```
114 133.951283   192.168.1.56    192.168.1.9     RTP   60 Unknown RTP version 0
115 134.129144   192.168.1.9     192.168.1.56    SIP   356 Status: 200 OK |
153 154.025779   192.168.1.56    192.168.1.9     SIP   585 Request: MESSAGE sip:34020000002000000001@3402000000 |
154 154.026225   192.168.1.56    192.168.1.9     RTP   60 Unknown RTP version 0
163 154.176734   192.168.1.9     192.168.1.56    SIP   357 Status: 200 OK |
245 164.070935   192.168.1.56    192.168.1.9     SIP   434 Request: REGISTER sip:34020000002000000001@3402000000  (remove 1 binding) |
248 164.073151   192.168.1.9     192.168.1.56    SIP   520 Status: 401 Unauthorized |
249 164.087834   192.168.1.56    192.168.1.9     SIP   696 Request: REGISTER sip:34020000002000000001@3402000000  (remove 1 binding) |
250 164.267421   192.168.1.9     192.168.1.56    SIP   456 Status: 200 OK  (remove 1 binding)  |
Frame 249: 696 bytes on wire (5568 bits), 696 bytes captured (5568 bits) on interface \Device\NPF_{3A5EA23A-F48B-49F2-94DD-0BCE382A1C81}, id 0
Ethernet II, Src: 24:28:fd:b0:c5:1b (24:28:fd:b0:c5:1b), Dst: IntelCor_3a:4d:7d (98:54:1b:3a:4d:7d)
Internet Protocol Version 4, Src: 192.168.1.56, Dst: 192.168.1.9
User Datagram Protocol, Src Port: 5060, Dst Port: 15060
Session Initiation Protocol (REGISTER)
> Request-Line: REGISTER sip:34020000002000000001@3402000000 SIP/2.0
∨ Message Header
  > Via: SIP/2.0/UDP 192.168.1.56:5060;rport;branch=z9hG4bK1938687147
  > From: <sip:34020000001320000001@3402000000>;tag=1494281936
  > To: <sip:34020000001320000001@3402000000>
    Call-ID: 1297871990
    [Generated Call-ID: 1297871990]
  > CSeq: 5 REGISTER
  > Contact: <sip:34020000001320000001@192.168.1.56:5060>
  > [truncated]Authorization: Digest username="34020000001320000001", realm="3402000000", nonce="b8541d69e599592d1dc855fc9621ed31", uri="sip:340200000
    Max-Forwards: 70
    User-Agent: IP Camera
    Expires: 0
    Content-Length: 0
```

图 11-24　Wireshark 抓取 REGISTER 消息

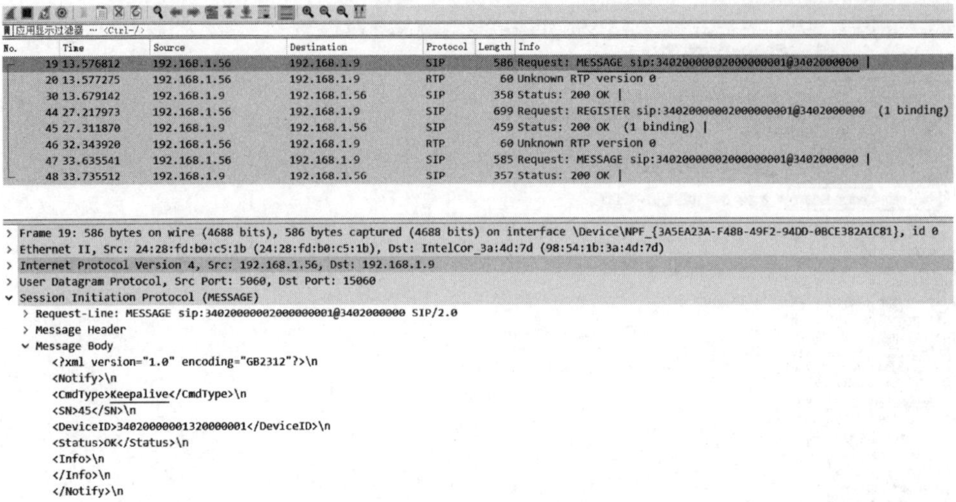

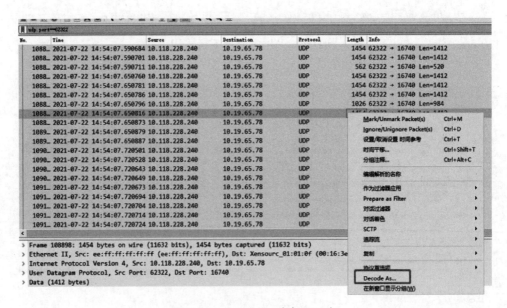

图 11-25　Wireshark 抓取心跳保活消息

图 11-26　Wireshark 过滤 UDP 包

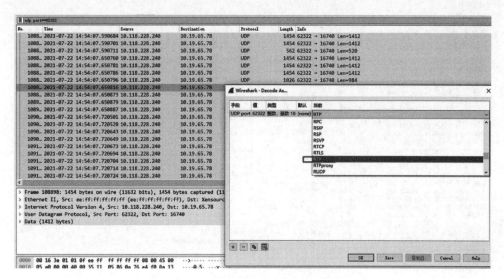

图 11-27　Wireshark 选择 RTP 格式

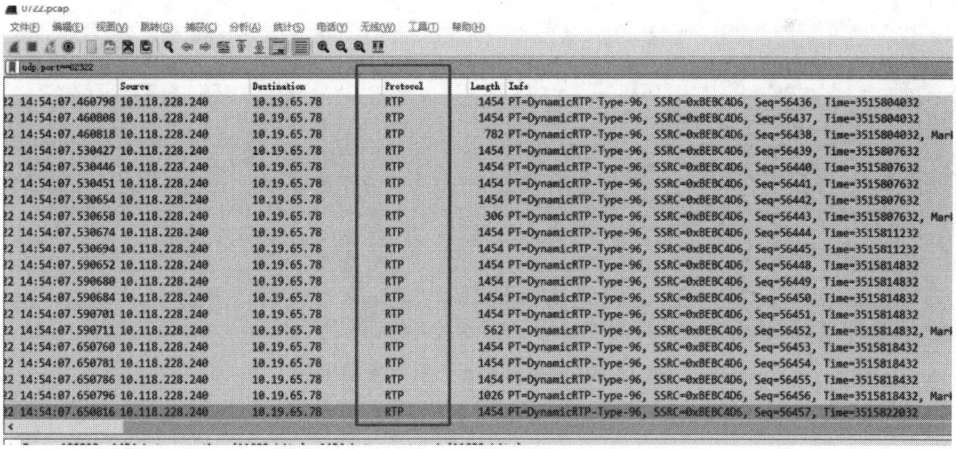

图 11-28　Wireshark 将 UDP 转换为 RTP

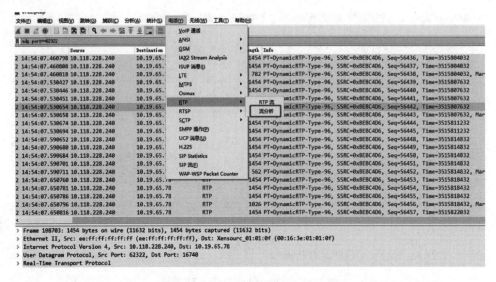

图 11-29　Wireshark 进行 RTP 流分析

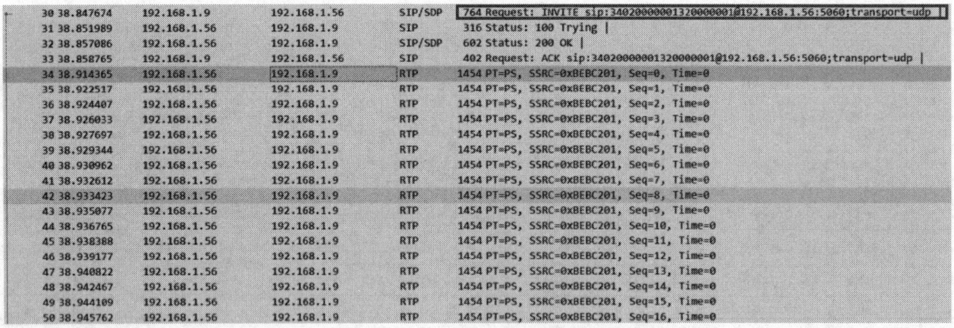

图 11-30　Wireshark 抓取点播请求包